"十三五"国家重点出版物出版规划项目

增材制造技术丛书

面向增材制造的逆向工程技术

Reverse Engineering Technology for Additive Manufacturing

郝敬宾　王延庆　著

国防工业出版社

·北京·

内 容 简 介

随着机器视觉和人工智能的发展，逆向工程在原理、方法和应用上都有了突破性的进展，在增材制造中的应用也从数据输入端扩展到制造全过程。本书针对近年来逆向工程技术在增材制造过程中的应用，对三维数据与处理技术、增材制造工艺路径规划、视觉检测与过程控制技术等做了系统阐述，并给出了相关的应用实例，可指导相关理论研究及实际工业生产。

本书可供从事逆向工程及增材制造领域的相关工程技术人员使用，也可供高等院校相关专业师生阅读参考。

图书在版编目(CIP)数据

面向增材制造的逆向工程技术/郝敬宾，王延庆著．
—北京：国防工业出版社，2021.11
（增材制造技术丛书）
"十三五"国家重点出版项目
ISBN 978 - 7 - 118 - 12426 - 2

Ⅰ.①面…　Ⅱ.①郝…　②王…　Ⅲ.①工业产品-设
计　②快速成型技术　Ⅳ.①TB4

中国版本图书馆 CIP 数据核字(2021)第 228457 号

※

*国防工业出版社*出版发行
（北京市海淀区紫竹院南路 23 号　邮政编码 100048）
雅迪云印（天津）科技有限公司印刷
新华书店经售

*

开本 710×1000　1/16　印张 29　字数 503 千字
2021 年 11 月第 1 版第 1 次印刷　印数 1—3000 册　定价 198.00 元

丛书编审委员会

主任委员

卢秉恒　李涤尘　许西安

副主任委员（按照姓氏笔画顺序）

史亦韦　巩水利　朱锟鹏

杜宇雷　李　祥　杨永强

林　峰　董世运　魏青松

委　员（按照姓氏笔画顺序）

王　迪　田小永　邢剑飞

朱伟军　闫世兴　闫春泽

严春阳　连　芩　宋长辉

郝敬宾　贺健康　鲁中良

总 序
—
Foreword

  增材制造(additive manufacturing, AM)技术,又称为3D打印技术,是采用材料逐层累加的方法,直接将数字化模型制造为实体零件的一种新型制造技术。当前,随着新科技革命的兴起,世界各国都将增材制造作为未来产业发展的新动力进行培育,增材制造技术将引领制造技术的创新发展,加快转变经济发展方式,为产业升级提质增效。

  推动增材制造技术进步,在各领域广泛应用,带动制造业发展,是我国实现强国梦的必由之路。当前,推动制造业高质量发展,实现传统制造业转型升级等,成为我国制造业发展的重中之重。在政府支持下,我国增材制造技术得到了迅速的发展,增材制造技术与世界先进水平基本同步,高性能复杂大型金属承力构件增材制造等部分技术领域已达到国际先进水平,已成功研制出光固化成形、激光选区烧结成形、激光选区熔化成形、激光净成形、熔融沉积成形、电子束选区熔化成形等工艺装备。增材制造技术及产品已经在航空航天、汽车、生物医疗等领域得到初步应用。随着我国增材制造技术蓬勃发展,增材制造技术在各领域方向的研究取得了重大突破。

  增材制造技术发展日新月异,方兴未艾。为此,我国科技工作者应该注重原创工作,在运用增材制造技术促进产品创新设计、开发和应用方面做出更多的努力。

  在此时代背景下,我们深刻感受到组织出版一套具有鲜明时代特色的增材制造领域学术著作的必要性。因此,我们邀请了领域内有突出成就的专家学者和科研团队共同打造了这套能够系统反映当前我国增材制造技术发展水平和应用水平的科技丛书。

"增材制造技术丛书"从工艺、材料、装备、应用等方面进行阐述，系统梳理行业技术发展脉络。丛书对增材制造理论、技术的创新发展和推动这些技术的转化应用具有重要意义，同时也将提升我国增材制造理论与技术的学术研究水平，引领增材制造技术应用的新方向。相信丛书的出版，将为我国增材制造技术的科学研究和工程应用提供有价值的参考。

卢秉恒，中国工程院院士，西安交通大学教授。

前　言
―― Preface

　　逆向工程是增材制造的重要数据来源之一，将逆向工程与增材制造技术相结合，能够在已有样件或原型的基础上进行快速复制，通过评价、修改和创新再设计，迅速将原型设计转化为具有相应结构和功能的原型产品或直接制造出零部件，缩短新产品开发周期，降低研制成本和风险，从而快速响应市场需求，提高企业竞争力。

　　逆向工程又称为反求工程、反向工程。狭义来说，逆向工程技术是将实物模型数据转化成设计、概念模型，并在此基础上对产品进行分析、修改及优化的技术。广义的逆向工程包括形状(几何)反求、工艺反求和材料反求等诸多方面，是一个复杂的系统工程。随着机器视觉和人工智能的发展，逆向工程在原理、方法和应用上都有了突破性的进展，在增材制造中的应用也从数据输入端扩展到制造全过程。

　　本书结合作者多年来对逆向工程的研究以及在增材制造中的应用实践，为读者系统地介绍面向增材制造的逆向工程技术。除第1章绪论外，全书共分三个部分：第一部分，三维数据采集与处理技术，介绍如何为增材制造提供数据来源，包括第2章三维数据获取方法、第3章数据预处理技术、第4章数据三角化与模型重构。第二部分，增材制造工艺路径规划，介绍如何为增材制造过程提供数控指令，包括第5章三维模型分层处理技术、第6章三维模型分割与拼接技术、第7章复杂曲面增材制造的路径规划。第三部分，视觉检测与过程控制，介绍如何保证增材制造的加工质量，包括第 8 章再制造零件的损伤检测技术、第 9 章增材制造过程的视觉检测技术、第 10 章增减材制造的工艺规划。

本书对于从事增材制造技术应用和研究、逆向工程、视觉检测等领域的工程技术人员及高等院校相关专业师生有较强的参考价值。

全书主要由郝敬宾、王延庆撰写，陈鑫、冀寒松、李聪聪、王昊千、李壮、方松峪、朱寅、杨树、纪皓文等参与了本书有关的实验研究和部分内容撰写工作。在本书写作过程中，书中所列的参考文献提供了较大的帮助，在此对文献作者表示最诚挚的感谢。

由于作者水平有限，书中难免有疏漏和不足，恳请读者批评指正。

郝敬宾、王延庆

2021 年 1 月于中国矿业大学

目　录

—

Contents

第 4 章
数据三角化与模型重构

第 8 章
再制造零件的损伤检测技术

第1章
绪　论

1.1 增材制造技术概述

增材制造(additive manufacturing，AM)技术，也称快速原型(rapid prototyping，RP)技术和 3D 打印技术，是 20 世纪 80 年代中期发展起来的一种基于材料堆积法的高新制造技术。增材制造技术是在计算机控制下，基于离散堆积的原理，采用不同方法堆积材料，最终完成任意复杂三维实体的制造技术。它涉及机械工程、计算机辅助设计、逆向工程、数控技术、激光技术等多个学科，可以自动、准确地将虚拟三维模型转变为具有一定性能的实体原型，从而为产品原型制造、设计方案校验等方面提供了一种有效的实现手段。

传统的减材制造技术通过部分去除大于工件尺寸的毛坯材料得到工件；而增材制造技术采用全新的"增长"加工法，即用一层层的小毛坯逐步叠加成大工件，将复杂的三维加工转换成简单二维加工的组合，因此不需要传统的加工机床和加工模具，相比传统加工方法节省 70%～90% 的加工工时和节约 60%～80% 的成本。增材制造技术的这一特点非常适用于新产品的研发，适合小批量、结构复杂、不规则形状的产品原型制造，且不受产品形状复杂程度的限制。由于应用增材制造技术可以显著地缩短新产品开发的周期、降低研发费用，短短十几年来，世界各国都纷纷投入大量的人力、财力到这一新兴领域，目前该技术已在工业造型、产品开发、模具制造、建筑设计、艺术创作、辅助医疗、航空航天等领域得到了很好的应用。

增材制造技术最早出现在 1892 年，美国人 Blanther 用分层制造法制作了三维地图模型并申请了专利。1979 年，日本人中川威雄利用分层技术制造了金属模具。到 20 世纪 80 年代，该技术进入到了快速发展阶段。1986 年，Deckaed 提出选择性激光烧结方法，1992 年开发出了成形机。1988 年，美国的 3D Systems 公司生产出了世界上第一台立体光固化快速成形机；同年，

Feygin 提出分层实体制造方法，并在 1990 年前后开发商业机型；Scott Crump 提出熔融沉积成形方法，1992 年开发了第一台商业机型。20 世纪 90 年代后期，又出现了三维印刷术（three dimensional printing，3DP）、形状沉积制造（shape deposition manufactuing，SDM）、选择性激光熔化（selective laser melting，SLM）等十几种不同的快速成形技术。2012 年美国总统奥巴马为重振美国制造业提出了一系列计划，将增材制造技术列为 11 项重要技术之一；英国技术战略委员会在《未来的高附加值制造技术展望》中，把增材制造技术列为提升国家竞争力，应对未来挑战的 22 个应优先发展技术之一；英国杂志《经济人》将增材制造技术视为"第三次工业革命"。目前，美国通用、福特等汽车公司已经在他们的生产线上采用增材制造技术，美国波音公司已应用增材制造技术来制作钛合金结构件和航空发动机零部件。欧洲国家和日本等也不甘落后，纷纷进行增材制造技术研究及设备研制，比较有代表性的公司有德国的 EOS 公司、以色列的 Cubital 公司以及日本的 CMET 公司等。

我国于 20 世纪 90 年代初才开始增材制造技术的研究，但该技术很快得到了工业界的高度重视，在短短 20 余年时间发展迅速。2013 年，国内媒体纷纷报道，将增材制造技术称为"3D 打印—无所不能的未来""几乎颠覆传统的制造模式"等。我国已拟定增材制造技术路线图和中长期发展战略，为进行"增材制造技术工程科技发展战略的研究"，中国工程院发布 2012 年 1 号文件，成立了由西安交通大学、华中科技大学、清华大学、北京航空航天大学、西北工业大学和中国航空制造技术研究院等专家组成的工作组，并已在 2013 年 3 月提交相关咨询研究报告。目前，我国已初步形成增材制造设备和材料的制造体系，部分国产设备已接近或达到美国公司同类产品的水平，而且设备及材料的价格更便宜。在国家科技部和工信部的支持下，我国已在深圳、天津、上海、西安等地建立一批向企业提供增材制造服务的专业机构，推动了增材制造技术在我国的广泛应用。另外，我国的很多科研院校和企业在消费电子、汽车、医疗牙科、生物制药、航空航天等领域，相继研发出了具备自主知识产权的增材制造装备和材料，取得了很好的效果。

增材制造技术采用离散/堆积成形的原理，从成形角度看，零件可视为一个空间实体。它由若干个非几何意义的"点"或"面"叠加而成。从 CAD 模型中获得这些点、面的几何信息，把它与成形参数信息结合起来，转化为控制成形机的数控加工代码，控制材料有规律地、精确地叠加起来而构成零件。其成形过程如图 1-1 所示，对三维 CAD 模型沿 Z 向进行离散化（分层切片），得到各层片的轮廓数据；根据不同的成形工艺（立体光刻、激光烧结、熔融沉积等），生成各层片的数控加工代码，指导加工装置逐层制造；堆积成形的模型经过后处理强化后完成零件的制造。由于增材制造技术把复杂的三维制造离散成简单的二维层片加工，降低了加工难度，因此可以在没有模具和工具的条件下生成任意、复杂的零部件，极大地提高生产效率和制造柔性。

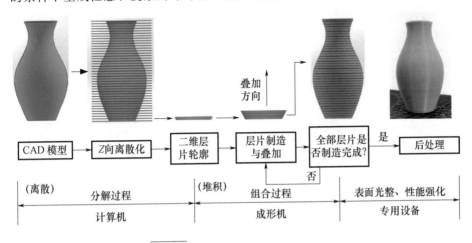

图 1-1　增材制造技术的成形过程

　　目前增材制造技术的工艺方法已经有几十种，而且新的工艺方法也在不断出现。按照成形核心工具的不同，增材制造工艺可以分为两大类：①基于激光技术的增材制造工艺，如光固化（stereo lithography apparatus，SLA）、叠层实体制造（laminated object manufacturing，LOM）、选择性激光烧结（selective laser sintering，SLS）等；②基于微滴技术的增材制造工艺，如熔融沉积（fused deposition manufacturing，FDM）、三维印刷术、多相喷射固化（multiple jet solidification，MJS）等。其中发展较为成熟的工艺主要有熔融沉积、光固化、选择性激光烧结、叠层实体制造等。美国的 3D Systems 公司和 Stratasys 公司是这一领域的技术领军者，3D Systems 公司的创始人 Hull 提出了 SLA，现在通用的快速成形模型 STL 文件也是由该公司开发的。Stratasys 公司的创始人是 FDM 技术的发明人，同时公司还掌握了聚合物喷射和蜡沉积成形两项核心技术。近年来两家公司通过大规模的横向并购和上下游产业链的纵向并购，成为目前全球前两位的增材制造龙头企业。

　　国内增材制造技术市场上较为成熟的工艺及配套资料主要有 4 类：①光

固化成形工艺，国内代表为华中科技大学研制的 HRPL 系列 SLA 成形机和配套的光敏树脂、西安交通大学研制的 LPS 和 CPS 系列 SLA 成形机和配套的光敏树脂；②叠层实体制造工艺，国内代表为清华大学研制的 SSM 系列成形机及配套成形材料、华中科技大学研制的 HRP 系列成形机及配套成形材料；③选择性烧结工艺，国内代表为西安铂力特增材技术股份有限公司研制的工业级金属 3D 打印机及配套粉末材料、湖南华曙高科技有限公司研制的 FS 系列金属成形机及配套材料；④熔融沉积工艺，国内有非常多的企业生产和销售相关设备，代表机型为北京太尔时代科技有限公司研制的 UP 系列桌面 3D 打印机、浙江闪铸三维科技有限公司研制的 Creator Pro 系列桌面 3D 打印机。

相比传统机械制造方法，增材制造技术可以实现任意复杂结构模型的快速制造，在单件或小批量生产时，具有制造成本低、周期短的优势，因此在汽车行业、消费品行业、医疗行业、航空航天行业，以及建筑行业得到了广泛的应用。

(1)汽车行业。早在增材制造技术发展的初期，一些欧美发达国家车企就开始将增材制造技术应用于汽车研发过程。其中，应用最早、最深入、范围最广的是福特汽车公司。1988 年增材制造技术出现之初，福特汽车公司就购入全球史上第三台快速成形机。增材制造技术在汽车行业的应用贯穿汽车整个生命周期，包括研发、生产以及使用环节(图 1-2)。就应用范围来看，增材制造技术在汽车领域的应用目前主要集中于制造研发环节的试验模型和功能性原型，在生产和使用环节相对较少。

图 1-2　福特汽车公司采用增材制造技术生产用于 Transit Connect 车型的部件

(2)消费品行业。消费品行业具有产品生命周期短，更新换代快的特性，需要持续不断地开发和投入。增材制造技术的优势在于能小批量、快速生产复杂度高的产品，从而可以缩短产品开发周期，削减设计成本，这对于消费品行业意义重大。增材制造技术在消费品行业的应用优势主要体现在提升设计水平和节省设计成本两个方面，增材制造技术在原型制造和概念验证的应用已成为趋势，随着工艺材料的发展和个性化需求的提升，增材制造技术将会更多地用于直接制造(图 1-3)。

图 1-3 采用增材制造技术为用户定制个性化头盔

(3)医疗行业。从医疗行业的特性来看，增材制造与医疗行业"天然匹配"，在医用模型、外科手术导板(图 1-4)、骨科植入物等领域都有广泛的应用。非生物增材制造的原理相对较为简单，所需材料也相对易得，因此在医疗领域的应用已经比较广泛。大多产品可归于医疗器械的范畴，多数应用于个性化假体的制造、复杂结构以及难以加工的医疗器械制品等。生物增材制造是基于活性生物材料、细胞组织工程、核磁共振(magnetic resonance imaging，MRI)与计算机断层扫描(computer tomography，CT)技术以及 3D 重构技术等进行的活体 3D 打印，其目标是打印活体器官。目前的生物增材制造大多处于实验室阶段，国内外已经有了一些研究成果，但大多成果都是关于简单生命体或细胞组织的打印。

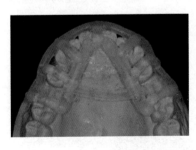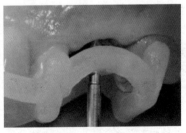

图 1-4 采用增材制造技术制作齿科手术导板

(4)航空航天行业。随着新一代飞行器不断向高性能、高可靠性、低成本方向发展，越来越多的航空航天零部件趋向于轻量化、高强度、复杂化，增材制造技术被视为提升航空航天领域水平的重要关键技术之一。目前增材制造技术在航空航天和国防领域主要用于直接制造，相比传统制造方法，用增材制造技术进行设计验证省时省力。另外，增材制造技术还可以应用于维修领域，不仅能够极大地简化维修程序，还可以实现很多传统工艺无法实现的功能。在航空发动机燃油喷嘴（图1-5）、国防装备再制造、飞机大型金属结构件、无人机快速制造和太空探索项目上都得到了广泛和深入的应用。

图1-5　用于LEAP航空发动机上的增材制造燃油喷嘴

（5）建筑行业。相比传统建造施工，增材制造技术只需要将设计好的模型输入计算机中，配合大型成形设备，就能在短时间内直接将建筑一次性打印出来。优势在于更快的建造速度和更高的建造效率，不再需要使用模板，减少建筑垃圾和建筑粉尘，减少建筑工人的使用，降低工人的劳动强度。赢创建筑科技（上海）有限公司利用建筑垃圾制造特殊的"油墨"建造了10栋小屋，该建筑经一台大型3D打印机层层叠加喷绘而成，整个建筑过程仅用了一天时间（图1-6）。目前欧洲太空局正尝试利用增材制造技术建造月球基地，如果使用增材制造技术，以就地取材的方式，建立月球基地就会变得简单可行。

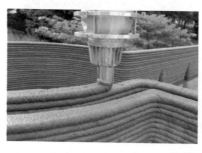

图1-6　采用增材制造技术建造的3D打印房屋

1.2 逆向工程技术简介

增材制造技术将零件的三维模型进行分层切片处理，转化为控制成形机的数控代码，进而逐层累加地构建实体零件。三维模型的质量和分层精度直接影响增材制造零件的精度和成形效率。三维模型的数据来源主要有两类：一是使用 CAD 软件绘制的"正向"三维模型，即"正向设计"模型；二是采用三维扫描技术获得的"逆向"三维模型，即"逆向设计"模型。正向设计是从未知到已知、从抽象到具体的设计过程，是经过"功能描述—概念设计—总体设计及详细设计—设计评估—制造与检测"的步骤而完成的。而逆向设计则是将原始物理模型转化为工程设计概念或产品数字化模型，再对其进行分析、修改及优化，进而完成的设计。

图 1-7 为正向设计和逆向设计的工作过程示意图，从中可以看出：正向设计中从抽象的概念到产品数字化模型建立是一个计算机辅助的产品"物化"过程；而逆向设计是对一个"物化"的产品再设计，强调数字化模型建立的快

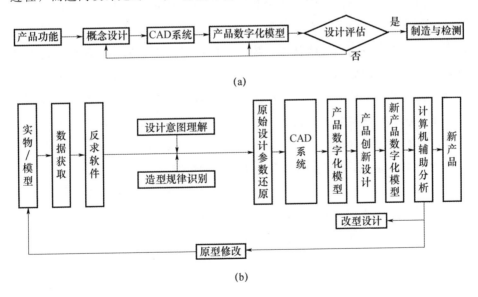

(a)

(b)

图 1-7 正向设计和逆向设计的工作过程示意图

(a)正向设计流程；(b)逆向设计流程。

捷性和效率，满足产品更新换代和快速响应市场的要求。因此，越来越多的企业将逆向设计与增材制造技术相结合，有效提高新产品研发效率、降低样机试制成本、缩短产品投放市场的时间。

逆向工程（reverse engineering，RE）又称为反求工程、反向工程。狭义来说，逆向工程技术是将实物模型数据转化成设计、概念模型、并在此基础上对产品进行分析、修改及优化等的技术。首先从一个已存在的零件或原型入手，对其进行表面数字化处理（将整个零件或原型表面用点云数据集合来表示）；其次对点云数据进行模型重构，并通过修改、优化和创新设计后得到产品的三维模型数据；最后将三维模型数据输入到增材制造设备，转化为控制成形机的数控代码，制造出所需的零件产品。

广义的逆向工程研究内容十分广泛，概括起来主要包括产品设计意图与原理的逆向、美学审视和外观逆向、几何形状与结构逆向、材料逆向、制造工艺逆向和管理逆向等复杂的系统工程。本书是面向增材制造的逆向工程，所以将涉及增材制造过程中的模型几何反求、工艺路径反求和质量精度反求等诸多方面。

逆向工程是近年发展起来的消化、吸收和提高先进技术的一系列分析方法和应用技术的组合，主要目的是为了改善技术水平、提高生产率、增强经济竞争力。世界各国在经济技术发展中，应用逆向工程消化吸收先进技术经验，给人们有益的启示。据统计，各国 70% 以上的技术源于国外，逆向工程作为掌握技术的一种手段，可使产品研制周期缩短 40% 以上，极大地提高了生产率。因此研究逆向工程技术，对我国国民经济的发展和科学技术水平的提高，具有重大的意义。

逆向工程的应用领域大致可分为以下几种情况：

（1）复杂曲面造型设计。尽管 CAD 技术发展迅速，各种商业软件的功能日益增强，但是目前还无法满足一些复杂曲面零件的设计需要，设计人员习惯于依赖三维实物模型对产品设计进行评估，而不是依赖高分辨率二维屏幕上的缩比模型彩色图像。因此，产品几何外形通常不是应用 CAD 软件直接设计的，而是采用黏土或泡沫模型代替 CAD 软件设计，制作出全尺寸或比例模型，然后运用逆向工程技术将这些实物模型转换为产品数字化模型。

（2）零件功能和性能分析。由于各相关学科发展水平的限制，对零件功能和性能的分析，还不能完全由 CAE 软件来完成，往往需要通过实验来最终确定零件的形状。例如，在模具制造中经常需要通过反复试冲和修改模具型面方可得到最终的、符合要求的模具。若将最终符合要求的模具测量并逆向其CAD 模型，在再次制造该模具时就可以运用这一模型生成加工程序，就可以大大减少修模量，提高模具生成效率，降低模具制造成本。

(3)产品改型设计。由于工艺、美观、使用效果等方面的原因，通常需要对已有零件进行局部的修改。在没有原始三维产品数字化模型的情况下，对实物零件进行逆向测量与处理，生成产品数字化模型，对模型进行修改再加工，可以显著提高生产效率。因此，逆向工程技术在改型设计方面发挥了不可替代的作用。

(4)产品创新设计。参考和借鉴以已有产品在符合法律法规的情况下进行产品的创新设计已成为当今的一条设计理念。目前，我国在设计制造方面与发达国家还有一定的差距，利用逆向工程技术可以充分吸收国外先进的设计制造成果，使我国的产品设计立于较高的起点，同时加快一些产品的国产化速度。

(5)实物复制备份。在一些特殊领域，如考古领域中艺术品、考古文物的复制与保护，医学领域中人体骨骼、关节等的复制，假肢制造，以及个性化服装、头盔等穿戴设备的定制，都必须从实物模型出发得到产品的三维数字化模型。

(6)产品质量检测。逆向工程技术可用于生产线上产品质量和形状尺寸在线或离线快速检测，特别适合复杂曲面的检测。该技术不受产品重量、尺寸、材质、温度的限制，可检测不宜搬运、高温、封闭环境下的产品。另外，借助射线照相法和三维影像重构技术，逆向工程还可以快速发现、度量和定位产品的内部缺陷，成为产品无损探伤的重要手段。

历经几十年的研究与发展，逆向工程技术已经成为产品快速开发过程的重要支撑技术之一。它与计算机辅助设计、优化设计、有限元分析、设计方法学等有机组合，构成了现代设计理论和方法的整体。目前，逆向工程技术在数据处理、曲面拟合、特征识别、模型分割等算法方面已取得非常显著的进步，三维扫描仪的软硬件和专用商业软件也日趋成熟。但在实际应用中，整个过程仍需大量的人工交互，操作者的经验和素质影响着产品的质量，自动重建曲面的光顺性难以保证，因此，逆向工程技术依然是目前 CAD/CAM 领域一个十分活跃的研究方向，在以下几个方面还有很大的发展空间：

(1)发展面向逆向工程的专用测量系统，能够高速、高精度地实现实物数字化，并能根据样件几何形状和后续应用选择合适的测量方式和最优的测量路径，并进行自动测量。

(2)研究适用于不同用途的三维测量方法和离散数据预处理技术。

(3)高效的曲面拟合算法，能够控制曲面的光顺性和进行光滑拼接。

(4)有效的特征识别和考虑约束的模型重建算法，特别是能够对复杂组合曲面进行识别和重建方法。

(5)基于云平台的逆向工程技术，包括远程测量系统、基于云计算的模型重建技术，基于网络的协同设计和数字化制造技术等。

1.3 逆向工程中的关键技术

逆向工程具有与传统设计制造过程截然不同的设计流程。在逆向工程中，按照现有的零件原型进行设计生产，零件所具有几何特征与技术要求都包含在原型中；而在传统的设计制造中，需按照零件最终所要承担的功能以及各方面的影响因素，进行从无到有的设计。此外，从概念设计出发到最终形成CAD模型的传统设计是一个确定、明晰的过程，而通过对现有零件原型数字化后再形成CAD模型的逆向工程是一个推理、逼近的过程。

逆向工程一般可分为4个阶段：

(1)零件原型的数字化。通常采用三坐标测量机(coordinate measuring machine，CMM)或激光扫描仪等测量装置来获取零件原型表面点的三维坐标值。

(2)从测量数据中提取零件原型的几何特征。按测量数据的几何属性对其进行分割，采用几何特征匹配与识别的方法来获取零件原型所具有的设计与加工特征。

(3)零件原型CAD模型的重建。将分割后的三维数据在CAD系统中分别做表面模型的拟合，并通过各表面片的求交与拼接获取零件原型表面的CAD模型。

(4)重建CAD模型的检验及修正。采用根据CAD模型重新测量和加工出样品的方法，检验重建的CAD模型是否满足精度或其他试验性能指标的要求，对不满足要求者重复以上过程，直至达到零件的设计要求。

从逆向工程的流程可以看出，逆向工程系统主要由 3 部分组成：产品实物几何外形的数字化(逆向测量)、CAD 模型重建(数据重构)和产品实体加工(增材制造)。逆向工程与传统正向工程的主要区别在于 CAD 模型的产生过程，由实物产生 CAD 系统模型的过程称为逆向工程几何建模，是逆向工程最基本、最关键的功能，也是逆向工程的研究重点。此过程有两个关键技术：①表面数字化技术；②三维模型重构技术。

1.3.1　表面数字化技术

样件表面的数字化技术是指通过特定的测量设备和测量方法获取零件表面离散点的几何坐标数据的技术。该技术的好坏直接影响对原型或零件描述的精确、完整程度，进而影响重构的 CAD 曲面、实体模型的质量，并最终影响增材制造得到的产品是否真实或能否在一定程度上反映原始的物体模型。因此，如何高效率、高精度地实现对样件表面的数据采集，一直是逆向工程的主要研究内容之一。一般来说，样件表面数字化技术可分为逐层扫描测量方法、接触式测量方法和非接触式测量方法等(图 1-8)。

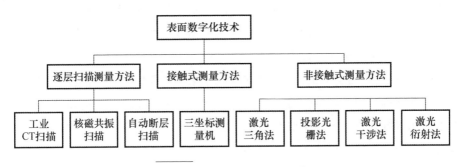

图 1-8　表面数字化技术分类

(1)逐层扫描测量方法。逐层扫描测量方法主要有工业 CT (industrial computer tomography，ICT)扫描法、核磁共振扫描法和自动断层扫描 (automatic cross section scanning，ACSS)法。工业 CT 扫描法和核磁共振扫描法是用 CT 和核磁共振对产品实物进行层析扫描，获得一系列断面图像切片和数据，这些切片和数据提供了工件截面轮廓及其内部结构的完整信息。它们的优点在于能够测量工件内部断面的信息，因而适用于任意的形状结构，但测量精度较低，并且核磁共振扫描对金属物体不适用，目前主要应用于医学三维测量。自动断层扫描法是美国 CGI 公司的一种专利技术，该方法采用材料逐层去除和逐层光扫描相结合的方法，能快速、准确、自动地获取样件表面和内部轮廓数据，其片层厚度最小可达 0.013mm，测量不准确度为 0.025mm。与工业 CT 扫描法相比，价格便宜，测量准确度高，且能实现自动操作。但这种方法为破坏性测量，对于贵重零件不宜采用，且测量速度慢。

(2)接触式测量方法。接触式测量方法有基于力－变形原理的接触式数据测量、连续扫描式数据测量以及基于磁场超声波的数据采集等，目前应用最广泛的测量工具是 CMM。CMM 采用触发测头，当测头探针接触到样件表面时，由于探针受力变形触发采样开关，通过数据采集系统记录探针(测头中心点)坐标，逐点移动，采集到样件表面轮廓的三维坐标数据。它主要应用于由基本的几何形体，如平面、圆柱面、圆锥面以及球面等构成的零件的数字化过程，适用于测量零件外部的几何形状。该技术可以达到很高的测量精度(可达 $\pm 0.5\,\mu m$)，但是由于采用接触式测量，易于损伤测头和划伤被测零件表面，不能对软质材料和超薄形物体进行测量，对细微部分测量精度也会受到影响，一般需要人工干预；另外，由于采用逐点测量法和测头半径的三维补偿问题，测量速度较慢，测量时间长。连续扫描式数据测量采用模拟量开关采样头，采样速度快(可达 500 点/s)，采样精度较高(可达 $\pm 30\,\mu m$)，可以连续进行数据采集，因而可以用来采集大规模数据。但同样具有触发式测量的缺点，且采样头价格非常昂贵。

(3)非接触式测量方法。非接触式测量方法是以现代光学为基础，融合电子学、计算机图像学、信息处理、计算机视觉等科学技术为一体的现代测量技术。非接触式测量方法主要有激光三角测量法、投影光栅法、激光干涉法、激光衍射法、图像分析法等。非接触式方法主要以计算机图像处理为主要手段，它适合测量零件的外部几何信息，是近来发展非常迅速的测量技术。非接触式测量方法按距离获取的方法可以分为两大类：一类是二维分析法，包括摩尔条纹法、聚焦法、纹理梯度法、光度法等；另一类是三维模型法，包括三角法、飞行时间距离探测法等。

1.3.2　三维模型重构技术

三维模型重构技术是指采集到的数据由计算机模拟进行构造的技术。逆向工程的主要目的就是得到产品的数据模型，以用于产品制造和再设计。这一项工作主要研究如何在测量数据基础上进行各种处理，由点云数据得到产品的曲面表示形式，并最终形成计算机模型。在逆向过程中，三维模型重构技术有其自身特点：①大规模的原始点云测量数据为曲面的重构提供了丰富的信息资源，但在用点云数据进行 CAD 建模时，还需要解决一些关键性问题，如噪声处理、数据压缩、区域分割、特征提取等；②曲面型面数据散乱，且曲面对象边界和形状有时极其复杂，因而一般不便直接运用常规的曲面重构方法；③曲面对象往往不是简单地由一张曲面构成，而是由多张曲面经过延伸、过渡、裁减等混合而成，因而要分块构造；④由于数字化技术的限制，在逆向工程中还存在一个"多视数据"（从不同方向或位置测量的数据块）问题，而且为了保证数字化的完整性，各视之间还有一定的重叠，这就引来一个"多视拼合"的问题。

根据点云数据的组织形式，可以分为散乱点云数据集（scattered data）和规格数据点集（regular data）两类。前者主要来自随机取样或手工逐点取样。后者包括两种类型：按行、列排列的点云数据，成为整列数据或图像型数据；利用断层扫描方法（如利用 CT、MRI 或层析法等）沿等高线进行测量得到点云数据，称为断层扫描数据（或平面轮廓数据）。散乱点云数据在地质勘探、海洋、气象、医学以及计算机辅助设计等众多领域中都有非常重要的应用价值，本书中主要以散乱点云数据为研究对象，而将规格数据作为散乱数据的特例来处理。

根据所采用的曲面表达方式，曲面重构的方法有函数曲面方法、多边形模型方法、三角 Bezier 曲面方法、NURBS 曲面方法、细分曲面（subdivision surfaces）方法等。有时需要综合应用不同的曲面表达。

（1）函数曲面方法。在 20 世纪 60—80 年代，主要采用函数曲面对测量数据进行拟合，这是测量数据曲面造型的第一阶段。采用函数曲面对测量数据进行拟合的方法有反距离加权法、径向基函数法、给予三角剖分法、样条函数拟合和二步逼近法等，最近还有一些学者将层次 B 样条和小波法用于散乱点云数据的曲面拟合，以提高曲面拟合的效率。

隐函数曲面是指由方程表示的曲面，可以表达球面、圆柱面、圆锥面等二次曲面以及某些更为复杂的曲面。采用隐式曲面对二次曲面及超二次曲面（super quadrics）进行重构，计算简单、求解容易，是隐式曲面在逆向工程中的典型应用。Faugeras 等均采用二次曲面的隐式进行曲面拟合和数据分割，Solina 介绍了采用隐函数重构超二次曲面。但其缺点是几何含义不明显、曲面显示不方便以及与传统的 CAD 不兼容。函数曲面不作为隐函数曲面的特例来处理。

（2）多边形模型方法。多边形模型中最常用的是三角模型。在采用三角模型进行测量数据曲面重构中，研究内容主要包括散乱数据的三角剖分，断层扫描数据的三角剖分，模型的简化（优化）和多层次分析，特征识别及基于特征的三角剖分。

曲面的多边形模型在计算机图形学、计算机动画、有限元分析、RPM 等领域具有非常广泛的应用。多边形模型的缺点是相邻曲面片只能达到 0 阶连续，数据量大。当要求的精度较高时，即使对球面、圆柱、圆锥等简单的曲面，多边形模型也需要大量的多边形来近似表达该曲面，而对复杂的曲面，则数据量更大。因此，在 CAD 领域，特别是在外形要求较高的产品设计中，仅有产品的多边形模型是不够的。

（3）三角 Bezier 曲面方法。由于三角曲面具有构造灵活、边界适应性好的特点，在逆向工程曲面重构研究中一直受到重视。三角曲面重构的一般方法：首先根据原始数据的几何特征提取其特征线（如尖角、曲率极值等），构造初始三角网格；其次将型值点按曲率变化插到网格中实现三角网格的细化；最后运用三角 Bezier 曲面构造光滑曲面。在三角曲面的应用研究中，重点集中在如何提取特征线、如何进行三角剖分和简化三角形网格的问题上。

三角曲面重构方法常用于数据点为密集的散乱数据且曲面对象边界和形状极其复杂的情况，它最适合表现像人脸等无规则复杂形面的自然物体。但是目前已有的三角剖分算法仍然具有以下缺陷：三角剖分算法的时间和空间代价很高，对系统的性能要求高；曲面内的点之间的特征信息没有得到充分的考虑，因而在逼近曲面中不能很好地重构特征；曲面模型与通用的 CAD/CAM 系统集成困难，需要额外的数据模型转化模块。

（4）NURBS 曲面方法。NURBS 曲面方法以 B 样条或 NURBS 进行测量数据拟合，既可表达复杂的自由曲线、曲面，又可精确表示圆锥曲线，具有丰富的计算工具（节点插入、删除、细化、升阶、分割等）。因此，ISO 国际标准化组织已将 NURBS 作为产品几何数据交换的唯一标准。在目前的 CAD/CAM 系统中，大多采用 NURBS 曲面作为其内部统一的几何表示形式，已形成了一套完整的算法。

由于 NURBS 曲面方法的各种优越性，它在逆向工程的曲面重构中得到了广泛的使用，特别是在汽车、飞机、船舶等曲面零件的重构上。但是，一方面由于自由曲面的复杂性以及测量得到的数据点复杂、散乱且缺乏拓扑信息的特性使各类研究实用性受到了限制，导致目前的商用软件仍然停留在手动提取特征线，交叉构造曲面片的阶段；另一方面，已有的研究都希望建立一种可以通用于所有数据点情况的方法，这一个目的使他们其忽略了各类数据点的自身特性，加重数据处理过程中的负担。

(5)细分曲面方法。给定控制顶点网格，按照一定的规则逐渐地加细控制顶点网格，最后得到的曲面称为细分曲面。细分曲面是一个网格序列的极限，网格序列则通过采用一组算法在给定初始网格中插入新顶点并不断重复此过程而获得。由于这种细分方法可以基于任意拓扑的网格来构造曲面，因此细分曲面可以用于混合传统的四边形曲面片以及对这些曲面片形成的洞进行填充。由于其处理任意拓扑网格所表现出的简单性和灵活性以及潜在的多分辨结构，使它成为计算机辅助几何设计(CAGD)和计算机图形学中的一个重要的三维造型方法。

随着计算机软件、三维数据获取技术及相关硬件的迅速发展，以 NURBS 为代表的参数曲面无法满足图形工业对任意拓扑结构的自由曲面造型的迫切需求，而细分曲面在表示和处理任意拓扑结构的复杂曲面方面又有很大的优势，因而其在计算机图形学领域特别是在计算机动画、科学计算可视化、多分辨率分析及医学图像处理等方面得到了广泛应用。

1.4 逆向工程技术在增材制造中的应用

如同 CAD/CAM 技术为传统的数控切削加工提供了强有力的数据支撑一样，逆向工程技术为增材制造技术的普及和应用提供了高效、准确的数据来源。逆向工程技术的广泛使用促进了增材制造技术在各行业的实际应用；同时增材制造技术的发展也推动了逆向工程技术的进步。目前，各行业的专家学者和一线使用者都在尝试将逆向工程技术与增材制造技术相结合，在本行业进行实际应用。以汽车行业为例，逆向工程技术结合增材制造技术可有如下几个方面的应用：

(1)促进汽车创新设计和产品迭代升级。目前汽车行业发展势头迅猛，在新能源、人工智能、自动驾驶等技术的加持下，汽车的更新换代速度明显加快。在新车型创新设计和旧车型迭代升级过程中，逆向工程技术为设计师提供了准确的三维模型数据，增材制造技术为设计师提供了快速的三维实物模型，它们帮助汽车企业提高产品开发效率，降低新产品开发成本，确保产品设计的可靠性，缩短新产品上市时间。

(2)快速检测汽车各零部件的制造质量。汽车的零部件类型繁多、尺寸各异，人工测绘检测费时费力，而采用三维测量技术进行零部件的测绘和对比，可以快速发现零部件上的加工缺陷、尺寸偏差、形位误差等。通过三维扫描增材制造出来的零件，可准确地发现增材制造工艺参数、路径编程和后处理工艺中存在的问题，提高增材制造的加工效率，避免残次品的出现，实现高精度的增材制造工艺规程。

(3)模具的快速复制与损伤修复。在汽车零部件的制造过程中，需要用到各式各样的模具(如铸模、锻模、冲压模和注塑模等)，而且模具的工作频率非常高，到了使用寿命后就需要更换。采用逆向工程技术获取模具的三维模型数据，可以快速复制一个新的模具，及时更换寿命到期的模具。也可以参照模具的原始模型，使用增材制造方法对局部损伤的模具进行快速修复，提高模具的整体使用寿命。

(4)钣金件、冲压件的变形分析。对冲压产品各工序零件及最终产品件进行全尺寸数据扫描，通过制件实际回弹和 CAE 模拟的理论回弹，可分析零件工序间的回弹变形规律；对钣金件、冲压件在各种实验条件下的变形进行三维数据扫描，可通过快速的三维钣金变形分析，提出零件优化设计方案，采用增材制造技术快速制造更加合适的模具，以提高钣金件、冲压件的加工质量，实现闭环 CAE 系统。

(5)虚拟装配和样件试制。通过将各个零部件实体进行三维数字化，实现虚拟装配、虚拟制造。同时，采用增材制造技术快速制造出"复制样件"或"优化样件"，进行真实装配和性能测试。这种虚实结合的手段非常适合汽车、飞机、轮船等大型复杂机器的产品设计，既节约了产品设计的制造成本，又确保了产品设计的可靠性。

总之，逆向工程技术作为消化吸收先进技术、高起点支持产品再创新、在线和离线快速检测的重要技术手段，是解决产品快速开发和创新设计、质量检测的重要技术途径之一，在增材制造技术应用中发挥着重要的作用。本书将分三个部分来详细讲述逆向工程技术的各个关键技术以及在增材制造过程中的应用实例，包括三维数据采集与处理技术、增材制造工艺规划和视觉检测与过程控制。

参考文献

[1] 张丽艳,廖文和,周儒荣.逆向工程的关键技术及其应用研究[J].数据采集与处理,1999,(1):37-40.

[2] 贺美芳.基于散乱点云数据的曲面重建关键技术研究[D].南京:南京航空航天大学,2006.

[3] 金涛,陈建良,童水光.逆向工程技术研究进展[J].中国机械工程,2002,(16)6:86-92.

[4] 胡影峰.Geomagic Studio软件在逆向工程后处理中的应用[J].制造业自动化,2009,31(9):135-137.

[5] GAO W,ZHANG Y,RAMANUJAN D,et al. The status,challenges,and future of additive manufacturing in engineering[J]. Computer Aided Design,2015,69:65-89.

[6] GROSS B C,ERKAL J L,LOCKWOOD S Y,et al. Evaluation of 3D printing and its potential impact on biotechnology and the chemical sciences[J]. Analytical Chemistry,2014,86(7):3240-3253.

[7] 卢秉恒,李涤尘.增材制造(3D打印)技术发展[J].机械制造与自动化,2013,42(4):1-4.

[8] 张楠,李飞.3D打印技术的发展与应用对未来产品设计的影响[J].机械设计,2013,30(7):97-99.

[9] 张学军,唐思熠,肇恒跃,等.3D打印技术研究现状和关键技术[J].材料工程,2016,44(2):122-128.

[10] 李涤尘,田小永,王永信,等.增材制造技术的发展[J].电加工与模具,2012,296(S1):20-22.

[11] 杨强,鲁中良,黄福享,等.激光增材制造技术的研究现状及发展趋势[J].航空制造技术,2016,507(12):26-31.

[12] KHAIRALLAH S A,ANDERSON A T,RUBENCHIK A,et al. Laser powder-bed fusion additive manufacturing:Physics of complex melt flow and formation

mechanisms of pores, spatter, and denudation zones[J]. Acta Materialia, 2016, 108:36 - 45.

[13] LIGON S C, LISKA R, STAMPFL J, et al. Polymers for 3D printing and customized additive manufacturing[J]. Chemical Reviews, 2017, 117(15): 10212 - 10290.

[14] 朱艳青, 史继富, 王雷雷, 等. 3D打印技术发展现状[J]. 制造技术与机床, 2015, 642(12):50 - 57.

[15] 武剑洁, 王启付, 黄运保, 等. 逆向工程中曲面重建的研究进展[J]. 工程图学学报, 2004, (2):133 - 142.

[16] 黄小平, 杜晓明, 熊有伦. 逆向工程中的建模技术[J]. 中国机械工程, 2001, (5):6, 60 - 63.

[17] MIRONOV V, VISCONTI R P, KASYANOV V, et al. Organ printing: Tissue spheroids as building blocks[J]. Biomaterials, 2009, 30(12):2164 - 2174.

[18] MUTH J T, VOGT D M, TRUBY R L, et al. Embedded 3D printing of strain sensors within highly stretchable elastomers[J]. Advanced Material, 2014, 26(36):6307 - 6312.

[19] SAMES W J, LIST F A, PANNALA S, et al. The metallurgy and processing science of metal additive manufacturing[J]. International Materials Reviews, 2016, 61(5):315 - 360.

[20] WANG J, LIU Z, WU Y, et al. Mining actionlet ensemble for action recognition with depth cameras [C]. Providence: IEEE Conference on Computer Vision and Pattern Recognition, 2012.

[21] WANG X, JIANG M, ZHOU Z, GOU J, et al. 3D printing of polymer matrix composites: A review and prospective[J]. Composites Part B-Engineering, 2017, 110:442 - 458.

第 2 章
三维数据获取方法

实物原型的表面数字化是逆向工程实现的第一步,是数据处理、模型重建的基础。该技术的好坏直接影响对实物(零件)描述的精确度和完整度,从而影响重构的 CAD 曲面和实体模型的质量,决定增材制造出来的产品是否真实地反映物体的原始模型,因此,高效、高精度地实现实物原型的表面三维数据采集,是逆向工程实现的基础和关键技术之一。三维数据获取方法主要分为接触式测量方法、非接触式测量方法和逐层扫描测量方法,各种测量方法在测量精度、速度、应用条件等方面都不相同。

本章将介绍逆向工程中涉及的应用较为成熟的三坐标测量机、激光三角测量技术、立体视觉测量技术和移动式测量机器人技术,从测量原理、方法步骤、测量精度等方面进行较为详细的阐述。

2.1 三维模型的数据获取方法概述

2.1.1 三维测量方法简介

实物原型的表面数字化是整个原型反求的基础。逆向工程采用的测量方法主要有三种(表 2-1):

(1)接触式测量法,如使用三坐标测量机(CMM)、机械手测量法。

(2)非接触式测量法,如投影光栅法、激光三角法、立体视觉法、超声波法。

(3)逐层扫描测量法,如工业 CT 扫描法、核磁共振扫描法、自动断层扫描法等。

表 2-1 三维测量方法

接触式测量方法		非接触式测量方法				逐层扫描测量法		
机械手	CMM	投影光栅法	激光三角法	立体视觉法	超声波法	核磁共振扫描法	工业 CT扫描法	自动断层扫描法

其中，三坐标测量机、激光三角法、立体视觉法(双目、多目视觉)作为发展成熟的3种方法，应用非常广泛。对于这3种方法将在后文中给予详细介绍。

各种测量方法在测量精度、速度、应用条件等方面都不尽相同。对逆向工程而言，数据测量应满足下面的要求：

(1)采集的数据应满足工程的实际需要，如汽车行业，其最终的整体精度不能低于0.1mm/m。

(2)快速的数据采集速度，尽量减少测量在整个逆向工程中所占的时间。

(3)数据采集要有良好的完整性，不能有缺漏，以免给后续的曲面重构带来障碍。

(4)数据采集过程中不能破坏被测量实体原型。

(5)尽可能降低测量成本。

表2-2所列为几种主要三维测量方法的特点。

表 2-2　几种三维测量方法的特点

测量方法	精度	速度	是否测内轮廓	形状限制	材料限制	成本
三坐标测量机	高，±0.2μm	慢	否	无	无	高
投影光栅法	高，±0.2μm	快	否	表面变化不能过陡	无	低
激光三角法	较高，±0.5μm	快	否	表面不能过于光滑	无	较高
立体视觉法	低	快	否	无	无	较高
工业CT扫描法	低，大于1mm	较慢	是	无	有	很高
自动断层扫描法	高，±0.025μm	较慢	是	无	无	较高

2.1.2　部分测量方法简介

1. 投影光栅法

投影光栅法的主要原理是将光栅投影到被测物体表面上，受到被测物体表面高度的调制，光栅影线发生变形。通过解调变形光栅影线，就可以得到被测表面的高度信息。其原理如图2-1所示。

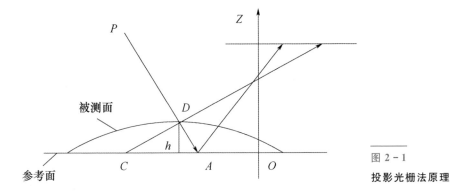

图 2 - 1
投影光栅法原理

入射光线 P 照射到参考面上的 A 点，放上被测物体后，P 照射被测物体上的 D 点，此时从图示方向观察，A 点就移到新位置点 C，距离对应了高度信息 $Z = h(x,y)$，即高度受到表面形状的调制。该方法的优点是实际测量范围大、速度快、成本低、易于实现。缺点是精度低，且只能测量表面起伏不大较平坦的物体，对表面变化幅度较大的物体，在陡峭处会发生相位突变，使测量精度降低。

2. 超声波法

超声波在气体、液体及固体中以不同的速度传播，定向性好、能量集中、传输过程中衰减较少、反射能力较强，因此常用于测量距离，如测距仪和避障传感器等都通过超声波来实现。这类设备结构简单，但测速较慢，测量精度不稳定，目前主要用于物体的无损检测和壁厚测量。

3. 工业 CT 扫描法

工业 CT 扫描适合测量具有复杂内部几何形状的物体，利用它可直接获取物体的截面数据，正好与增材制造方法匹配。它根据 CT 图像来重构三维模型，然后将其转化为可以为激光增材制造设备所采用的 STL 或 CLI 文件。工业 CT 扫描法是目前较为先进的非接触测量方法，它可在不破坏零件的情况下，准确地对物体的内部尺寸、壁厚，尤其是内部结构进行测量，这是其他测量方式难以做到的，而且对零件的材料没有限制。但是，工业 CT 测量方法也存在着测量系统的空间分辨率低、获取数据时间长、重建图像计算量大、设备造价高的缺点。

4. 自动断层扫描法

自动断层扫描是一种新兴的断层测量技术。它以极小的厚度去逐层切削实物（最小可达 ±0.01mm），并对每一断面进行照相，获取截面图像数据，其测量精度达 ±0.02mm，是目前断层测量精度最高的方法，且成本较低，设备价格为工业 CT 扫描设备的 70%～80%，但它的致命缺点是破坏了零件。在国外，美国 CGI 公司已生产层去扫描测量机，能快速、准确地测量零件的表面和内部尺寸，片层厚度最小可达 0.013mm。在国内，海信技术中心工业设计所和西安交通大学合作，研制成功了具有国际领先水平的层去扫描三维测量机。从发展趋势看，工业 CT 扫描法和自动断层扫描法将占逆向工程测量方法的主导地位，应用范围也会越来越广。

5. 核磁共振法

核磁共振技术的理论基础是核物理学的磁共振理论，是 20 世纪 70 年代末以后发展起来的一种新式医疗诊断影像技术。它可以提供人体的断层影像。其基本原理是用磁场来标定人体某层面的空间位置，然后用射频脉冲序列照射，当被激发的核在动态过程中自动恢复到静态场的平衡时，把吸收的能量发射出来，然后利用线圈检测这种信号，将信号输入计算机，经过处理转换在屏幕上显示图像。核磁共振技术提供的信息量不仅大于医学影像学中的其他逆向技术，而且不同于已有的成像技术，它能深入物体内部且不破坏物体，对生物没有损害，在医疗上具有广泛应用。但其不足之处在于造价极为昂贵，空间分辨率不及 CT 扫描，且目前对非生物材料（如金属材料）不适用，一般只适用于医学三维测量。

2.2　三坐标测量机

20 世纪 60 年代以来，工业生产有了很大发展，特别是机床、机械、汽车、航空航天和电子工业兴起后，各种复杂零件的研制和生产需要先进的检测技术与仪器，因而体现三维测量技术的三坐标测量机应运而生。1959 在巴黎召开的国际机床博览会上，由英国的 Ferranti 公司首先提出了"坐标测量"这一概念，随后该公司研制出了世界上第一台功能比较完备的三坐标测量机。

图 2-2 所示为世界上第一个三坐标测量机用电测头和第一套数控系统。

图 2-2

世界上第一台三坐标测量机

作为近几十年发展起来的一种高效率新型精密测量仪器，三坐标测量机已广泛应用于机械制造、电子、汽车和航空航天等领域中。它可以进行对零部件尺寸、形状及相互位置的检测，如对箱体、导轨、涡轮、叶片、缸体凸轮、齿轮等具有空间型面结构的测量。此外，还可用于划线、定中心孔、光刻集成线路，并可对连续曲面进行扫描及制备数控机床的加工程序等。由于它通用性强、测量范围大、精度高、效率高、性能好、能与柔性制造系统相连接，故有"测量中心"之称。

2.2.1 三坐标测量机对三维测量的作用

三坐标测量机的出现是标志计量仪器从古典的手动方式向现代化自动测试技术过渡的一个里程碑。三坐标测量机在下述方面对三维测量技术有重要作用。

(1)解决了对复杂形状表面轮廓尺寸的测量，如箱体零件的孔径与孔位、叶片与齿轮、汽车与飞机等的外廓尺寸检测。

(2)提高了三维测量的精度。目前高精度的坐标测量机的单轴精度可达 $1\,\mu m/m$ 以内。对于车间检测用的三坐标测量机，单轴精度也可达 $3\sim4\,\mu m/m$。

(3)由于三坐标测量机可与数控机床和加工中心配套组成生产加工线或柔性制造系统，故促进了自动化生产线的发展。

(4)随着三坐标测量机的精度不断提高，自动化程度不断发展，三维测量技术也得到了进步，大大提高了测量效率。尤其是电子计算机的引入，不仅便于数据处理，而且可以完成数控(numerical control，NC)功能，可缩短测量时间达 90%以上。

2.2.2　三坐标测量机的原理及分类

1. 三坐标测量机的原理

三坐标测量机是一种通用的三维长度测量仪器，是由三个相互垂直的测量轴和各自的长度测量系统组成的机械主体，结合测头系统、控制系统、数据采集与计算机系统等构成坐标测量系统的主要系统元件。测量时把被测件置于测量机的测量空间中，通过机器运动系统带动测头实现对测量空间内任意位置被测点的瞄准，当瞄准实现时测头即发出读数信号；通过测量系统就可得到被测点的几何坐标值，根据这些点的空间坐标值，利用数学运算得到几何尺寸和相互位置关系。

三维测量机通过控制 x、y、z 三个方向的运动导轨，可测出空间范围内各测点的坐标位置。从理论上讲，三维测量可以对空间任意处的点、线、面及相互位置进行测量，不管多复杂的表面和几何形状，只要测量机的测头能够瞄准（或感受）的地方（接触法与非接触法均可），就可通过坐标测量机的测量系统得到各点的坐标值，经过数学计算得出它们的几何尺寸和相互位置关系，并借助计算机进行数据处理。

2. 三坐标测量机的分类

三坐标测量机主要有 4 种分类方法：

按 CMM 的技术水平分类，可分为数字显示及打印型、带有计算机进行数据处理型、计算机数字控制型。

按 CMM 的测量范围分类，可分为小型坐标测量机，测量范围小于 500mm，主要用于小型精密模具、工具和刀具等的测量；中型坐标测量机，测量范围为 500～2000mm，是应用最多的机型，主要用于箱体、模具类零件的测量；大型坐标测量机，测量范围大于 2000mm，主要用于汽车与发动机外壳、航空发动机叶片等大型零件的测量。图 2-3 所示为青岛雷顿数控设备有限公司生产的 NCG 系列超大型三坐标测量机，最大测量范围达到 5000mm×2500mm×2000mm。

图 2 - 3

NCG 系列超大型三坐标测量机

　　按 CMM 的精度分类，可分为精密型 CMM，单轴最大测量不确定度小于 $1 \times 10^{-6} L$（L 为最大量程，单位为 mm，空间最大测量不确定度小于 $2 \times 10^{-6} \sim 4 \times 10^{-6} L$，一般放在具有恒温条件的计量室内，用于精密测量。中、低精度 CMM，低精度 CMM 的单轴最大测量不确定度为 $1 \times 10^{-4} L$ 左右，空间最大测量不确定度为 $2 \times 10^{-4} \sim 3 \times 10^{-4} L$，中等精度 CMM 的单轴最大测量不确定度为 $1 \times 10^{-5} L$，空间最大测量不确定度为 $2 \times 10^{-5} \sim 3 \times 10^{-5} L$，这类 CMM 一般放在生产车间内，用于生产过程中的检测。德国 LEITZ Messtechnik 最新推出的 PMM - C Ultra（桥式）测量机（图 2 - 4），运动速度可达到 400mm/s，最大加速度达到 3000mm/s，PMM - C Ultra 型的测量范围为 1200mm × 1000mm × 700mm，空间测量精度 E 为 $(0.4 + L/1000) \mu m$；PMM - C1000P 型的测量范围为 1600mm × 1200mm × 1000mm，空间测量精度 E 为 $(1.3 + L/500) \mu m$，使之成为在 Z 轴达到 1000mm 的世界上最为精确的三坐标测量机。

图 2 - 4

PMM - C Ultra(桥式)测量机

按 CMM 的结构形式分类(图 2 - 5),可分为桥式、悬臂式、龙门式等。

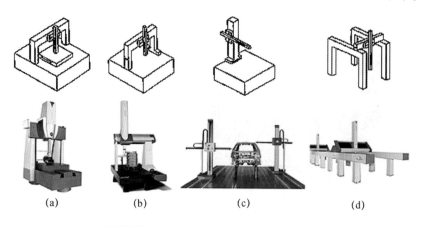

(a)   (b)   (c)   (d)

图 2 - 5　按结构形式分类的三坐标测量机

(a)固定桥式;(b)移动桥式;(c)水平悬臂式;(d)龙门式。

3. Faro 三坐标测量机

Faro 三坐标测量机如图 2 - 6 所示,通过内置激光干涉器、红外线激光发射器、球测量长度、光栅编码器测量水平和仰视角度来实现三维、大体积现场测量。它具有 70m 的测量范围,超级绝对测量模式(X 系列),干涉和绝对测量模式(Xi 系列),使测量过程更精确、更灵活。XtremeADM(绝对距离测量、断点续接)功能可保证系统的稳定精确性。

图 2 - 6

Faro 三坐标测量机

使用此测量系统,操作人员只需用三脚架支起激光跟踪仪,并用标靶反光镜接触或沿着测量工件表面移动。激光跟踪仪投射光束,反光镜将其反射回接收器,计算并记录 70m 范围内每个点的位置。如果激光跟踪仪及靶球之间的光束被意外阻挡，超级绝对测量功能允许在任意位置重新获取光束立即测量，无需返回参考点。

激光器放在主机体内而非放置在跟踪头上。XtremeADM 采用全封闭、平衡的设计，光束通过光纤传送（无反射镜），聚光性好、无干涉、稳定性好、使用寿命长。此种设计使垂直和水平的两个主轴安装工艺更加合理和可靠，XtremeADM 具有 GPS 校准的绝对距离测量、断点续接功能（反应时间为 1/l0s），达到世界上最高的扫描速度，是世界上最先进的 ADM 系统。快速芯轴安装可在几秒内完成。

2.2.3　测量过程

1. 测量前准备

（1）探针的校准。校准在对工件进行实际检测之前，首先要对测量过程中用到的探针进行校准。因为对于许多尺寸的测量，需要沿不同方向进行。系统记录的是探针中心的坐标，而不是接触点的坐标。为了获得接触点的坐标，必须对探针半径进行补偿。因此，首先必须对探针进行校准，一般使用校准球来校准探针。校准球是一个已知直径的标准球。校准探针的过程实际上就是测量这个已知标准球直径的过程。该球的测量值等于校准球的直径加探针的直径，这样就可以确定探针的半径。系统用这个值就可以对测量结果进行补偿，具体操作步骤如下：

①将探针正确地安装在三坐标测量机的主轴上。

②将探针在工件表面上移动，观察是否均能测到，检查探针是否清洁，一旦探针的位置发生改变，就必须重新校准。

③将校准球装在工作台上，要确保校准球不要移动，并在球上打点，测量点个数最少为 5 个。

④测完给定的点数后，就可计算出校准球的位置、直径、形状偏差，由此就可以得到探针的半径值。

测量过程所有要用到的探针都要进行校准，一旦探针位置改变，或者取下后再次使用，也都要重新进行校准。因此，非接触式测量在探针的校准方面要用去大量的时间。为解决这一问题，有的三坐标测量机上配有测头库和测头自动交换装置。测库中的测头经过一次校准后可重复交换使用，而无需重新校准。

(2)工件的找正。三坐标测量机有其本身的机器坐标系。在进行检测规划时，检测点数量及其分布的确定，以及检测路径的生成等，都是在 CAD 中工件坐标系下进行的。因此，在进行实际检测之前，先要确定工件坐标系在三坐标测量机机器坐标系中的位置关系，即要在三坐标测量机机器坐标系中对工件进行找正，通常采用 6 点找正法，即"3—2—1"方法对工件进行找正。具体步骤：首先，通过在指定平面上测量三点(1、2、3)或三点以上的点校准基准面；其次，通过测量两点(4、5)或两点以上的点来校准基准轴；最后，再测一点(6)来计算原点。在以上三步操作中，检测点位置的确定都是依据工件坐标系来选择的。

工件在工作台上的一般有两种搁置方式：一种是通过专用夹具或自动装卸装置将工件放在工作台上的某一固定位置，这样，一次工件找正后，在以后测量同批工件时由于工件位置基本上是确定的，则无需再对工件进行找正，就可以直接进行测量；另一种是通过肉眼的观察直接将工件放在工作台的某一合适位置，这种情况下，每测一个工件前都必须在工作台上对其进行找正。

2. 数据测量规划

数据测量规划的目的是精确而又高效地采集数据。精确是指所采集的数据足够反映样件的特征，而不会产生误解；高效是指在能够正确表示产品特性的情况下，所采集的数据尽量少、所走过的路径尽量短、所花费的时间尽量少。采集产品数据有一条基本的原则：沿着特征方向走，顺着法向方向采集。就好比火车，沿着轨道走，顺着枕木采集数据信息。这是一般原则，实践中应根据具体产品和逆向工程软件来定。下面分两个方面来介绍：

(1)规则形状的数据采集规划对于规则形状，如点、直线、圆弧、平面、圆柱、球等，也包括扩展的规则形状，如双曲线、螺旋线、齿轮、凸轮等，数据采集多用精度高的接触式探头，依据数学上定义这些元素所需的点信息进行测量规划。虽然一些产品的形状可归结为某种特征，但现实产品不可能是理论形状，加工、使用、环境的不同也影响产品的形状。作为逆向工程的测量规划，就不能仅停留在"特征"的抽取上，更应考虑产品的变化趋势，即分析形位公差。

（2）自由曲面的数据采集规划对于自由曲面，多采用非接触式探头或接触与非接触相结合的方法来测量。原则上，要描述自由形状的产品，只要记录足够的数据点信息即可，但很难评判数据点是否足够；在实际数据采集规划中，多依据工件的整体和流向，顺着曲面特征采集。法向特征的数据采集规划，对局部变化较大的地方，仍采用隔行分块补充。

2.2.4　三坐标测量机的发展现状及趋势

1. 三坐标测量机的发展现状

现在，国内外三坐标测量机的应用已相当普遍。根据国际专业咨询公司统计，三坐标测量机年销售增长率在 7%～25%。发达国家拥有量较高，但增长率逐年下降，为 7%～10%；发展中国家拥有量较低，但年增长率不断提高，为 15%～25%。目前，国内外三坐标测量机正迅速发展，世界上生产测量机的厂商已超过 50 家，品种规格也已达 300 种以上。

国外三坐标测量机生产厂家较多，系列品种很多，大多数都有划线功能。著名的国外生产厂家有德国的蔡司（Zeiss）公司和莱茨（Leitz）公司、意大利的DEA 公司、美国的布朗-夏普公司、日本的三丰公司等。总的来说，国外机器有以下特点：

（1）绝大多数机器总体布局为悬臂式，空间敞开性好，便于安装大的零件或整车。

（2）采用计算机辅助设计和有限元法进行优化设计，结构较合理，造型优美。

（3）专项开发力量强，专用软件和附件较多，能满足更多用户的特殊需要。

（4）移动构件多数用合金铝材，移动件质量尽可能小，做到高刚性、低惯性。

（5）配有多项误差补偿软件，可以有效提高机器精度。

（6）配有 32 位 DSP 连续轨迹控制系统，它是一种性能优于 CPU 的数据信号处理器，是超大规模集成电路，它除了有较高的运算和控制功能外，还有内部存储的许多可供开发的高级语言程序。

（7）绝大多数机器采用 Remshow 公司（英国）的电测头，功能齐全，质量可靠。

(8)配有功能齐全的控制测量软件、专用和误差修正软件。

(9)机器的性能高度稳定可靠，使用寿命长。

(10)三坐标测量机与计算机工作站和数控机床联网。

三坐标测量机技术近十多年来有了突飞猛进的发展，特别是数控系统和测量软件每两三年便更新一代；系列品种齐全，"三化"(标准化、通用化、系列化)程度高。

我国自20世纪70年代开始引进、研制三坐标测量机以来，有了很大发展。国内引进较多的是蔡司、莱茨、DEA、布朗-夏普、三丰等公司的产品。国内的生产单位也有了很大的发展，主要的生产厂家有中国航空精密机械研究所、青岛前哨英柯发测量设备有限公司、上海机床厂、北京机床研究所、哈尔滨量具刃具厂、昆明机床厂和新天光仪器厂等。现在，我国具有年产几百台各种型号三坐标测量机的能力。

国内三坐标测量机近十年来发展也较快，但同国外相比还有一定差距，主要有以下几方面：系列品种较少，"三化"程度低，新产品开发周期长，主要原因是元件和材料配套难，机加工周期长等；产品的稳定性较差，特别是电控系统，其可靠性较差、故障率较高、寿命相对低；此外，软件功能相对软少，特别是专用软件更少，与计算机工作站和数控机床联网问题，仅有极少数测量机刚刚起步，多数机器还没开始这项工作，有待进一步开发研究。

2. 三坐标测量机的发展趋势

先进制造技术、各种工程项目与科学实验的需要，对三坐标测量机不断提出新的、更高的要求。从目前国内外三坐标测量机发展情况和科技、生产对三坐标测量机提出的要求看，在今后一段时期内，它的主要发展趋势可以概括为以下几方面：

(1)普及高速测量。质量与效率一直是衡量各种机器性能、生产过程优劣的两项主要指标。传统的要求是为了保证测量精度，测量速度不宜过高。随着生产节奏不断加快，用户在要求测量机保证测量精度的同时，会对 CMM 的测量速度提出越来越高的要求。

(2)新材料和新技术的应用。为确保可靠高速的测量功能，国外十分重视研究机体原材料的选用，最近在传统的铸铁、铸钢基础上，增加了合金、石材、陶瓷等新材料。蔡司、Sheffield、莱茨、Ferranti、DEA 等世界上的主要 CMM 制造厂商，大都采用了重量轻、刚性好、导热性强的合金材料来制造测量机上的运动机构部件。铝合金、陶瓷材料以及各种合成材料在 CMM 中得到了越来越广泛的应用。新型材料良好的导热性，使其在温度分布不均匀时，能在极短的时间内迅速达到热平稳，将由温度变化所产生的热变形减至最低。为此，这些新材料近几年引起了厂商的改型高潮，新品种层出不穷。技术指标的进步表现在两个方面：①最高运动速度达到 15m/s 以上；②环境温度要求可降低到 (20 ± 4)℃。其他一些新技术，如磁悬浮技术也将在测量机及其测头中获得应用。

(3) 测量机测头的发展。三坐标测量机除了机械本体外，测头是测量机达到高精度的关键，也是坐标测量机的核心。与其他各项技术指标相比，提高测头的性能指标难度最大，理想测头最主要的性能指标是测头接近零件能力的参数。在同等精度指标下，测头端部的测头体直径 D 与测杆长度 L 的长径比 D/L 值越大，其性能越好。此外，测量机测头发展的另一个重要趋势是非接触测头的广泛应用。在微电子工业中有许多二维图案，如大规模集成电路掩模等，它们是用接触测头无法测量的。近年来国外光学三坐标测量机发展十分迅速。光学三坐标测量机的核心就是非接触测量。在发展非接触测头的同时，具有高精度、大量程、能用于扫描测量的模拟测头，以及能伸入小孔，用于测量微型零件的专门测头也获得了发展。不同类型的测头同时使用或交替使用，也是一个重要发展方向。

(4) 软件技术的革新。测量机的功能主要由软件决定。三坐标测量机的操作、使用的方便性，也取决于软件。测量机每一项新技术的发展，都必须有相应配套的软件技术跟上。为了将三坐标测量机纳入生产线，需要发展网络通信、建模、CAD 以及实现逆向工程的软件；按 B 样条函数、NURBS 等进行拟合、建模的技术，以及各种仿真软件，也在不断地发展。此外，加快普及使用通用测量软件 (DMIS) 以方便与 CAD/CAM 的数据交换，同时完善应用于不同类型的专用测量软件的开发和使用，最终形成基于同一种平台开发的测量软件族，也成为软件革新的一种必然趋势。

可以说测量机软件是三坐标测量机中发展最为迅速的一项技术。软件的发展将使三坐标测量机向智能化的方向发展。它至少将包括能进行自动编程、按测量任务对测量机进行优化、故障自动诊断等方面的内容。

2.2.5　三坐标测量实例

采用鑫泰濠科技公司生产的 1086 桥式三坐标测量机进行实例测量，如图 2-7 所示。测量机的测量范围：X 为方向 800mm，Y 为方向 1000mm，Z 为方向 600mm，X/Y 测量精度为 $(4.5+L/300)\mu m$，Z 方向测量精度为 $(3+L/300)\mu m$。测量机采用铝合金结构，在获得高刚性的同时，也具有十分出色的热传导性能。测量机测头下面有足够的测量空间，容易装卸工作，方便操作，可以方便地在手动和自动模式之间切换。

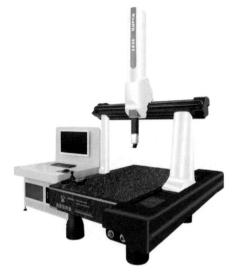

图 2-7

1086 桥式三坐标测量机

为保证测量数据的准确性，应正确使用和定期维护三坐标测量机，严格按照以下的测量流程进行检测：

(1)分析被测零件图纸，了解测量要求和方法，确定检测方案或调用的程序；

(2)根据测量要求选择测头，校准测头；

(3)将被测零件小心地置于测量平台上，并按规划要求放置、固定；

(4)编制或调用测量程序实施检测，首次运行程序应注意减速运行，若发现异常，及时按"紧急停"按钮；

(5)评价测量要素，输出测量结果，保存测量程序；

(6)拆卸零件，清理工作台面，进行必要的保养。

本实例的测量零件是风扇叶片，如图 2 - 8 所示。

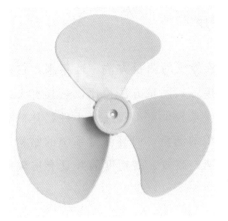

风扇叶片

首先，根据风扇叶片的几何特征和表面粗糙度，选择合适的测头，并进行校准。其次，将风扇叶片稳固地放置在测量平台上，将叶片中心孔原点作为坐标圆点，正确建立坐标系。进行测量零件的构造点采集，测量风扇叶片两侧面，得出点 1、点 2、点 3、点 4，分别构造点 1 和点 2 之间的中点，点 3和点 4 之间的中点。以此类推，每个风扇叶片都构造出内外两个中点，代表风扇叶片的实际位置。这样总共测得 12 个点，构造出 6 个中点，以供后续评价计算使用。编制测量程序对风扇叶片进行数据采集，并使用专用软件对采集到的数据进行误差修正，最终的扫描结果如图 2 - 9 所示。

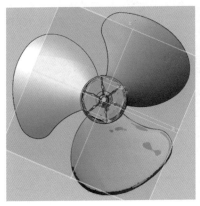

图 2 - 9

风扇叶片扫描图

2.3 激光三角测量技术

激光三角法是一种比较传统的测量方法。近年来，它在诸多领域都有着广泛的应用。与其他非接触式测量方法相比，它具有大的偏置距离和大的测量范围，对待测表面要求较低，不仅适合小件物体的轮廓测量，也非常适合对大型物体形貌体积的测量，而且测量系统的结构非常的简单，维护也非常方便，是一种高速、高效、高精度的并具有广阔应用前景的非接触式测量方法。

2.3.1 激光三角测量原理

激光三角法的基本原理是利用具有规则几何形状的激光束或模拟探针沿样品表面连续扫描，被测表面形成的漫反射光点（光带）在光路中安置的图像传感器上成像，按照三角原理，测出被测点的空间坐标。典型的激光三角法测距光路系统如图 2 - 10 所示。系统主要由激光源、光学系统、探测器（主要是 CCD 或 PSD）以及信号处理器组成。图 2 - 11 所示为三角法位移检测的几何光路。激光器发出的激光束与接收光学系统的主光轴成 θ 角，即为三角成像角。当激光束投射到被测物体表面 A 点时，A 点光斑经光学镜头在 CCD 中

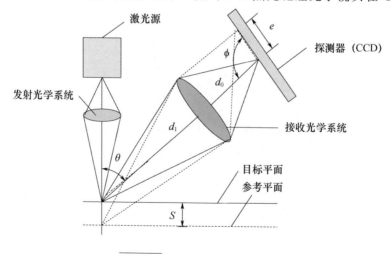

图 2 - 10　激光三角法测距光路

心光敏元件上的 A' 处成像。若被测物位置变化使得激光束射到被测物表面 B 点时，B 点光斑在 CCD 上成像。通过测量 CCD 上成像点 A' 以到点 B' 之间的距离，再根据光电转换等一系列的变换及有关几何光学原理，可算出曲面上 A、B 两点之间在激光束方向的位移差 δ，被测物曲面上的落差 s，CCD 位置倾斜角 θ 和像点间距 e 等几何参数之间的关系，由下面推导计算可以获得。

设接收光学系统透镜的主光轴水平放置方向为横坐标，第一次入射光点 A 为坐标原点，建立图 2-11 所示的直角坐标系。

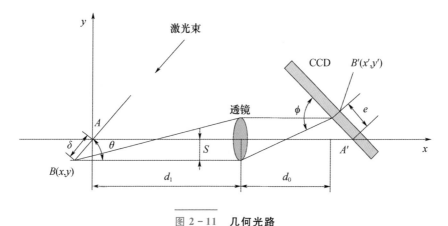

图 2-11　几何光路

$$y = x\tan\theta \tag{2-1}$$

$$\frac{y}{d_1 - x} = \frac{y'}{x' - d_0} \tag{2-2}$$

式中：d_1 为物距；d_0 为像距。

由几何学原理可以得

$$\frac{1}{d_1} + \frac{1}{d_0} = \frac{1}{f} \tag{2-3}$$

式中：f 为摄像机焦距。

$$\frac{1}{d_1 - x} + \frac{1}{x' - d_0} = \frac{1}{f} \tag{2-4}$$

联立式(2-1)~式(2-4)，并对方程组求解，得

$$y' = \frac{d_1 - f\tan\theta}{f}x' - \frac{d_1^2}{f}\tan\theta \tag{2-5}$$

式(2-5)为激光束照射到被测物表面上的像点，经过接收光学透镜后成

像点的轨迹方程。其中 y' 与 x' 成线性关系，即像点 $B'(x', y')$ 所形成的轨迹是一条直线。令其与横坐标 x 轴的夹角为 ϕ，则 ϕ 与 θ 应满足如下关系，以保证被测点成像在 CCD 上。

$$\tan \phi = \frac{d_1 - f}{f} \tan \theta = \frac{d_1}{d_0} \tan \theta \qquad (2-6)$$

由此建立了激光器、光学镜头、光电位姿探测器三者之间的几何位置关系，通过几何关系便可以推导出落差 s 与像点 e 的关系为

$$\frac{s \sin \theta}{e \sin \phi} = \frac{d_1 + s \cos \theta}{d_0 - e \cos \phi} \qquad (2-7)$$

即

$$s = \frac{e d_1 \sin \phi}{d_0 \sin \theta + e \sin(\phi + \theta)} \qquad (2-8)$$

推广之，得

$$s = \frac{e d_1 \sin \phi}{d_0 \sin \phi \pm e \sin(\phi + \theta)} \qquad (2-9)$$

当被测位移位于参考面上方时取加号，位于参考面下方时取减号。

误差计算：设

$$D_1 = \frac{d_1 \sin \phi}{\sin(\phi + \theta)} \qquad (2-10)$$

$$D_2 = \frac{d_0 \sin \phi}{\sin(\phi + \theta)} \qquad (2-11)$$

则式(2-9)变为

$$s = D_1 e / (D_2 \pm e) \qquad (2-12)$$

由式(2-12)可知

$$\frac{\partial s}{\partial e} = \frac{D_1 D_2}{(D_2 \pm e)^2} \qquad (2-13)$$

即 CCD 感应像素偏差 e 与实测距离误差 Δs 间的关系为

$$\Delta s = \frac{D_1 D_2}{(D_2 \pm e)^2} \times \Delta e \qquad (2-14)$$

设 CCD 感应像素偏差的像素误差为 s_e，则对应的实测距离误差 W 为

$$W = \frac{D_1 D_2}{(D_2 \pm e)^2} \times s_e \qquad (2-15)$$

图 2-12 所示为基于三角法的三维扫描仪。

图 2 - 12

基于激光三角法的三维扫描仪

按照光源的不同，光学三角法主要分为点结构光法、线结构光法和编码面结构光法。

(1)点结构光法。激光器投射一个光点到待测物体表面，被测点的空间坐标可由投射光束的空间位置和被测点成像位置所决定的视线空间位置计算得到。由于每次只有一点被测量，为了形成完整的三维面形，必须有附加的二维扫描。它的优点是信号处理比较简单，缺点是需对光束作二维方向的扫描。

(2)线结构光法。系统由线光源和面阵 CCD 摄像机组成。线光源产生一个光平面，投射到被测物体表面而形成一条光带。根据上述同样的原理，被光源照明的物体上各点的三维位置可通过图像中在像平面上的坐标以及光束平面的空间位置等参数得到。由于一次只能得到一条光带上的三维数据，因此为获得完整的三维面形，需要进行一维扫描。与点结构光法相比，线结构光法硬件结构比较简单，数据处理所需的时间也较少。

(3)编码面结构光法。它的系统由一投影仪、一面阵 CCD 组成。结构光照明系统投射一个二维图形(该图形可以是多种形式)到待测物体表面，如将一幅网格状图案的光束投射到物体表面，三维面形同样可通过三角法计算得到。它的特点是不需扫描、适合动态测量。总之，三角法精度很高，但摄像机可能接收不到部分照明区，造成部分数据的丢失。

2.3.2　影响激光三角法测量精度的因素

激光三角法测量速度快、精度高。激光扫描被测物体既可以是硬质工件也可以是柔软样件。其缺点是对被测表面粗糙度、漫反射率和倾角过于敏感，存在"阴影效应"，限制了探头的适用范围；不能测量激光照射不到的位置，对突变的台阶和深孔结构易于发生数据丢失；扫描得到的数据量较大，需经过专门的逆向工程数据处理软件建立曲面模型，且曲面边缘和接合部分的数据需人工修整。在激光三角法测量中，测量精度受到测量系统本身误差、被测物体表面特征和测量环境等多方面的影响。图 2-13 所示为激光三角法位移传感器工作示意图。

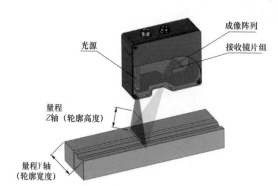

图 2-13

激光三角法位移传感器工作示意图

在测量系统中，光学系统误差主要由激光发生器、CCD 摄像机成像系统引起。从测量原理可知，系统的测量精度主要取决于图像处理过程中激光线中心的提取精度。而激光线中心的提取精度取决于激光线在 CCD 图像上的宽度以及在宽度方向上的光强分布。因此，激光线的优劣以及摄像机分辨率的高低是影响测量精度的关键因素。

测量环境温度变化会引起光学元件的特性变化和传感器外壳尺寸的伸缩。一般来说，光学元件的特性随温度的变化非常小。温度变化主要容易引起检测机构外壳的胀缩，对此可以通过规定使用温度加以限制。

位移检测对激光束被测物体表面形成光斑的散射光强进行感知，若激光束光强分布不好将直接导致散射光斑的信号强度分布出现毛刺、多峰和中心偏离等现象，带来测量误差；光束直径过大，被测物体表面的光斑受到被测物体表面特性影响大，导致散射光斑光能质心与光斑几何中心不重合。

被测物体表面的光泽和粗糙度对检测结果的影响与发射光强类似，直接涉及散射光斑的形状变化和光强的分布。反求设计中常用的被测物体主要是金属、木模或经过表面处理的油泥模型表面，而常用的发射激光是接近红外部分的红光，由于不同的被测物表面颜色对该色光的吸收程度不一，会直接导致检测结果产生误差。

2.3.3 激光三角法测量实例

本实例采用威布三维 FreeScan X5 激光三维扫描仪(图 2-14)对矿用破碎机齿帽(图 2-15)进行实物测量。

图 2-14

威布三维 FreeScan X5 激光三维扫描仪

图 2-15

矿用破碎机齿帽

1. 扫描原理

本实例采用的是结构光法,测量时光栅投影装置投影特定编码的光栅条纹到待测物体上,两个摄像头同步采集相应图像,然后通过计算机对图像进行解码和相位计算,并利用匹配技术、三角测量原理,解算出摄像机与投影仪公共视区内像素点的三维坐标,通过三维扫描仪软件界面可以实时观测相机图像以及生成的三维点云数据。

2. 实验工具和仪器设备

FreeScan X5 激光三维扫描仪的参数表如表 2-3 所示,该设备优势:

①高适用性:适用各种形状、颜色、材质的物体扫描,可在户外光线环

境下扫描；

②非接触式扫描：适合任何类型的物体，除可以覆盖接触式扫描的适用范围之外，可以用于对柔软、易碎物体的扫描以及难于接触或不允许接触扫描的场合；

③高扩展性：可与 DIGMETRIC 摄影测量系统搭配进行超大型物件扫描；

④高精度：计量级测量精度高达 0.03mm/m；

⑤高效率：扫描速率最高可达 350000 次/s。

表 2-3　FreeScan X5 三维扫描仪参数表

类别	参数	类别	参数
质量	0.95kg	测量精度	0.030mm/m
尺寸	130mm×90mm×310mm	体积精度	(0.020+0.080)mm/m
光源	10 束交叉激光线	景深	250mm
扫描速率	350000 次/s	工作距离	300mm
扫描区域	300mm×250mm	测量范围	0.1～10m

3. 扫描步骤

(1)对扫描仪进行标定。采用"张正友标定法"进行标定，仅需要用方形棋盘格作为标定板，根据摄像机拍摄图片，提取角点，即可计算出摄像机内参，这是一种被最为广泛应用的标定方法。标定界面及标定过程如图 2-16、图 2-17 所示。

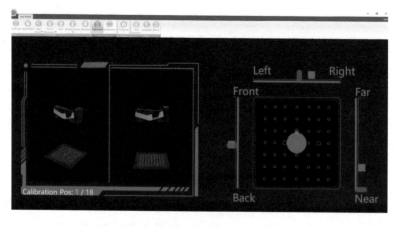

图 2-16　标定界面

图 2 - 17
标定过程

　　(2)新建工程。扫描物件，将矿用破碎机齿帽置于扫描幕布上，摆放位置要尽可能看到更多的产品细节。如图 2 - 18 和图 2 - 19 所示，在扫描界面中单击"新建工程"→"调节采样间隔"，值得注意的是，合理地调节采样间隔能节省大量的工作时间，提高扫描效率。

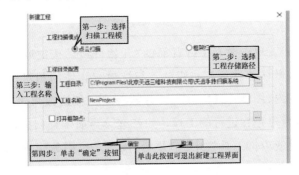

图 2 - 18　新建工程

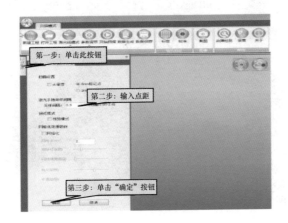

图 2 - 19　调节采样间隔

(3)调节参数。调节操作如图2-20,参数调节主要是调整光源的亮度,找到一个最佳的扫描环境来获取较高质量的三维点云数据。

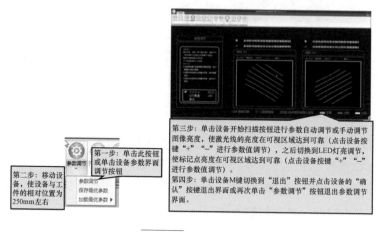

第一步:单击此按钮或单击设备参数界面调节按钮

第二步:移动设备,使设备与工件的相对位置为250mm左右

第三步:单击设备开始扫描按钮进行参数自动调节或手动调节图像亮度,使激光线的亮度在可视区域达到可靠(点击设备按键"+""-"进行参数值调节),之后切换到LED灯亮调节,使标记点亮度在可视区域达到可靠(点击设备按键"+""-"进行参数值调节)。

第四步:单击设备M键切换到"退出"按钮并点击设备的"确认"按键退出界面或再次单击"参数调节"按钮退出参数调节界面。

图 2-20　参数调节

(4)采集点云。单击激光手持背面的"开始/停止"按键或单击工具栏中的"开始"按钮,缓慢移动设备,并使设备与被检测物体的相对距离保持在左侧指示器绿色范围内(图2-21)。按下"开始/停止"按键或单击工具栏中的"开始"按钮,可以暂停正在进行的工程,如若继续当前工程扫描,需再按一下设备的"暂停"按键或单击工具栏中的"开始"按钮。矿用破碎机齿帽表面的点云采集如图2-22所示。

图 2-21　矿用破碎机齿帽的三维扫描过程

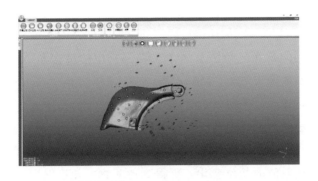

图 2 - 22 齿帽表面的点云采集

(5)模型保存。对采集到的点云数据进行修剪和修补，单击"完成"按钮即可结束模型扫描。单击"导出数据"按钮，打开另存为对话框，系统会自动将文件保存在设置的路径下，且所保存的文件后缀为".ASC"。如需保存为三角面片格式，选择文件后缀为".STL"即可。最终扫描得到的三维模型如图 2 - 23 所示。

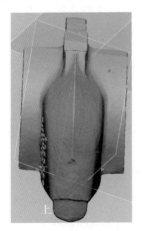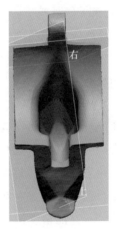

图 2 - 23 矿用破碎机齿帽的点云模型

2.4 双目立体视觉测量技术

2.4.1 立体视觉测量技术简述

立体视觉测量技术根据光照条件可分为主动视觉和被动视觉。

1. 主动视觉

前一节讲到的激光三角法就属于主动视觉中的结构光学三角法。此外，主动视觉还包括成像雷达法、Moire 条纹法、聚焦法等。

1）成像雷达法

成像雷达法的测量原理基于飞行时间（time - of - flight）法。飞行时间法利用波源发射光波测量信号，通过计算待测物体反射回来的时间差得到距离，根据发射波和接收波的相位变化，可得到待测物的轮廓深度，也可以利用相位分割的方式提升返回信号的解析度。目前也有配合外差干涉技术的激光多普勒位移器，精度相当高。这一方法的特点是在大范围内仍可保持较高的精度，但测量速度慢，且造价高。

2）Moire 条纹法

Moire 条纹法是光源发出的光线通过一光栅投射到待测景物表面，其反射光回到光栅处与新的发射光产生干涉，从而在接收器上获得 Moire 条纹。Moire 条纹本身可看成是种距离的增量编码。通过对 Moire 条纹的分析和检测可以获得物体表面的深度图。其系统的精度主要取决于光学光栅的精度和图像特征的提取精度。

3）聚焦法

聚焦法的工作原理是通过将激光器和接收器固定在一个精密三维工作台上，首先激光器发出光束在被测物体表面形成细小光斑，其次利用位置探测器求取光斑大小及位置，再次通过闭环控制系统调节三维工作台移动至最佳位置，最后从工作台读取数据并得出结果。其测量精度与三维工作台的移动精度有关，可以达到很高的精度，但是测量速度较慢。

2. 被动式视觉

被动式视觉是指不向被测物体发射任何可控光束，而根据拍摄的物体图像直接计算三维信息。它主要分为单目视觉、双目（多目）视觉。立体视觉是计算机视觉测量方法中最重要的距离感知技术。它直接模拟人类视觉处理景物的方式，可以在多种条件下灵活地获取景物纹理信息和计算出立体信息。此法成本低，与其他仅获得单一信息的建筑测量仪器相比，具有较大的优越性。

1）单目视觉法

将被测物固定不动，利用一台摄像机在不同的位置摄取物体的图像。在拍摄过程中，使摄像机的前后移动位移已知，或者摄像机固定不动而被测物体的移动位移已知，然后，利用运动图像序列分析方法求取被测物体的形状尺寸。这种方法仅需要一台摄像机，被广泛应用于机器人或机械手臂自导引系统。其系统的精度要受摄像机或物体位移精度的影响。

　　2）双目（多目）视觉法

　　采用两台位置相对固定的摄像机，取得被测物体的图像对，通过对图像特征点的提取及匹配，建立被测物的几何模型，通过"视差"测量原理，将图像坐标转换到空间坐标，以此获取被测物的三维空间尺寸。图 2-24 所示为双目立体视觉系统工作流程。这种方法结构简单，可以获得较高的测量精度，在自动制图、飞机导航、机器人及工业自动化等方面都得到了广泛的应用。

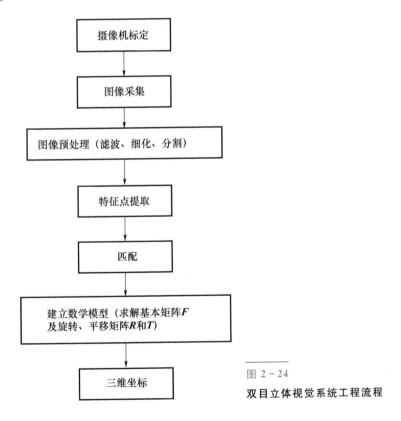

图 2-24

双目立体视觉系统工程流程

　　双目立体视觉系统的基本原理如图 2-25 所示，图中下标 1 和 r 分别标注左、右摄像机的相应空间世界坐标系中一点 A 在左、右摄像机的成像面 I_1 和

I_r 上的成像点，分别为 a_v 和 a_r。这两个像点是在世界空间中同一个像点的像，称为"共扼点"。知道了这两个共扼像点，分别作它们与各自摄像机的光心 O_1 和 O_r 的连线，即投影线 a_1O_1 和 a_rO_r 的交点即为空间对象点的世界坐标 (X_w, Y_w, Z_w)。

2.4.2 数学模型

1. 立体视觉系统中的坐标系

立体视觉中所涉及的坐标系包括世界坐标系、摄像机坐标系和图像坐标系，如图 2-25 所示。

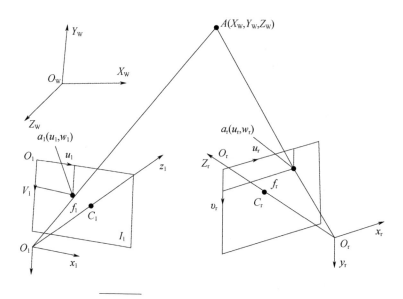

图 2-25 双目立体视觉系统中的坐标系

(1)世界坐标系 (X_w, Y_w, Z_w) 也称全局坐标系，是由用户任意定义的三维空间坐标系，用于描述摄像机和物体的位置。

(2)摄像机坐标系 (X_c, Y_c, Z_c)（图 2-26）原点 O_c 为摄像机光心，z_c 轴与摄像机的光轴重合，与成像面垂直，且取摄影方向为正向；x_c，y_c 轴分别与图像物理坐标系的：x、y 轴平行；图中 O_cO 为摄像机焦距 f。

(3)图像坐标系。在视觉测量中为便于像点和对应物点空间位置相互交换算，摄像机模型通常采用图 2-26 所示的前投影模型，即图像坐标系建立在

摄像机坐标系中 $Z_C = f$ 平面内。图像坐标系是平面直角坐标系，分为图像像素坐标系 (u, v) 和图像物理坐标系 (x, y) 两种，其定义分别如下：

（1）图像像素坐标系 (u, v) 是以图像左上角为原点，以像素为坐标单位的直角坐标系。$(u、v)$ 分别表示像素在数字图像中的列数与行数。

（2）图像物理坐标系 (x, y) 是以光轴与像平面的交点为原点，以毫米为单位的直角坐标系。其 $x、y$ 轴分别与图像像素坐标系的 $u、v$ 轴平行。

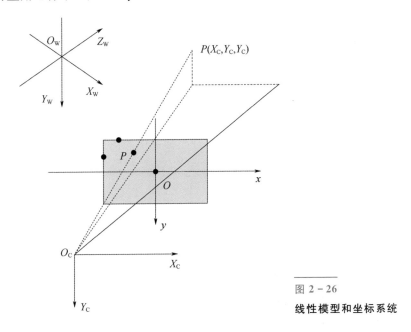

图 2 - 26

线性模型和坐标系统

2. 线性模型

在定义上述坐标系的基础上，我们需要知道各坐标系之间的转换关系，以便进行测量。

（1）世界坐标系与摄像机坐标系之间的变换关系：

$$\begin{pmatrix} X_C \\ Y_C \\ Z_C \\ 1 \end{pmatrix} = \begin{pmatrix} \boldsymbol{R} & \boldsymbol{T} \\ 0 & 1 \end{pmatrix} \begin{pmatrix} X_W \\ Y_W \\ Z_W \\ 1 \end{pmatrix} \tag{2-16}$$

式中：$\boldsymbol{R}$ 为旋转矩阵；$\boldsymbol{T}$ 为平移矩阵。其中，

$$\boldsymbol{R} = \begin{pmatrix} \cos\beta\cos\gamma & \sin\alpha\sin\beta\cos\gamma - \cos\alpha\sin\gamma & \cos\alpha\sin\beta\cos\gamma + \sin\alpha\sin\gamma \\ \sin\gamma\cos\beta & \sin\alpha\sin\beta\sin\gamma + \cos\alpha\cos\gamma & \cos\alpha\sin\beta\sin\gamma - \sin\alpha\cos\gamma \\ -\sin\beta & \sin\alpha\cos\beta & \cos\alpha\cos\beta \end{pmatrix}$$

$$(2-17)$$

由三个旋转矩阵相乘得到，α、β、γ 分别为空间点相对 X_W、Y_W、Z_W 轴的转角。

$$\boldsymbol{T} = \begin{pmatrix} T_X \\ T_Y \\ T_Z \end{pmatrix} \qquad (2-18)$$

式中：T_X、T_Y、T_Z 分别为在三个坐标轴方向上移动的距离。

（2）摄像机坐标系与图像坐标系之间的变换关系。

摄像机坐标系中的物点 P 在图像物理坐标系中的像点 p 坐标为

$$\begin{cases} x = f\dfrac{X_C}{Y_C} \\ y = f\dfrac{Y_C}{Z_C} \end{cases} \qquad (2-19)$$

式中：x、y 为点 P 的图像物理坐标；X_C、Y_C、Z_C 为空间点 P 在摄像机坐标系中的坐标；f 为摄像机焦距。

图像物理坐标系的原点，即光轴与像平面的交点，在理想情况下应位于图像中心处。但由于摄像机制造方面的原因，一般会有偏离。$(u_0,\ v_0)$ 是图像中心（光轴与图像平面的交点）的坐标。像面上每一个像素在 x 轴与 y 轴方向上的物理尺寸分别为 d_x、d_y。将式（2-19）的图像物理坐标系进一步转化成图像像素坐标系，即

$$\begin{cases} u = \dfrac{x}{d_x} + u_0 \\ v = \dfrac{y}{d_y} + v_0 \end{cases} \qquad (2-20)$$

将上面变换写成矩阵形式，即

$$\begin{pmatrix} u \\ v \\ 1 \end{pmatrix} = \begin{pmatrix} 1/d_x & 0 & u_0 \\ 0 & 1/d_y & v_0 \\ 0 & 0 & 1 \end{pmatrix} \begin{pmatrix} x \\ y \\ 1 \end{pmatrix} \qquad (2-21)$$

$$Z_C \begin{bmatrix} x \\ y \\ 1 \end{bmatrix} = \begin{bmatrix} f & 0 & 0 & 0 \\ 0 & f & 0 & 0 \\ 0 & 0 & 1 & 0 \end{bmatrix} \begin{bmatrix} X_C \\ Y_C \\ Z_C \\ 1 \end{bmatrix} \qquad (2-22)$$

由式(2-21)和式(2-22)可以得到空间点 P 与点 p 的像素坐标之间的关系，即

$$Z_C \begin{bmatrix} u \\ v \\ 1 \end{bmatrix} = \begin{bmatrix} 1/d_x & 0 & u_0 \\ 0 & 1/d_y & v_0 \\ 0 & 0 & 1 \end{bmatrix} \begin{bmatrix} f & 0 & 0 & 0 \\ 0 & f & 0 & 0 \\ 0 & 0 & 1 & 0 \end{bmatrix} \begin{bmatrix} X_C \\ Y_C \\ Z_C \\ 1 \end{bmatrix} = \begin{bmatrix} \alpha & 0 & u_0 & 0 \\ 0 & \beta & v_0 & 0 \\ 0 & 0 & 1 & 0 \end{bmatrix} \begin{bmatrix} X_C \\ Y_C \\ Z_C \\ 1 \end{bmatrix}$$

$$(2-23)$$

式中：$\alpha = \dfrac{f}{d_x}$，$\beta = \dfrac{f}{d_y}$ 分别代表以 x 轴与 y 轴方向上的像素为单位表示的等效焦距。

(3)世界坐标系与图像坐标系之间的变换关系。将式(2-16)代入式(2-23)，就可以得到空间点 P 在世界坐标系中的坐标与其像点 p 在图像像素坐标系中的坐标之间的变换关系：

$$Z_C = \begin{bmatrix} u \\ v \\ 1 \end{bmatrix} = \begin{bmatrix} \alpha & 0 & u_0 & 0 \\ 0 & \beta & v_0 & 0 \\ 0 & 0 & 1 & 0 \end{bmatrix} \begin{bmatrix} \boldsymbol{R} & \boldsymbol{T} \\ \boldsymbol{0}^T & 1 \end{bmatrix} \begin{bmatrix} X_W \\ Y_W \\ Z_W \\ 1 \end{bmatrix} \qquad (2-24)$$

可见，在已知摄像机的内外参数的情况下，对于空间任何点 P，如果已知它的世界坐标(X_W、Y_W、Z_W)，就可以求出对应像点 p 的位置(u，v)；反之已知像点坐标也可以求出相应点的世界坐标。

3. 非线性模型

由于镜头加工和安装等多方面的原因，摄像机的线性模型不能准确描述其成像几何关系，尤其是在使用视角较大的广角镜头时，在远离图像中心区域处形成较大的畸变，所以在精度要求较高的场合，需要引入畸变因素。描述非线性畸变可用如下公式：

$$x = x' + \delta_x, y = y' + \delta_y \qquad (2-25)$$

式中：x、y 为由小孔线性模型计算出来的理想图像坐标值；x'、y' 为实际的图像点的坐标；δ_x、δ_y 为非线性畸变值，它与图像点在图像中的位置有关。如果不考虑摄像机的模型畸变就有

$$\delta_x = 0, \quad \delta_y = 0 \tag{2-26}$$

如果仅仅考虑径向畸变，则

$$\delta_{xr} = k_1 x(x^2 + y^2), \quad \delta_{yr} = k_1 y(x^2 + y^2), \quad \delta_x = \delta_{xr}, \quad \delta_y = \delta_{yr} \tag{2-27}$$

但是在实际的应用当中仅仅考虑径向畸变是不够的，特别是在使用广角镜头时，在远离图像中心处会有较大的畸变。若需要较高的精度，还必须考虑偏心畸变、薄棱镜畸变。因此有

$$\delta_x = \delta_{xr} + \delta_{xd} + \delta_{xp}, \quad \delta_y = \delta_{yr} + \delta_{yd} + \delta_{yp} \tag{2-28}$$

式中：δ_r、δ_d、δ_p 分别为径向畸变、偏心畸变、薄棱镜畸变。

偏心畸变公式表达如下：

$$\delta_x = \delta_{xr} + \delta_{xd} + \delta_{xp}, \quad \delta_y = \delta_{yr} + \delta_{yd} + \delta_{yp} \tag{2-29}$$

薄棱镜畸变公式表达如下：

$$\delta_{xp} = s_1(x^2 + y^2), \quad \delta_{yp} = s_2(x^2 + y^2) \tag{2-30}$$

把式(2-27)、式(2-29)、式(2-30)联合相加可以得到

$$\begin{cases} \delta_x = (g_1 + g_2)x^2 + g_4 xy + g_1 y^2 + k_1 x(x^2 + y^2) \\ \delta_y = (g_2 + g_4)y^2 + g_2 xy + g_2 x^2 + k_1 y(x^2 + y^2) \end{cases} \tag{2-31}$$

2.4.3 双目立体视觉精度分析

双目立体视觉是利用两台摄像机来模仿实现人眼的功能，利用空间点在两摄像机像面上的透视成像点坐标来求取空间点的三维坐标。为了分析双目视觉系统的结构参数对视觉精度的影响，建立图 2-27 所示的精度分析模型。为简化分析，设两台摄像机水平放置。

视觉系统的坐标原点为其中一台摄像机的投影中心 $O_1(X_1, Y_1, Z_1)$，摄像机的有效焦距为 f_1、f_2，光轴与 x 轴的夹角为 α_1、α_2，小于摄像机视场角的投射角为 ω_1、ω_2，由几何关系得到 P 点的三维坐标为

$$\begin{cases} x = \dfrac{B\cot(\omega_1 + \alpha_1)}{\cot(\omega_1 + \alpha_1) + \cot(\omega_2 + \alpha_2)} \\[4mm] y = Y_1 \dfrac{z\sin\omega_1}{f_1 \sin(\omega_1 + \alpha_1)} = Y_2 \dfrac{z\sin\omega_2}{f_1 \sin(\omega_2 + \alpha_2)} \\[4mm] z = \dfrac{B}{\cot(\omega_1 + \alpha_1) + \cot(\omega_2 + \alpha_2)} \end{cases} \tag{2-32}$$

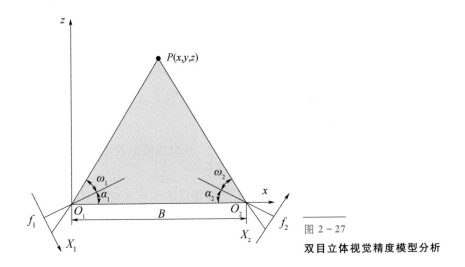

图 2-27
双目立体视觉精度模型分析

下面分析双目立体视觉系统的结构参数以及 P 点的位置对系统测量精度的影响。由式(2-32)得

$$\begin{cases} \dfrac{\partial x}{\partial X_1} = -\dfrac{z^2}{Bf_1}\dfrac{\cot(\omega_2 + \alpha_2)}{\sin^2(\omega_1 + \alpha_1)}\cos^2\omega_1 \\[4mm] \dfrac{\partial x}{\partial X_2} = -\dfrac{z^2}{Bf_2}\dfrac{\cot(\omega_1 + \alpha_1)}{\sin^2(\omega_2 + \alpha_2)}\cos^2\omega_2 \end{cases} \tag{2-33}$$

$$\begin{cases} \dfrac{\partial y}{\partial X_1} = \dfrac{yz}{Bf_1}\dfrac{\cos^2\omega_1}{\sin^2(\omega_1 + \alpha_1)} \\[4mm] \dfrac{\partial y}{\partial X_2} = \dfrac{yz}{Bf_2}\dfrac{\cos^2\omega_2}{\sin^2(\omega_2 + \alpha_2)} \end{cases} \tag{2-34}$$

$$\begin{cases} \dfrac{\partial y}{\partial Y_1} = \dfrac{z}{f_1}\dfrac{\sin\omega_1}{\sin(\omega_1 + \alpha_1)} \\[4mm] \dfrac{\partial y}{\partial Y_2} = \dfrac{z}{f_2}\dfrac{\sin\omega_2}{\sin(\omega_2 + \alpha_2)} \end{cases} \tag{2-35}$$

$$\begin{cases} \dfrac{\partial z}{\partial X_1} = -\dfrac{z^2}{Bf_1}\dfrac{\cos^2\omega_1}{\sin^2(\omega_1 + \alpha_1)} \\[4mm] \dfrac{\partial z}{\partial X_2} = -\dfrac{z^2}{Bf_2}\dfrac{\cos^2\omega_2}{\sin^2(\omega_2 + \alpha_2)} \end{cases} \tag{2-36}$$

设两台摄像机 X 方向的提取精度分别为 δX_1、δX_2，Y 方向的提取精度分别为 δY_1、δY_2，则 P 点的 x 方向的测量精度为

$$\Delta x = \sqrt{\left(\dfrac{\partial x}{\partial X_1}\delta X_1\right)^2 + \left(\dfrac{\partial x}{\partial X_2}\delta X_2\right)^2} \tag{2-37}$$

$$\Delta y = \sqrt{\left(\frac{\partial y}{\partial X_1}\delta X_1\right)^2 + \left(\frac{\partial y}{\partial X_2}\delta X_2\right)^2 + \left(\frac{\partial y}{\partial Y_1}\delta Y_1\right)^2 + \left(\frac{\partial y}{\partial Y_2}\delta Y_2\right)^2} \quad (2-38)$$

$$\Delta z = \sqrt{\left(\frac{\partial z}{\partial X_1}\delta X_1\right)^2 + \left(\frac{\partial z}{\partial X_2}\delta X_2\right)^2} \quad (2-39)$$

$$\Delta xyz = \sqrt{(\Delta x)^2 + (\Delta y)^2 + (\Delta z)^2} \quad (2-40)$$

根据以上分析，可以得出以下结论：

(1)两台摄像机的有效焦距 f_1、f_2 越大，视觉系统的视觉精度越高，即采用长焦距镜头容易获得高的测量精度。

(2)视觉系统的基线距 B 对视觉系统视觉精度的影响比较复杂。当 B 增大时，相应的测量角 $\alpha + \omega$ 变大，使得 B 对精度的影响是非线性的。

(3)位于摄像机光轴上的点的测量精度最低。

2.4.4 双目立体视觉测量实例

本实例采用 Stereolabs 公司 ZED 双目深度传感立体照相机(图 2-28)对大型金属叶片(图 2-29)进行实物测量。由于扫描件的体积较大，很难通过一次性的扫描来获取完整的点云数据，因此需要用到点云拼接技术。

图 2-28　ZED 双目深度传感立体照相机

图 2-29
大型金属叶片

1. 测量仪器和工作原理

ZED 是基于 RGB 双目立体视觉原理的深度传感立体照相机,室内和室外都能使用,最远深度范围可达 20m。该照相机的深度图分辨率最高可达(4416×1242)像素(在 15FPS 采样频率上);也可以根据帧率需要调整,最高帧率(1344×376)像素(在 100FPS 采样频率上),最大覆盖视场角为 110°。图 2 - 30 为该照相机左右摄像头视角下,显示的金属叶片图片。

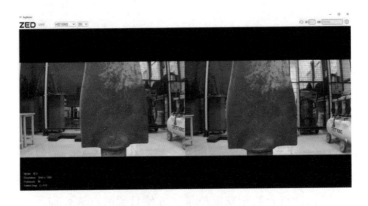

图 2 - 30　ZED 双目深传感立体照相机的左右视角

2. 扫描步骤

(1)新建工程。打开 ZED 扫描软件,先单击"ZED Depth Viewer"测试一下测量环境的状况,并获取金属叶片的实时二值图,如图 2 - 31 所示。

图 2 - 31　深度图像获取

(2)调节参数。根据测量地点的实际环境状况来调节较为合适的测量参数，以获取较高质的三维数据模型。调节操作界面如图2-32所示。

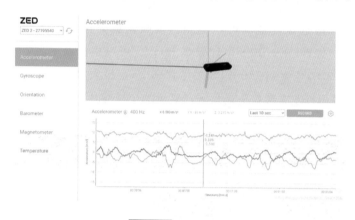

图2-32　调节参数

(3)采集点云。单击"ZEDfu"程序，切换点云数据获取模式，可以获取金属叶片的部分点云数据，如图2-33所示。数据获取的过程中要避免剧烈晃动双目相机，以保证点云数据获取质量，方便后续的点云处理。

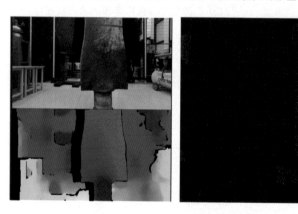

图2-33　双目视觉相机获取的点云数据图

(4)点云拼接。由于金属叶片的体积较为庞大，无法一次性通过双目相机获取其完整的点云数据，因此需要通过后期的点云拼接及网格化来获得准确的金属叶片三维模型。通过双目相机获取的局部点云模型数据如图2-34所示，使用Geomagic Design X软件对点云数据进行拼接处理，处理后的金属叶片三维模型如图2-35所示。

图 2 - 34 局部点云数据

图 2 - 35 拼接处理后的三维模型图

2.5 移动式测量机器人技术

2.5.1 移动式测量机器人的组成

移动式测量机器人主要由 3 部分组成：移动式机器人模块、视觉测量模块与计算机硬件及软件系统模块。其中，移动式机器人选用 Robot Scan E0505 机器人工作站，机器人末端为可替换执行器，可安装不同的视觉测量仪器，其主要参数如表 2 - 4 所示。视觉测量模块选用 FreeScan X5 激光三维扫描仪，其主要参数如表 2 - 5 所示。

表 2 - 4 Robot Scan E0505 参数表

类别	参数	类别	参数
机械质量	320kg	重复定位精度	0.03mm
荷重能力	5kg	TCP 最大速度	1m/s
行程	850mm	防护等级	标准 IP54

表 2 - 5 FreeScan X5 三维扫描仪参数表

类别	参数	类别	参数
质量	0.95kg	测量精度	0.030mm/m
尺寸	130mm×90mm×310mm	体积精度	(0.020 + 0.080)mm/m
光源	10 束交叉激光线	景深	250mm
扫描速率	350000 次/s	工作距离	300mm
扫描区域	300mm×250mm	测量范围	0.1~10m

移动式测量机器人的基本构成和工作流程如图 2 - 36 所示，由计算机控制三维扫描仪和测量机器人的协同工作，并对收集到的数据进行处理加工和分析。三维扫描仪向零件投射激光条纹，有摄像头收集反射光线的信息，通过图像处理算法获得条纹最新的坐标，而后通过坐标变换获取点的三维坐标。测量机器人由计算机进行操控，控制扫描仪的运动，获取二维图像三维数据，生成点云模型。

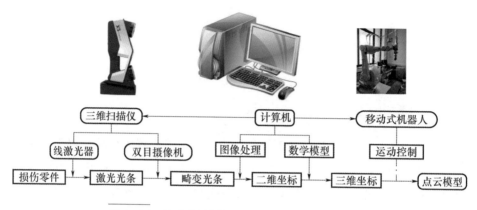

图 2 - 36 移动式测量机器人的基本构成和工作流程

2.5.2　移动式测量机器人的运动学基础

移动式机器人选用的是 Universal Robots 公司的 UR5e 六自由度机械臂（简称 UR5e 机械臂），如图 2-37 所示，安装在移动平台上，并在末端执行器上安装三维扫描仪。UR5e 机械臂的重复定位精度为 ± 0.03 mm，上臂采用后翻转机构，第 1 轴旋转角度为 360°，扩大了工作范围。图 2-38 所示为六自由度机械臂的最大工作范围示意图，灰色区域为可以到达的工作范围。该机械臂可悬挂安装，也可以倒挂安装，以适应不同的工况要求。本节将该机械臂放置于移动平台的基座上，可扩大扫描区间，以适应更多的扫描环境。

图 2-37

Universal Robots UR5e 机械臂

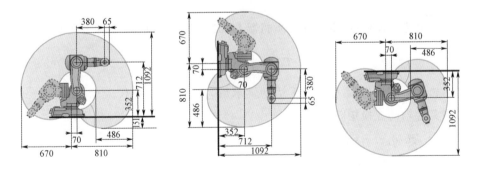

图 2-38　六自由度机械臂最大工作范围示意图（单位：mm）

为更好地了解机器人的结构特点和运动范围，对该机器人建立运动学模型。下面选用建立 D-H 参数法，对机器人连杆和关节确定其几何关系。Robot Scan E0505 机器人的 D-H 连杆坐标系示意图如图 2-39 所示。

在图 2-39 中，l_1 为底座高度，l_2 末端执行器原点到三维扫描仪坐标系拟定原点的距离。θ_i 为关节角，d_i 为连杆偏移距离，a_i 为各连杆长度，z_i

为 z 向坐标。由此可建立 D-H 参数模型。

D-H 法可计算连杆坐标系 $i-1$ 到 i 的变换矩阵为

$$T_i^{i-1} = R(z,\ \theta_i)T(z,\ d_i)T(x,\ a_i)R(x,\ \alpha_i) \qquad (2-41)$$

式中：α_i 为连杆扭转角。

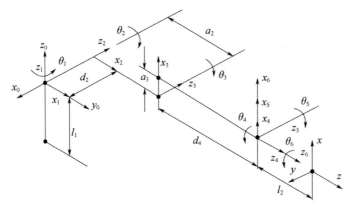

图 2-39
Robot Scan E0505 D-H
连杆坐标系示意图

$$T_i^{i-1} = \begin{bmatrix} \cos\theta_i & -\sin\theta_i & 0 & a_{i-1} \\ \sin\theta_i\cos\alpha_{i-1} & c\theta_i\cos\alpha_{i-1} & -\sin\alpha_{i-1} & -d_i\sin\alpha_{i-1} \\ \sin\theta_i\sin\alpha_{i-1} & c\theta_i\sin\alpha_{i-1} & \cos\alpha_{i-1} & d_i\cos\alpha_{i-1} \\ 0 & 0 & 0 & 1 \end{bmatrix} \quad (2-42)$$

本书选用的 Robot Scan E0505 机器人由末端执行器到基坐标系的变换矩阵为

$$T_6^0 = \prod_{i=1}^{6} T_i^{i-1}(\theta_i) \qquad (2-43)$$

由此可对该机器人进行正运动学求解，将连杆参数代入位姿变换公式，可得到各轴的变换矩阵如下：

$$T_1^0 = \begin{bmatrix} \cos\theta_1 & -\sin\theta_1 & 0 & 0 \\ \sin\theta_1 & \cos\theta_1 & 0 & 0 \\ 0 & 0 & 1 & 0 \\ 0 & 0 & 0 & 1 \end{bmatrix}, \quad T_2^1 = \begin{bmatrix} \cos\theta_2 & -\sin\theta_2 & 0 & 0 \\ 0 & 0 & 1 & d_2 \\ -\sin\theta_2 & -\cos\theta_2 & 0 & 0 \\ 0 & 0 & 0 & 1 \end{bmatrix}$$

$$T_3^2 = \begin{bmatrix} \cos\theta_3 & -\sin\theta_3 & 0 & a_2 \\ \sin\theta_3 & \cos\theta_3 & 0 & 0 \\ 0 & 0 & 1 & 0 \\ 0 & 0 & 0 & 1 \end{bmatrix}, \quad T_4^3 = \begin{bmatrix} \cos\theta_4 & -\sin\theta_4 & 0 & a_3 \\ 0 & 0 & 1 & d_4 \\ -\sin\theta_4 & -\cos\theta_4 & 0 & 0 \\ 0 & 0 & 0 & 1 \end{bmatrix} \quad (2-44)$$

$$T_5^4 = \begin{bmatrix} \cos\theta_5 & -\sin\theta_5 & 0 & 0 \\ 0 & 0 & -1 & 0 \\ \sin\theta_5 & \cos\theta_5 & 0 & 0 \\ 0 & 0 & 0 & 1 \end{bmatrix}, \quad T_6^5 = \begin{bmatrix} \cos\theta_6 & -\sin\theta_6 & 0 & 0 \\ 0 & 0 & 1 & d_4 \\ -\sin\theta_6 & -\cos\theta_6 & 0 & 0 \\ 0 & 0 & 0 & 1 \end{bmatrix}$$

将式（2-44）代入式（2-43），计算得到 T_6^0 结果如下：

$$T_6^0 = \prod_{i=1}^{6} T_i^{i-1}(\theta_i) = \begin{bmatrix} n_x & o_x & a_x & p_x \\ n_y & o_y & a_y & p_y \\ n_z & o_z & a_z & p_z \\ 0 & 0 & 0 & 1 \end{bmatrix} \tag{2-45}$$

式中：

$$n_x = s_6(c_4 s_1 - s_4(c_1 c_2 c_3 - c_1 s_2 s_3)) - c_6(s_5(c_1 c_2 s_3 + c_1 c_3 s_2) - c_5(s_1 s_4 + c_4(c_1 c_2 c_3 - c_1 s_2 s_3)))$$

$$n_y = -c_6(s_5(c_2 s_1 s_3 + c_3 s_1 s_2) + c_5(c_1 s_4 - c_4(c_2 c_3 s_1 - s_1 s_2 s_3))) - s_6(c_1 c_4 + s_4(c_2 c_3 s_1 - s_1 s_2 s_3))$$

$$n_z = s_4 s_6(c_2 s_3 + c_3 s_2) - c_6(s_5(c_2 c_3 - s_2 s_3) + c_4 c_5(c_2 s_3 + c_3 s_2))$$

$$o_x = s_6(s_5(c_1 c_2 s_3 + c_1 c_3 s_2) - c_5(s_1 s_4 + c_4(c_1 c_2 c_3 - c_1 s_2 s_3))) + c_6(c_4 s_1 - s_4(c_1 c_2 c_3 - c_1 s_2 s_3))$$

$$o_y = s_6(s_5(c_2 s_1 s_3 + c_3 s_1 s_2) + c_5(c_1 s_4 - c_4(c_2 c_3 s_1 - s_1 s_2 s_3))) - c_6(c_1 c_4 + s_4(c_2 c_3 s_1 - s_1 s_2 s_3))$$

$$o_z = s_6(s_5(c_2 c_3 - s_2 s_3) + c_4 c_5(c_2 s_3 + c_3 s_2)) + c_6 s_4(c_2 s_3 + c_3 s_2)$$

$$a_x = -c_5(c_1 c_2 s_3 + c_1 c_3 s_2) - s_5(s_1 s_4 + c_4(c_1 c_2 c_3 - c_1 s_2 s_3))$$

$$a_y = s_5(c_1 s_4 - c_4(c_2 c_3 s_1 - s_1 s_2 s_3)) - c_5(c_2 s_1 s_3 + c_3 s_1 s_2)$$

$$a_z = c_4 s_5(c_2 s_3 + c_3 s_2) - c_5(c_2 c_3 - s_2 s_3)$$

$$p_x = a_1 c_1 - d_3 s_1 - d_4(c_1 c_2 s_3 + c_1 c_3 s_2) + a_2 c_1 c_2 - a_3 c_1 s_2 s_3 + a_3 c_1 c_2 c_3$$

$$p_y = c_1 d_3 + a_3 s_1 - d_4(c_2 s_1 s_3 + c_3 s_1 s_2) + a_2 c_2 s_1 - a_3 s_1 s_2 s_3 + a_3 c_2 c_3 s_1$$

$$p_z = -a_2 s_2 - d_4(c_2 c_3 - s_2 s_3) - a_3 c_2 s_3 - a_3 c_3 s_2 \tag{2-46}$$

其中，s_{1z} 为 $\sin(\theta_1 + \theta_2)$ 的简略，其余各式的完整表达式不再赘述。

在扫描大型零件时，受限于机械臂的运动空间有限，扫描中往往只能获取部分数据。再配合移动式小车或平移台，可以完成更全面的扫描。但由于机械臂的相对位置变化，也会涉及机器人的坐标变换。

图 2-40 所示为移动式导轨广义坐标的示意图。该机器人状态可用 $q = [x,$

y，θ]完整描述，$(x，y)$是机器人等效中心在笛卡儿坐标系下的坐标，θ是相对于x轴的方向角。该机器人的运动学模型可视为微分平滑输出，即对每一段输出轨迹都有对应的唯一控制输入。因此可采用插值法确定满足特定条件的路径。给定一个笛卡儿坐标系路径$[x(s)，y(s)]$，则有对应的唯一确定状态轨迹$\boldsymbol{q}(s)=[\,x(s)\quad y(s)\quad \theta(s)\,]^{\mathrm{T}}$，由此可确定其几何输入式为

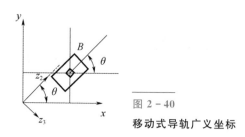

图 2 - 40

移动式导轨广义坐标

$$\theta(s) = \mathrm{Atan2}[y'(s), x'(s)] + k\pi \quad (k=0,1) \tag{2-47}$$

$$\tilde{v}(s) = \pm\sqrt{[x'(s)]^2 + [y'(s)]^2} \tag{2-48}$$

$$\tilde{\omega}(s) = \frac{y''(s)x'(s) - x''(s)y'(s)}{[x'(s)]^2[y'(s)]^2} \tag{2-49}$$

通过笛卡儿多项式将其转化为从初始态$\boldsymbol{q}(s_i)=[\,x_i\quad y_i\quad \theta_i\,]^{\mathrm{T}}$到终止状态$\boldsymbol{q}(s_f)=[\,x_f\quad y_f\quad \theta_f\,]^{\mathrm{T}}$的路径规划问题。基于插值法的基本思想，采用三次多项式：

$$x(s) = s^3 x_f - (s-1)^3 x_i + \alpha_x s^2(s-1) + \beta_z s(s-1)^2 \tag{2-50}$$

$$y(s) = y^3 x_f - (s-1)^3 y_i + \alpha_y s^2(s-1) + \beta_y s(s-1)^2 \tag{2-51}$$

满足x和y的边界约束，代入式(2-47)~式(2-49)即可求出运动过程中的方向变化和几何输入，进而计算机器人坐标中心变化规律。

2.5.3　移动式机器人的操作模拟

移动式机器人操作模拟采用 Unviversal - Robot - Unity 软件。该软件是由 Unviversal Robots 公司开发的一种可对各类移动式机器人做离线程序编辑、加工程序仿真和路径仿真的软件。为了防止扫描过程中出现奇异点、扫描角度偏移或者机器人与检测工件发生碰撞，可在实际操作之前通过此软件进行模拟仿真。图 2-35 所示为模拟扫描平台示意图，可在图中所示的模拟场景下进行机器人的扫描操作实验。

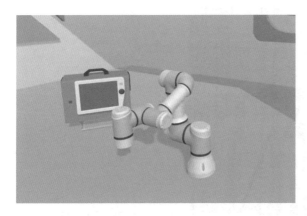

图 2 - 41

模拟扫描平台示意图

　　机械臂控制程序可在示教器下进行编辑,同时也可以手动控制机械臂模拟。图 2 - 42 所示为模拟示教器,模拟示教器有手动操作模拟和程序编辑模拟两种操控方式。通常机械臂移动有两种路径生成方法:一种是根据最末端的位置变化情况,联动各个关节,完成机械臂的运动;另一种是直接调整各关节的角度,完成机械臂的运动。

图 2 - 42

模拟示教器

2.5.4　移动式测量机器人扫描实例

　　本实例采用 Robot Scan E0505 工业机器人与 Free Scan X5 激光三维扫描仪(图 2 - 43)对汽车轮毂(图 2 - 44)进行实物测量。采用增材制造成形的定制夹具将激光三维扫描仪固定在工业机器人的末端上,完成移动式测量机器人的组装。具体的扫描步骤如下:

图 2 - 43

移动式测量机器人的组装

图 2 - 44

汽车轮毂

(1)对扫描仪进行标定。移动式测量机器人的组装后,需要先对三维扫描仪进行重新标定,以确定拍摄图像与真实世界坐标之间的线性对应关系。标定界面及标定过程见 2.3.3 节。

(2)新建工程。将汽车轮毂置于移动式机器人的工作台上,摆放位置要尽可能看到更多的产品细节。在扫描界面中单击"新建工程"→"选择扫描点距"→"调节参数"→"扫描点云"。

(3)点云数据采集。根据零件的尺寸大小和结构特点,通过软件模拟或示教器操作来编写机器人的扫描路径。首先,让移动扫描机器人按预先设置好的扫描路径进行测量,三维扫描仪可以自动地获取尽可能多的零件表面数据。其次,根据自动扫描的实际效果,人工操作机器人进行补扫或局部精扫,已获得最佳的测量数据。另外,要获得汽车轮毂的全部点云数据,还需要对零件进行一次翻转。图 2 - 45 所示为零件的三维扫描过程。

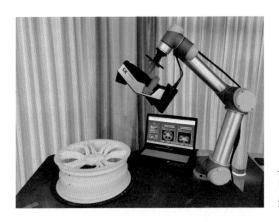

图 2 - 45
汽车轮毂的三维扫描过程

(4)三维模型生成。对获得的点云数据需要进行点云拼接、修补降噪等一系列预处理，然后进行三角化和模型重构，最终才能生成完整的三维模型。点云数据的预处理、三角化及模型重构的相关操作将在后面的章节进行介绍。获得的汽车轮毂三维模型如图 2 - 46 所示。

图 2 - 46 **汽车轮毂的三维模型**

参考文献

[1] 吴惟明,毕仕强. 浅谈世界汽车发展史[J]. 科技经济导刊,2020,28(24):44.

[2] 卢秉恒,李涤尘. 增材制造(3D打印)技术发展[J]. 机械制造与自动化,2013, 42(4):1 - 4.

[3] 李涤尘,田小永,王永信,等. 增材制造技术的发展[J]. 电加工与模具,2012, 296(S1):20 - 22.

［4］HONG S,CHO K. 3D Scanning Embedded System Design［J］. Journal of the Korea Society of Digital Industry and Information Management. 2017;13(4)：49 – 56.

［5］COUSLEY R R J,GIBBONS A,NAYLER J. A 3D printed surgical analogue to reduce donor tooth trauma during autotransplantation［J］.Journal of orthodontics,2017,44(4):287 – 293.

［6］GUO Z ,CUI M. Research on crotch structure of fitted man's trousers based on 3D scanning data of human body：Science and engineering research center：Proceedings of 2017 2nd international conference on electrical,control and automation engineering（ECAE 2017）［C］. Xiamen：Science and Engineering Research Center：Science and Engineering Research Center,2017.

［7］MAREK H,JACEK Z,ŁUKASZ D. Development of a Method for Tool Wear Analysis Using 3D Scanning［J］. Metrology and Measurement Systems,2017,24(4):739 – 757.

［8］KHAYATZADEH R,ÇIVITCI F,FERHANOČLU O. A 3D scanning laser endoscope architecture utilizing a circular piezoelectric membrane［J］. Optics Communications,2017,405:222 – 227.

［9］LI X,HUANG Z,DENG Y,et al. Three – dimensional translations following posterior three – column spinal osteotomies for the correction of severe and stiff kyphoscoliosis［J］. Spine Journal,2017,17(12):1803.

［10］WANG W ,ZHANG C. Separating coal and gangue using three – dimensional laser scanning［J］. International Journal of Mineral Processing,2017,169:79 – 84.

［11］王丽辉. 三维点云数据处理的技术研究［D］. 北京:北京交通大学,2011.

［12］徐源强,高井祥,王坚. 三维激光扫描技术［J］. 测绘信息与工程,2010,35(04):5 – 6.

［13］董锦菊. 逆向工程中数据测量和点云预处理研究［D］. 西安:西安理工大学,2007.

［14］袁夏. 三维激光扫描点云数据处理及应用技术［D］. 南京:南京理工大学,2006.

［15］丁清光. 空间三维数据的实时获取与可视化建模［D］. 郑州:解放军信息工程大学,2006.

［16］毛方儒,王磊.三维激光扫描测量技术［J］.宇航计测技术,2005,(02):1-6.

［17］贺美芳.基于散乱点云数据的曲面重建关键技术研究［D］.南京:南京航空航天大学,2006.

［18］金涛,陈建良,童水光.逆向工程技术研究进展［J］.中国机械工程,2002,(16):6,86-92.

［19］胡影峰.Geomagic Studio 软件在逆向工程后处理中的应用［J］.制造业自动化,2009,31(9):135-137.

［20］卢秉恒,李涤尘.增材制造(3D 打印)技术发展［J］.机械制造与自动化,2013,42(4):1-4.

［21］李涤尘,田小永,王永信,等.增材制造技术的发展［J］.电加工与模具,2012,296(S1):20-22.

第3章
数据预处理技术

在第 2 章我们介绍了各种数据获取方法。无论是接触测量还是非接触测量，在扫描的过程中都会不可避免地引入数据误差，尤其是在尖锐边缘和产品边界附近的测量数据误差。测量数据中的坏点可能使该点及其周围的曲面片偏离原曲面，同时由于实物几何拓扑和测量手段的制约，在数据测量时会存在部分测量盲区和缺口，给后续造型带来影响。与此同时，非接触测量方法在工业中得到越来越广泛的应用，这种测量方法测得的数据非常庞大，并常常带有许多的杂点、噪声点，影响后续的曲线、曲面重构过程。因此，需在曲面重构前对点云进行一些必要的处理，以获得满意的数据，为曲面重构过程做好准备。

一般 CAD 模型重建之前均应进行数据预处理工作，包括剔除异常数据、补齐遗失点、数据平滑、滤波去噪、光顺、数据精简、数据压缩、归并冗余数据、数据的曲面分割、特征提取、多次测量数据及图像的数据定位对齐、对称零件的对称基准重建等。本章将重点介绍点云数据预处理过程中的关键技术。

3.1 测量数据的剔除和修补

因为点云数据中存在偏离原曲面的坏点和由于测量手段或测量环境引起的盲区和缺口，所以需要对测量得到的数据进行坏点剔除和数据修补。

3.1.1 异常点处理

不同测量方式得到的点云数据呈现方式各不相同。根据点云的分布特征，点云分为散乱点云、扫描线点云、网格化点云。其类型与特征如表 3 - 1 所示。

对于扫描线点云，常用的检查方式是将这些数据点显示在图形终端上，或者生成曲线曲面，采用半交互、半自动的光顺方法对数据进行检查、调整。

表 3-1　点云类型与特征

点云类型	点云特征	点云获取方式
散乱点云	点云没有明显的几何分布特征，呈散乱无序状态	CMM、激光测量随机扫描、立体视觉测量法
扫描线点云	点云由一组扫描线组成，扫描线上的所有点位于扫描平面内	CMM、激光点光源测量系统沿直线扫描和线光源测量系统扫描
网格化点云	点云分布在一系列平行平面内，用线段将同一平面内距离最小的若干相邻点依次连接，形成一组平面三角形	莫尔等高线测量、工业 CT、切层法、核磁共振成像

扫描线点云通常是根据被测量对象的几何形状，锁定一个坐标轴进行数据扫描得到的，它是一个平面数据点集。由于数据量大，不可能对数据点重复测量，故容易产生测量误差。在曲面造型中，数据中的"跳点"和"坏点"对曲线的光顺性影响较大。"跳点"也称失真点，通常由于测量设备的标定参数发生改变和测量环境突然变化造成；人工手动测量时，还会由于操作误差，如探头接触部位错误，使数据失真。因此测量数据的预处理首先是从数据点集中找出可能存在的"跳点"。如果在同一截面的数据扫描中，存在一个点与其相邻的偏距较大，可以认为这样的点是"跳点"，判断"跳点"的方法有以下 3 种：

(1)直观检查法：通过图形终端，用肉眼直接将与截面数据点集偏离较大的点或存在于屏幕上的孤点剔除。这种方法适合于数据的初步检查，可从数据中筛选出一些偏差比较大的异常点。

(2)曲线检查法：通过截面数据的首末数据点，用最小二乘法拟合一条曲线(图 3-1)，曲线的阶次可根据曲面截面的形状设定，通常为 3 阶或 4 阶，然后分别计算中间数据点到样条曲线的欧氏距离，如 $\parallel e \parallel \geqslant \varepsilon$($\varepsilon$ 为给定的允差)，则认为 P_i 是坏点，应以剔除。

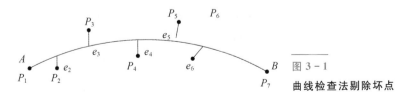

图 3-1
曲线检查法剔除坏点

（3）弦高差方法：连接检查点前后两点，计算 P_i 到弦的距离，同样如果 $\| e \| \geqslant \varepsilon$，则认为 P_i 是坏点，应以剔除。这种方法适合于测量点均布且点较密集的场合，特别是在曲率变化较大的位置，如图 3-2 所示。

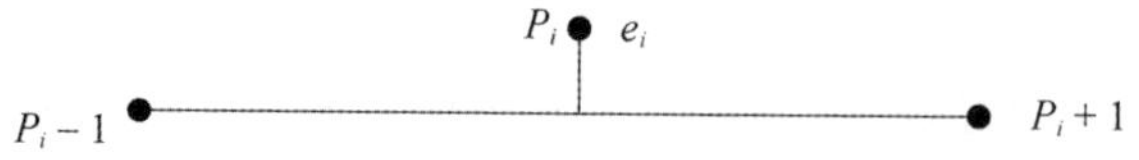

P_i ● e_i

P_i-1 ●━━━━━━━━━━━━━━━━━● P_i+1

图 3-2
弦高差方法

上述方法都是一种事后处理方法，即已测得数据再来判断数据的有效性。根据弦高差的方法，还可以建立一种测量过程中既可以测量位置进行确定，又可以测量数据进行取舍的方法，具体为编制 CMM 测量程序，给定允许弦差，当测量扫描时不断计算运动轨迹当前采样点和已记录点的连线（弦）到该段运动轨迹中心的高度 h，通过给定弦差来判定当前采样点是否列记录。弦高差 h（图 3-3）按下式计算：

$$h = \frac{\left| A(x-x_i) + B(y-y_i) \right|}{(A^2 + B^2)^{1/2}} \tag{3-1}$$

$$A = y_i - y_{i+1}, \quad B = x_i - x_{i+1} \tag{3-2}$$

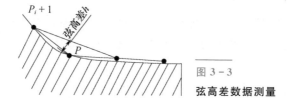

图 3-3
弦高差数据测量

3.1.2 数据修补

1. 数据修补方法综述

从各类扫描设备获得数据后，需要对所得数据进行修补。数据修补对接触式设备尤为重要。其原因体现在 3 个方面：①由于实物拓扑结构的限制，实物数字化时会存在一些探头无法测到的区域。②实物零件中经常存在经剪裁或"布尔减"运算等生成的外形特征，如表面凹边、孔及槽等，使曲面出现缺口，这样在造型时就会出现数据"空白"现象，使逆向建模变得困难。一种可选的解决办法是通过数据修补的方法来补齐"空白"处的数据，最大限度获得实物剪裁前的信息，这将有助于模型重建工作，并使恢复的模型更加准确。

③在测量过程中，设备读入的点并不是所测零件表面上的点，而是测量机测头中心的坐标，影响造型精度。目前应用于逆向工程的数据修补方法或技术主要为实物填充法，造型设计法，曲线、曲面插值补充法和基于神经网络的数据修补法等。

1）实物填充法

在测量之前，将凹边、孔及槽等区域用一种填充物填充好，要求填充表面尽量平滑，与周围区域光滑连接。填充物要求有一定的可塑性，在常温下则要求有一定的刚度特性（支持接触探头）。在实践中，可以采用生石膏加水后将孔或槽的缺口补好，在短时间内固化，等其表面较硬时就可以开始测量。测量完毕后，将填充物除去，再测出孔或槽的边界，用来确定剪裁边界。

2）造型设计法

在实践中，如果实物中的缺口区域难以用实物填充，可在模型重建过程中运用 CAD 软件或逆向造型软件的曲面编辑功能，如延伸（extend）、连接（connect）和插入（insert）等功能，根据实物外形曲面的几何特征，设计出相应的曲面，再通过剪裁，离散出需插补的曲面，得到测量点。

3）曲线、曲面插值补充法

曲线、曲面插值补充法，主要用于插补区域面积不大、周围数据信息完善的场合。其中曲线插补主要用于具有规则数据点或采用截面扫描测量的曲面；而曲面插补既适用于规则数据点也适用于散乱点。曲面类型包括参数曲面、B 样条曲面和三角曲面等。

曲线拟合插补法，首先利用已测数据拟合得到截面曲线，根据曲面的几何形状，利用曲线编辑功能，选择曲线切向延拓、抛物线延拓和弦向砥拓等不同方式，将曲线延拓通过需插补的区域，然后离散曲线形成点列，补充到空白区域。对特征边处，数据不整齐的情况也可以采用此方法进行数据的整形处理。曲面拟合插补的方法与曲线拟合插补基本相同。无论是基于曲线还是曲面插补，得到的数据点都需在生成曲面后，根据曲面的光顺和边界情况反复调整，以达到最佳插补效果。

2. 基于神经网络的数据修补技术

下边介绍一种遗传算法（genetic algorithm，GA）与 BP 神经网络结合的数据修补算法。

1)数据修补的神经网络数学模型

遗传算法与 BP 神经网络有多种结合方式，既可以应用遗传算法确定出网络的结构，也可以固定网络结构，利用遗传算法优化模型参数。通过运用 BP 神经网络进行数据修补的实践结果表明，采用双隐层且每个隐层含有 10 个节点的网络模型效果最佳。根据数据修补的特点，采用双输入单输出网络，以实际测量获得的系列离散数字化点作为训练样本。网络训练完毕后就可以利用该网络生成样件破损区域的数据信息作为该处的测量修补数据。

数据修补神经网络的拓扑结构是一个前向无反馈网络，如图 3 - 4 所示。它由一系列节点通过网络相互连接而成，且分为输入层、输出层、隐含层 3 层结构。令 θ_j^h 表示第 h 层中第 j 个神经元的阈值，ω_{ij}^h 表示第 $h-1$ 层第 i 个神经元到第 h 层第 j 个神经元的连接权值。网络的能量函数为 Sigmoid 函数：$g(x) = 1/[1 + \exp(-x)]$。

遗传算法的快速寻优能力，可以大幅度提高神经网络的训练质量和训练速度。遗传算法的表达模式是将问题搜索空间的每一个可能点表示为确定长度的染色体串。在数据修补网络模型中，染色体的编码如图 3 - 5 所示，采用二进制编码形式将多层前馈神经网络的连接权值映射为染色体的编码，按照权阵逐层由行到列按顺序排序。在染色体中权值仅能被取为系列离散值，精度要求越高，染色体串越长。

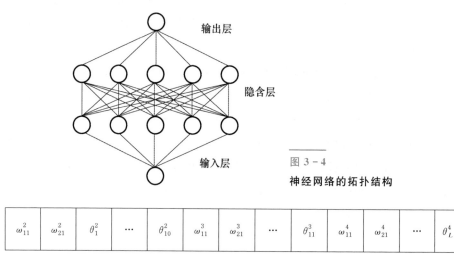

输出层

隐含层

输入层

图 3 - 4
神经网络的拓扑结构

| ω_{11}^2 | ω_{21}^2 | θ_1^2 | ... | θ_{10}^2 | ω_{11}^3 | ω_{21}^3 | ... | θ_{11}^3 | ω_{11}^4 | ω_{21}^4 | ... | θ_L^4 |

图 3 - 5　以网络权值编码的染色体

2)神经网络的算法过程

设网络输入模式为 $X(k)=\{x_i(k)\}$，期望输出为 $T(k)=\{t_j(k)\}$；实际输出为 $Y(k)=\{y_i(k)\}$；$k=1,2,3,\cdots,N$；N 为训练样本数，则 $y_i(k)$ 的计算式为

$$\begin{cases} a_j(k)=\sum_\tau \omega_{ij}(k)y_i(k)-\theta_j(k) \\ y_j(k)=1/[1+\exp(-a_j(k))] \end{cases} \tag{3-3}$$

定义网络第 k 个训练样本的误差函数 $e_i(k)=\dfrac{1}{2}\big[t_i(k)-y_i(k)\big]^2$，$j\in$ Out_{nd}。其中 Out_{nd} 为输出节点集合。该算法具体过程如下：

(1)样本归一化。

$$x_i(k)\Leftarrow\frac{x_i(k)-x_{i\min}}{x_{i\max}-x_{i\min}},\ y(k)\Leftarrow\frac{y(k)-y_{\min}}{y_{\max}-y_{\min}};\ i=1,2;\ k=1,2,\cdots,N \tag{3-4}$$

(2)确定 GA 和 BP 算法迭代过程各自的允差为 ε_1、ε_2；设置 BP 算法步长为 η，冲量为 δ，设定 GA 算法群体规模为 M、变异概率为 λ、代沟为 G。使用随机方法产生初始解群。

(3)解码染色体串，按式(3-3)计算个体映射误差并对整个染色体群进行排序，映射误差小的个体排在前面，以序号代表各个体等级。

(4)以排序选择算法选取双亲，并对其按 Bernoulli 方式进行变异。Bernoulli 试验的具体方法是：如果 $\mathrm{random}(J+1/J)<\lambda$，则对该位进行变异；否则保持该位不变。其中 $\mathrm{random}(J+1)$ 表示随机产生 0 到 J 之间的整数。

(5)采用部分匹配交叉策略对双亲进行杂交，产生新一代染色体，并用其替换等级最低的父代染色体。

(6)重复步骤(4)、(5)直至父代染色体中 $M\cdot G$ 个染色体被替换。比较第一条染色体的映射误差是否小于允差 ε_1，若是，则进行下一步；否则，返回步骤(3)。

(7)对最优染色体进行编码，生成 BP 算法的初始权阵，标记算法的初始误差，定义最优权值阵 $\{\omega_{ij}^{\mathrm{opt}}\}$ 和最小误差 $\min E$，令 $m=0$。

(8)计算整体均方误差：

$$E(m)=\frac{1}{2}\sum_{k=1}^{N}\big[y_i(k)-t_j(k)\big]^2 \tag{3-5}$$

(9)若 $E(m) < E(m) - 1$，接受修改权值，令 $\eta = \eta b$，$b > 1.0$。判断是否有 $E(m) < \varepsilon_2$，若是，则令 $\omega_{ij}^{opt} \leftarrow \omega_{ij}$，$\min E = E(m)$，算法停止；否则转下一步。若 $E(m) \geqslant \varepsilon_2$，不接受当前权值，令 $\eta = \eta b$，$b < 1.0$，转向步骤(8)。

(10)按式(3-6)、式(3-7)调整权值，转向步骤(8)。

① 误差信号反向传播：

$$\sigma_j^m(k) = \begin{cases} e_j^m(k) y_i(k)[1 - y_i(k)], & j \in \text{Out}_{nd} \\ y_j(k)[1 - y_j(k)] \sum_i \sigma_i^m(k) \omega_{j,1}(k), & j \notin \text{Out}_{nd} \end{cases} \tag{3-6}$$

② 权值调整公式：

$$\omega_{i \cdot j}^m = \omega_{i \cdot j}^m + a(\omega_{i \cdot j}^m + \omega_{i \cdot j}^{m-1}) + \eta \sum_k \sigma_j^m(k) y_1(k) \tag{3-7}$$

3.1.3 测量数据的剔除与修补实例

测量数据采用矿用破碎机齿帽的三维扫描数据，如图3-6所示。从图中可以看出，初始的三维扫描数据混杂着大量的偏离原曲面的坏点和由于测量手段或测量环境引起的盲区和缺口，所以需要对测量得到的数据进行坏点剔除和数据修补。

首先，采用直观检查法和曲线检查法对数据异常点进行剔除；其次，利用遗传算法和BP神经网络算法对盲区和缺口进行自动修补，完成对齿帽模型中缺损区域的修补。修复后的矿用破碎机齿帽零件如图3-7所示。

图3-6

初始三维扫描数据

图 3 - 7

经过剔除与修补后的
三维扫描数据

3.2　点云数据的滤波

在实体反求过程中，测量得到的数据难免出现随机误差，或者由于样件的表面粗糙和凹凸不平使得测得的数据不平滑，存在着噪声。因此，有必要对测得的数据进行平滑滤波和光顺工作。对边界点轮廓区域内的数据进行光顺处理，不仅能提高测点的光滑程度，也能够使得后面的特征点提取工作顺利进行。

3.2.1　数据平滑

数据平滑，就是数据波动小。在实际应用中，不但要求处理后的数据比处理前的数据平滑，而且前后两组数据的"偏离"也不能过大。但对于同一种处理方法，这两个要求往往是相互矛盾的。图 3-8 所示为图像平滑效果。

图 3 - 8

图像平滑效果

1. 平滑处理方法

数据平滑处理的方法主要有平均法、五点三次平滑法和样条函数法。常用的是平均法，包括简单平均法、加权平均法、直线滑动平均法。

(1)简单平均法。简单平均法的计算公式为

$$P_i = \frac{1}{2N+1} \sum_{n=-N}^{N} h(n)\, p(i-n) \tag{3-8}$$

式(3-8)又称为(2N+1)点的简单平均。当 $N=1$ 时为三点简单平均，当 $N=2$ 时为五点简单平均。如果将式(3-8)看作一个滤波公式，则滤波因子为

$$
\begin{aligned}
h(i) &= [h(-N), \cdots, h(0), \cdots, h(H)] \\
&= \left(\frac{1}{2N+1}, \cdots, \frac{1}{2N+1}, \cdots, \frac{1}{2N+1} \right) \\
&= \frac{1}{2N+1}(1, \cdots, 1, \cdots, 1)
\end{aligned}
\tag{3-9}
$$

(2)加权平均法。

取滤波因子 $h(i) = [h(-N), \cdots, h(0), \cdots h(N)]$，令

$$\sum_{n=-N}^{N} h(n) = 1 \tag{3-10}$$

(3)直线滑动平均法。

利用最小二乘法原理对离散数据进行线性平滑的方法，即为直线滑动平均法。其三点滑动平均的计算公式为 $N=1$。

2. 平滑滤波方法

$$
\begin{cases}
p_i = \dfrac{1}{3}(p_{i-1} + p_i + p_{i+1}) \cdots (i = 1, 2, \cdots, m-1) \\[2mm]
p_0 = \dfrac{1}{6}(5p_0 + 2p_1 - p_2) \\[2mm]
p_m = \dfrac{1}{6}(p_{m-2} + 2p_{m-1} + 5p_m)
\end{cases}
\tag{3-11}
$$

其中 p_i 的滤波因子为

$$
\begin{aligned}
h(i) &= [h(-N), \cdots, h(0), \cdots, h(N)] \\
&= (0.333, 0.333, 0.333)
\end{aligned}
\tag{3-12}
$$

数据平滑滤波方法主要有中值滤波法、平均值滤波法和高斯滤波法3种。

(1)中值滤波法[图3-9(a)]。该方法将相邻的采样点取平均值来取代原始点，实现滤波。中值滤波法采样点的值，取滤波窗口内各数据点的统计中

值，故这种方法在消除数据毛刺方面效果较好。假设相邻的点分别为 p_0、p_1 和 p_2，通过中值滤波法得到新点 p_1'，$p_1'(p_0 + p_1 + p_2)/3$，如图 3-9(a)所示，其中虚线所连点代表原始采集点，实线所连点代表滤波后的点。

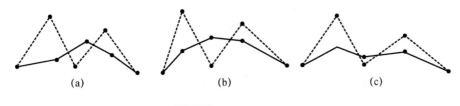

$$\text{图 3 - 9 \textbf{数据滤波方法}}$$

(a)中值滤波法；(b)平均值滤波法；(c)高斯滤波法。

(2)平均值滤波法[图 3-9(b)]。该方法将采样点的值取滤波窗口内各数据点的统计平均值来取代原始点，改变点云的位置，使点云平滑。

(3)高斯滤波法[图 3-9(c)]。该方法以高斯滤波器在指定域内将高频的噪声滤除。高斯滤波法在指定域内的权重为高斯分布，其平均效果较小，在滤波的同时，能较好地保持原数据形貌，因而常被使用。

实际使用时，可根据点云质量和后续建模要求，灵活选择滤波算法。

3.2.2 数据噪声检测、滤波算法

1. 基于曲率变化的分段曲线检查法

曲线检查法是将一条扫描线通过各种拟合算法拟合成一条曲线。基于曲率变化的分段曲线拟合法(检查法)将点云分成若干段，然后分别拟合这几段曲线。其方法如下：计算这条扫描线上各点的曲率，找到曲率最大的点；这些点与首末端点将扫描线分成 n 段；使用最小二乘法或切比雪夫等方法分别拟合成 n 段点云。基于曲率变化的分段曲线按拟合法的关键在于求曲率最大的若干点。

如图 3-10 所示，扫描线上的数据处于同一个平面上，估算数据点曲率的方法如下：

$$x_0 = \frac{X_1 - X_2 + X_3}{m} \quad , \quad y_0 = \frac{Y_1 - Y_2 + Y_3}{m} \qquad (3-13)$$

其中，

$$X_1 = (x_1 + x_3)(x_1 - x_3)(y_2 - y_1) \qquad (3-14)$$

$$X_2 = (x_1 + x_2)(x_1 - x_2)(y_3 - y_1) \qquad (3-15)$$

$$X_3 = (y_3 - y_2)(y_3 - y_1)(y_1 - y_2) \qquad (3-16)$$

$$Y_1 = (x_3 - x_2)(x_2 - x_1)(x_3 - x_1) \qquad (3-17)$$

$$Y_2 = (y_2 + y_1)(y_2 - y_1)(x_3 - x_1) \qquad (3-18)$$

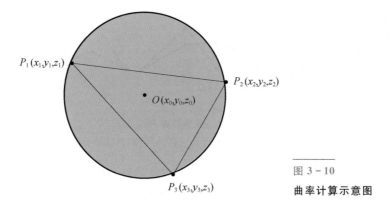

图 3 - 10

曲率计算示意图

$$Y_3 = (y_3 + y_1)(y_3 - y_1)(x_2 - x_1) \qquad (3-19)$$

$$m = 2\big[(x_2 - x_1)(y_3 - y_1) - (x_3 - x_1)(y_2 - y_1)\big] \qquad (3-20)$$

则 P_2 点的曲率可定义为

$$k = \frac{1}{r} = \frac{1}{\sqrt{(x_0 - x_2)^2 + (y_0 - y_2)^2}} \qquad (3-21)$$

　　首先选取一条扫描线上连续点 $P_{i,j}$、$P_{i,j+1}$、$P_{i,j+2}$，根据式(3-13)～式(3-21)可求得 $P_{i,j+1}$ 的曲率。遍历这条线上的所有点，即可求得该扫描线所有点的曲率值。因为第一个点没有前驱点，最后一个点没有后继点，所以无法用此法求出两个端点的曲率。这里可取首点的曲率等于第二点的曲率，末点的曲率等于倒数第二点的曲率。求得一条线上所有点的曲率后，即可根据曲率将扫描线分段。

2. 自适应弦偏差脉冲噪声检测法

　　该方法的基本原理：找出一条脉冲噪声较少的扫描数据，去除数据中明显的脉冲噪声，设为 P_i，计算扫描线上点 P_i 到点 P_{i-1} 和点 P_{i+1} 的弦长距离为

$$h_i = \frac{\left| k_i x_i + b_i - y_i \right|}{\sqrt{1 + k_i^2}}, \quad i = 1, 2, \cdots, N \qquad (3-22)$$

其中，

$$k_i = \frac{y_{i+1} - y_{i-1}}{x_{i+1} - x_{i-1}} \qquad (3-23)$$

$$b_i = \frac{x_{i+1} y_{i-1} - x_{i-1} y_{i+1}}{x_{i+1} - x_{i-1}} \qquad (3-24)$$

$$er_1 = 1.1 \cdot \max(h_i) \qquad (3-25)$$

$$er_2 = \mathrm{mean}(h_i) \qquad (3-26)$$

判断准则 1：如果 $h_i > er_1$，则判断点 P_i 为脉冲噪声点；如果 $h_i < er_2$，则判断点 P_i 为非脉冲噪声点；如果 $er_2 < h_i < er_1$，计算点 P_i 到点 P_{i-1} 和点 P_{i+2} 的弦长距离 hh_i。如果 $hh_i > er_1$，则判断点 P_i 为脉冲噪声点；否则，认为数据点 P_i 为非噪声点。噪声段起始点数据弦长计算过程如图 3-11 所示。

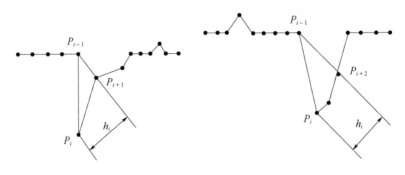

图 3-11　噪声段起始点数据弦长计算

判断准则 2：对噪声段的非起始数据，统计在该段数据上 P_i 点之前的噪声数据个数 J_{n-1}，计算点 P_i 到点 $P_{i-J_{n-1}}$ 与点 P_{i+1} 弦长的距离 hn_i。如果 $hn_i > er_1$，则认为点 P_i 为脉冲噪声点，如果 $hn_i < er_2$，则判断点 P_i 为非脉冲噪声点；如果 $er_2 < hn_i < er_1$，计算点到点 P_i 到点 P_{i-J_n} 与点 P_{i+2} 的距离 hhn_i，如果 $hhn_i > er_1$，则点 P_i 为脉冲噪声点，否则，认为数据 P_i 为非脉冲噪声点。噪声段非起始点数据弦长计算过程如图 3-12 所示。

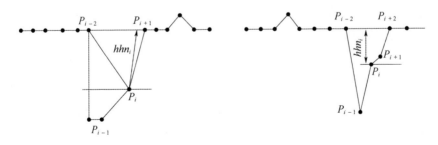

图 3-12　噪声段非起始点数据弦长计算

图 3-13(a)所示为山东大学机电研究所的 LSH2800 激光扫描抄数机对某零件进行测量得到的扫描线点云。图 3-13(b)所示为用本方法对点云数据进行检测并滤波后得到的结果。具体滤波方法可参见文献[12]。

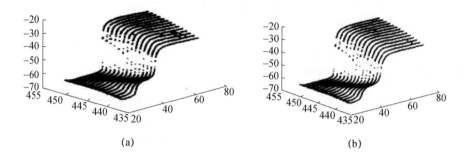

(a)   (b)

图 3-13   使用自适应弦偏差脉冲噪声检测法扫描线点云检测并滤波

(a)某零件含脉冲噪声的多行数据；(b)使用该方法检测并滤波后的结果。

3. 加权中值滤波法

中值滤波是把数字图像或数字序列中的一点值用该点邻域中的各点值的中值替代。二维中值滤波的数学表达式可表示为

$$y_{ij} = \mathrm{Mid}_A\{x_{ij}\} = \mathrm{Mid}\{x_{i+r, j+s}, (r, s) \in A, (i, j \in I)\} \quad (3-27)$$

式中：A 为滤波窗口；$\{x_{ij}, (i, j \in I)\}$为数字图像的灰度值。

加权中值滤波是对滤波窗口内的像素排序，然后对每一像素 x_i 相应权值 k 进行复制，从新的序列中选择中值作为输出。范围为 N 的加权中值滤波输出 Y 可表达为

$$Y = \mathrm{Mid}\big[\underbrace{x_1 \cdots x_1}_{k_1}, \underbrace{x_2 \cdots x_2}_{k_2}, \cdots, \underbrace{x_n \cdots x_n}_{k_n}\big] \quad (3-28)$$

式中：Mid 为中值操作；$x_1, x_2, \cdots, x_n$ 为按大小顺序排好的序列；k_i 为其对应权值（权值为非负整数）。

3.2.3   点云数据滤波实例

如图 3-14、图 3-15 所示，矿山机械齿帽的三维扫描数据表面上存在着大量的噪点，严重影响三维扫描零件表面的平滑度经过滤波处理后的效果如图 3-16、图 3-17 所示。

图 3 - 14

滤波前点云数据

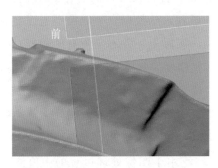

图 3 - 15

滤波前网格数据

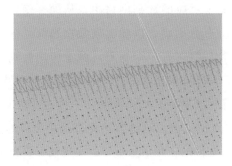

图 3 - 16

滤波后点云数据

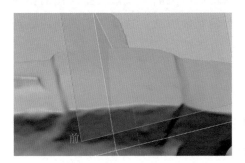

图 3 - 17

滤波后网格数据

3.3 数据精简技术

目前，激光扫描技术在精确、快速地获得数据方面有了很大进展，三坐标激光扫描仪在逆向工程数据测量方面有取代接触式三坐标测量机之势。但是激光扫描测量每分钟会产生成千上万个数据点，如何处理这些庞大的点云数据成为激光扫描建模的主要问题。若直接对大批量的点云进行造型处理，数据存储和处理便成为不可突破的瓶颈，从数据点生成模型表面要花很长一段时间，整个过程也会变得难以控制。实际上，并不是所有的数据对模型的重建都有用处，因此，有必要在保证一定精度的前提下，对数据进行精简处理。

科研工作者在数据精简的研究中，提出了各种处理方法。Fujimoto 和 Kariya 在 1993 年提出一种保证减少数据点的误差范围处于给定的角度和距离公差范围内的方法。Martin 等在 1996 年提出了一种用均匀网格(uniform grid)减少数据的办法，选择了广泛用于图像处理过程的中值滤波。先构建网格，然后输入数据点，并分配至对应的数据网格中，从同一网格的所有点中选出一个中值点来代表网格所有数据点，以此实现数据精简。这种方法克服了均值和样条曲线简化的阻滞。但它有一个缺点，就是所用的均匀化网格对捕捉产品的外形形状不敏感。Veron 和 Leon 于 1997 年提出一种用误带(error zones)减少多面体数据点的方法。Chen 于 1990 年提出一种通过减少网格模型中的三角形，从而达到减少数据点的方法。这种方法先直接将测得的数据转换成 STL 文件，然后通过减少 STL 文件的三角形数量，以实现减少数据量。

这些方法都是在考虑数据精简时忽略了获取数据所用的扫描设备，对于不同点云没能提出其具有优势的精简方法，这是它们共同的缺点。以下介绍两种针对激光扫描测量数据点的精简方法。

3.3.1 最大允许偏差精简法

该方法预先设定一个角度误差限 $\Delta\alpha$ 和一个弦高误差限 Δd，同时考虑这两种误差并利用这两个指标来综合处理密集数据，将处在这两个误差限内的点精简掉。$\Delta\alpha$ 要根据反求精度在 $0°\sim15°$ 来选取，反求精度越高，取值越小；也可以根据实测点进行校验，选用简化效果较好的 $\Delta\alpha$ 值。Δd 的确定则根据前述扫描线上相邻点间距离正态分布的 μ 值，简化前点数量 N_b，预期简化点的数量 N_a 按下式确定：

$$\Delta d = \mu \frac{N_b}{N_a} \sin\Delta\alpha \qquad (3-29)$$

算法步骤如下：

(1)给定一个角度误差限 $\Delta\alpha$，并计算弦高误差限 Δd；

(2)从起点开始取相邻的 3 点，分别为 P_0、P_1、P_2，如图 3-18 所示。计算 P_0P_1 与 P_0P_2 的夹角 α，弦高 $d = |P_0P_1|\sin\alpha$；

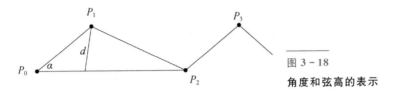

图 3-18

角度和弦高的表示

(3)若 P_3 为空，进行下一扫描线处理。

(4)判断 $d < \Delta d$，若是，则剔除点 P_1，点 P_1 后移，令 $P_1 = P_2$，$P_2 = P_3$，转至步骤(2)；若否，判断 $\alpha < \Delta d$，若是，则剔除点 P_1，点 P_1 后移，令 $P_1 = P_2$，$P_2 = P_3$，转至步骤(2)；否则保留点 P_1，点 P_0 后移，$P_0 = P_1$，$P_1 = P_2$，$P_2 = P_3$，转至步骤(2)。

(5)判断扫描线是否取完，若是，则结束；若否，则取下一扫描线，转至步骤(2)。

3.3.2　均匀网格法与非均匀网格法

1. 数据点精简的均匀网格法

如图 3-19 所示，采用均匀网格法可以去除大量的数据点，其原理：首先把所得的数据点进行均匀网格划分，其次从每个网格中提取样本点，网格中的其余点将被去掉。网格通常垂直于扫描方向（Z 向）构建。由于激光扫描的特点，z 值对误差更加敏感，所以网格点筛选选择中值滤波。数据减小率由网格大小决定，网格尺寸越小，从点云中采集的数据点越多。而网格尺寸通常由用户指定。具体步骤：先在垂直于扫描方向建立一个包含尺寸大小相同的网格平面，将所有点投影至网格平面上，每个网格与对应的数据点匹配；

然后，基于中值滤波方法将网格中的某个点提取出来。

　　每个网格中的点按照点到网格平面的距离远近排序，如果某个点位在各个点的中间，那么这个点就被选中保留，这样当网格内有 n 个数据点，并且 n 为奇数时，将有$(n+1)/2$ 个数据点被选择；而 n 为偶数时，被选择的数据点数为 $n/2$ 或$(n+2)/2$。

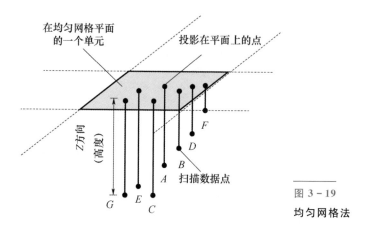

图 3-19

均匀网格法

　　通过均匀网格中值滤波方法，可以把那些被认为是噪声的点有效地去除。当被处理的扫描平面垂直于测量方向时，这种方法显示出具有非常良好的操作性。另外，这种方法只是选用其中的某些点，而非改变点的位置，可以很好地保留原始数据。均匀网格法特别适合于对简单零件表面瑕点的快速去除。

2. 数据精简的非均匀网格法

　　当应用均匀网格方法时，某些表示零件形状的点（如边点），也许由于没有考虑零件的形状而丢失，但它对零件的成形却尤为重要。在逆向工程中能否精确地重现零件形状至关重要，而均匀网格方法在这方面却受到限制。因此需要一种能根据零件形状变化精简数据的方法，这就是非均匀网格方法。非均匀网格分为两种：单方向非均匀网格和双方向非均匀网格。在应用时，可根据数据特征来选择。

　　当用激光条纹测量零件时，扫描路径和条纹间隔都由用户自己定义，扫描路径控制着激光头的移动方向，条纹间的距离控制着扫描点的密度。当测量简单曲面时，扫描仪不需要在每个方向上都进行高密度扫描。如果在沿着 V 方向的点多于沿着 U 方向的点时，单方向非均匀网格更适合于捕获零件的外表面。

当被测零件是复杂的自由曲面时，点数据在 U 方向和 V 方向的密度都需要增大，在这种情况下，双方向非均匀化网格方法比单方向非均匀网格方法更加有效。

（1）单方向非均匀网格方法。在单方向非均匀网格方法中，可以采用角偏差法（图 3 - 20），从零件表面点云数据中获取数据样本。

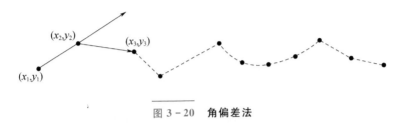

图 3 - 20　角偏差法

角度可由 3 个连续点的方向矢量计算得到，如图 3 - 20 中 (x_1, y_1)、(x_2, y_2)、(x_3, y_3) 三个点。角度代表曲率信息，角度小，曲率就小；反之，角度大，曲率也大。根据角度大小，高曲率的点可以被提取出来。沿着 U 方向的网格尺寸是由激光条纹的间隔所确定，这由用户自己决定。在 V 方向上网格尺寸主要由零件外形的几何信息决定。通过角偏差抽取的点代表高曲率区域。为精确地表示零件外形，进行数据减少时，这些点必须保留下来。这样使用角度偏移法进行点抽取后，沿 V 方向的网格基于抽取点被分割，如图 3 - 21（a）所示。分离过程中如果网格尺寸大于最大网格尺寸（它通常由用户提前设置），网格会被进一步分割，直到小于最大网格尺寸为止，如图 3 - 21（b）所示。当对网格中点应用中值滤波时，和均匀网格法相同，将产生一个代表样点，最后保留点是由每个网格的中值滤波点和由角度提取的点组成。与均匀网格法相比，这种方法可以在精确地保证零件外形的前提下，能更有效地减少数据。

（2）双方向非均匀网格方法（图 3 - 22）。在双方向非均匀网格方法中，应分别求得各点的法向矢量，根据法向矢量信息再进行数据减少。当计算一个点的法向矢量时，需要将点数据实行三角形多边化，同时利用相邻三角形的法向矢量信息。当需计算的点周围存在 6 个相邻的三角形，点的法向矢量 N 可由下式计算：

$$N = \frac{\sum\limits_{i=1}^{6} n_i}{\left| \sum\limits_{i=1}^{6} n_i \right|} \tag{3-30}$$

①沿 V 方向的网格基于抽取点被分割。

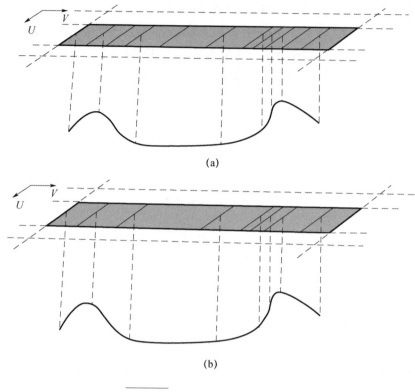

图 3 - 21　单方向非均匀网格方法

②网格被进一步分割，直到小于最大网格尺寸所有点的法向矢量都得到后，网格平面就产生了。网格尺寸由用户自己定义，主要取决于所给零件形状的计划数据减少率。如果需要大量地减少数据点，则应增大网格。投影点到网格平面上，对应于每个网格的数据点被分成组，求出这些点的平均法向矢量。选择点法向矢量的标准偏差作为网格细分准则，标准偏差通常根据件形状和数据减少率提前设定。如果网格的偏差大，那么就暗示被测件的几何形状是复杂的，为获取更多采样点，网格需要进一步细分。

图 3 - 22 给出了细分过程，称为网格细分的四叉树方法。如果网格的标准偏差大于给定值，则网格被分成四个子元，这个过程反复进行直到网格的标准偏差小于给定值，或者网格尺寸达到用户设定的限制值。网格最小尺寸根据零件复杂程度选定。在网格建立完成后，用中值滤波选出每个网格的代表点。与单方向非均匀化网格法相比，双方向非均匀化网格法可以提取更多的数据点，所得的零件形状也就更加精确，特别是在处理具有变尺寸的自由

形状物体方面更加有效。

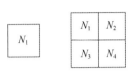

图 3 - 22
双方向非均匀化网格方法

3.3.3　数据精简实例

　　激光三维扫描仪在扫描的过程中会产生数量非常多的点数据，最后所呈现出来的点云模型一般包含数百万个点，而直接对大批量的点云进行造型处理，数据存储和处理便成为不可突破的瓶颈，从数据点生成模型表面要花很长一段时间，整个过程也会变得难以控制。实际上，并不是所有的数据对模型的重建都有用处，因此，有必要在保证一定精度的前提下，对数据进行精简处理。因此，以矿山机械齿帽的数据精简为例子，数据精简前点云三角面片数量和数据网格模型如图 3 - 23 和图 3 - 24 所示，精简后效果如图 3 - 25 和图 3 - 26 所示。

图 3 - 23
数据精简前点云三角面片数量

图 3 - 24
数据精简前数据网格模型

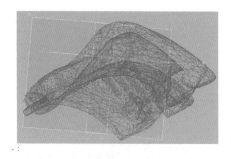

图 3 - 25

数据精简后点云三角面片数量

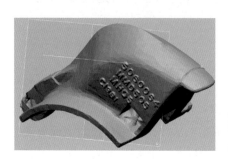

图 3 - 26

数据精简后数据网格模型

3.4 点云数据特征提取

几何特征是几何造型的关键要素，它对控制几何形体的形状具有极为重要的作用。在逆向工程中，模型重建过程就是根据被测对象的点云数据，重建其几何和拓扑信息并再现特征的过程。特征是指对曲面建模有关键影响的一些局部曲面、曲线。习惯上，把其中的二次曲面以及曲面之间的过渡曲面统称为特征曲面，把局部曲面之间的交线以及局部曲面的边界，称为特征曲线。特征曲线是数据分块的依据，特征曲面是造型的基础。这些特征对重构模型的品质有着举足轻重的作用。

3.4.1 边界点提取

一条曲线上的边界点可分为阶跃边界（高度不连续）、褶皱边界（切矢不连续）和光滑边界（曲率不连续），如图 3 - 27 所示。

取曲率极值点或零交叉点（对第一种边界线来讲）作为离散曲面的边界点。其基本思想如下：

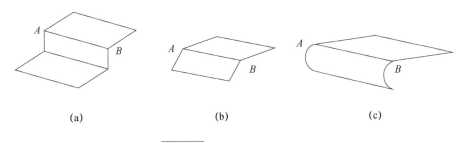

(a)　　　　　　　　　(b)　　　　　　　　　(c)

图 3 - 27　曲线上边界点分类

(a)阶跃边界；(b)褶皱边界；(c)光滑边界。

(1)先选取一候选边界点 P，在该点两边沿主方向 m_1 取最近的两邻近点 T_1 和 T_2，求它们沿 m_1 方向上的曲率 K_{T_1} 和 K_{T_2}。如果 k_1 大于 K_{T_1}、K_{T_2}，则该点为最大曲率极值点。

(2)同理选定主方向 m_2，在点 P 两边沿主方向取邻近点 T_3 和 T_4，求它们沿 m_2 方向上的曲率 K_{T_3} 和 K_{T_4}，如果 k_2 小于 K_{T_3} 和 K_{T_4}，则该点为最小曲率极值点。

(3)对所有候选点进行上述操作，就可得到所需的全部边界点。在界点提取之后，可对界点进行组织，去除伪界点，采用邻边编码链表算法形成一个有序的实体边界轮廓图。

实际反求时，封闭边界的提取可分为两步进行：首先是单边界的提取；其次是对单边界按序追踪，形成封闭边界。该算法可进一步提高边界特征提取的自动程度。但在对汽车覆盖件模具的逆向设计中，曲面一般为光滑过渡，曲率变化不十分明显。用这种算法产生的边界轮廓并不能真正完成点云的较准确划分。因此，在特征点提取后，还需采用人机交互的方式，来生成封闭的边界轮廓特征，这样既避免了前面提到的单纯靠人机交互实现分片的缺点，又克服了单纯自动提取过程中对偏差不便调整的弊端。

3.4.2　曲面离散数据特征点提取方法

1. 曲面上一点邻域的表示方法

给定曲面 Σ：$r = r(\boldsymbol{u}, v)$，P_0 为曲面 Σ 上一点。为求 Σ 在 P_0 点的局部表示，可把曲面 Σ 的方程写成 Monge 式，即 $z = h(x, y)$，此时它的参数方程 $r = \{u, v, h(u, v)\}$。若选取 P_0 点为坐标原点并建立坐标系 $[P_0 \mid \boldsymbol{uvh}]$，

则由微分几何学可知，在 P_0 点的近似表示为 $h(\boldsymbol{u}, \boldsymbol{v}) = au^2 + buv + cv^2$。不妨选取坐标轴 h 平行于曲面 Σ 的法向矢量 $\boldsymbol{n}_0$，另两个坐标轴向量 $\boldsymbol{u}$ 和 $\boldsymbol{v}$ 位于 P_0 点的切平面内，则 $\xi = (\boldsymbol{u}, \boldsymbol{v}, h)$，为曲面 Σ 在 P_0 点的 Darboux 标架（图 3-28）。若 $\boldsymbol{u}$ 和 $\boldsymbol{v}$ 为 P_0 点的主方向，且其对应的主曲率为 k_1 和 k_2，则 $h(\boldsymbol{u}, \boldsymbol{v}) = (k_1 u^2 + k_2 v^2)/2$ 的密切抛物面。

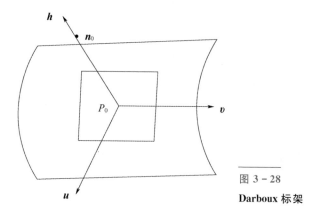

图 3-28

Darboux 标架

事实上，在离散数据特征点提取中，h 的方向可以任意选取。但为了数值计算的稳定性，h 最好与该点的法向矢量平行，即用 Darboux 标架（图 3-28）最为理想。因此首先必须估计离散数据在该点的法向矢量。不妨假定该点为 P_0，该点及其邻域用点集 $P_i = \{i = 0, 1, \cdots, m\}$ 表示，则 P_0 点的法向矢量求解算法步骤如下：

(1) 给定点列集合 $P_i = \{i = 0, 1, \cdots, m\}$，参考法向矢量 $\boldsymbol{n}_{\text{ref}}$，如可取 $\boldsymbol{n}_{\text{ref}} = (0, 0, 1)$，计数标志 $c = 0$。

(2) 从点列中任取一点 P_j，并从剩余点中取点 P_k，若 $\pi/6 \leqslant \angle P_i P_0 P_k \leqslant \pi/2$，计算角度评价因子 $\Phi = |\angle P_i P_0 P_k/(\pi/3) - 1.0|$；否则，直接取下一点继续测试。重复该过程，直至所有剩余点均被测试过。

(3) 按测试结果选择评价因子 Φ 值为最小的点 P_k，计算由矢量点 P_j、P_0、P_k 构成的平面的单位法向量，即 $\boldsymbol{n}_c \dfrac{(P_k - P_0) \times (P_j - P_0)}{\|P_k - P_0\| \cdot \|P_j - P_0\|}$，计数标志 $c++$；$\boldsymbol{n}_c \cdot \boldsymbol{n}_{\text{ref}} < 0$，则 $\boldsymbol{n}_c = -\boldsymbol{n}_c$。从点集中去除 P_i、P_k。

(4) 重复步骤 (2)、(3)，若测试条件不再满足，转步骤 (5)。

(5) 根据公式 $\boldsymbol{n}_0 = \displaystyle\sum_{i=1}^{c} \boldsymbol{n}_i/c$ 计算 P_0 点的法向矢量。

2. 邻域点坐标的局部参数化

获得邻域点集在 P_0 点的法向矢量 $\boldsymbol{n}_0$ 后，就可以对邻域点集进行局部参数化。根据法向矢量 $\boldsymbol{n}_0$，则过矢量点 P_0 切平面 Γ 的方程为

$$\boldsymbol{n}_0 \cdot (x - P_0) = Ax + By + Cz + D = 0 \qquad (3-31)$$

则邻域点集 $\{P_j = (x_j, \ y_j, \ z_j)^{\mathrm{T}} j = 1, \ 2, \ \cdots, \ m\}$ 到 Γ 的有向距离 d_j 为

$$d_j = Ax_j + By_j + Cz_j + D \qquad (3-32)$$

有此可得矢量点 P_j 在平面 Γ 上的投影坐标为

$$P_j^p = P_j - d_j \boldsymbol{n}_0 \qquad (3-33)$$

令 $g = P_j^p - P_0^p$，则去 Darboux 标架的 $\boldsymbol{u}$、$\boldsymbol{v}$ 两个坐标轴向矢量为

$$\boldsymbol{u} = g / |g|, \ \boldsymbol{v} = \boldsymbol{n}_0 \cdot \boldsymbol{u} \qquad (3-34)$$

于是，邻域点集的局部参数化坐标为

$$(u_j, \ v_j, \ d_j) = ((P_j^p - P_0^p) \cdot \boldsymbol{u}, \ (P_j^p - P_0^p) \cdot \boldsymbol{v}, \ d_j) \qquad (3-35)$$

在式(3-35)中，当取矢量点 P_0 为 Darboux 标架的坐标原点时，

$$P_0^p = (0, \ 0, \ 0)^{\mathrm{T}}$$

3. 特征点的判别方法

完成邻域点集的坐标局部参数化后，便可以应用加权最小二乘原理对邻域点集进行曲面拟合，即

$$\min_{a, b+1} \left[\sum_{k=1}^{m} \omega_k [h(\boldsymbol{u}_k, \ \boldsymbol{v}_k) - d_k]^2 \right] \qquad (3-36)$$

式中：$\omega_k = (1 - \mathrm{dist}_k / \mathrm{dist}_{\max}) + 0.2$，$\mathrm{dist}_k$ 为点 P_k 到点 P_0 的距离，$\mathrm{dist}_{\max} = \max(\mathrm{dist}_k)$，可利用高斯-约当消元法求得该问题的最佳参数估计 a^*、b^*、c^*，于是可得邻域点集的逼近曲面为 $\overline{r} = (\boldsymbol{u}, \ \boldsymbol{v}) = (\boldsymbol{u}, \ \boldsymbol{v}, \ h(\boldsymbol{u}, \ \boldsymbol{v}))$，且 $h(\boldsymbol{u}, \ \boldsymbol{v}) = a^* \boldsymbol{u}^2 + b^* \boldsymbol{u} \boldsymbol{v} + c^* \boldsymbol{v}^2$，由此便可推导出该点的逼近主曲率和主方向。

曲面 $\overline{r}(\boldsymbol{u}, \ \boldsymbol{v})$ 的第一基本量为

$$\boldsymbol{E} = \overline{\boldsymbol{r}_u} \cdot \overline{\boldsymbol{r}_v} = 1 + h_u^2, \ \boldsymbol{F} = \overline{\boldsymbol{r}_u} \cdot \overline{\boldsymbol{r}_v} = h_u h_v, \ \boldsymbol{G} = \overline{\boldsymbol{r}_u} \cdot \overline{\boldsymbol{r}_v} = 1 + h_v^2 \qquad (3-37)$$

曲面 $\overline{r}(u, \ v)$ 的法向矢量为 $\boldsymbol{N} = (\overline{\boldsymbol{r}_u} \times \overline{\boldsymbol{r}_v}) / |\overline{\boldsymbol{r}_u} \times \overline{\boldsymbol{r}_v}|$，则其第二基本量为

$$\boldsymbol{L} = -\boldsymbol{N}_u \cdot \overline{\boldsymbol{r}_u} = h_{uu} / \rho, \ \boldsymbol{M} = -\boldsymbol{N}_v \cdot \overline{\boldsymbol{r}_u} = h_{vu} / \rho, \ \boldsymbol{N} = -\boldsymbol{N}_v \cdot \overline{\boldsymbol{r}_v} = h_{vv} / \rho$$

$$(3-38)$$

式中：$\rho = \sqrt{1 + h_u^2 + h_v^2}$。由此可得曲面 $\overline{r}(u, \ v)$ 在 p_0 的两个主曲率为

$$k_1 = k_m + \sqrt{k_m^2 + k_g}, \quad k_2 = k_m - \sqrt{k_m^2 + k_g} \qquad (3-39)$$

式中：k_m 为平均曲率；k_g 为高斯曲率，且有

$$k_m = \frac{EN + LG - 2MF}{2(EG - F^2)}, \quad k_g = \frac{LN - M^2}{EG - F^2} \qquad (3-40)$$

曲面在 P_0 的主方向可由式(3-41)给出的方程解出，即

$$(MG - NF)\overline{\gamma}^2 + (GL - NE)\overline{\gamma} + FL - ME = 0 \qquad (3-41)$$

当然，如果微分 P_0 的单位法向矢量为 $\mathbf{N}$，则 $d\mathbf{N}$ 必在 P_0 的切平面上。由此 P_0 的主方向也可这样求出

$$d\mathbf{N}\begin{pmatrix} du \\ dv \end{pmatrix} = \begin{bmatrix} \dfrac{MF - LG}{EG - F^2} & \dfrac{NF - LG}{EG - F^2} \\ \dfrac{LF - ME}{EG - F^2} & \dfrac{MF - NE}{EG - F^2} \end{bmatrix} \begin{pmatrix} du \\ dv \end{pmatrix} = \mathbf{A}\begin{pmatrix} du \\ dv \end{pmatrix} \qquad (3-42)$$

则 P_0 的主曲率为矩阵 $\mathbf{A}$ 的特征值，主方向为特征值所对应的特征矢量。将 $h(u, v)$ 的具体偏导数形式代入式(3-37)、式(3-38)，有

$$E = 1, \ F = 0, \ G = 1, \ L = 2a^*, \ M = b^*, \ N = 2c^* \qquad (3-43)$$

由此，可解出两个主曲率为

$$\begin{aligned} k_1 &= a^* + c^* + \sqrt{(a^* - c^*)^2 + b^{*2}}, \\ k_2 &= a^* + c^* - \sqrt{(a^* - c^*)^2 + b^{*2}} \end{aligned} \qquad (3-44)$$

k_1 对应的主方向在切平面上的坐标为

$$\gamma_1 = \begin{cases} (a^* - c^* + \sqrt{(a^* - c^*)^2 + b^{*2}}, \ b), & a^* \geq c^* \\ (b^*, \ c^* - a^* + \sqrt{(a^* - c^*)^2 + b^{*2}}), & a^* < c^* \end{cases} \qquad (3-45)$$

k_2 对应的主方向在切平面上的坐标为

$$\gamma_2 = \begin{cases} (-b^*, \ a^* - c^* + \sqrt{(a^* - c^*)^2 + b^{*2}}), & a^* \geq c^* \\ (a^* - c^* + \sqrt{(a^* - c^*)^2 + b^{*2}}, \ b^*), & a^* < c^* \end{cases} \qquad (3-46)$$

计算出 P_0 点的主曲率和主方向后，判别该点是否为特征点的具体算法步骤如下：

(1)选定主方向 γ_1，在该点的两边沿 γ_1 方向所在直线且距该点的长度为 L 处各取一点 m_1、m_2，然后分别找出距离 m_1、m_2 最近的一实际离散点 M_1、M_2，并求出其逼近曲面 r_1、r_2，利用外推法求出 r_1、r_2 在 M_1、M_2 点沿 γ_1 方向的曲率 K_1、K_2。

(2)若 k_1 大于 K_1、K_2，则该点为最大主曲率极值点。

(3)同理，选定主方向 γ_2，在该点两边沿 γ_2 方向所在直线上且距该点长度为 L 处各取一点 m_1、m_2，然后分别找出距离 m_1、m_2 最近的一实际离散点 M_1、M_2，并求出其逼近曲面 r_1、r_2，利用外推法求出 r_1、r_2 在 M_1 和 M_2 点沿 γ_2 方向的曲率 K_1 和 K_2。

(4)若 k_2 小于 K_1、K_2，则该点为最小主曲率极值点。

在算法中，L 为一小量，可根据离散数据点的密集程度给出，例如可取 $L = 0.2$。离散点集的特征点提取对点集的精度要求很高，一般要在点集滤波之后进行。

3.4.3 点云数据特征提取实例

安全锤的形状较为复杂，因此在三维反求过程中，其特征点与特征曲面的准确提取对反求模型的精确重建起着至关重要的作用。图 3 - 29 所示为安全锤的点云数据特征提取。

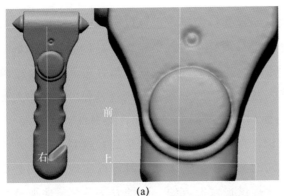

(a)

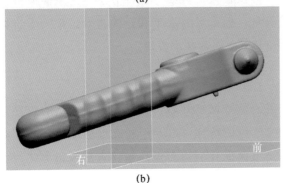

(b)

图 3 - 29

安全锤点云数据特征提取

3.5 点云数据的分割、对齐与分层

逆向工程中，在进行建模之前，还要进行一个重要工作，那就是数据分割(data segmentation)。大多数零件产品都是按一定特征设计、制造的，产品表面往往不是由单张曲面构成，而是由大量初等解析曲面(如平面、圆柱面、圆锥面、球面)及自由曲面组成。数据分割就是根据组成实物外形曲面的子曲面类型，将属于同一种子曲面类型的数据编成组，将全部数据划分成代表不同曲面类型的数据域。后续的曲面模型重建时，先分别拟合单个曲面片，再通过曲面的过渡、相交、裁减、倒圆等手段，将多个曲面"缝合"成一个整体，即重建模型。

3.5.1 常用的数据分割方法

好的面片划分不仅使数据处理变得简单，也可以很好地保证曲面的最终精度，否则可能使重构工作变得烦琐且很难保证精度。具体的分割原则：数据块的凸凹性要一致，曲面重构时态性要好。数据分割方法可分为基于测量的分割和自动分割两种方式。基于测量的分割是在测量过程中，操作人员根据实物外形特征，将外形曲面划分成不同的子曲面，并对曲面的轮廓、孔、槽、表面脊线等特征进行标记，在此基础上进行测量路径规划。这样，不同的曲面特征数据将保存在不同的文件中，输入软件时可以实现对不同数据类型的分层处理及显示，为造型提供很大的方便。这种方法适合于曲面特征比较明显的实物外形和接触式测量，操作者的水平和经验将对结果产生直接的影响。自动分割分为基于边和基于面两种基本方法。

1. 基于边的数据分割

基于边的数据分割方法首先从数据点开始，根据组成曲面片的边界轮廓特征、两个曲面片之间的相交、过渡特征，以及形状表面曲面片之间存在的棱线或脊线特征确定出相同类型曲面片的边界点。连接点形成边界环，判断点集是处于环内还是环外，实现数据分割。基于边的技术必须考虑寻找边界特征点的问题。寻找边界点，主要是由数据点集计算局部曲面片的法向矢量

量或者高阶导数，通过法向矢量的突然变化和高阶导数的不连续来判断一个点是否为边界点。由于反射光以及边界附近的曲率变化大，靠近尖锐边的测量数据是不可靠的，且可用于分割的点的数量较少，只有接近边的点是可用的，因此判断依据对"假"数据具有高的敏感性。同时找出的具有相切连续或者高阶连续的光滑边也是不可靠的，因为基于噪声点的计算容易产生错误的推理结果，所以如果对数据进行光滑处理，又会使推理结果失真，丢失特征位置。

2. 基于面的数据分割

基于面的数据分割方法是尝试推断出具有相同曲面性质的点，根据微分几何中曲面的某些特征参数的性质，来判断是否属于相同面的点。基于面的数据分割方法的缺点：特征参数的获取是以曲面光滑连续为前提的，但实际中的物体不可能是完全光滑连续的，会造成估算特征参数的不准确性。事实上，数据分割和曲面拟合是一对矛盾的统一体。如果知道将要拟合的是哪一种曲面类型，就立即能划分属于它的数据点；反之，如果确切地知道属于一种曲面类型的数据点集，根据点集能拟合出最佳曲面。但由于两个过程不是独立的，故大多数场合既不知道曲面类型，也不能划分数据点集，只能在并行过程中反复计算，寻找最符合要求的结果。根据判断准则的确定，基于面的数据分割方法可以分为自下而上和自上而下两种方法。

自下而上的方法是首先选定一个种子点，由种子点向外延伸，判断其周围邻域的点是否属于同一个曲面，直到在其邻域不存在连续的点集为止，最后将这些小区域邻域组合在一起。在这个过程中，曲面类型并不是一成不变的。比如开始时，由于点的数量少，判断曲面是平面；随着点的增多，曲面也许改变为圆柱或一个半径比较大的球面。和自下而上的方法相反，自上而下的方法开始于这样的假设：所有数据点都属于一个曲面，然后检验这个假设的有效性。若不符合，则将点集分成两个或更多的子集，再应用曲面假设检验这些子集，重复以上过程，直到假设条件满足。

两种方法必须考虑下列问题：在自下而上的方法中，种子点的选取是困难的；同时，开始时如果存在一种以上的符合条件的曲面类型，则需仔细考虑如何选择。如果有一个坏点被选入，它将使判断依据失真，即这种方法对误差点是敏感的，但又不能让过程碰到这样的点就停止。因此，是否增加一个点到区域中，有时难以决定。而自上而下方法的主要问题是选择在哪里分割和如何分割数据点集；而且经常是用直线做分割边界，它是和曲面片的自然边界不一致的，这导致最后曲面"组合或缝合"时，边界凸凹不光滑。另一个问题是数据点集重新划分后，计算过程又必须从头开始，计算效率较低。

3.5.2 多视点云对齐

在三维物体的测量中，许多因素决定了无法通过单个传感器一次完成整个物体的测量，尤其是测量复杂形面时存在投影盲点或视觉死区，测量大型零件时受测量范围限制需要多次分块测量。在实际测量中，为完成整个物体的测量常把物体表面分成多个局部相互重叠的子区域。这样从不同角度分别测量得到多个独立点云数据，即多视点云。物体的反求则需要将这些独立的点云合在一起恢复整个物体的形状，这样就不可避免地提出了点云对齐问题。

在逆向工程中，分块测量的点云数据可以看作是一个刚体。点云对齐问题则可归结为三维刚体的坐标变化问题，即根据一些预先指定的最佳匹配规则，通过坐标变化把部分重叠的两组点云对齐。点云的对齐过程可以等价于在六自由度的无限连续空间内点的整体搜索问题，其求解可归结为相应转换矩阵的求解问题。

点云对齐的实现方法有很多。利用运动平台测量装置，直接记录工件或视觉传感器在测量过程中的移动量和转动角，即可得出局部坐标系之间的变换关系。但是运动平台价格昂贵，而且运动范围有限。三基准点法也是一种常用的对齐方法。它利用相邻子区域重叠部分三个标记点即可实现拼接。标记点大多为人工设定的标记，以便能够在测量数据点集中准确识别和匹配。Besl 和 Mckey 提出的 ICP 算法及其各种改进算法是目前解决多视定位问题的一种基本算法。该算法对起始状态要求很严格，否则很容易产生误匹配而陷入局部极小值，它只适用于表面特征很明显的物体。此外，每次迭代都需要将计算目标点集在参考点集中的对应点，因此计算量很大。

下边对基于三基准点法的对齐方法做简单介绍。

1. 基准点测量

测量时，取不同位置的三个点，在零件上设立基准点并标记。在测量零件表面数据时，如果需要变动零件位置，每次变动必须重复测量基准点；模型装配建模的，应分别测量零件状态和装配状态下的基准点。在不同测量坐标下得到的测量数据，通过将三个基准点移动对齐，就能将数据统一在一个建模坐标系下，数据变化问题就归结为基准点对齐问题，可以利用几何图形的坐标变换方法来实现。

2. 三点对齐变换方法

在实物表面数字化中，由于物体的移动造成测量坐标的定位变化，相同的位置在不同的测量过程中所测得的数据是不同的。但对同一个点来说，相当于从一个坐标系变换到另一个坐标系，由此可以将问题表述为坐标系的变换问题。

设测量基准点为 p_1、p_2 和 p_3。第二次测量时，基准点坐标变为 q_1、q_2 和 q_3。刚体变换可通过三个步骤实现：①变换 p_1 到 q_1；②变换矢量：$(p_2 - p_1)$ 到 $(q_2 - q_1)$（只考虑方向）；③变换包含 3 点 p_1、p_2 和 p_3 的平面到包含 q_1、q_2 和 q_3 的平面。

在实际测量过程中，常在被测物体周围摆放三个球体，多次测量时，分别测量这三个球，利用这三个球的球心建立坐标系实现对齐。图 3-30 所示为两组不同视角的点云数据，图 3-31 所示为对齐后的点云数据。

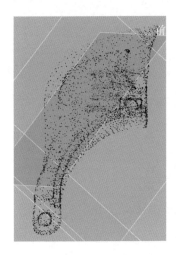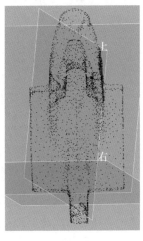

图 3-30

两组不同视角的点云数据

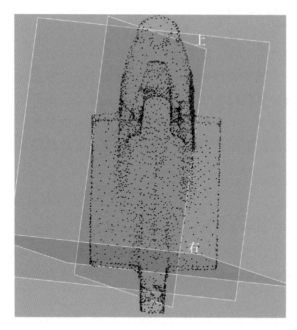

图 3 - 31
对齐后的点云数据

算法步骤：

(1)作矢量$(p_2 - p_1)$、$(p_3 - p_1)$、$(q_2 - q_1)$与$(q_3 - q_1)$。

(2)令$\boldsymbol{V}_1 = p_2 - p_1$，$\boldsymbol{W}_1 = q_2 - q_1$。

(3)作矢量$\boldsymbol{V}_3$与$\boldsymbol{W}_3$：

$$\begin{cases} \boldsymbol{V}_3 = \boldsymbol{V}_1 \times (p_3 - p_1) \\ \boldsymbol{W}_3 = \boldsymbol{W}_1 \times (q_3 - q_1) \end{cases} \tag{3-47}$$

(4)作矢量$\boldsymbol{V}_2$与$\boldsymbol{W}_2$：

$$\begin{cases} \boldsymbol{V}_2 = \boldsymbol{V}_3 \times \boldsymbol{V}_1 \\ \boldsymbol{W}_2 = \boldsymbol{W}_3 \times \boldsymbol{W}_1 \end{cases} \tag{3-48}$$

(5)作单位矢量：

$$\boldsymbol{v}_1 = \frac{\boldsymbol{V}_1}{|\boldsymbol{V}_1|}, \quad \boldsymbol{v}_2 = \frac{\boldsymbol{V}_2}{|\boldsymbol{V}_2|}, \quad \boldsymbol{v}_3 = \frac{\boldsymbol{V}_3}{|\boldsymbol{V}_3|} \tag{3-49}$$

$$\boldsymbol{w}_1 = \frac{\boldsymbol{W}_1}{|\boldsymbol{W}_1|}, \quad \boldsymbol{w}_2 = \frac{\boldsymbol{W}_2}{|\boldsymbol{W}_2|}, \quad \boldsymbol{w}_3 = \frac{\boldsymbol{W}_3}{|\boldsymbol{W}_3|} \tag{3-50}$$

(6)把系统$\boldsymbol{v}$的任意点只变换到系统$\boldsymbol{w}$，用变换关系：

$$P'_i = P_i \boldsymbol{R} + \boldsymbol{T} \tag{3-51}$$

(7)因为$\boldsymbol{v}$和$\boldsymbol{w}$是单位矢量矩阵，所以$\boldsymbol{w} = \boldsymbol{vR}$，所求的关于$\boldsymbol{w}$系统的旋转

矩阵为

$$R = v^{-1} w \qquad (3-52)$$

(8)使 $P'_1 = q_1$ 和 $P_1 = p_1$，代入式(3-51)，可得平移矩阵 T 为

$$T = q_1 - p_1 v^{-1} w \qquad (3-53)$$

(9)将方程改写为

$$P' = P v^{-1} w - p_1 v^{-1} w + q_1 \qquad (3-54)$$

3.5.3　点云数据的分割与对齐应用实例

1. 点云数据的分割实例

安全锤点云数据的分割如图 3-32 所示。

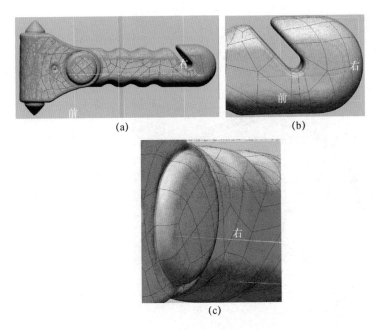

图 3-32　安全锤点云数据的分割

2. 点云数据的对齐实例

风扇叶片点云数据的对齐前如图 3-33 所示，风扇叶片点云数据对齐后如图 3-34 所示。

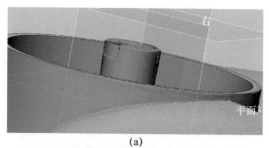

(a)

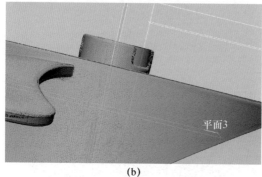

(b)

图 3 - 33

风扇叶片点云数据对齐前

图 3 - 34

风扇叶片点云数据对齐后

参考文献

[1] 王丽辉. 三维点云数据处理的技术研究[D]. 北京:北京交通大学,2011.

[2] 徐源强,高井祥,王坚. 三维激光扫描技术[J]. 测绘信息与工程,2010,35(04):5-6.

［3］ WANG W,ZHANG C. Separating coal and gangue using three‐dimensional laser scanning[J]. International Journal of Mineral Processing,2017,169:79‐84.

［4］ ANIL E B,TANG P,AKINCI B,et al. Deviation analysis method for the assessment of the quality of the as‐is building information models generated from point cloud data[J]. Automation in Construction,2013,1(35):507‐516.

［5］ LIU X,ZHANG K,LI M. Point Cloud data preprocessing based on the geomagic[J]. Advanced Materials Research,2013,690‐693:2817‐2820.

［6］ 孟娜. 基于激光扫描点云的数据处理技术研究[D]. 青岛:山东大学,2009.

［7］ 董锦菊. 逆向工程中数据测量和点云预处理研究[D]. 西安:西安理工大学,2007.

［8］ 温银放. 数据点云预处理及特征角点检测算法研究[D]. 哈尔滨:哈尔滨工程大学,2007.

［9］ 袁夏. 三维激光扫描点云数据处理及应用技术[D]. 南京:南京理工大学,2006.

［10］ 李晓菲. 数据预处理算法的研究与应用[D]. 成都:西南交通大学,2006.

［11］ 丁清光. 空间三维数据的实时获取与可视化建模[D]. 郑州:解放军信息工程大学,2006.

［12］ 杨红娟,周以齐,陈成军. 激光扫描数据脉冲噪声自适应检测和滤除[J]. 计算机辅助设计与图形学学报,2006(10):1531‐1534.

［13］ 刘军强,高建民,李言,连炜. 基于逆向工程的点云数据预处理技术研究[J]. 现代制造工程,2005(07):73‐75.

［14］ COUSLEY R R J,GIBBONS A,NAYLER J. A 3D printed surgical analogue to reduce donor tooth trauma during autotransplantation［J］. Journal of orthodontics,2017,44(4):287‐293.

［15］ GUO Z,CUI M. Research on crotch structure of fitted man′s trousers Based on 3D scanning data of human body:science and engineering research center. proceedings of 2017 2nd international conference on electrical,control and automation engineering（ECAE 2017）［C］. Xiamen:Science and Engineering Research Center:Science and Engineering Research Center,2017.

［16］ 毛方儒,王磊. 三维激光扫描测量技术[J]. 宇航计测技术,2005,(02):1‐6.

［17］ 董明晓,郑康平. 一种点云数据噪声点的随机滤波处理方法[J]. 中国图象图形学报,2004,(02):120‐123.

［18］ 柯映林,肖尧先,李江雄. 反求工程 CAD 建模技术研究[J]. 计算机辅助设计与图形学学报,2001,(06):570‐575.

[19] 张舜德,朱东波,卢秉恒. 反求工程中三维几何形状测量及数据预处理[J]. 机电工程技术,2001,(01):7-10.

[20] MAREK H,JACEK Z,ŁUKASZ D. Development of a method for tool wear analysis using 3D scanning[J]. Metrology and Measurement Systems,2017,24 (4):739-757.

[21] KHAYATZADEH R,ÇIVITCI F,FERHANOĞLU O. A 3D scanning laser endoscope architecture utilizing a circular piezoelectric membrane[J]. Optics Communications,2017,405:222-227.

[22] ANIL E B,TANG P,AKINCI B,et al. Deviation analysis method for the assessment of the quality of the as-is building information models generated from point cloud data[J]. Automation in Construction,2013,1(35):507-516.

[23] LIU X,ZHANG K,LI M. Point cloud data preprocessing based on the geomagic[J]. Advanced Materials Research,2013,690-693:2817-2820.

第 4 章
数据三角化与模型重构

通过各种测量手段获得的数据往往是大量和无序的，如何对这些无序的数据点进行描述、存储、遍历以及造型是逆向工程要解决的重要问题。三角网格较四边形网格更加稳定，更能灵活反映实际曲面复杂的形貌，因此数据的三角划分在逆向工程中得到了广泛应用。本章将点云数据的三角化方法和模型重构算法。

4.1 数据三角化的基本方法与优化准则

散乱数据点的三角化是逆向工程中曲面重建的重要研究内容之一。它主要包括三角剖分和三角网格逼近两种形式。三角剖分可描述为将三维空间中任意分布的散乱数据点用直线段连接起来，形成在空间既不重叠又无间隙的紧邻四面体集。正确的拓扑连接关系，可以有效地揭示散乱数据点集所蕴含的原始物体表面的形状和拓扑结构。散乱数据点的三角剖分，可分为对测量数据投影域的剖分和在空间直接剖分两种类型，目标是使散乱数据点在空间连成一个最优或较优的三角网格。相比之下，空间数据点的三角网格逼近方法一般并不要求网格顶点一定是原始数据点，因此处理起来也更加灵活，能根据需要设定适当的逼近精度。

散乱数据三角化的方法很多，它们依据的优化准则也不尽相同，但总结下来不外乎有分治法、ABN（angle between normal）法、PLC（piecewise linear analog of wvrvature）法、迭代法和 Delaunay 法等。Green - Sibson 方法、Bowye 方法、CLLawson 方法等都属于 Delaunay 法；Marching Cubes 方法是一种典型的分治法；迭代法就是按迭代思想进行网格剖分；而 ABN 法、PLC 法则因其使用的优化准则而得名。Delaunay 法是目前使用最为广泛的一类剖分方法。1908 年，俄国学者 Voronoi 完成了一项基础性研究，从数学上定义了每个观测点所能代表的空间范围，并用 Voronoi 图在二维平面上表示了它的几何意义。此后，Voronoi 图和 Delaunay 三角网格在地质学、图形图像等相关领域得到了极为广泛的应用。到目前为止，学者们提出的各种自动建立的算法基本上可归为 3 类：分治算法、逐点插入法和三角网格生长法。

4.1.1　三角网格优化准则

三角网格优化是指通过对原始网格进行调整，使得到的网格中出现尽量少的尖锐三角形，即在整个网格中所有三角形最小内角之和为最大，并使网格形状变化最合理。目前三角网格优化准则有 5 种：最小内角最大准则、圆准则、Thiessen 区域准则、ABN 准则和 PLC 准则。

1. 最小内角最大准则

对一个严格的凸四边形进行三角划分时，有两种对角线连接方式。选择不同的连接方式可得到不同的三角划分。最小内角最大准则就是保证对角线连接后所形成的两个三角形的最小内角最大，此时的三角网格划分为最优，如图 4 - 1 所示。

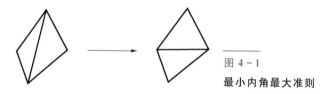

图 4 - 1
最小内角最大准则

2. 圆准则

设 O 是经过严格凸四边形中三个顶点的圆。如果第四个顶点落在圆 O 内，则将第四个顶点与其相对的顶点相连，否则将另外两个相对顶点相连，这样形成的三角网格形状，如图 4 - 2 所示。

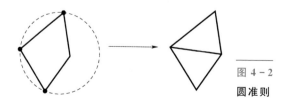

图 4 - 2
圆准则

3. Thiessen 区域准则

Thiessen 区域是指经 Dirichlet Tessellatiorl 区域分割后得到的 Voronoi 多边形区域。如果两个 Thiessen 区域具有非零长度的公共线段，则称这两个区域的生成点为 Thiessen 强邻接点（strong thiessen neighbours）；如果它们的公共部分仅为一个点，则称这两个区域的生成点为 Thiessen 弱邻接点（week thiessen neighbours）。一个严格凸的多边形至多有一对相对顶点是 Thiessen 强邻接点。Thiessen 区域准则是指对一个严格凸的四边形进行三角划分时，将 Thiessen 强邻接点相连，若两对顶点都是 Thiessen 弱邻接点，则任选一对相连，这样构造的三角网格形状是最优的，如图 4-3 所示。

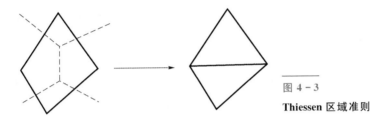

图 4-3

Thiessen 区域准则

4. ABN 准则

设 T 是散乱数据点集 $\{P_i\}$ 的三角划分，定义每一条内部边 c 的权值 $c(e)$ 为相邻的两个三角面片的法向矢量夹角。若两三角面处于同一平面上，则 $c(e)=0$。对一个严格凸的四边形进行三角划分时，有两种划分选择，设这两种对角线连接方式分别为 e 和 e'。ABN 准则就是要选择 $c(e)$ 和 $c(e')$ 中值较小的一种划分方式。ABN 准则优化三角网格的目的是使网格中相邻三角片之间法向矢量变化尽量平缓。

5. PLC 准则

设 T 是散乱数据点集 $\{P_i\}$ 的三角划分。S_1，S_2，$\cdots$，S_m 是交于 P_i 点按逆时针方向排列的三角面，$\boldsymbol{n}_j$ 是各三角面的单位法向矢量（$j=1，2，\cdots，m$）。设

$$\boldsymbol{n} = \frac{\sum_j \boldsymbol{n}_j}{\left| \sum_j \boldsymbol{n}_j \right|} \tag{4-1}$$

103

则 P_i 点的权值定义为该点处 $\boldsymbol{n}$ 与 $\boldsymbol{n}_j$ 夹角的平方和，即

$$c(P_i) = \sum_j \left(\arccos(\boldsymbol{n} \cdot \boldsymbol{n}_j) \right)^2 \tag{4-2}$$

PLC 准则就是要保证三角划分结果满足 $c = \sum c(P)$ 最小。PLC 准则是以网格节点为基础，使节点周围三角面之间法向矢量变化尽量平缓。

ABN 准则和 PLC 准则不是对网格中三角形状进行优化，而是选择这样的节点连接方式保证网格空间形状出现尽量少的突变起伏。

4.1.2　Delaunay 三角化方法

Delaunay 算法是目前广为流行的三角剖分方法，多数三角剖分算法生成的都是 Delaunay 三角网格。根据实现方法的不同，Delaunay 三角化方法可以分为三类：换边法、加点法和分治法。换边法首先构造非优化的初始三角形，然后对两个共边三角形形成的四边形进行迭代换边优化。以 Lawson 为代表提出的对角线交换算法属于换边法。换边法适用于二维 Delaunay 角化，对于三维情形则需对共面四面体进行换面优化。加点法是从三角形开始，每次加入一个点，并保证每一步得到的当前三角形是局部优化的。以 Bowyer、Green、Sibson 为代表的计算 Dirichlet 图的方法属于加点法。加点算法是目前应用最多的算法。分治法将数据域递归细分为若干子块，然后对每一分块实现局部优化的三角化，最后进行合并。

$$V_i = \{x : d(x - P_i) < d(x - d_j)，j \neq i\}$$

Delaunay 三角剖分是将空间测量数据点投影到平面来实现的二维划分方法。设空间测量点集，P_1，P_2，$\cdots$，P_n 在平面上的投影分别为 p_1，p_2，$\cdots$，p_n，对每个投影点 p_i 划定一个区域 $V_i (1 \leqslant i \leqslant n)$，区域内任何一点距 P_i 的距离比距其他任意投影节点 $P_j (1 \leqslant j \leqslant n，j \neq i)$ 的距离都要小，即是一个凸多边形，这种域分割称为 Dirichlet Tessellation，又称 Voronoi 图，如图 4-4 所示。由上面的定义可知，V_i 域的边界是由节点 P_j 与相邻节点连线的中垂线所构成。每个 Voronoi 多变形内只包含一个节点。Voronoi 多边形的集合 $\{V_i\}_{i=1}^n$ 也称作 Dirichlet 图。连接两相邻 Voronoi 多边形中的节点可以形成三角网格，这就是 Delaunay 三角网格。

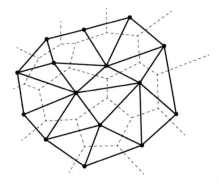

图 4 - 4

Voronoi 图 (虚线) 和 Delaunay 三角剖分 (实线)

1. Bowyer 算法

Bowyer 算法是 Bowyer 在 Sibson 和 Green 20 世纪 70 年代所做工作的基础上于 1981 年提出的。该算法更新 Voronoi 图的基本思想：第一步，识别出所有由于新节点 N 的插入而将要被删除的 Voronoi 多边形顶点，如图 4-2 中的多边形顶点 V_3、V_4、V_5。这些顶点离新节点 N 比离自己的三个生成点近。第二步，构造节点 N 的邻接点。节点 N 的邻接点是所有生成被删除顶点的网格节点，即图 4-5 中的网格节点 (P_2、P_3、P_4、P_5、P_7)。第三步，修改其他节邻接点。第四步，计算节点 N 的 Voronoi 多边形顶点、每个顶点的生成点及相邻的顶点。

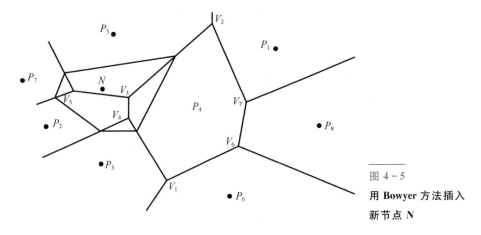

图 4 - 5

用 Bowyer 方法插入新节点 N

2. Watson 算法

Watson 于 1981 年提出该算法，这是他构造多晶体模型的研究成果。其思想是给出一个符合空外接球准则的初始网格，然后往其中加入一个数据点，并考察外接球的包含情况。也就是去除那些包含新点的 n 维单纯形，并用 $(n+2)$ 个点组合成的单纯形(符合空外接球准则)将其取代。

在实现时，可一次性全部找出并删除那些包含新加入点的单纯形，以得到一个包含新点的空洞。将空洞的边界与新加入点相连，得到新点加入后的 Delaunay 网格，这样可避免对新生成的单元进行是否包含老点的空外接球测试。具体加入一点的算法流程叙述如下：

(1)加入新点，搜索单纯形链表，找出外接球包含新点的所有单纯形。

(2)将这些单纯形合并构成一个多面体，即将包含新点的单纯形的各个面加入一个临时链表。若一个面在该链表中出现两次，则说明该面位于多面体的内部，需要从链表中将其删除；若出现新点位于外接球上的退化情形，则抛弃链表和新点，改用其他方法处理。

(3)若未出现退化情形，则将新点与多面体的各个面相连，得到新的单纯形，新点加入过程结束。

Watson 算法简明，易于编程实现。但当出现 $M(M\geqslant n+2，n$ 为空间维数)个点位于同一球面上时，三角化结果则不唯一，这种称为退化情形。在实际应用中，散乱数据点集很少出现退化情形，但由于计算机的计算精度是有限的，当新点与外接球球面之间的距离小于给定计算精度时，会认为新点位于球面上，这种计算误差可能引起拓扑关系不一致。

3. 换边法与换面法

1977 年，Lawson 提出了基于边交换的二维 Delaunay 三角化，而 Joe 分别于 1989 年和 1991 年给出了基于局部换面的三维 Delaunay 网格算法和证明。

(1)基于边交换的三角化方法。换边法是以二维平面上 4 点的 3 种构型为基础，如图 4-6(a)所示，对于网格中的两个公共边的三角形进行空外接圆测试，若外接圆内包含其他点，则进行图 4-6(b)所示的换边操作。对无三角网格中所有共边的两个三角形做上述测试，并将不符合优化准则的两个三角形进行对角线交换，最终得到优化的 Delaunay 三角网格。

(2)基于面交换的三角化方法。Joe 于 1989 年提出基于空外接球测试准则的局部换面法。Ferguson 在 1987 年也独立提出基于局部换面法的三维

Delaimay 三角化方法。三维 Delaunay 三角化的局部换面以三维空间五点的五种构型及构型之间的四种交换为基础，与二维 Delaunay 三角化相比，其构型种类和交换种类都明显增多，实现起来也复杂得多。

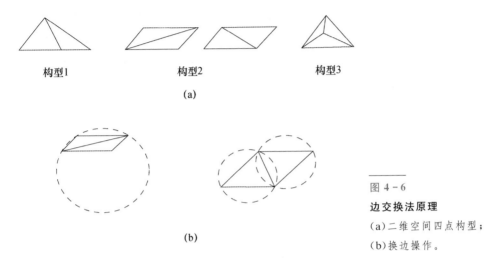

构型1　　　　　　构型2　　　　　　　　　构型3

(a)

(b)

图 4 - 6

边交换法原理

(a)二维空间四点构型；

(b)换边操作。

　　换边法、换面法适用于散乱点剖分和域剖分。如何有效地控制交换范围、选用合理的数据结构和快速查询算法，是提高算法效率的关键。换面法最大的困难在于如何处理不可交换情形，只有解决了不可交换情形，才能得到 Maimay 三角网格，否则结果为非 Deiaunay 的。

　　此外，典型的 Delaunay 三角化算法，还有基于四叉树、八叉树的方法和网格前沿法（advancing front technique）等。Yerry 和 Shephard 于 1983 年和 1984 年发表了四叉树、八叉树在二维、三维网格剖分中的应用。他们的算法也被称为 Shephard. Yerry 算法。算法的基本思路是以剖分域的边界为网格的初始前沿，按预设网格单元的形状、尺度等要求，向域内生成节点，连成单元，同时更新网格前沿，如此逐层向剖分域内推进，直至所有空间被剖分为止。网格前沿法自提出以来发展很快，迄今已有很多种实现方法。

4.1.3　生长三角剖分算法

　　生长三角剖分算法无论在理论研究还是实际应用上都很成熟。生长三角剖分算法的思路是：先在散乱点集中找到一恰当的种子三角形，然后依次遍历各边界，搜索与当前边界边最匹配的散乱点，组成一新的三角形，依次处理所有新生成的边，直至最终完成，如图 4-7 所示。生长三角剖分算法主要由点云稀疏、创建种子三角形和生长三角形等 3 部分组成。点云稀疏实质上是对初始散乱点云进行简化和预处理，并建立散乱点与空间包围盒的对应关系。创建种子三角形就是生成初始的种子三角形，构成初始的边界环。而生长三角形是指在边界环的基础上不断地生成新的三角形，将这些新生成的三角形添加到边界环上，并更新边界环，直到满足停止生长的判别条件。

生长三角剖分算法每次搜索边界边后最多只能添加一个三角形，因此算法运行速度比较慢，同时，该算法无法避免三角面片的重叠现象。

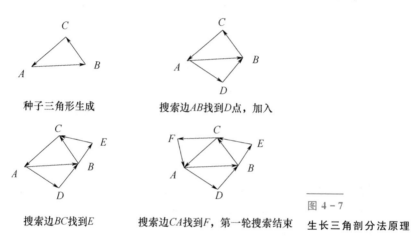

种子三角形生成　　　　　　搜索边AB找到D点，加入

搜索边BC找到E　　　搜索边CA找到F，第一轮搜索结束

图 4-7

生长三角剖分法原理

4.1.4　螺旋边三角剖分法

螺旋边三角剖分法与生长三角剖分法的不同在于：螺旋边三角剖分法是以边界环上的边界点为对象向外生长三角形，次边界点三角化可以生长出多个三角形，如图 4-8(a)所示。生长三角剖分法是以边界环上的边界边为对象向外生长三角形，一次边界的三角化只能生长出一个三角形，如图 4-8(b)所示。正是因为螺旋边三角剖分法的剖分速度远远大于生长三角剖分法的剖分速度，所以也对生长时的边界环的控制提出了严峻的挑战。

螺旋边三角剖分法与前面介绍的算法有很多类似的地方，其主要实现步骤：首先把所有点的状态置为未用(unused)状态；其次进行预处理，即确定种子三角形，找到初始边界环；最后循环遍历边界环上的边界点，直到三角剖分(足够数目点的状态由 unused 变为 used)结束。最后的循环遍历是算法的核心，该循环又分为三个步骤：①初始化七次循环得到的边界环；②遍历边界环之上两相部的边界边及其公共边界点 P，找出端点 P_a 未被三角化的邻近点集 $P_i\{P_a，P_b，\cdots，P_i\}$ 网（状态为 unused 的点）；③依次将 P_i 点集中的点与端点 P 连接，并更新边界环。

预处理：先选取第一点 P_1，然后找到距点 P_1 最近的点 P_2，最后找出距离连接 P_1 和点 P_2 的边的最近点 P_3，构成初始三角形和初始边界环 $P_1 \rightarrow P_2 \rightarrow P_3$。

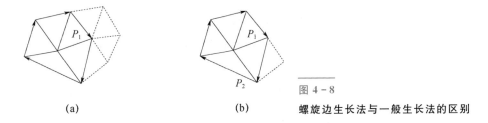

(a)　　　　　　　　　　(b)

图 4 - 8

螺旋边生长法与一般生长法的区别

循环生长三角形：先找到边界环上点 P_1 的邻近点集 P_4、P_5、P_6、P_7，并将其与点 P_1 连接起来，与边界环的边 $P_1 \rightarrow P_2$ 或 $P_3 \rightarrow P_1$ 构成三角形。与此类似，找到边界环上点 P_2 和 P_3 的邻点集并连成三角形。这样，完成一重循环，得到新的边界环 $P_1 \rightarrow P_2 \rightarrow P_3 \rightarrow P_4 \rightarrow P_5 \rightarrow P_6 \rightarrow P_7 \rightarrow P_8 \rightarrow P_{10} \rightarrow P_{11}$。初始化新的边界环，再做循环，直到遍历所有散乱点。图 4 - 9 中最后的边界环为 $P_6 \rightarrow P_7 \rightarrow P_8 \rightarrow P_9 \rightarrow P_{10} \rightarrow P_{11} \rightarrow P_{12} \rightarrow P_{13} \rightarrow P_{14} \rightarrow P_{15} \rightarrow P_{16}$。

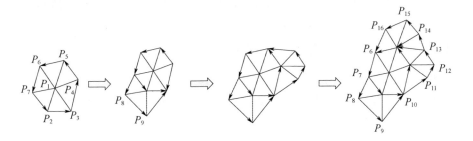

图 4 - 9　螺旋边生长法示意图

螺旋边三角剖分法效率很高，运算速度快。一般的生长法每次循环结束只是找到边界环的一条边的最佳点，即只是增加了一个三角形；螺旋边三角剖分法每次能找到边界环顶点的多个邻近点，即增加了多个三角形。但是，螺旋边三角剖分法对邻近点的判断很烦琐，且所得的邻近点并不一定是自然邻近点，不一定能保证几何拓扑连续性。另外，螺旋边三角剖分法除了需要点云对象的各点的位置信息外，还需要各点的法向矢量以及各点的邻近点信息。一般的点云对象通常无法满足这些要求，因此螺旋边三角剖分法的适用范围有一定的局限性。

4.2 散乱数据的三角剖分

在逆向工程中，实物原型重构经常要首先对散乱数据进行三角剖分，在三角网格的基础之上进行曲面拟合。尤其是当实物的边界和形状比较复杂时，基于三角剖分的曲面插值更为灵活。此外，用于快速成形系统以及虚拟现实系统多分辨率显示的输入数据也是三角网格的格式。所以，三角网格划分在逆向工程中举足轻重，必不可少。

4.2.1 基本概念

本节给出的散乱数据三角剖分的基本思想是：由初始三角形的边界开始，向未剖分区域逐步扩展边界环，形成新的三角形，直至三角网格覆盖整张曲面。

剖分域：反求时，采用以边为基础的数据分块方法，分块后给定的是封闭的边界环 $B = \{B_0, B_1, \cdots, B_H\}$ 和其内部互不相重的 N 个离散点 $P = \{P_0, P_1, \cdots, P_N\}$。其中，外边界节点按逆时针排列构成外边界环 B_0，内边界节点按顺时针排列构成 H 个内孔的内边界环 B_0，B_1，$\cdots$，B_H。于是定义网格的剖分域为 $D(P, B)$。

可见点：对于有向边 $A \rightarrow B$ 和空间一点 P，如果满足关系 $\det(A, B, P) < 0$，则认为 P 点对边 $A \rightarrow B$ 是可见的，此时点 P 在边 $A \rightarrow B$ 的右侧。反之，则点 P 在边 $A \rightarrow B$ 的左侧，为不可见点。

凸多边形：如果对一多边形按逆时针方向任意连续的 3 个顶点 P、Q、R 均有关系式 $\det(P, R, Q) < 0$ 成立，则称该多边形为凸多边形。

特征线：在曲面上存在一些曲线，这些曲线显示了曲面的特征，因此称之为特征线，在实际测量中要尽可能将它们测量出来。形成三角形网格时，要求某一特征线上的离散点相互间必须以边的连接方式存在，从而与实际相吻合。

　　邻接点：设 T 是域 $D(P，B)$ 的三角剖分，E 是 T 的边集，则 E 中的每一条边的两个端点互称为邻接点。

4.2.2　问题描述

　　给定有界曲面 F 在平面上的有效区域 $D(P，\Phi)$，$\text{Data\_Set} = \{P_i \mid i = 1，2，\cdots，N\}$ 是区域内互不相重的 N 个离散点。如图 4 - 10 所示，有效区域的边界由一个外环和若干内环构成的环表集组成：$\Phi = \varphi^1，\{\varphi^2，\cdots，\varphi^k\}$，$\varphi^1$ 为有效区域的外环，$\{\varphi^2，\cdots，\varphi^k\}$ 为 $k-1$ 个内边界环，曲面 F 上的特征线经过正向、反向处理可视为一般内环。在剖分过程中，由于存在外环分割，外边界环可有多个，即 $\varphi^i(i = [1，j]，j \leqslant k)$ 都是外环。

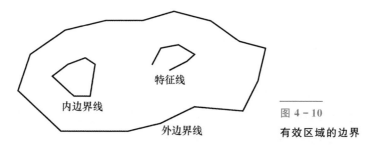

内边界线　　特征线　　外边界线

图 4 - 10

有效区域的边界

4.2.3　剖分区域内数据提取方法

　　在给出边界环后，还需将网格剖分区域内的数据点从整个测点集中提取出来。判断一个测量数据点是否在外环、内环包围的多边形区域内，可采用交点记数法，即首先由该点沿 X 轴正方向发出一条射线，其次计算该射线与多边形边界的交点个数。若交点个数为奇数，则该点位于多边形内；若交点个数为偶数，该点位于多边形外。在计算水平射线与多边形边界的交点时，有图 4 - 11 所示六种情况。其中图 4 - 11(a)、(b)所示为非退化情况；交点个数分别为 0 和 1；其余四种情况为退化情况，图 4 - 11(c)、(e)中交点个数为 1，图 4 - 11(d)、(f)中交点个数应为 0，程序中对这四种退化情况需做特殊处理。

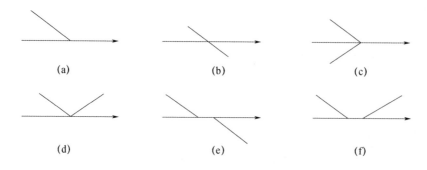

图 4-11　射线求交时射线与边界的六种相交形式

（a）非退化，交点数为 0；（b）非退化，交点个数为 1；

（c）、（e）退化，交点个数为 1；（d）、（f）退化，交点个数为 0。

4.2.4　数据结构

以曲面的测量离散点集作为网格剖分节点集合，其初始输入信息和输出信息主要由以下几部分组成：

（1）存放各点编号、位置坐标的总数据单项链表。

（2）用于定义曲面有效区域拓扑信息的双向边界链表。在剖分区域内初始只有一个外边界链表，内边界链表可有若干个。

（3）初始三角剖分采用 Lawson 三角形表存储三角形及其邻接关系，以利于后曲的优化处理。Lawaon 三角形表的具体形式如表 4-1 所示。

表 4-1　Lawaon 三角形表具体形式

三角形指针	三角形定点指针	邻接三角形指针
T _ Pointer	VP_1，VP_2，VP_3	TP_1，TP_2，TP_3

（4）最终输出数据采用离散点的邻接表表示，某点的邻接表由按逆序排列的所有与该点邻接的点组成。如果该点为内点，则链表起始点任意，如果该点为边界点，则起始点为某一界点。

上面 4 个结构可以完全实现对域 $D(P,5)$ 的剖分。采用点的邻接表表示最终剖分结果，可提取出点表、边表、面表等复杂拓扑关系，为光滑曲面构造、网格的多分辨率表示等后续处理带来极大的便利。

三角形的形成是按外边界环上有向边 $P_i \rightarrow P_{i+1}$ 的右手方向找到一点 P_v，

使之到点 P_i、P_{i+1} 的距离之和最小（$\min(|P_iP_v|+|P_vP_{i+1}|)$）。剖分中通过外环分割（图 4-12），可以避免在剖分后期出现三角形品质下降的情况。具体剖分步骤如下：

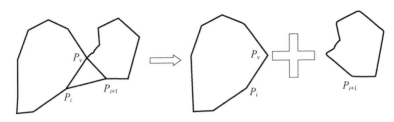

图 4-12　外边界环的分割方式

①判断环表集 $\varPhi$ 是否为空，若是，则剖分结束。

②从环表集 $\varPhi$ 中按序取一链表为外边界环 Bound_Loop。

③判断 Bound_Loop 是否为空，若是，则转①。

④从 Bound_Loop 上取有向边 $P_i \rightarrow P_{i+1}$，按右手方向在非 Bovmd_Loop 外找到一点 P_v，使得 $|P_iP_v|+|P_iP_v|$ 为最小，并判断 P_v 位置：

• 在 Bound_Loop 上且线段 P_iP_v 和 $P_{i+1}P_v$ 均不在 Bound_Loop 上，首先记录 $\triangle P_iP_{i+1}P_v$，按图 4-12 所示方式分割 Bound_Loop，更新环表集 $\varPhi$，转向②。

• P_v 在 Bound_Loop 上且线段在 Bound_Loop 上，记录 $\triangle P_vP_iP_{i+1}$，删除点 P_i，$i=i+1$。

• P_v 在 Bound_Loop 上且线段 $P_{i+1}P_v$ 在 Bound_Loop 上，记录 $\triangle P_iP_{i+1}P_v$，删除点 P_{i+1} $i=i+1$。

• P_v 不在 Bound_Loop 上。判断线段 P_vP_i、P_vP_{i+1} 是否和 P_i、P_{i+1} 各自非邻接环边相交，若是，则 $i=i+1$；若否，则记录 $\triangle P_iP_{i+1}P_v$，将点 P_v 插入 Bound_Loop 中 P_i 和 P_{i+1} 之间，判断 P_v 是否为内环上点，若是，则将该内环插入 Bound_Loop，$i=i+1$。

⑤重复步骤③。

4.2.5　点云数据的存储

通过三维扫描仪获取的空间散乱的点云数据，其内部数据点没有显示的集合特征，首先要建立数据点之间的关系，首先利用一种高效的存储结构，快速查询数据点的局部邻域信息。海量点云数据的处理给计算机带来了较大的负担，因此一种快速索引点云数据中点的存储结构是进行点云数据重构研究的基础。

八叉树（octree）结构是一种基于空间规则划分的技术，实现原理简单，便于理解，同时可以保证较快的搜索速度。八叉树以其固有的优势已作为一种高效的空间索引结构而被广泛使用。

八叉树可以作为一种树状结构来理解，若不为空树，树中任意节点没有子节点或者有 8 个子节点，八叉树结构是用来描述三维空间的数据结构，8 个子节点分别代表三维空间的 8 个子空间。八叉树也可以是一种分层的树状结构，根节点被分为 8 个子节点，子节点依次递归地划分为 8 个节点，直到划分达到相应的深度。

利用八叉树结构存储点云数据，每一个节点对应于一个立方体。首先建立八叉树的根节点，根节点是对应于包含所有点云数据的最小的立方体，代表整个点云数据所在的三维空间。再按照图 4 - 13 所示标号方式将根节点划分成大小相同的 8 个子空间，对应 8 个立方体，作为根节点的子节点，递归进行分割，直至八叉树的深度到达点云数据对最小立方体的体积要求，通常限制划分介绍的条件是最小子立方体的边长等于给定的点距，当最大深度为 n 时，点云数据的三维空间被划分为 8^n 个最小立方体。

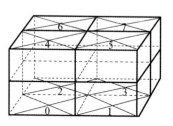

图 4 - 13
八叉树立方体划分

八叉树的存储和实现方式主要有编码八叉树和指针八叉树。编码八叉树将划分的八叉树结构中所有的子节点给以一个编码，此编码在这个三维空间是连续存储的，同时在计算机内存中是按照线性存储方式连续存储的，这种实现方式能够根据节点的位置编码快速地查找对应顶点，并且能够根据节点编码规则快速查找相邻节点的位置，缺点是空间利用率较低。指针八叉树采用树形结构存储节点指针，以及其子节点的指针，这种编码方式的优点为空间效率高，缺点为对八叉树访问时时间效率低。两种存储方式相同点是节点都保持子节点立方体的范围和相关信息。

对于一个给定的三维空间进行八叉树剖分，如果剖分的层数为 n，则可以对该八叉树结构中的 $8n$ 个节点按照图 4 - 13 所示方式进行编码来表示该节点在八叉树存储结构中的位置。由于每个节点被划分为 8 个子节点，采用八进制进行编码，则每一个子节点由一组八进制数 Q 表示：

$$Q = q_{n-1} \cdots q_m \cdots q_1 q_0$$

式中：q_m 为八进制数，$m \in \{0, 1, \cdots, n - 1\}$，$q_m$ 表示该节点在其兄弟节点之间的序号，而 q_{m+1} 表示 q_m 节点的父节点在其兄弟节点间的序号。这样，Q 在指针八叉树的实现方式中表示节点在八叉树中的遍历树路径，在编码八叉树的实现方式中则表示连续存储的八叉树节点的相对偏移位置。

4.2.6　点云的 K 阶邻域计算

点云的 K 阶邻域是进行三维散乱点云三角网格重构的基础，是点云的其他后期工作（如点云精简、三角网格化、空洞填补等）的准备工作，是三维重构过程中不可缺少的重要的一个步骤。同时点云的 K 阶邻域也是估算其他相应的几何信息（如数据点的单位法向矢量、曲率和邻接关系等）的基础。

K 阶邻域是针对于点云中顶点而言的，是指在给的三维散乱点云数据中，距离顶点 P 空间距离最近的 K 个数据点，组成一个最近的 K 个点的集合，这些邻域点的集合就称为该数据点 P 的 K 阶邻域。

采用八叉树存储结构存储的点云数据，为快速计算点云中顶点的 K 阶邻域提供了良好的基础。点云数据中每一个数据点 P 的三维坐标通过读取文件获取，利用顶点的坐标按照八叉树编码规则可以快速计算包含该数据点的叶子节点的编码，该节点编号 $Q = q_{n-1} \cdots q_m \cdots q_1 q_0$ 代表了八叉树结构中一个划分立方体，以八叉树的编码方式可迅速查到该子立方体及其周围的 26 个立方体。例如，对于编码为"47462"的顶点，其相邻的立方体的编码包括"47460""47461""47463"等。点 P 的 K 阶邻域可以通过搜索这些叶子节点代表的立方体中的顶点获得。

通过搜索这 26 个邻域立方体，获取的顶点数目可能比指定的 K 值大。这种情况下，通过计算这些点与目标的距离，并从这些点集合中选择距离最小的 K 个点作为目标点的 K 阶邻域。如果获取的顶点数目比指定的 K 值小，此时则需要扩大搜索的范围，根据立方体的位置再向外扩张，获取更多的立方体。重复此过程直到获取 K 阶邻域为止。

4.2.7　网格优化

初始三角剖分完成后，对于局部的凸四边形还要做优化处理。这里采用最小内角最大准则，内外边界和特征线均不参与优化。首先从 Lawson 三角形表中取一三角形，找出该三角形的最大内角所对边。若该边为特征边，取下一三角形，继续此过程，否则找出其相邻三角形。判断这两个三角形是否构成凸四边形，若是，则计算出两三角形的 6 个内角中的最小内角，然后计算由该四边形另一对角线划分而成的两三角形的最小内角 α_2。若 $\alpha_1 > \alpha_2$，取下一三角形继续优化，否则更新三角形，修改 Lawson 三角形表并取下一三角形，整个过程可以重复进行，直至整体都满足优化准则为止。图 4 - 14 所示为优化前、后的剖分结果。

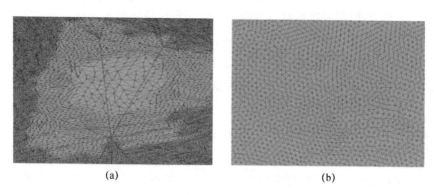

(a)　　　　　　　　　　　　　　(b)

图 4 - 14　优化前、后的剖分结果

(a)初始三角剖分；(b)优化后的三角剖分。

当离散数据的三角剖分完成后，可通过三角曲面的优化构造进一步细分重构误差较大的三角形，从而提高三角形面片的线性逼近精度。为适应不同的精度要求，三角形面片的数量应能动态地变化。

随着激光、机器视觉等现代测量方法的涌现，采用这些方法测量复杂样件，得到的是没有显式拓扑关系的云状数据。为减小 STL 文件，方便快速成形的后续处理，研究点云数据的智能稀化技术和生成网格的简化算法就显得尤其重要，通过 STL 文件，可快速实现实体的图形显示、添加支撑和片状化的功能。图 4 - 15、图 4 - 16 分别是齿帽和小鸟模型测量点的三角剖分结果，测点总数为 8000 点以上。

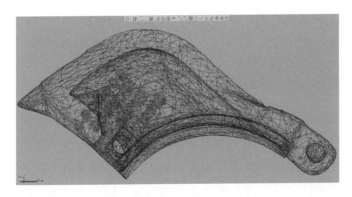

图 4 - 15

齿帽模型测量点三角剖分

图 4 - 16

小鸟模型测量点三角剖分

4.3　三角网格模型的文件格式

4.3.1　增材制造常用的模型文件格式

增材制造领域常用的三维文件有以下几种：

(1)STL 是该领域最常用的文件格式，通过三角面片表示零件表面几何信息，缺少材料、颜色等信息。

(2)VRML 文件是一种面向对象的三维造型语言，不仅具有零件表面信息和颜色，还包含了动画、灯光、声音和 URL 等多种信息。

(3)PLY 文件使用多边形网格表示零件表面信息，可以包含纹理和颜色等信息，但当部件包含多个具有不同材料属性的区域时，不能用 PLY 文件表示。

其中 STL 文件因其代码易读性强、集成了优秀的算法、熟悉使用可以提高开发效率等优点，得到广泛应用。

4.3.2 STL 文件的规则

STL(stereo lithography，光固化立体造型术)文件是由 3D Systems 公司于 1988 年制定的一个接口协议，是一种为增材制造技术服务点的三维图形文件格式。STL 文件由多个三角形面片的定义组成，每个三角形面片的定义包含三角形各个顶点的三维坐标以及三角形面片的法向矢量。STL 文件格式仅仅能用来表示封闭的面或者体，STL 文件格式有两种：一种是 ASCII 明码格式，另一种是二进制格式。

ASCII 明码格式的 STL 文件逐行给出三角面片的几何信息，每一行为 1 或 2 个关键字开头。STL 文件中的三角形面片的信息单元 face 是一个带有矢量方向的三角形面片，STL 三维模型就是由一系列这样的三角形面片组成。在一个 STL 文件中，每一个 face 有 7 行数据组成，face normal 是三角形面片指向实体外部的法向矢量坐标，out loop 说明随后的 3 行数据分别是三角形面片的 3 个顶点坐标，3 个顶点沿指向实体外部的法向矢量方向逆时针排列。

二进制格式 STL 文件用固定的字节数来给出三角形面片的几何信息。文件起始的 80dB 是文件头，用于存储模型名，紧接着用 4dB 的整数来描述模型的三角形面片个数，后面逐个给出每个三角形面片的几何信息。每个三角形面片占用固定的 50dB，依次是三角形面片的法向矢量(三个 4dB 浮点数)三个顶点坐标(每个顶点坐标为三个 4dB 的浮点数)三角形面片属性(2dB)。一个完整二进制 STL 文件的大小为三角形面片数乘以 50 再加上 84dB，总共 134dB。

4.3.3 STL 模型的纠错

STL 文件是 CAD 系统与快速成形系统之间进行数据交换的准标准格式，由于种种原因，创建 STL 文件时会产生许多错误，如果这些错误不加以处理的话，会影响到后面的数据处理和加工。本节提出一种 STL 文件的检测和修复算法。该算法通过建立点对象、边对象和三角面对象的数据结构，能够十分有效地检测和修复 STL 文件中的错误。

常见的错误类型：

(1)间隙(或称裂纹，孔洞)，如图 4-17(a)所示，这主要是由三角形面片的丢失引起的。当 CAD 模型表面有较大曲率的曲面相交时，在模型曲面的相交部分会出现丢失三角形面片的情况，从而形成孔洞。

(2)法向矢量错误，如图 4-17(b)所示，即三角形的顶点次序与三角形面片的法向矢量不满足右手规则。

(3)重叠或分离错误，如图 4-17(c)所示。重叠面错误主要是在计算三角形顶点时四舍五入的误差造成的，由于三角形的顶点在 3D 空间中是以浮点数表示的，如果圆整误差范围较大，就会导致面片的重叠或分离。

(4)顶点错误，如图 4-17(d)所示，即三角形的顶点在另一个三角形的某个边上，使得两个以上的三角形面片共用一条边，违背了 STL 文件的规定：每相邻的两个三角形平面只能共享两个顶点。

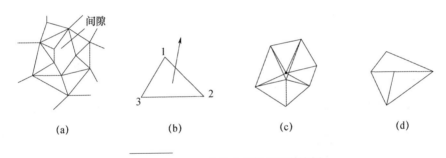

图 4-17　STL 文件中出现的错误类型

本节通过建立数据结构，使得检测、修复 STL 文件中的错误变得相对简单了。我们只需要检查一下边对象中的标志项，若标志项均为 2，一般来讲，STL 文件可能是正确的；否则，STL 文件肯定有错。标志项为 1，表示该边只为一个三角形所拥有，相应的 STL 文件肯定存在间隙、覆盖等错误；标志项为 2，表示该边为两个三角形所共有，且该边在两个三角形面片上的矢量方向相反；标志项为 -2，表示该边为两个三角形所共有，且该边在两个三角形面片上的矢量方向相同，此时 STL 文件出现三角形面片的法向矢量错误；标志项大于 2，表示拥有该边的三角形面片大于 2，此时出现重叠面等复杂的错误。在正确的实体模型中，每个三角形面包括三条边，而每条边被两个三角形面所共有，即每条边都要重复计算一次，因此边数为面数的 1.5 倍。在加载 STL 文件时，可以对其进行整体性的检测。

纠错步骤如下：

(1)加载 STL 文件，分别得到点对象链表、边对象链表和面对象链表。

(2)扫描边对象链表的标志项，检查标志项是否有等于-2的情况，若有，则发生三角形面片的法向矢量错误，进行错误纠正；若无，则进行一下步。

(3)扫描边对象链表的标志项，检查标志项是否有等于1的情况；若无，则 STL 文件正确，程序结束；若有，则进行覆盖错误的修复。

(4)扫描边对象链表的标志项，检查标志项是否还有等于1的情况；若无，则结束；若有，则进行孔洞错误的修复。

(5)进行顶点错误修复。

(6)将点对象链表、边对象链表和面对象链表存入新的 STL 文件中。

4.3.4　VRML 语言介绍

VRML 语言为虚拟现实建模语言，该语言的主要功能即是采用计算机编程方式实现虚拟现实。它采用场景方式实现虚拟现实，场景是用三维图形实现与用户交互的媒介。它能让用户在互联网上建立互动的 3D 虚拟场景。VRML 语言将实现的虚拟空间作为"场景"。超文本标记语言(HTML 语言)，是普通浏览器都支持的网页格式，该语言能够通过超文本链接，因而得名。但超文本标记语言并不支持现实场景的显示，因而显得十分单调。而 VRML 可以将原本单调的 HTML 内容变得丰富。

VRML 的发展历史较短，1995 发布了 VRML 1.0 版本，但是缺少互动性，主要是静态的三维虚拟场景的创建。1996 年 8 月推出 VRML 2.0 版本，其主要新功能如下：提高了 VRML 1.0 版本中不能动态创建场景的缺陷，动态的场景创建能与用户更好地实现交互。此外，VRML 语言具有轻量级的特点，在网络传输、运行只需较小的空间，十分便利。

利用 VRML 语言根据实际物体在虚拟世界中的存在方式，比如逻辑关系、从属状况等，采用"节点"的方式将虚拟世界组织起来，组织的方式类似于自然语言描述的虚拟世界。与现实世界相似，虚拟世界中的对象——"节点"也能够实现交流，数据的传输主要通过事件方式。VRML 语言内置了多种节点：传感器节点能够检测用户的动作或事件产生的初始事件，形成动态行为的基础；使用脚本节点可以自定义行为；插值节点实际上是一个内置的脚本，由动态特性的计算；内联节点提供了链接场景之间能力。

4.3.5　VRML 节点介绍

1. 几何节点

VRML 语言中节点种类较多，并提供多种能够直接创建的节点，包括基本的几何图形的性质，如矩形体、柱体、锥体、球体；而其他的复杂空间建模，还有其他的方式可创造先进的建模。此外，VRML 的 indexed face set 等节点允许开发人员采用点、线、面构建复杂的形体。通过 VRML 中高程网格的 extrusion 节点，可以建立复杂的曲面图形。

2. 属性节点

属性节点主要用来描述虚拟现实场景中物体的属性。使用属性节点，能够添加颜色、纹理等，在虚拟空间中我们可以创造更逼真的图像。

3. 组节点

VRML 语言提供了各类不同功能的组节点，如 Transform 节点、Billboard 节点等。该节点的功能类似于界面编程中的 Group 功能，将多种不同的内容，划归到一个组中，实现统一管理，统一调整的目的。

4. 传感器节点

传感器节点是交互能力的基础，VRML 语言程序可以按照指示装置(如鼠标)在屏幕上运动(包括点击，拖动)产生指定的事件。传感器一般以其他节点的子节点存在的，它的父节点称为可触发节点，触发条件和时机由传感器节点类型决定。传感器节点类型包括：圆柱传感器(cylinder sensor)、平面传感器(plane sensor)、邻近传感器(proximity sensor)、球面传感器(sphere sensor)、时间传感器(time sensor)、接触传感器(touch sensor)、可见度传感器(visibility sensor)等。

5. 插值器节点

VRML 语言中提供多种插值器节点。这类节点能够对各种数据类型的变化进行描述。如 positionlnterpolator、orientationlnterpolator、colorlnterpolator、scalarlnterpolator 四种插补器节点，分别用来控制虚拟现实环境中物体的位置和缩放、方向、颜色和透明度变化。时间传感器节点可以用来创建一个时钟，插补器节点根据从时钟得到的信息，从相应的索引表获得适当的一组值，这组值被输出到对应的节点域来决定物体的新状态。

4.3.6 VRML 的空间坐标及建模技术

在虚拟空间中，为了更好地表达每个形状、方向、位置等，可采用直角坐标系下的场景图（空间坐标）。在 VRML 语言定义的虚拟现实空间中，各个坐标轴的方向如图 4 – 18 所示。由图可以看出，VRML 的空间坐标系统是右手法则坐标系统。同时，除了 VRML 自带的坐标系统，VRML 语言支持用户自定义坐标系统，也就是说可以自定义创建一个新的空间坐标系，如变换节点可以利用 VRML 空间实现。

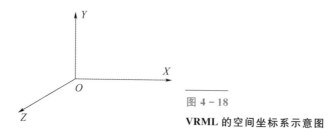

图 4 – 18
VRML 的空间坐标系示意图

1. 基本形态

VRML 语言自身有多种基本体供使用者用来建模，如长方体、柱体、锥体、球体。这些基本体能够供使用者创建一些简单的结构，对于复杂的结构体而言，则可以将这些基本体予以组合，或者通过自定义的形式予以创建。

2. 复杂建模方法

简单的几何体能够通过上述的基本体实现，但是复杂的结构体，需要使用 VRML 中更加先进的建模方法——通过点、线和面的组合予以实现形状和高程网格空间建模。在理论上，通过点、线和面能够将任意形状的结构体创建出来。任意的曲面造型空间都能用点、线和面表示出来，由此可以创建出任意想要的空间模型。VRML 建模点线面集主要有，indexed node（点）、indexed lineset node（线）、indexed faceset node（面）。对于一些地貌特征，可以使用高程网格节点。高程网格建模方法是在 ZX 平面网格和网格空间中，给出平面上的每个网格点在 Y 轴上的高度与列表，构建空间表面粗糙度。以

extrusion 节点创建曲面形状如花瓶、茶壶等。extrusion 节点和三维的计算机辅助设计工具是相似的：扫描路径，并给出了一个横截面形状，然后设置挤出成形的比例，以获得不同的位置。

4.4 模型拓扑重构和表面修复

4.4.1 STL 模型的拓扑关系重构

由于 STL 文件是三角面片的无序集合，故最大的弊端就是缺失面片之间的拓扑关系。从无序的三角形面片集合中是无法寻找出可能存在的裂缝、空洞、面片重叠等错误的，而且后续的曲率分析、特征提取、面片分割等数据处理都需要利用模型的拓扑信息。因此，在进行模型后续处理之前必须进行模型的拓扑重构，即建立其所表示的网格模型中点、边、面的拓扑关系。STL 模型的拓扑关系重构对模型显示、编辑和参数化，以及表面曲率分析、特征线提取和分割环构成，模型分割和闭合等模型操作，都有十分重要的意义。

通过对三角形面片顶点坐标表构建查询序列，可以检索到重复的顶点，将其归并为一个顶点，坐标值存入模型顶点坐标表。同时构建三角面片的顶点索引表，用于存放各三角面片顶点在模型顶点坐标表中的索引。点归并操作减少顶点坐标的存储需求，并且将三角形顶点坐标标量化，有利于提高后续处理的速度。

设 STL 文件模型 M 的点集为 V、边集为 E、面片集为 F。根据欧拉公式可求出点集、边集和面片集之间的关系，即

$$V + F - E = 2 - 2H \tag{4-3}$$

式中：H 为形体表面上孔洞数。由于 STL 文件是完全闭合的网格曲目，在模型正确的情况下不可能存在表面孔洞，即 $H = 0$。因此，STL 模型的点集、边集和面片集之间的关系可表示为

$$V + F - E = 2 \tag{4-4}$$

在 STL 文件中，每个三角形拥有三条边，每条边记录在该三角形和与其共享该边的邻接三角形中，即每条边被记录两次。因此，边集和面片集的关系为

$$E = 1.5F \tag{4-5}$$

进一步可以得出，点集和面片集之间的关系为

$$V = E - F + 2 = 0.5F + 2 \qquad (4-6)$$

由此看出，用点集 V 作为底层数据进行存储有效地降低了数据量。点集 V 合并完成后存入到 Hash 表，边集 E 和面片集 F 中顶点数据也随着转换为顶点 Hash 表的索引地址。

1. 基于 Hash 表算法的点归并

常用的三角面片顶点合并算法有三轴分块排序法、Hash 表法、平衡二叉树法。其中，三轴分块排序算法的时间复杂度为 $O(N^2)$，只适用于小数据量的模型。Hash 表算法的时间复杂度为 $O(N)$，比较适合大数据量的模型，但要预先分配空间，对顶点坐标进行预处理。平衡二叉树算法适合于动态的数据，在插入、删除、查找时最大时间复杂度为 $O(N^{lnN})$。

Hash 表又名散列表，其主要目的是解决数据的快速定位问题。它的基本思想是使用一个确定的函数关系 H，自变量为顶点的关键字 K，计算出顶点对应的函数值 $H(K)$，作为顶点的存储地址 Index，将顶点存入 $H(K)$ 指向的存储位置上。对顶点进行查找时，根据要查找的关键字 K 用同样的函数计算出存储地址，然后到对应的存储空间读取要找的顶点。基于 Hash 表的点归并，不仅需要设定好合理的 Hash 函数，还要设定一种处理冲突的方法。

构造 Hash 函数的常用方法有直接定址法、平方取中法、数字分析法、除留余数法等。设顶点坐标为 (x, y, z)，对应 Hash 表上的地址可表示为

$$\text{Index} = (\text{int})\left[(\alpha x + \beta y + \gamma z)C + 0.5\right]\&T \qquad (4-7)$$

式中：α、β、γ 为 Hash 函数的系数；C 为比例系数，选定原则是确保在 $(0, 2^{32}-1)$ 范围区间得以充分利用；$\&$ 为取模运算；T 为 Hash 表的长度，取值时要保证 $T+1$ 为 2 的次幂，以提高 Hash 函数的求余运算速度；0.5 为用于四舍五入的附加常数，以使 Hash 表上的地址分布更加合理。

常用的处理冲突的方法有开放定址法、Re-Hash 法、链地址法等。在处理大数据量的模型时，通常采用链地址法来处理冲突。假设 Hash 函数产生的 Hash 地址区间为 $[0, T-1]$，设定一个指针型向量 Chain-Hash$[T]$，其每个分量的初始值设为空指针。将 Hash 地址为 i 的顶点都存放在指针为 Chain-Hash$[i]$ 的链表中（图 4-19）。

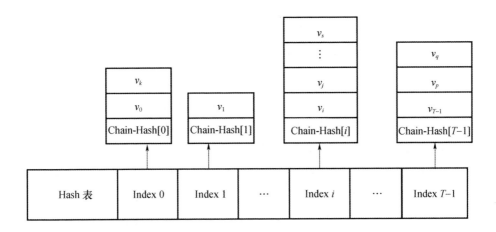

图 4-19　带有链地址的 Hash 表简图

以表 4-2 中的 5 个 STL 模型文件为例，三角面片数目从 53214 到 763298 不等，顶点个数从 159642 到 2289894，通过点归并顶点个数降至 26609 到 381651，其数据量是面片数据量的近一半，大大节约了模型存储空间。

表 4-2　实验模型的点归并结果

模型	模型 1	模型 2	模型 3	模型 4	模型 5
三角形数	59480	67378	53214	82898	763298
原始顶点数	178440	202134	159642	248694	2289894
最终顶点数	29742	33691	26609	41451	381651
T	2^{16}	2^{17}	2^{16}	2^{17}	2^{20}
最大簇长度	6	4	7	8	7
平均簇长	1.74	1.13	1.31	1.63	1.45

使用带有链地址的 Hash 表进行顶点存储，地址函数的各参数取值：$\alpha = 3$，$\beta = 5$，$\gamma = 7$，$C = 10^4$，$T \geqslant \text{Number}(F)$。链表的最大长度不超过 10，能有效实现了模型顶点的快速检索。

2. 基于正向边结构的拓扑重构

三维模型拓扑重构的常用数据结构有①翼边结构，一种以边为中心来描述模型的点、边、面之间拓扑关系的数据结构。每条边的拓扑信息中包含与边相邻的两个环，由于没有明确的正方向，无法准确判断当前边所在的环与面。②四边结构，将每条边分解为两对方向相反的边，以表示无向二边流形体。但该数据结构无法表示带孔洞的模型。③半边结构，将每条边分成两条方向相反的有向半边，半边的方向取决于它所在环的走向，每个三角面片由三条有向半边组成。该结构是对翼边结构的一种改进，通过拓扑半边的相邻半边的指针可以获取面片之间的邻接关系。但半边结构只能在已知面片的情况下查询其构成的边、顶点和邻接面。本章根据后续数据处理工作中边曲率估算和特征边提取的需要，对半边结构进行了改进，提出了正向边结构的拓扑重构。

正向边结构：每一条边 e_i 拥有 4 个指针 $p_i[0]$、$p_i[1]$、$p_i[2]$、$p_i[3]$，第一个指针 $p_i[0]$ 和第二个指针 $p_i[1]$ 分别指向边的两个顶点 v_j 和 v_{j+1}，$v_j v_{j+1}$ 的矢量方向设为该边的正方向。依据右手法则，将第三个指针 $p_i[2]$ 指向与该边正方向一致的相邻面片 f_k，第四个指针 $p_i[3]$ 则指向与该边正方向相反的另一个相邻面片的位置 f_{k+1}（图 4-20）。基于正向边结构的拓扑重构具体步骤如下：

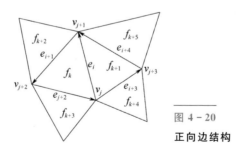

图 4-20

正向边结构

步骤 1：从面片链表的第一个面片开始，按照顶点存放顺序构建三条边，将其第一指针和第二指针存入点地址和面地址，然后将它们存储到边 Hash 表中。边 Hash 表以边的起始顶点（第一指针指向的顶点）Hash 函数作为存储地址。该面片存储三条边的地址指针。

步骤 2：从第二个面片开始，对于每个面片，都按照顶点存放顺序构建三条待存储边。

步骤 3：对三条待存储边进行边重合检验。分别用边的起始顶点和终止顶点的 Hash 函数，在边 Hash 表对应的存储地址中查找相应是否有其他边。如果有，则转到步骤 4。如果没有，则转到步骤 5。

步骤 4：从存储地址中取出一条边，与待存储边比较顶点和顶点存放顺序。如果只有一个顶点相同，则重复步骤 4，直到存储地址中所有边都被比较过，然后转到步骤 5。如果两个顶点相同而且存放顺序相反，则待存储边停止查询比较并被删除，相反边的第四个指针指向待存储边所在面片的地址，该面片的边指针也指向相反边地址，然后转到步骤 3。如果两个顶点相同但存放顺序也相同，则表示该边是歧义边，所在面片存在错误，将歧义边和对应面片存入到歧义边链表中，用于模型纠错处理，然后转到步骤 3。

步骤 5：将待存储边的第一指针和第二指针存入点地址和面地址，然后将其存储到边 Hash 表中，转入步骤 3。

步骤 6：重复按顺序执行步骤 2 至步骤 5，直到面片链表终点。

使用正向边结构完成拓扑重构后，模型的局部数据结构关系如图 4 - 21 所示，数据结构主要包括：顶点的 Hash 表、面片链表和边 Hash 表。模型的拓扑结构可以实现：通过任意一条边，可以快速查询与之相连的三角面片；通过任意一个三角面片，可以快速查询与之相邻的其他三角面片；通过任意

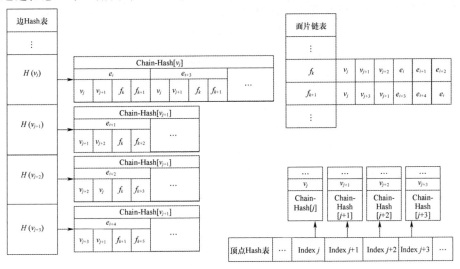

图 4 - 21 模型的局部数据结构

一条边可以遍历所有其他的边。这种数据结构虽然在存储空间上增加了边Hash表，一定程度上增加了内存占用量，但使用起始顶点的Hash函数建立的边Hash表，边归并的处理速度明显加快。而且通过地址映射，可以建立点和边的对应关系，从而实现：通过任意一个顶点，可以快速查询到与之相连的边和三角面片；通过一个顶点可以遍历所有边和面片。

4.4.2 STL模型的表面修复

点云数据经过预处理后，依然存在一些噪点，其结果是获取STL文件的模型表面比实物模型的粗糙，这就给后续模型处理造成极大的困难。因此，对于点云数据的STL文件必须进行修复，在保持模型固有的几何特征的同时，尽可能地剔除噪声点。

根据信号处理理论，噪声是一种可通过各种空域和频域滤波器进行去除的随机高频信号，其频率大于某个人为设定的阀值。信号的去噪过程即为剔除夹杂在原始信号中噪声的过程。针对网格模型中的噪声点，具有代表性的主流去噪算法有①拉普拉斯法。通过一致扩散高频几何噪声的方法来平滑表面，算法比较简单，但当迭代次数增多，容易产生过光滑而丢失模型的凹凸特征。②二次拉普拉斯法。通过离散薄板能量的方法对噪点进行处理，对模型上的每个顶点应用拉普拉斯算子。③平均曲率流法。沿网格顶点的法向以平均曲率速度调节顶点位置，以改善顶点的局部区域的几何变形，进行有效的磨光。④双边滤波器法。使用双边滤波函数对表面采样点坐标位置进行调整，以达到去除噪声并保持特征的效果。根据后续数据处理的需要，本书采用双边滤波器的方法对由点云数据转换而来的STL模型进行修复。

Jones等提出了一种非迭代的特征保持的模型光滑算法，在使用双边滤波器的同时，通过控制顶点局部邻域的大小来保持三角网格模型的特征。局部邻域的选择决定了该算法的去噪效果，邻域过大则需要大量计算来寻找邻域；而邻域过小则不能有效地去除稍大的噪声。Fleishman等提出了一种基于图像双边滤波器的模型光滑算法，通过沿顶点的法向移动采样点位置，来迅速提高模型表面的光顺阶数而达到光顺效果。这种方法对去除点云数据的STL文件中大量的小噪声是非常有效的(图4-22)。具体处理方法如下：

设三维网格模型 M 的点集为 V，对于每个顶点(采样点)$v_i \in V$，首先定义其邻域 Nbhd(v_i) 和法向矢量。

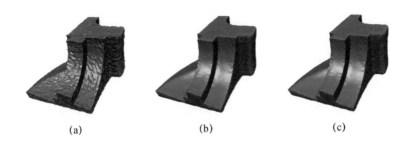

(a)	(b)	(c)

图 4-22　基于双边滤波器的模型去噪

(a)有噪声的网格模型；(b)用 Jones 方法进行去噪处理；(c)用 Fleishman 方法进行去噪处理。

k-最近邻域(k-nearest neighbor，KNN)，$\text{Nbhd}(v_i)^k$ 定义为与顶点 v_i 最近欧氏距离的 k 个顶点的索引集。设 σ 为满足下列条件的置换算子：$\parallel v_{\sigma(j)} - v_i \parallel \geqslant 0$ 并且 $\parallel v_{\sigma(j)} - v_i \parallel \leqslant \parallel v_{\sigma(j+1)} - v_i \parallel$，$j \in [1, k-1]$，则

$$\text{Nbhd}(v_i)^k = \{\sigma(1), \sigma(2), \cdots, \sigma(k)\} \tag{4-8}$$

$\text{Nbhd}(v_i)^k$ 定义了一个中心位于 v_i、半径为 $r_{v_i}^k = \parallel v_{\sigma(k)} - v_i \parallel$ 的球域，当且仅当 v_j 位于这一区域时，$v_j \in \text{Nbhd}(v_i)^k$。

然后使用最小二乘法(least square method，LSM)获取 v_i 及其 $\text{Nbhd}(v_i)^k$ 拟合出的一个平面 P_{v_i}，用此平面的法向作为 v_i 的法向矢量 $\boldsymbol{n}_i$。对每个顶点 v_i，将它沿法向矢量 $\boldsymbol{n}_i$ 移动一定的距离 D_i，调整到另一个位置 v'_i：

$$v'_i = v_i + \boldsymbol{n}_i \times D_i \tag{4-9}$$

调整后的所有新位置点集 $\{v'_i \in R^3 \mid i = 1, 2, \cdots, n\}$ 就形成了另一个网格模型 M'，该模型表面是原始顶点经过一次双边滤波后构成的。顶点 v_i 局部邻域内定义的双边滤波函数值确定其调整距离 D_i，即

$$D_i = \frac{\sum_{j=1}^{k} W_c(\parallel v_i - v_j \parallel) W_s(\parallel <v_i - v_j, n_i> \parallel) <v_i - v_j, \boldsymbol{n}_i>}{\sum_{j=1}^{k} W_c(\parallel v_i - v_j \parallel) W_s(\parallel <v_i - v_j, n_i> \parallel)} \tag{4-10}$$

式中：k 为参与函数值计算的局部邻域内的顶点数；W_c 为 v_i 局部邻域内切平面上的高斯滤波；W_s 为 v_i 局部邻域内法向矢量高度场的高斯滤波，具体形式为

$$W_c = e^{\frac{r^2}{2\sigma_c}}, \quad W_s = e^{\frac{r^2}{2\sigma_s}} \tag{4-11}$$

式中：σ_c、σ_s 分别为切平面和法向矢量高度场上的高斯滤波系数，它们反映了计算网格模型上任意一顶点的双边滤波函数值时的切向和法向影响范围。

参考文献

[1] 邵正伟,席平. 基于八叉树编码的点云数据精简方法[J]. 图学学报,2010,(4): 73 – 76.

[2] 李凤霞,饶永辉,刘陈,等. 基于法向夹角的点云数据精简算法[J]. 系统仿真学报,2012,024(009):1980 – 1983.

[3] 王建新,王从军,黄树槐. 基于 STL 文件格式的线框模型算法的研究与实现[J]. 机械与电子,2002(3):28 – 30.

[4] 张军飞. STL 文件纠错算法的研究[D]. 武汉:华中科技大学,2007.

[5] 陈立亮,刘瑞祥,林汉同. 基于 STL 网格剖分技术的研究[J]. 特种铸造及有色合金,1999,1:145 – 147.

[6] 王丽丽. 基于邻域关系的 STL 文件拓扑重建技术[J]. 机械制造与研究,2008, 37(3):24 – 29.

[7] LIPMAN Y,SORKINE O. Linear rotation – invariant coordinates for meshes [J]. ACM Transaction on Graphics,2005,24(3):479 – 487.

[8] HRADEK,J,KUCHAI,M,SKALA V. Hash functions and triangular mesh reconstruction[J]. Computer & Geosciences,2003,29:741 – 751.

[9] BAUMGART B G. A polyhedron representation for computer vision[A]. National Computer Conference,Anaheim,CA,1975:589 – 596.

[10] GUIBAS,L,STOFI J. Primitives for the manipulation of general subdivisions and the computation of Voronoi diagrams [J]. ACM Transactions on Graphics,1985,4(3):74 – 123.

[11] 戴宁,廖文和,陈春美. STL 数据快速拓扑重建关键算法[J]. 计算机辅助设计与图形学学报,2005,11(17):2447 – 2452.

[12] 刘之生,黄纯颖. 反求工程技术[M]. 北京:机械工业出版社,1992.

[13] MENCL R,MULLER H. Interpolation and approximation of surface from three dimensional scattered data points [J]. State of the Art Reports, Eurographics,1998:51 – 67.

[14] 张舜德,朱东波,卢秉恒. 反求工程中三维几何形状测量及数据预处理[J]. 机电工程技术,2001,30(1):7 – 10.

[15] 刘立国. 点云模型的光顺去噪研究[D]. 杭州:浙江大学,2007.

[16] TUBIN G. A signal Processing approach to fair surface design[C]. [s. l.]:
Proc. of the Computer Graphics. Annual Conf. Series,1995.

[17] DESBRUN M,MEYER M,SEHRODER P,et al. Implicit fairing of irregular
meshes using diffusion and curvature flow[C]. [s. l.]:Proc. of the Computer
Graphics,1999.

[18] PERONA P, MALIK J. Scale – Space and edge detection using anisotropic
diffusion[J]. IEEE Trans. On Pattern Analysis and Machine Intelligence,
1990,12(7):629 – 639.

[19] CLARENZ U,DIEWALD U,RUMPF M. Anisotropic geometric diffusion in
surface processing[C]. [s. l.]:Proc. of the IEEE Visualization,2000.

[20] TOMASI C,MANDUCHI, R. Bilateral filtering for gray and color images[C].
[s. l.]:Proc. Of the 6th International Conference on Computer Vision,1998.

[21] JONES T,DURAND F,DESBRUN M. Noniterative,feature preserving mesh
smoothing[C]. San Diego:Proc. Of SIGGRAPH03,2003.

[22] FLEISHMAN S,DRORI I,COHEN – OR D. Bilateral mesh denoising[C].
[s. l.]:Proc. of ACM SIGGRAPH,2003.

第 5 章
三维模型分层处理技术

　　零件的三维模型无论是通过逆向工程生成的还是使用 CAD 造型软件构建的，都必须经过分层切片处理后生成一系列二维轮廓数据，将这些数据输入到增材制造设备中，才能进行逐层累加式成形加工。分层处理是实现其离散-堆积成形方式的第一个关键环节。分层是指将三维模型离散为一系列二维层片，并获得层片的截面轮廓信息。按切片方式的不同，分层处理方法可分为两大类：一类是基于间接模型的分层，将 CAD 三维模型文件转换成 STL 文件，然后对其进行二维切片处理；另一类是基于直接模型的切片，即直接处理 CAD 中的三维模型，得到所需的数据。由于 STL 文件具有与 CAD 系统无关、数据结构简单的特点，目前大多数分层处理技术都采用基于 STL 模型的切片处理算法。本章将介绍基于 STL 模型的自适应分层、切片轮廓填充、支撑结构和晶格结构生成的相关算法。

5.1　三角网格模型的自适应分层算法

　　对一类不同部位有明显精度区别的零件进行增材制造时，相较于传统等厚分层算法，现有的分段等厚分层算法和自适应分层算法在弱化阶梯效应及减少分层和成形时间上各有所长，但它们在协调成形精度和成形效率方面并未达到最佳。为此，根据这类零件的模型，结合分段分层和自适应分层原理，本章介绍两种自适应分层算法：一种是基于零件特征的分段自适应分层算法，另一种是基于特征面片的自适应分层算法。

5.1.1　基于零件特征的分段自适应分层算法

　　国内外许多学者着重于 STL 模型的分层算法研究，其中自适应分层算法是目前的研究热点。例如，王素等提出了基于截面面积变化率的自适应切片算法；Pan 等用相邻两层的面积偏差比控制分层厚度；钟山等提出利用垂直分层轮廓曲线上点的切线角度决定分层厚度；还有一些学者根据 STL 模型面片法向矢量、表面几何特征信息及弦高等因素进行分层厚度的自适应调整。上述自适应分层算法虽能提高分层精度和分层效率，但在对零件中能等厚分层且分层精度要求不高的非配对（配合）部分进行分层时，这些算法依然会不断地进行分层厚度的判定，导致分层时间增加，分层效率低下。

此外，在具有装配要求的零件的增材制造中，分段等厚分层算法具有一定的优势：可按精度要求进行分段。王春香提出了一种基于零件装配要求的分段等厚分层算法，即沿模型成形方向对零件进行分段，每段采用同一分层厚度，而各段的层厚不同。对在不同部位有不同精度要求的零件，分段等厚分层算法相较于等厚分层算法，能够根据不同的精度要求进行分段，使分层不受零件最低精度要求的限制，从而提高了分层效率。

综上所述，对于工程中应用广泛的具有复杂形状和配对（配合）要求，且在不同部位有明显精度区别的零件的增材制造，现有的自适应分层算法和分段等厚分层算法虽各有优势，但分层效率有待提高。若能结合自适应分层和分段分层的思路，则可进一步提高分层精度和分层效率，然而目前自适应分层算法无法与后提出的分段等厚分层算法融合使用。本节采用基于零件特征的分段自适应分层算法，根据零件的形状特征和不同的精度要求，沿成形方向对 STL 模型进行人工分段，并在分段的基础上利用最大尖端高度自适应调整每段分层的层厚。通过分段等厚分层算法和自适应分层算法的结合使用，让分层效果更优。

1. 模型分段

根据零件的特性要求，沿着零件成形方向，利用等厚分层算法将 STL 模型进行三次排序精简，使零件在分层方向上具有一定特征。在 STL 模型面片数据被有序整理后，按要求将模型划分为 n 段，将模型各段边界值按从小到大的顺序依次输入一个矩阵中，保证分层和模型成形按从底到顶的顺序进行。为保证程序整体的灵活性和各段的分层互不影响，在输入各段的初始分层厚度时，若各段的初始分层厚度相同，则只需输入一次，若各段的初始分层厚度不同，则须把各段的初始分层厚度按顺序输入另一个矩阵，保证与已分好的各段一一对应。

以各段边界值为界限，将属于该段的所有三角形面片数据从有序的 STL

模型中提取出来。经过排序处理后，沿着成形方向，先找到并排除三角形面片三个顶点的最大值小于较小边界值的所有三角形面片，接着将剩余三角形面片按其顶点坐标最小值进行排序，排除顶点坐标最小值大于较大边界值的三角形面片，剩余的三角形面片数据就是该段包含的所有数据信息。提取剩余的三角形面片(剩余矩阵)，从边界值较小处开始对该段进行自适应分层处理。

2. 各段自适应分层

模型分段后，以法向矢量自适应分层算法为基础，采用最大尖端高度限制法控制模型的成形精度。各段自适应分层的实现过程：将边界精度值、初始分层厚度和该段的数据输入自适应分层程序中，以边界值最小的边界为起点对该段分层，用该边界高度值作一次截交，得到该层轮廓线。以初始分层厚度(一般为最大分层厚度)对三角形面片法向矢量最大值进行搜索，在排序整合过程中，程序自动将模型中的每个三角形面片的顶点坐标数据和法向矢量数据储存在矩阵的行中，直接将索引指针指向法向矢量在分层方向的最大分量的所在行，提取并将它作为该初始分层厚度下法向矢量的最大值进行运算，利用法向矢量与尖端高度之间的几何关系确定实际分层厚度。

控制阶梯效应以达到成形精度要求是自适应分层算法的关键。在 STL 模型中，阶梯效应主要受三角形面片与分层切片平面的位置关系的影响，其位置关系主要有两种：①相邻两个分层切片平面与同一个三角形面片相交；②相邻两个分层切片平面与多个(主要是两个)三角形面片相交。图 5-1、图 5-2 分别为分层切片平面与不同数量三角形面片相交的示意图，其中，平面 M 是投影平面；S、S_1、S_2 是三角形面片；O 点是线段 ab 与分层切片平面 Z_{i+1} 的交点 a 在分层切片平面 Z_i 上的投影。

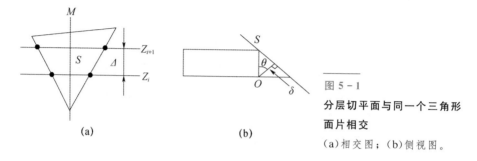

图 5-1

分层切平面与同一个三角形
面片相交

(a)相交图；(b)侧视图。

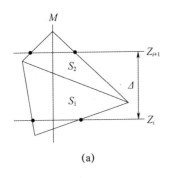
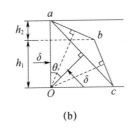

图 5 - 2

分层切片平面与不同三角形面片相交

(a)相交图；(b)侧视图。

图 5-1 和图 5-2 介绍了分层切片平面与三角形面片的位置关系，并简略描述了其几何关系，但存在一定误差。其中，以图 5-2(b)中的 δ 作为其尖端高度，以其最大值作为分层厚度的判断依据。如果分层方向上两个相邻三角形面片之间的夹角小于 90°，则模型误差会非常明显。如图 5-2(b)所示，当切片平面与多个三角形面片相交时，影响模型误差的主要因素是 O 点到线段 ac 的距离与 b 点到线段 ac 的距离之和。过 O 点作线段 ab、bc 的垂线，垂线中总会存在长度大于 δ 且更加接近尖端高度值的线段。通过详细对比分层切片平面与三角形面片之间的位置关系，作者提出一种基于最大尖端高度的限制法：将模型在该层内产生的所有尖端高度的最大值限定在精度范围内，即 $\delta_{max} \leqslant \delta_a$（$\delta_{max}$ 为该层内所有三角形面片尖端高度的最大值，δ_a 为所要求的精度），以控制模型各段的装配精度、形状等特性，将各段所要求的精度按矩阵形式对应上述边界值依次输入，即可保证模型的分段与分层精度对应，从而提高分层效率。

以零件 STL 模型中的每个三角形面片法向矢量确定模型的自适应分层厚度。根据图 5-2 可得尖端高度 δ 与分层厚度 Δ 之间的关系：

$$\delta = \Delta \cos\theta \tag{5-1}$$

式中：θ 为三角形面片与水平面之间的夹角。

STL 模型中存有每个三角形面片的法向矢量，其种 n_i、n_j、n_k 分别表示该法向矢量在空间坐系中 x、y、z 三个方向上的分量。依据该矢量信息可得到 STL 模型中每个三角形面片与水平面之间的夹角，而 STL 模型中每个三角形面片的法向矢量都是一个单位矢量，因此当分层方向为 z 向时，尖端高度 δ 与分层厚度 Δ 之间的关系也可以表示为

$$\Delta = \delta / n_k \tag{5-2}$$

当零件有装配要求时，其装配部位有过盈配合和间隙配合之分，可以通过三角形面片法向矢量的方向来控制零件装配部位的过盈配合或间隙配合。当法向矢量与成形方向的夹角为锐角时，成形时会产生成形余量；当法向矢量与成形方向的夹角为钝角时，成形时会产生成形缺陷。成形误差是由阶梯效应及分层时上下轮廓线的选取所致，为满足零件的装配精度要求，根据夹角的大小自适应选择上下轮廓线。装配部位过盈配合：当夹角为锐角时，选择下轮廓线加工；当夹角为钝角时，选择上轮廓线加工。装配部位间隙配合：当夹角为锐角时，选择上轮廓线加工；当夹角为钝角时，选择下轮廓线加工。若装配部位没有过盈或间隙配合要求，则按照各分层轮廓线加工，无须选择上下轮廓线。

按照上述方法，对 STL 模型进行第 2 次排序时，用户给出初始分层层厚 Δ_0 和模型所要求的成形精度 $\delta_{\max}$，找到法向矢量在分层方向（z 向）分量的绝对值最大的三角形面片，以该三角形面片法向矢量的 z 向分量作为分层厚度的判断依据，即分层厚度 Δ 为

$$\Delta = \delta_{\max} / \boldsymbol{n}_{\max} \tag{5-3}$$

由于选择的三角形面片法向矢量的 z 向分量是最大的，则相应的实际分层厚度 Δ 就相对较小，阶梯效应也就较小，模型成形精度就易符合要求。

获得模型中某层的实际分层厚度后，利用分层平面的高度值，在排序完成的 STL 模型中直接提取仅与分层切片平面相交的三角形面片，然后进行求交运算。采用 Trioutline 函数进行求交运算，在无须建立拓扑关系的情况下，利用排序精简法直接提取与分层切片平面相交的所有三角形面片进行求交运算，快速输出封闭的轮廓线。分段自适应分层算法对轮廓线进行边求交、边输出，可减少内存占有量，提高分层效率。

各段之间的分层衔接是分段自适应分层的关键，衔接技术对成形精度与效率均有影响，当衔接出现问题时，会产生特征缺失等问题。因此，为避免出现该问题，在对零件某段进行自适应分层时，先搜索该段最大边界值，若初始分层厚度超出该段最大边界值时，则以该最大边界值与该分层厚度值的差值作为搜索范围，循环搜索直至确定最终分层厚度。这样段段累积，直到模型整体成形为止。

5.1.2 自适应分层算法

由于 CAD 模型经表面网格化后再三角化离散得到的 STL 模型，其网格

是具有规律性的。利用这一规律，根据设定参数的值，选取具有特征(包含可确定分割平面的信息)的三角形面片，无须大量计算即可实现 STL 模型的自适应分层。

1. 模型数据预处理

STL 模型的每个面片均由其顶点和由里指向外的单位法向矢量定义构成，且顶点的存储顺序与单位法向矢量符合右手规则。STL 文件有两种存储格式：ASC Ⅱ 和二进制格式。因此首先应对文件进行格式检测，并计算出模型的三角形面片总数。若格式正确，根据 STL 文件数据的存储格式，定义 ReadData 类，用于保存读取的三角形面片信息。

2. 分层平面的选取

已知平面法向矢量和平面内一点，可以唯一确定一个空间平面。经归一化后的分层方向 $n(n_x, n_y, n_z)$，即为切割平面的法向矢量。可得出三角面片顶点 $a(x_a, y_a, z_a)$ 在切割方向上的高度值：

$$d_0 = n_x x_a + n_y y_a + n_z z_a \tag{5-4}$$

由该点和切割方向所确定的空间平面方程，即

$$n_x x + n_y y + n_z z - d_0 = 0 \tag{5-5}$$

因此，可用面片三个顶点的高度值来识别特征面片，再由特征面片完成切割平面的选取。所谓特征面片，一是三个顶点的高度值均相等；二是只有两个顶点的高度值相等，且与第三个顶点的高度差 Δh 大于给定的阈值。特征面片的选取需要比较顶点的高度值是否相等，因此该算法引入第二个参数——容差。若两顶点高度值之差小于容差值，则判定这两个顶点的高度值相等。若 STL 模型精度较高，则选用较小的容差值；反之，可通过调整容差值来控制特征面片的数目，进而决定分层层数。

3. 三角面片分类

由于 mdistance 中的高度值是有序的，可快速查找到与三角面片最接近的分层平面高度值 d_m。令链表 mdistance 的长度值为 count，三角形三个顶点的高度值分别为 d_a、d_b、d_c。若顶点高度值满足式(5-6)，则为界内面片，如图 5-6(a)所示；若顶点高度值满足式(5-7)，则为平面内面片，如图 5-3(b)所示；若面片与 $d_{m+i}(i=1, 2, \cdots, m+i \leqslant \text{count}-1)$ 所决定的平面相交，则为

边界面片，如图 5 - 3(c)所示。界内面片直接存于对应的子模型面片数组中；平面内面片的法向矢量，若与分层方向相同，则存于分层平面下部子模型中，反之存于分层平面上部子模型中；边界面片需要进行交点计算和再分割。

$$d_m \leqslant d_a \leqslant d_{m+1}, \quad d_m \leqslant d_b \leqslant d_{m+1}, \quad d_m \leqslant d_c \leqslant d_{m+1} \tag{5-6}$$

$$d_a = d_m, \quad d_b = d_m, \quad d_c = d_m \tag{5-7}$$

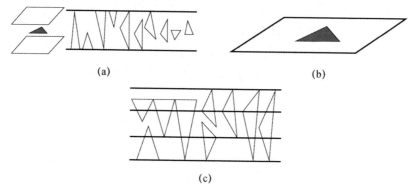

(a)   (b)

(c)

图 5 - 3 **3 类面片**

（a）界内面片；（b）平面内面片；（c）边界面片。

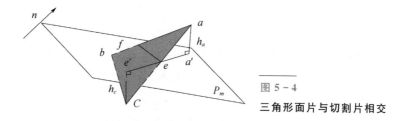

图 5 - 4
三角形面片与切割片相交

4. 计算交点

若三角面片与切割平面相交，如图 5 - 4 所示，$\triangle aa'e$ 与 $\triangle cc'e$ 相似，其中 h_a、h_c 分别为点 a、c 与切割平面的高度值之差，由式(5 - 8)和式(5 - 9)可求出边 ac 与切割平面 P_n 的交点 $e(x_e, y_e, z_e)$ 的坐标；同理，可求出 ab 边与切割平面 P_n 的交点 f 的坐标。线段 ef 即为三角面片与切割平面的相交线段，存入相应链表中。

$$t = h_a / (h_a + h_c) \tag{5-8}$$

$$\begin{cases} x_e = x_a + (x_c - x_a)t \\ y_e = y_a + (y_c - y_a)t \\ z_e = z_a + (z_c - z_a)t \end{cases} \tag{5-9}$$

5. 边界面片分割

如图 5-5 所示，该三角形面片共与 4 个切割平面 P_{m+1}、P_{m+2}、P_{m+3}、P_{m+4} 相交。面片与 P_{m+1} 相交后被分割为 3 个新三角形，如图 5-5(a) 所示；图 5-5(a) 中新生成的两个面片与 P_{m+2} 相交后，总共生成 6 个新三角形，产生 1 个冗余点，如图 5-5(b) 所示；最终，如图 5-5(d) 所示，按上述方法进行分割后，共得到 18 个新面片，5 个冗余点(图 5-5(d) 中黑圆点所示)。因此，若求得面片与 1 个切割平面的交点之后就进行面片的分割，将产生大量冗余点，而且新生成的三角面片数量大，将耗费存储空间。

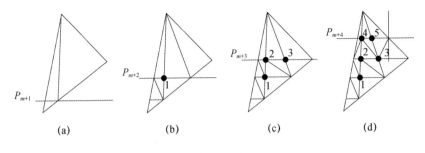

(a)　　　　(b)　　　　(c)　　　　(d)

图 5-5　依次分割边界面片示意图

因此，采用一种新的分割边界面片方法，可减少新生成的三角形数量，并避免了冗余点的产生。首先，得出三角面片 3 个顶点高度值的最小值 $d_{\min}$；其次，在链表 m_distance 中找到小于 $d_{\min}$ 的最大值 d_m，则 d_m 的后一个值 d_{m+1} 即为分层平面 P_{m+1} 的高度值。如图 5-6 所示，面片与平面 P_{m+1} 相交，计算可得交点 P_4、P_6；与平面 P_{m+2} 相交，计算可得交点 P_3、P_7；与平面 P_{m+3} 相交，计算可得交点 p_2；p_8 是面片落于平面 p_{m+3} 内的顶点，无须计算；与平面 p_{m+4} 相交，计算可得交点 p_1、p_9；p_0 和 p_{10} 同为面片最高顶点。

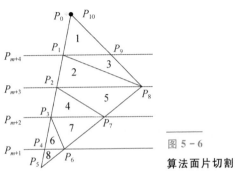

图 5-6

算法面片切割

在图 5-6 中，按上述算法分割边界面片后，求得交点 7 个，得到 8 个新三角形(图中序号即为新三角形产生的先后顺序)。具体的实施步骤如图 5-7 所示。

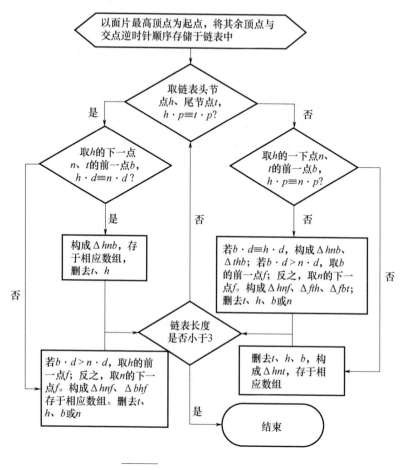

图 5-7　边界片面分割算法流程

6. 特征面片分层算法的实现

特征面片自适应分层算法具体实施步骤如下：

(1)取一个面片，比较其 3 个顶点的高度值，得到最大值和最小值。采用二叉树查找将最小值与 m_distance 中的高度值进行比较，找到不大于这个最小值的最大值 d_m，并标记其在链表中的索引值 m。mark 用于标记面片与分层平面组的相交次数，令 mark = 0，说明此时面片与第 m 个分层平面 P_m 不相交。

(2)判断面片顶点落于 d_m 所决定的切割平面 P_m 的个数：

①P_m 个数为 0，若 mark = 0，则转到步骤(3)；若 mark = 1，则转到步骤(4)；若 mark>1，则转到步骤(7)，再转到步骤(8)。

②P_m 个数为 1，若 mark = 0，则将点保存于点轮廓数组中，转到步骤(3)；若 mark≥1，则转到步骤(5)。

③P_m 个数为 2，则将线段存于对应轮廓数组中。若 mark = 0，转到步骤(3)；若 mark = 1，则转到步骤(4)；若 mark>1，则转到步骤(7)，再转到步骤(8)。

④P_m 个数为 3，则转到步骤(9)。

(3)取 d_m 之后的一个值 d_{m+1}，$d_m = d_{m+1}$，mark = mark + 1，$m = m + 1$，转到步骤(2)。

(4)说明该面片为界内面片，保存到第 m 个子模型面片数组中，转到(7)，再转到步骤(1)。

(5)判断面片与 d_m 所决定的切割平面是否相交。若相交，则转到步骤(6)；若不相交，且 mark = 1 则转到步骤(4)；若不相交，且 mark>1，则转到步骤(7)，再转到步骤(8)。

(6)计算面片与 d_m 所决定的切割平面的交点，并分别保存交点与相交线段，转到步骤(3)。

(7)结束循环。

(8)分割面片，具体流程如图 5 - 7 所示，再转到步骤(1)。

(9)计算顶点的高度值与 d_m 的差，若在计算误差之内，认为差为零；若值为正，则该面片应属于切割面下方子模型；反之，则应属于上方子模型。若差不为零，则转到步骤(4)。

7. 轮廓整理

由于一个分层平面可将模型分为上下两部分，可以采用两个链表来分别存储分层平面上方和下方子模型的截面轮廓信息。m_distance 中高度值的总数比模型的分层总数多 1，是轮廓信息链表总数的一半，据此可知相关链表的长度值。将边界面片分割处理中得到的点和线段存于相应链表中。

将获取的轮廓信息分为 3 类，即点、边线段和相交线段。图 5 - 8(a)所示点 P_1、P_2 应分别存于分层平面下部、上部点轮廓链表中；图 5 - 8(b)所示落于分层平面内的线段 L_1、L_2，应分别存于分层平面下部、上部线轮廓链表中，图 5-8(c)所示面片与分层平面的相交线段 L_3，同时存于分层平面下部、上部线轮廓链表中。该算法的应用实例见文献[11]。

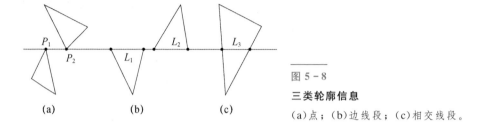

图 5-8

三类轮廓信息

(a)点；(b)边线段；(c)相交线段。

5.2 切片轮廓的填充路径算法

与传统的材料去除技术不同，增材制造技术通过自下而上逐层叠加材料的方式生成三维实体，每一层加工时的运动由 X、Y 方向的两个电机驱动，每条填充扫描线都要经过加速、匀速及减速的过程。加工速度越快，电机的加速度越大，成形设备的振动越强烈，模型表面就越粗糙，所以加工速度与成形精度成反比关系。路径填充是三维模型分层处理的关键步骤之一，在加工速度一定的情况下合理规划加工路径可以有效提高成形效率。

5.2.1 基于曲线特征识别的分区填充算法

针对传统熔融沉积成形工艺三维模型切片处理的直线填充和偏置填充存在较多跳转点而影响成形速度的问题，本节采用基于轮廓曲线特征识别的等距螺旋偏置填充与直角填充相结合的分区填充算法。在等距偏置填充算法的基础上，对同区域偏置填充路径进行螺旋处理，实现同区域无跳转填充；同时针对由多条小线段拟合而成的曲线轮廓线，填充前对填充层面进行基于长方形包围盒的曲线特征识别与区域划分，曲线区域用直角填充，直线区域用螺旋偏置填充。通过对含直线孔及曲线孔的实例模型测试与算法对比，表明该算法切片处理生成的文件占用空间减小 57.71%，切片时间缩短 42.59%，成形时间缩短 15.7%，有效提升了熔融沉积的成形效率。

跳转点的形成是因为前一段路径的终点与后一段路径的起点不在同一个

点，为了保证成形质量需要喷头空转，即只移动不吐丝，然后移动到下一个点。而加热腔本身对于压力就有一个缓冲作用，所以挤出机进丝速度的突变并不会使喷嘴的挤出速度立即跟着变化，而是有一个延迟，这个延迟就使喷头在跳转前需要等待一段时间，导致喷头上的丝线与打印件断开。解决办法就是回抽，在空走之前先让挤出机高速反转一段，瞬间把加热腔中的材料抽光，在移动到下一条路径的起点，在打印前先把刚才抽回去的丝按相同的长度放回来继续成形。回抽可以很好地解决空走拉丝的问题，但是它对打印速度的影响非常大。图 5 - 9 所示为跳转点附近的 5 行 Gcode 代码。

```
1  G1 F2000 X100 Y100 E100
2  G1 F2700 E96
3  G0 F10000 X200 Y200
4  G1 F2700 E100
5  G1 F2000 X200 Y100 E120
```

图 5 - 9

跳转点点附近 Gcode 代码

第 1 行表示喷头以速度 2000 移动到坐标（100，100），此时的进料量为 100。第 2 行表示喷头此时不移动，挤料机以 2700 的速度将成形材料回抽 4 个单位。第 3 行表示喷头从（100，100）快速移动到（200，200）。第 4 行表示喷头不移动，挤料机将成形材料挤出 4 个单位，此时跳转完成，继续成形下一条线段。2、3、4 为跳转的过程，合理规划成形路径可以有效减少跳转点的数量，减少回抽的时间及喷头走空程的时间，提高成形效率。

在等距偏置填充路径的基础上，采用等距螺旋偏置填充路径。首先对轮廓环进行偏置处理，然后对同区域的轮廓环进行螺旋处理，使同区域的填充路径无跳转，保证成形路径的连续性。

如果模型轮廓线带有曲线，那么偏置以后会形成一系列曲线路径，切片过程中的曲线都是由一系列很短的线段组成的，曲线在成形过程中会不断地加速、减速用于调整方向，这样会严重影响成形效率。所以在填充前先判断轮廓线是否为曲线，然后把曲线轮廓线用长方形区分开，曲线部分用直线填充方式，直线部分用螺旋偏置填充方式。但是曲线部分使用直线填充时会产生很多细小的线段，因此曲线部分采用改进后的直角填充方式。直角填充方式消除了直线填充方式中的大量细小线段，使跳转点更少，成形过程更加流畅。分区填充算法流程如图 5 - 10 所示。

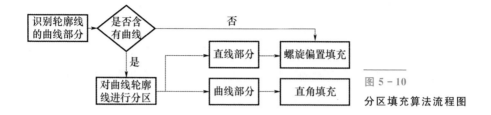

图 5-10

分区填充算法流程图

图 5-11 所示为经过等距偏置填充处理后的一系列圆环模型。

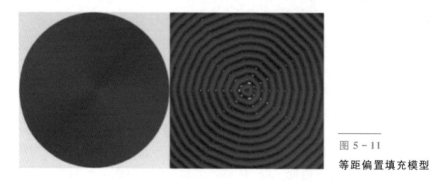

图 5-11

等距偏置填充模型

该填充路径含有 224 个圆环，最大半径为 89.573mm，最小半径为 0.227mm，共 13462 个顶点及 13238 条线段，这些数据完全满足桌面级 3D 打印机中曲线的成形需求。若点 P 处相邻有向线段为 $\boldsymbol{m}$、$\boldsymbol{n}$，P 点所在曲线的半径为 R（假设圆心坐标已知），相邻有向线段的夹角及线段对应的曲线的弧度公式为

$$\alpha_p = \arccos\left(\frac{\boldsymbol{m} \cdot \boldsymbol{n}}{|\boldsymbol{m}| \cdot |\boldsymbol{n}|}\right) \cdot 180 \tag{5-10}$$

$$\mathrm{rad}_p = \frac{|\boldsymbol{m}|}{R} \tag{5-11}$$

求出这些顶点的相邻有向线段的夹角及线段对应的曲线的弧度后得到 13235 组样本数据，通过 MATLAB 软件进行数据分析，得到分层处理后曲线轮廓线的推论。

推论：曲线上某一顶点的相邻有向线段夹角在一定范围内。图 5-12 所示为角度分布，图 5-12(a) 所示为曲率-角度分布，横坐标为样本编号，样本编号与对应点的曲率（半径的倒数）有关，样本编号越大曲率越大（半径越小），纵坐标为样本数据对应的角度；图 5-12(b) 所示为角度分布，横坐标为样本角度，纵坐标为样本角度的数量。

根据分布图可以得到以下特点：当半径 $R \geqslant 5\text{mm}$ 时，99.87%（12878/12895）的数据在(10，20]范围内，其他点都在(0，10]范围内且不连续；当半径 $R < 5\text{mm}$ 时，数据幅值波动较大。

轮廓线是按顺序存储的一系列点的集合。图 5 - 13 所示为一条轮廓线，l 为轮廓线上的一段曲线。由图 5 - 13 可知，当连续 3 个点均不满足条件 a 时，中间的点可以判定为不在集合 L 中。例如，轮廓线上 A、B、C3 个点均不满足条件 a，所以 B 点不是曲线上的点；轮廓线上 PAB 上 P 点满足条件 a，A、B 点不满足条件 a，所以 A 点是曲线上的点。

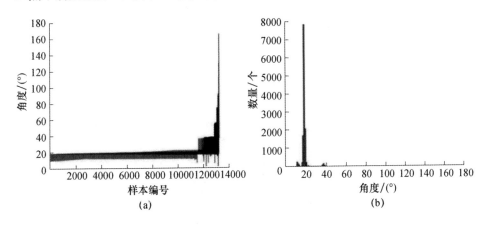

图 5 - 12　样本角度分布图

（a）曲率 - 角度分布；（b）角度分布。

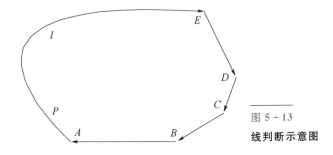

图 5 - 13
线判断示意图

图 5 - 14 所示为判断轮廓线曲线区域的算法流程图，其中当 $i = 0$ 时，点 P_{i-1} 为 P_{N-1}（轮廓环上的最后一个点），当 $i = N - 1$ 时，点 P_{i+1} 为 P_1（轮廓环上的第一个点）。

如图 5 - 15 所示，填充区域 M 含有一条内轮廓环和一条外轮廓环，两条

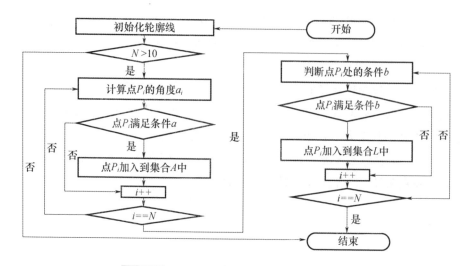

图 5-14　判断轮廓线曲线区域的算法流程图

轮廓环都含有曲线部分。内轮廓环与外轮廓环的处理办法相同，以外轮廓环为例说明处理流程。曲线轮廓线的分区步骤如下：

（1）通过处理轮廓线 l，求集合 L；

（2）求集合 L 中点的极值点及坐标范围，如图 5-15(a)中轮廓线 l 的极值点为 $ABCD$，坐标范围为 $PQRS$；

（3）$ABCD$ 与 $PQRS$ 组成区域 N；

（4）区域 M 与区域 N 求交集得到外轮廓线的曲线区域；

（5）内轮廓线与外轮廓线的处理方法相同；

（6）不含曲线区域采用直角填充，如图 5-15(b)中蓝色部分；含有曲线区域采用直角填充，如图 5-15(b)中灰色部分。

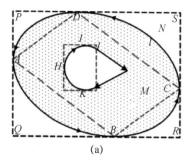

(a)

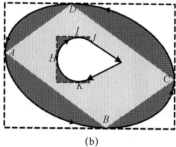

(b)

图 5-15
线分区示意图

5.2.2 路径规划算法

多边形偏置是 CAD/CAM 技术的关键基础，螺旋偏置（offset）填充算法及直角填充算法都基于多边形偏置进行处理。

1. 螺旋偏置填充算法

图 5 - 16 所示为多边形在偏置值大于零和小于零时的偏置结果。图 5 - 16（a）中，阴影部分为模型实体填充区域，图 5 - 16（b）、图 5 - 16（c）中表示偏置前多边形集合。对于外轮廓环，若偏置值为正则向外偏置，若偏置值为负则向内偏置。对于内轮廓环，若偏置值为正则向内偏置，若偏置值为负则向外偏置。

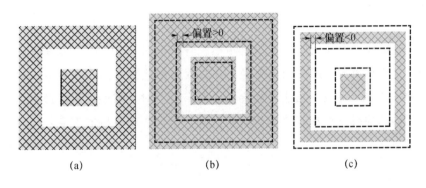

图 5 - 16　多边形偏置示意图

（a）偏置前；（b）偏置值大于零；（c）偏置值小于零。

当轮廓线为直线时可采用螺旋偏置填充算法。等距偏置填充路径跳转点较少，成形质量较好，但相邻轮廓线之间依然存在跳转点，并且每个轮廓线的起点与终点重合，因此在起点处会出现线材堆积的现象。本节采用一种等距螺旋偏置填充路径，首先对轮廓环进行偏置处理，其次对偏置后同区域轮廓环进行螺旋处理。这样既减少了跳转点，又避免线材堆积。

如图 5 - 17（a）所示，螺旋前轮廓环的打印顺序为

$$A \rightarrow B \rightarrow C \rightarrow D \rightarrow A \rightarrow 跳转 \rightarrow A' \rightarrow \cdots$$

如图 5 - 17（b）所示，螺旋后轮廓环的打印顺序为

$$A \rightarrow B \rightarrow C \rightarrow D \rightarrow P \rightarrow B' \rightarrow C' \rightarrow \cdots$$

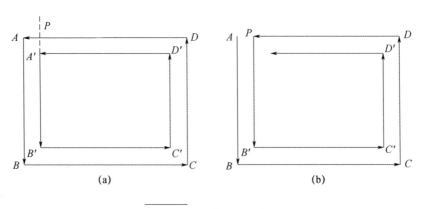

图 5 - 17　旋转偏置示意图

(a)螺旋前；(b)螺旋后。

2. 直角填充算法

当轮廓线含有曲线时可采用直角填充算法。图 5 - 18 所示为分区后曲线部分通过直线填充生成的扫描路径，在直线与曲线接近的区域会生成很多短而密的扫描线，每条扫描线之间穿插着跳转点。对于熔融沉积成形来说，短而密集的扫描线就意味着喷头的频繁振动，不仅影响机械的寿命，同时也会产生噪声。

图 5 - 18

线填充扫描路径

图 5 - 19(a)所示为外轮廓线曲线部分，图 5 - 19(b)所示为内轮廓线曲线部分，两者的处理方法有一点不同。图中阴影部分 C 为分区以后的曲线部分，直线轮廓线围成的区域为 S，曲线轮廓线围成的区域为 M(M、C、S 前面的标号 a、b 区分内外轮廓线)。直角填充生成算法如下：

(1)对区域 S 进行偏置，偏置值为填充的线间距(aS 的偏置值为正，bS 的偏置值为负)，得到区域 S_0；

(2)区域 S_0 与区域 C 做布尔运算[1，1](aS_0 与 aC 做补运算，bS_0 与 bC 交运算[1，2])，得到区域 C_0；

(3)若区域 C_0 为空，则结束运算；

(4)区域 C_0 中的直线部分为需要的填充路径;

(5)通过判断规则(aC_0 中最长的线段为所需路径,bC_0 中的直角为所需路径)得到填充路径,如图 5-19 中阴影部分 C 中直线部分所示;

(6)令区域 $S = S_0$ 区域,转到步骤(1)。

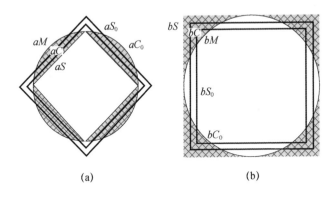

(a)　　　　　　　　　(b)

图 5-19

直线填充扫描路径

(a)外轮廓线曲线部分;

(b)内轮廓线曲线部分。

5.2.3　平面轮廓的螺旋填充轨迹生成算法

平面轮廓区域的填充是切片轮廓加工路径规划中的重要环节,填充轨迹直接影响零件的质量。对区域填充扫描的轨迹方式分为 3 大类:线性扫描、偏置扫描和分形填充。线性扫描算法较为简单,分形填充对薄壁的适应不强,偏置扫描能够获得较高的轮廓精度。

轮廓偏置目前主要基于提取骨架线算法和等距线算法。基于提取骨架线算法一般利用的是 Voronoi 图提取骨架线,再通过骨架线得到偏置轨迹,该算法在多连通区域时间复杂度高。等距线算法会出现自相交和互相交情况,去除烦琐。等距线算法主要包括两个方面:其一是轮廓线的等距偏置,主要分顶点偏置和线段整体偏置(下称线段偏置)。顶点偏置算法效率高但鲁棒性较低,在去除自相交后还会存在局部尖角和无效多边形的情况。而线段整体偏置每一个点都要被偏置两次,使得整个偏置过程效率降低,但鲁棒性较高。其二是偏置轨迹相交的消除,主要有最小距离法和偏置前后旋向判断法。最小距离的优点是能非常准确地找出无效点,但是这种准确性使得计算量比较大,效率低。偏置前后旋向判断法的突出特点在于其简单高效,但在几种特殊情况下判断的准确性不如其他两种算法。

针对等距线算法在轮廓线偏置和相交去除等方面的不足之处,本书介绍一种顶点线性混合偏置的算法，使偏置过程更加高效可靠；在偏置基础上，以改进的轮廓方向为依据来判断轮廓的相交；并基于偏置轮廓线进一步生成螺旋扫描轨迹以减少抬刀次数。

1. 算法原理

偏置过程，即按一定距离向内偏置从而获得等距线的过程。目前主要有顶点偏置和线段整体偏置两种算法。顶点偏置和线段整体偏置的基本原理如图 5-20 所示。顶点偏置中每个点只需按一个偏置方向进行一次偏置，所以这种算法非常高效，而线段偏置对于每个点在两个偏置方向都要处理一次，还需要相邻两偏置线段的求交处理，效率相对较低。

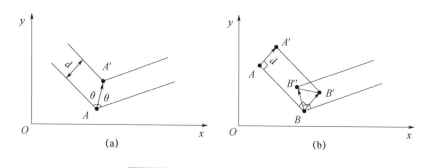

图 5-20 顶点偏置和线段整体偏置

（a）顶点角平分线偏置；（b）线段整体偏置。

顶点偏置很可能会出现无法用偏置前后旋向去除自相交的情况[图 5-21(a)中箭头表示轮廓线方向，为逆时针旋向]，且去除完自相交后出现图 5-21(b)所示的无效多边形和局部尖角现象，其原因在于特殊情况下顶点偏置后旋向可能不反映自相交区域。而使用线段偏置则上述的两种情况将变为图 5-21(c)所示，偏置前后的旋向就能很好地反映自相交区域，去除自相交后完全符合要求[图 5-21(d)]。

由偏置的特性可知，凸点是不会产生自相交的，凹点可能产生自相交。因此顶点线段混合偏置就是在凸点使用顶点偏置，在凹点使用线段偏置，使得凸点一定不会出现自相交，而凹点必定会发生自相交。如图 5-22 所示，A 点和 B 点为多边形上两点，其中 A 点为凹点，B 点为凸点。A 点使用线段偏置，将会得到两个点 A' 和 A''，B 点使用顶点偏置将会得到 1 个点 B'。

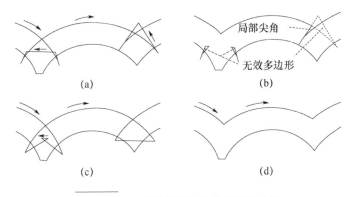

图 5 - 21　顶点偏置转换为线段整体偏置

（a）基于顶点偏置的；（b）基于顶点偏置去除自相交后；
（c）基于线段偏置的；（d）基于线段偏置去除自相交后。

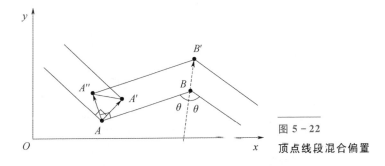

图 5 - 22
顶点线段混合偏置

2. 螺旋轨迹的生成

偏置过后，每条偏置轨迹是不连续的。为减少抬刀次数，对偏置后的偏置轨迹利用对角曲线连接形成螺旋轨迹。偏置多边形在偏置过程中产生自相交或互相交，导致偏置前后的多边形不相似，而螺旋轨迹生成方法只能通过连接相似的偏置多边形，因此需要对偏置多边形重新归类。归类的原则是偏置过程中如无互相交，判断偏置前后的周长变化是否过大，如果周长比大于给定比例系数时不适宜对角曲线的连接；如出现互相交一律不适宜对角曲线的连接。假设分层切片后同一层有 m 个轮廓线，将其作为初始偏置多边形，偏置线的归类的算法如下：

（1）分别标记 m 个轮廓线为 1、2 等。

（2）取每个轮廓线进行偏置，如果偏置前后的周长比＞0.8（用户设定），则新生成的偏置线标记和轮廓线相同，否则标记为 $m + +$。

（3）进行偏置线的互相交处理，对新生成的偏置线标记为 $m++$。

（4）判断偏置是否结束：没结束，将偏置线作为新的轮廓线返回步骤（2）进行循环；否则，程序结束。

3. 算法流程图

假设分层切片后同一层有 m 个轮廓线，将其作为初始偏置多边形，分别标记为 1、2···m 等。边表成员总 s（初值为 m）。周长比例系数为 0.8，算法流程图如图 5-23 所示。

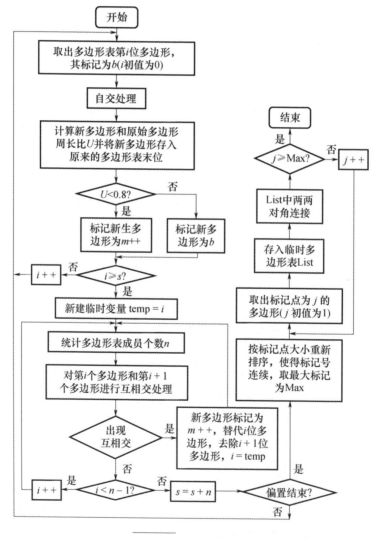

图 5-23　算法流程图

5.3 支撑结构的自动生成算法

熔融沉积(FDM)型三维打印机一般以热塑性材料,如 PLA 塑料、ABS 塑料、尼龙等为打印原料,这种打印机价格便宜且被广泛使用。打印时以丝状供料,材料在喷头内被加热熔化。喷头沿零件截面轮廓和填充轨迹运动,同时将熔化的材料挤出。材料迅速冷却凝固,并与下方的模型(或打印底板)融合构成模型的形状。打印机在打印底板上,从三维物体模型的底部开始,一层一层连续地打印至顶部。

由于 FDM 三维打印机打印原理类似于简单的"堆积木",在打印物体模型中的悬空部位时,被挤出的塑料丝悬在空中而无法融合。用户需要在切片前对物体模型悬空部位下方添加支撑结构。这些支撑结构作为物体模型的一部分被打印机打印。这样在打印悬空部位时塑料丝能够与下方的支撑结构凝结。支撑结构在打印结束后需要被人为剥除,这会对物体模型表面造成损伤。因而应在确保打印成功的前提下,尽可能地减少支撑结构总体积(减少耗材)和支撑结构与物体表面接触的面积(减少剥除时的损伤)。

5.3.1 立方柱状支撑结构生成算法

本节介绍一种生成三维物体模型支撑的方法。首先提出一个支撑参数以帮助自动寻找支撑点,进而自动寻找出一个支撑点集,其次在支撑点下方自动寻找添加支撑结构杆,并对杆的结构做出调整以便于在打印完成后从物体表面剥离。这种生成支撑结构的方法,能够保证三维打印过程的稳定性,并能减少去除支撑结构后给模型带来的损伤以及减少材料的浪费。

首先,寻找三维物体模型中所有不可打印的部位作为需要添加支撑的部位。对于不同的物体表面结构,三维打印时材料的沉积黏滞效果不同。较为水平的部分(倾斜度较大的部分)黏滞效果较差,不能很好地被物体模型自身支撑;反之,垂直的部分可以很好地被支撑。因此,物体表面中较为水平的部位是需要添加支撑的部位。其次,物体中悬空的部位也应是需要添加支撑的部位。

该支撑生成算法的思想是,先将三维物体的网格模型当作一个连续的三维曲面，并为曲面上的每个点赋予一个支撑参数 L，用以衡量在打印过程中模型表面自身上该点的支撑效果，参数值越大说明该点在打印时越稳定。当某一点的支撑参数值低于一个临界值时，便将它作为需要添加支撑的点。这样设计的目的是解决同一几何形状不同拓扑的情形，我们希望能够得到相近的解。

然而，在实际的计算机存储中，三维物体模型是离散的网格模型。因此，在实际操作中需要考虑离散的情形。值得注意的是，一个三维物体模型可能由不同的网格结构表达——简化的或复杂的，这些网格模型有着相似的形状，需要保证算法结果的相似性。因此，对输入的三维网格模型 M 采样，得到一个采样点集 S。打印材料具有黏滞性，当采样足够密时，支撑效果可以覆盖所有的需要支撑的位置。然后为 S 中的每一个点 p 赋予一个支撑参数 $L(p)$。$L(p)$ 的数值越大，表示点 p 处的已被支撑的程度越高；当 $L(p)$ 的值较小时，就说明在点 p 处需要添加额外的支撑结构。将其标记为需要添加支撑结构的点后，将 $L(p)$ 设成给定的参数最大值 L_{max}；模型的悬空部分由于没有被模型自身所支撑，其支撑参数为零。通过依次计算每个点的 $L(p)$ 参数，可以得出需要添加支撑的点集 P，其算法与关键步骤如图 5-24 所示。

算法 1 寻找需要添加支撑的部分

输入：
      给定的三维网格模型 M；
      给定的支撑能量参数的临界值 L_{mim} 与 L_{max}；

输出：
      需要添加支撑的点集 P；

1: 对离散的三维网格模型 M 进行重采样，得到点集 S；
2: 将点集 S 中的点按 z 坐标值由低到高进行排序，得到队列 Q；
3: 点集 $B = \phi$；
4: 点集 $P = \phi$；
5: while $Q \neq \phi$ do
6:    从 Q 中取出当前队首 p,p 的 z 坐标值为 Q 中最小；
7:    $Q = Q/p$
8:    依据式 1 计算 p 的支撑能量参数 $L(p)$；
9:    if $L(p) < L_{min}$ then
10:      $P = P \cup \{p\}$
11:      $L(p) = L_{max}$；
12:    end if
13:    $B = B \cup \{p\}$；
14: end while
15: return P；

图 5-24　算法 1 步骤图

1. 重采样

同一个三维模型可能由不同的网格结构表达，而一个三维模型需要添加支撑的部位应该是一定的。因此，需要先对三维模型进行重采样。本节的重采样是直接在轮廓线上进行的。对一条轮廓线进行采样，只需保证相邻的采样点不超过 0.4mm 即可。采样方法：对于当前点，沿着轮廓线找与它距离为 0.4mm 的下一个点，作为新的采样点，循环迭代，直至找不到下一个点。此处的 0.4mm 是与三维打印机有关的经验值，一般设为三维打印机在水平精度上的 2～4 倍。每求得一个采样点 p，都需要求邻域 $N(p)$，即在 p 的下方取测地距离最近的至多 6 个点作为其邻域。

2. 给定 L_{max} 和 L_{min}

L_{max} 表示基面上的点或者添加额外支撑结构后的点的 $L(p)$ 值；而 L_{min} 则表示支撑能量下界，若低于该值，则说明该点需要被支撑。$L_{max} = 20$，$L_{min} = 10$ 均是一个比较不错的经验值。

3. 基面

找出 S 中 z 坐标最低的点 p_0，将其所在平面记为基平面 P_{base}，所有在 P_{base} 上的点记为 S_{base}。

4. $L(p)$ 的取值

支撑能量参数 $L(p)$ 是一个向上传递并不断衰减的函数，它用来描述点 p 被支撑的程度。若 p 点为悬空点，则 $L(p) = 0$；若模型上的点 p 不是悬空点，则会被其下方相邻的点所支撑，其下方的这些点会向 p 贡献它的支撑能量，而该能量在传递的过程中会由于倾角、长度和材料等原因发生衰减。在本书算法中，取这些能量中的最大值作为点 p 的函数值。

在计算出需要添加支撑的点集 P 后，需要在 P 中点的下方添加支撑结构以支撑物体表面。现行的几款切片引擎中，Cura 的做法是在所需支撑区域下方挤出稀疏密度的网格支撑，这种方法支撑稳定性好但浪费材料，并且不易剥除；MeshMixer 的做法是在所需支撑点下方生成树状支撑，这种方法生成的支撑结构在打印时稳定性不好。本节采用一种折中的方案，在所需支撑点下方生成立方柱状支撑结构，并做一些改进处理，即对每个 $p \in P$，寻找一个

支撑基点 q，并生成一个以 p、q 为顶点的支撑杆。选取规则：选择物体表面网格中在 p 下方并使得连接两点的支撑柱可打印的最近的顶点 q 作为支撑基点。若在网格中不存在这样的顶点，则选取底面 P_{base} 上处于 p 正下方的点 q 作为支撑基点。该算法与关键步骤如图 5-25 所示。支撑柱可打印性与其长度和倾斜角度有关，支撑柱的倾斜角度越小，可打印的最大长度越长。有一些三维模型由于形状或结构比较特殊，使用该算法会出现一些不必要或者不合理的支撑，还需要进行支撑精简和优化，具体的实现方法及案例见文献 [12]。

算法 2 添加支撑结构

输入：
    三维模型点集 S；需要支撑的点集 P；
输出：
    表示支撑结构杆的边集 E；
1: $E = \phi$；
2: for $p \in P$ do
3:    令 $K = q | q.z < p.z$，并对 K 中的点按照与 p 的距离由近到远排序，记作 $K = \{q_1, q_2, \ldots, q_k\}$；
4:    令 Flag = false；
5:    for $i = 1$ to k do
6:      if q_i 与 p 相连的边的倾角与边长满足图 5-27 所示的关系 then
7:        $q = q_i$；
8:        Flag = true；
9:        break；
10:     end if
11:   end for
12:   if nor Flag then
13:     令 q 为 p 正下方基面上的投影点
14:   end if
15:   连接 p 和 q，标记为边 e_{pq}；
16:   $E = E \cup e_{pq}$；
17: end for
18: 支撑结构的精简；
19: return E；

图 5-25 **算法 2 步骤图**

5.3.2 树状支撑结构生成算法

本节介绍一种结合 L-系统原理的仿树状支撑结构的生成设计方法。L-系统算法的本质是一组字符串重写规则，通过递归迭代模拟植物的结构。

L-系统算法的本质是一组字符串重写规则，通过递归迭代模拟植物的结构。虽然传统的 L-系统算法生成的结构类型较多，但是它们各自独立，无法满足面向增材制造工艺的支撑结构要求。最重要的是 L-系统算法生成的分枝结构与竖直方向(一般为 Z 轴)夹角、生成方向以及长度不符合三维打印支撑结构条件。为此,首先对常见的最简单单轴分枝、一般单轴分枝与合轴分枝进行统一的参数化表达,如表 5-1 所示。其次,对这 3 种常见结构生成算法进行改进,以获得符合增材制造的支撑结构。

　　该改进算法与一般 L-系统算法相比,具有以下特点:①对 3 种分枝结构进行了统一的参数化表达。表 5-1 中字符 F 不仅表示向前绘制一条长度为最短步长的线段,且需绘制以该线段为轴、直径为 dia 的圆柱体,从而得到具有三维结构的枝干。②每次生成的分枝结构需要控制生长角度和枝干长度,以符合增材制造的支撑要求。下面分别讨论最简单的单轴分枝结构、一般单轴分枝结构和合轴分枝结构的生成算法,其中 P 为绝对坐标原点。在三维 L-系统中,杆的生成状态可以用六元组 $(x, y, z, \boldsymbol{H}, \boldsymbol{L}, \boldsymbol{U})$ 表示。其中, x、y 和 z 表示当前位置的坐标; $\boldsymbol{H}$、$\boldsymbol{L}$ 和 $\boldsymbol{U}$ 是相对坐标轴的 3 个单位向量,用以表示当前的生成方向, $\boldsymbol{H}$ 表示向前, $\boldsymbol{L}$ 表示向左, $\boldsymbol{U}$ 表示向上, $\boldsymbol{H} \times \boldsymbol{L} = \boldsymbol{U}$。具体算法实现及支撑结构案例见文献[13]。

表 5-1　树状结构字符号及控制参数表

字符	意义
F	向前绘制一条长度为最短步长的线段,并绘制以该线段为轴,直径为 dia 的圆柱体
+	绕 U 轴向左旋转一个角度
−	绕 U 轴向右旋转一个角度
•	绕 H 轴向左旋转一个角度
&	绕 H 轴向右旋转一个角度
\	绕 L 轴向上旋转一个角度
/	绕 L 轴向下旋转一个角度
[	保存当前状态(包括位置和方向等属性)
]	恢复前一状态(包括位置和方向等属性)
P	绝对坐标系原点
m	生长次数
n	每个生长周期的分枝数

续表

字符	意义
θ	生长角度（侧树与其母枝的夹角）
α	分枝角度（同级侧枝间的夹角）
d	枝干长度
s	压缩因子（长度压缩比例）
dia	枝干直径
t	压缩因子（直径压缩比例）

1. 最简单单轴分枝结构的生成算法

最简单单轴分枝是指仅有从主干分出的二级枝干、二级枝干不再分枝产生三级枝干的分枝结构。针对最简单单轴分枝结构，在 L-系统算法的基础上，考虑枝干形状和大小进行算法流程的设计与改进，具体步骤如下所示：

（1）以绝对坐标系原点为 P 状态的位置，设方向为 $\boldsymbol{H}(0, 0, 1)$，$\boldsymbol{L}(0, 1, 1)$，$\boldsymbol{U}(1, 0, 0)$。

（2）沿 $\boldsymbol{H}$ 方向前进一个初始步长 d，将当前位置的坐标及方向记为初始状态 P_0，将点 P 及 P_0 的坐标作为一个线段输出，并同时输出初始枝干直径 dia。

（3）将 P_0 作为 P_i 的初始值。

（4）判断是否超出最大生长次数 m，若超出最大生长次数，则结束；若未超出最大生长次数，则设步长 $d = ds$，dia $=$ dia $\cdot t$，将 P_i 状态作为 Q_j 的初始值。

（5）判断是否超出分支个数 n，若超出分支个数，沿 P_i 状态的 $\boldsymbol{H}$ 方向前进一个步长 d，得到 T_i 状态，将 P_i 和 T_i 的坐标作为一个线段进行输出，并输出直径值 dia；将 T_i 的值赋给 P_i，返回步骤（4）；若未超过分支个数，则执行下一步骤。

（6）将当前状态 Q_j 的方向绕 $\boldsymbol{U}$ 轴正方向旋转一个生长角度 θ，记录其状态为 R_j。

（7）沿 R_j 的 $\boldsymbol{H}$ 方向前进一个步长 d，记为状态 S_j。将 R_j 和 S_j 的坐标作为一个线段输出，并同时输出直径值 dia。

（8）从 P_i 状态，绕 $\boldsymbol{H}$ 轴转动一个分枝角度 $a（a = 360°/n）$，记录其状态为新的 P_i，并将其作为新的 Q_j 状态，返回步骤（5）。

2. 一般单轴分枝结构的算法生成

由单轴分支模式可知，一般单轴分枝植物的二级枝干还会分枝产生三级枝干，甚至更多级的枝干。针对这种情况，在最简单单轴分枝结构的基础上，考虑多个生长点位置及方向的存储，得到一般单轴分枝结构的算法流程，具体步骤如下：

(1)以绝对坐标系原点为 P 状态的位置，设方向为 $H(0，0，1)$，$L(0，1，1)$，$U(1，0，0)$。

(2)沿 H 方向前进一个初始步长 d，将当前位置的坐标及方向记为初始状态 P_0，将点 P 及 P_0 的坐标作为一个线段输出，并同时输出初始枝干直径 dia。

(3)将 P_0 状态作为初始值，存储进队列 L_i 中。

(4)判断是否超出最大生长次数 m，若超出最大生长次数，则结束；若未超出最大生长次数，则设步长 $d=ds$，dia$=$dia $\cdot$ t，开始新队列。

(5)判断当前队列是否结束，若结束，返回步骤(4)；否则执行下一步骤。

(6)从当前队列中取下一个状态的参数赋给 P_k，并将 P_k 状态作为 Q_j 的初始值。

(7)判断是否超出分支个数 n，若超出分支个数，沿 P_k 状态的 H 方向前进一个步长 d，得到 T_k 状态，将 P_k 和 T_k 的坐标作为一个线段进行输出，并输出直径值 dia；将当前 T_k 存储进队列 L_{i+1}。若未超过分支个数，则执行下一步骤。

(8)将当前状态 Q_j 的方向绕 U 轴正方向旋转一个生长角度 θ，记录其状态为 R_j。

(9)沿 R_j 的 H 方向前进一个步长 d，记状态为 S_j。将 R_j 和 S_j 的坐标作为一个线段输出，并同时输出直径值 dia。将当前状态 S_j 存储进下一次生长的队列 L_{i+1} 中。

(10)从 P_k 状态，绕 H 轴转动一个分枝角度 $a(a=360°/n)$，记录其状态为新的 P_k，并将其作为新的 Q_j 状态，返回步骤(7)。

3. 合轴分枝结构的生成算法

合轴分枝结构是一种较为重要的树状结构，其分枝方式综合了最简单单轴分枝结构和一般单轴分枝结构。合轴分枝算法与一般单轴分枝结构生成算法相比，不仅需要考虑沿主枝方向的生成过程，而且需要考虑沿侧枝方向的生长情况。因此，在最简单单轴分枝结构和一般单轴分枝结构算法的基础上得到合轴分枝结构的算法流程，具体步骤如下：

(1)以绝对坐标系原点为 P 状态的位置，设方向为 $\boldsymbol{H}(0,0,1)$，$\boldsymbol{L}(0,1,1)$，$\boldsymbol{U}(1,0,0)$。

(2)沿 $\boldsymbol{H}$ 方向前进一个初始步长 d，将当前位置的坐标及方向记为初始状态 P_0，将点 P 及 P_0 的坐标作为一个线段输出，并同时输出初始枝干直径 dia。

(3)将 P_0 状态作为初始值，存储进队列 L_i 中。

(4)判断是否超出最大生长次数 m，若超出最大生长次数，则结束；若未超出最大生长次数，则设步长 $d=ds$，dia = dia · t，开始新队列。

(5)判断当前队列是否结束，若结束，返回步骤(4)；否则执行下一步骤。

(6)从当前队列中取下一个状态的参数赋给 P_k，并将 P_k 状态作为 Q_j 的初始值。

(7)判断是否超出分支个数 n，若超出分支个数，返回步骤(5)；若未超过分支个数，则执行下一步骤。

(8)将当前状态 Q_j 的方向绕 U 轴正方向旋转一个生长角度 θ，记录其状态为 R_j。

(9)沿 R_j 的 $\boldsymbol{H}$ 方向前进一个步长 d，记状态为 S_j。将 R_j 和 S_j 的坐标作为一个线段输出，并同时输出直径值 dia。将当前状态 S_j 存储进下一次生长的队列 L_{i+1} 中。

(10)从 P_k 状态，绕 $\boldsymbol{H}$ 轴转动一个分枝角度 $a(a=360°/n)$，记录其状态为新的 P_k，并将其作为新的 Q_j 状态，返回步骤(7)。

5.4 增材制造晶格结构生成算法

增材制造对比传统制造的一大优势在于轻量化零件的制造，通过晶格结构、镂空结构、拓扑优化等设计技术，使零件材料分布在需要的区域，提高零件的强度重量比，在航空航天和汽车工业有重要应用。但是，对比快速发展的增材制造工艺和材料技术，轻量化零件设计的研究进展相对较少。

目前，增材制造零件轻量化设计的主要方法有晶格结构设计和拓扑优化两种，同时也是增材制造的前沿热点研究方向。Weeger 和 Boddeti 等提出了一种数字设计结合非线性仿真的软体晶格结构设计方法，实现了对弯曲杆晶格结构件的设计和仿真。Stephen Daynes 等提出一种晶格结构优化设计方法，利用拓扑优化获得的主应变场来调整晶格桁架的尺寸形状，大大提高了晶格结构的强度和刚度。Goel Archak 和 Sam Anand 提出了一种基于 B 样条曲面的功能渐变晶格结构设计方法，实现了渐变晶格单元间的光滑对接，并结合 SIMP 拓扑优化方法构建出高刚度的功能渐变晶格结构。Mathieu 和 Patrick 等提出了一种利用不同孔隙率渐变晶格结构进行骨骼置换的新方法，利用 MATLAB 程序生成晶格结构模型 STL 文件并通过有限元分析和拉伸试验预测和验证了该结构应用于骨骼置换的可行性。除此之外，越来越多不同材料、尺寸和结构的晶格结构被应用于声学、介电、机械、生物医学和航空航天方面的研究。

　　基于晶格结构的增材制造零件轻量化的核心思想是利用晶格结构填充零件内部，提高零件强度重量比、节省材料以及赋予零件特殊的机械性能。传统的晶格结构由晶格单元在正交笛卡儿坐标系的三个方向堆叠形成。在计算机构造晶格结构模型的方法有两种：一种是采用参数化建模的方法，先构建晶格单元的实体模型，并基于实体模型生成晶格单元的网格模型，通过布尔运算求并集的方法实现参数晶格单元的堆叠，形成晶格结构的实体模型，然后对实体模型进行表面网格剖分，用于后续的制造。这种构造方法的，优点是可以构造比较复杂的晶格单元，对所生成的晶格结构进行局部构型，修改也很方便；缺点是当晶格单元数目比较庞大时，晶格结构实体的生成速度十分缓慢，很难对参数化模型进行变形处理。

　　另一种构造方法是通过参数驱动直接构造晶格结构的网格模型。这种构造方法的优点是不需要进行参数化建模以及布尔运算，构造速度快。直接构建晶格结构网格模型的方法需要构造晶格的拓扑结构。晶格拓扑结构是晶格结构的骨架模型，构造表达晶格结构的骨架模型所需要的拓扑元素包括节点和边，由节点和边形成晶格单元骨架模型，再通过晶格单元骨架的拼接形成整体晶格结构的骨架，可称为晶格框架模型，框架模型形成过程如图 5 - 26 所示。在晶格单元骨架的拼接过程中会出现节点和边元素的重合问题，而后续生成网格实体需要根据这些拓扑元素生成对应网格进行拼接，重复的节点和边会生成重复的实体网格，影响后续制造。为了防止生成重叠的网格，需要去除重复的拓扑元素，即保证在同一空间位置内存在唯一的拓扑元素。

构造模型晶格结构的方法有裁剪方法和保形方法。裁剪方法是在已经预先设计晶格结构的基础上，通过模型边界对预设晶格结构进行裁剪，构建模型晶格结构，如图5-27(b)所示。该方法构造的模型晶格结构相对于预设晶格结构，由于裁剪的原因会导致部分晶格单元不完整，丢失拓扑结构的情况。除此之外，裁剪生成的零件内部晶格结构不能很好地适应零件表面的曲面特征，可能对零件机械性能产生影响。保形方法是基于模型表面形状对晶格结构进行保形变形，使其适应零件区域，如图5-27(c)所示。传统的保形晶格结构生成方法需要基于参数化建模的晶格结构生成其表面网格，然后对网格进行保形变形，生成保形晶格结构。由于涉及网格剖分和网格布尔运算，传统的保形晶格结构生成效率比较低。

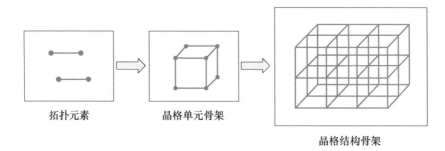

拓扑元素　　　　　晶格单元骨架

晶格结构骨架

图5-26　晶格框架模型生成过程

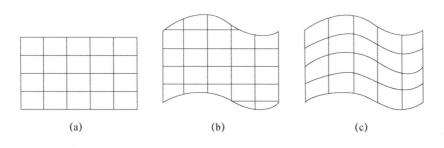

(a)　　　　　　　　(b)　　　　　　　　(c)

图5-27　晶格结构二维示意图

(a)预设晶格结构；(b)裁剪晶格结构；(c)保形晶格结构。

本节介绍一种基于参数曲面的增材制造保形晶格结构生成方法。该方法通过基于矩阵和参数曲面构造晶格拓扑结构，然后基于晶格拓扑结构快速生成网格模型。该方法生成的晶格结构无需裁剪即可适应曲面空间，对比传统的保形晶格生成方法也更加高效。最后通过CATIA二次开发的方法，采用

CATIA 的参数曲面生成模型的保形晶格结构，模型表现出良好的空间适应性。

5.4.1　基于参数曲面的保形晶格结构生成方法

　　基于参数曲面的保形晶格结构生成方法总体步骤如图 5-28 示。首先基于一种矩阵方法构建晶格拓扑结构，实现晶格结构骨架的高效生成。然后在曲面与点、曲面与曲线、曲面与曲面形成的 3 种曲面封闭空间，基于参数曲面对晶格拓扑结构进行保形变形。最后基于网格拼接的方法，利用保形变形后的拓扑骨架模型生成晶格结构的网格模型。

图 5-28

基于参数曲面的保形晶格结构生成方法总体步骤

　　定义晶格单元节点拓扑位置 Node，以及节点在笛卡儿坐标系 3 个正交方向向量 U、V、W 上的最大节点数 U、V、W：

$$\begin{cases} \text{Node} = (u, \ v, \ w) \\ u < U, \ v < V, \ w < W \end{cases} \tag{5-12}$$

式中：u、v、w 为自然数，表示晶格单元的节点拓扑位置坐标值。

　　假设某晶格单元拥有 n 个节点，定义晶格单元节点的拓扑坐标矩阵：

$$\boldsymbol{M}_{\text{Node}} = \begin{bmatrix} \boldsymbol{A}_U \\ \boldsymbol{A}_V \\ \boldsymbol{A}_W \end{bmatrix}_{n \times n} \tag{5-13}$$

式中：向量 $\boldsymbol{A}_U$、$\boldsymbol{A}_V$、$\boldsymbol{A}_W$ 分别表示 U、V、W 方向上各节点的拓扑坐标对应的方向向量。

$$\begin{cases} \boldsymbol{A}_U = [\alpha_{U_1}, \ \alpha_{U_2}, \ \cdots, \ \alpha_{U_n}] \\ \boldsymbol{\alpha}_V = [\alpha_{V_1}, \ \alpha_{V_2}, \ \cdots, \ \alpha_{V_n}] \\ \boldsymbol{\alpha}_W = [\alpha_{W_1}, \ \alpha_{W_2}, \ \cdots, \ \alpha_{W_n}] \end{cases} \tag{5-14}$$

式中：α_{U_i}、α_{V_i}、α_{W_i} 分别表示节点在 U、V、W 方向上对应的拓扑位置坐标，并且 $\alpha_{U_i} \in U$，$\alpha_{V_i} \in V$，$\alpha_{W_i} \in W$。节点的拓扑位置可用拓扑坐标矩阵 $\boldsymbol{M}_{\text{Node}}$ 的列向量表示：

$$\boldsymbol{M}_{\text{Node}_i} = (\alpha_{U_i}, \ \alpha_{V_i}, \ \alpha_{W_i}) \tag{5-15}$$

　　U、V、W 对应的最大节点数量均为 3，所有节点的拓扑位置坐标均由

拓扑坐标矩阵 $\boldsymbol{M}_{\text{Node}}$ 的列向量表出。

最后定义拓扑坐标与几何坐标的映射矩阵：

$$\boldsymbol{M}_{\text{Topo-Geo}} = \begin{bmatrix} x_{u_1}, & x_{u_1}, & \cdots, & x_{u_U} \\ y_{v_1}, & y_{v_1}, & \cdots, & y_{v_V} \\ z_{w_1}, & z_{w_1}, & \cdots, & z_{w_W} \end{bmatrix}_{\max(U,V,W) \times \max(U,V,W)} \tag{5-16}$$

式中：x_{u_i}、y_{v_i}、z_{w_i} 分别对应节点拓扑坐标 U_i、V_i、W_i 的几何坐标，规定 $\boldsymbol{M}_{\text{Topo-Geo}}$ 的第一列坐标值均为零。由 $\boldsymbol{M}_{\text{Node}}$ 和 $\boldsymbol{M}_{\text{Topo-Geo}}$ 可以完整而高效地表示晶格单元节点的拓扑和几何位置。

完成晶格单元节点定义后，通过将晶格单元的拓扑构造成无向图 $C = <\text{Node}, \text{Edge}>$，其中 $\text{Node} = \{\text{Node}_i \mid i = 1, 2, \cdots, n\}$，表示节点，$\text{Edge} = \{\text{Edge}_k \mid k = 1, 2, \cdots, m\}$，表示边，$\text{Edge}_k = (\text{Node}_i, \text{Node}_j)$，即可完成晶格单元结构的表示。通过矩阵运算快速拼接各晶格单元，形成晶格结构骨架模型，以完成晶格拓扑结构生成和重复拓扑元素的剔除，如图 5-29 所示。

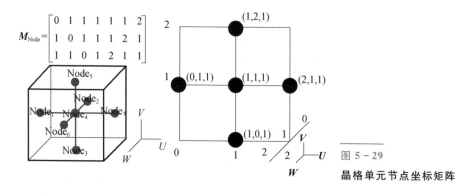

图 5-29 晶格单元节点坐标矩阵

生成晶格结构骨架模型后，晶格结构骨架根据参数曲面形状进行保形变形，使适应点与曲面、曲线与曲面、曲面与曲面所形成 3 种曲面空间。

定义点与曲面、曲线与曲面、曲面与曲面形成的 3 种封闭曲面空间：

$$\begin{cases} \varphi_{\text{p.to.s}} = \{P(x, y, z), S(x, y, z, u, v, w)\} \\ \varphi_{\text{c.to.s}} = \{C(x, y, z, u, v, w), S(x, y, z, u, v, w)\} \\ \varphi_{\text{s.to.s}} = \{S(x, y, z, u, v, w), S(x, y, z, u, v, w)\} \end{cases} \tag{5-17}$$

式中：$\varphi_{\text{p.to.s}}$、$\varphi_{\text{c.to.s}}$、$\varphi_{\text{s.to.s}}$ 分别为 3 种封闭曲面空间；P、C、S 分别为三维空间中的参数点、参数曲线以及参数曲面；x、y、z 为几何空间坐标系坐标，分别表示参数点、参数曲线和参数曲面在几何空间的位置；u、v、w 为拓扑空间坐标系坐标，用于建立保形变形前晶格结构骨架与保形变形后骨架的映射关系，规定 $0 \ll u$，v，$w \ll 1$。

设封闭空间 $\varphi_{\text{p. to. s}}$ 由参数曲面 S_1 和参数曲面 S_2 围成，晶格结构骨架与封闭空间 $\varphi_{\text{p. to. s}}$ 的映射关系如图 5 - 30 所示。

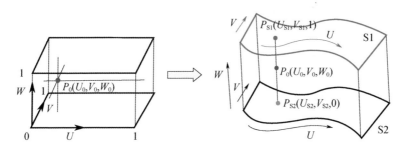

图 5 - 30　曲线与曲面封闭空间映射方法

在晶格结构骨架模型的基础上，生成拓扑节点和拓扑边的包围网格，通过网格拼接的方法形成晶格结构实体模型。因为增材制造常用的网格实体模型为三角网格模型，所以需要基于三角网格进行网格的生成和拼接。本节采用一种基于晶格结构骨架拓扑点、拓扑边的网格生成和拼接方法，生成骨架节点的凸包网格结构和骨架边的多边形网格结构，然后通过凸包网格和多边形网格的拼接生成晶格结构的三角网格模型。

边包围网格的构造基于晶格结构骨架的拓扑边单位，根据拓扑边节点（包括原有节点和保形变形插入的节点）构造分段三角包围网格。如果晶格结构只对骨架节点进行保形变形，则根据图 5 - 31（a）构造边包围网格，截面可为正 N 边形（$3 \leq N$），d 为与节点凸包网格拼接的预留距离。如果同时对骨架节点和边进行保形变形，则根据图 5 - 31（b）中方法构造边包围网格，边节点处截面处 r 与插入节点处截面 r' 的关系为 $r' = r / \sin\theta$。

节点的包围网格构造基于三维凸包的方法。凸包是计算几何最基本的结构之一，三维凸包被广泛运用于计算机图形建模领域。目前三维凸包生成算法已经比较成熟，应用最广泛的算法是 Clarkson - Shor 以及 QuickHull 算法。本节采用 QuickHull 算法，根据靠近骨架节点（非插入节点）的边包围网格顶点 N_i，构造节点 Node_i 和 N_i 所形成的点集的三维凸包网格，其中需要满足预留距离 $d \geq r / \tan(\theta_{\min}/2)$，$\theta_{\min}$ 为与节点相连边之间的夹角的最小值，否则在节点处边包围网格会产生干涉。

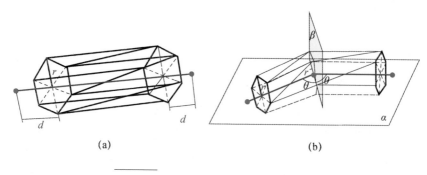

(a)　　　　　　　　　　　(b)

图 5 - 31　曲线与曲面封闭空间映射方法

（a）无插入节点边；（b）有插入节点边。

5.4.2　基于 CGM 的曲面提取与保形晶格结构生成

CATIA 建模器（CATIA geometry modeler，CGM）提供了一系列高效完善的曲面建模与操作接口与功能，可以便利地用于二次开发，满足参数曲面设计与分析需求。在 CGM 中，曲面由参数 U、V 各自的标量函数 FX、FY 和 FZ 定义，是一种在 R^2 至 R^3 空间的函数。其标量函数代表了曲面上每一点与笛卡尔坐标系间的映射关系。曲面对象必须为 C2 连续。如图 5 - 32 所示。

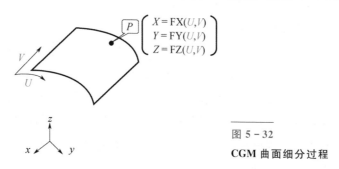

图 5 - 32

CGM 曲面细分过程

基于 CGM 的参数曲面定义，CATIA 的曲面提取过程分为以下步骤：

（1）在 CATIA 模型空间中选取或创建一张扫掠曲面。

（2）运用 CGM 三角细分算法将参数曲面进行离散处理，其中 sag 为细分线段距离曲面的最大距离，step 为曲面细分步长，angle 为细分角度。通常情况下，step 和 angle 都取默认值（step 设为无限长，angle 设为 90°），通过调整 sag 值得到离散度适合于生成保形晶格结构的三角细分曲面网格，并用迭代器（iterator）得到该曲面的离散数据点（三角形各顶点）。

(3)利用 CATSurface∷GetParam 接口提取曲面离散点的 u、v 参数值，作为后续生成晶格结构骨架的拓扑参数结点。

基于 CATIA 的参数曲面提取方法，模型的保形晶格结构生成流程分为以下步骤：

(1)在 CATIA 模型空间内创建或选取模型的参数曲面。

(2)基于 CATIA 参数曲面提取方法，提取参数曲面 S 在拓扑空间$p_s(u_s, v_s, 0)$对应的几何空间坐标$p_s(x_s, y_s, z_s)$。通过提取的参数曲面和参数点、参数曲线构造上文的三种曲面空间。

(3)设置初始晶格单元类型，如立方体晶格、体心立方晶格和面心立方晶格等，并设置 U、V、W 三个方向的晶格单元数量。

(4)根据矩阵方法构建晶格拓扑结构，基于参数曲面对晶格拓扑结构进行保形变形，生成模型的保形晶格骨架结构。

(5)基于上文所述方法，利用拓扑点和拓扑边生成晶格结构的网格模型。

接下来分别对 3 种曲面空间的保形晶格结构生成进行示例说明。采用四边形立方体作为晶格单元，U、V、W 三个方向的晶格单位数量分别设置为10、10、6。利用 CGM 建立扫掠曲面生成保形晶格。

首先通过空间点和扫掠曲面确定保形空间的U、V、W三个方向，利用公式计算出保形变形后的晶格骨架结构。其中晶格结构骨架拓扑点 P_0 在曲面上的映射点 P_s 的空间坐标求解需要利用 CAA 接口函数，输入 P_0 对应的 u、v 坐标进行求解。生成的保形结构骨架和如图 5-33 所示。

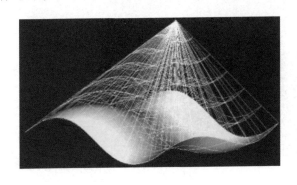

图 5-33

点与曲面保形晶格骨架

然后基于上文晶格网格实体的生成方法，生成半径 r 为 0.5mm，截面为十六边形的杆和对应的凸包网格结构。生成的保形晶格结构网格模型如图 5-34所示。

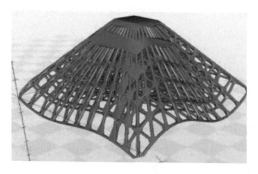

图 5 – 34

点与曲面保形晶格结构网格

通过空间曲线和扫掠曲面确定保形空间的 **U**、**V**、**W** 三个方向，并利用公式计算出保形变形后的晶格骨架结构。曲面点的求解方法同上。生成的保形晶格骨架如图 5-35 所示。

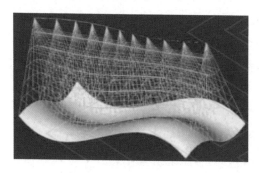

图 5 – 35

曲线与曲面保形晶格骨架

设置杆半径 r 为 0.5mm，杆截面为十六边形。生成的保形晶格结构网格模型如图 5-36 所示。

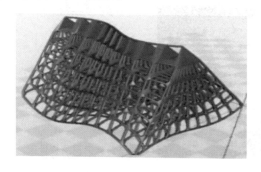

图 5 – 36

曲线与曲面保形晶格结构网格模型

通过两个扫掠曲面确定保形空间的**U**、**V**、**W** 三个方向，并利用公式计算出保形变形后的晶格骨架结构。曲面点的求解方法同上。生成的保形晶格骨架如图 5-37 所示。

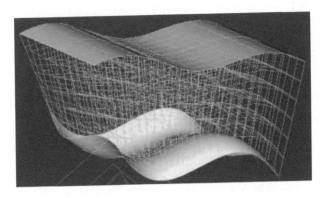

图 5 - 37

曲面与曲面保形晶格骨架

图 5 - 38 所示为应用本节方法生成的模型保形晶格结构增材制造样品，模型的保形晶格结构表现出良好的曲面空间适应性。

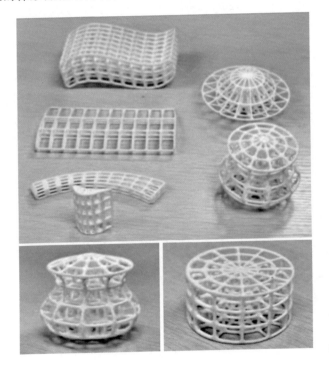

图 5 - 38

增材制造样品

参考文献

[1] 王素,朱玉明,陈南飞,等. 功能梯度材料零件快速原型制造中的自适应切片算法[J]. 吉林大学学报（工学版）,2007,37(3)：558 - 562.

［2］PAN X,CHEN K,CHEN D. Development of rapid prototyping slicing software based on STL model［C］. New York：Proceedings of the 2014 IEEE 18th International Conference on Computer Supported Cooperative Work in Design （CSCWD）,2014：191－195.

［3］PAN X,CHEN K,ZHANG Z,et al. Adaptive slicing algorithm based on STL model［J］. Applied Mechanics and Materials,2013,288:241－245.

［4］钟山,杨永强 . RE/RP 集成系统中基于 STL 的精确分层方法［J］. 计算机集成制造系统,2012,18（6）:1145－1150.

［5］林洁琼,王一博,靖贤,等 . 增材制造中 STL 模型的自适应分层算法研究［J］. 机械设计与制造,2018（2）:51－53.

［6］田仁强,刘少岗,张义飞 . 增材制造中 STL 模型三角面片法向矢量自适应分层算法研究［J］. 机械科学与技术,2019,38（3）:415－421.

［7］王军伟,陈兴,邓益民,等 . STL 模型特征信息的自适应分层的研究［J］. 计算机工程与应用,2019,55（6）：244－251.

［8］TAUFIK M,JAIN P K. Surface roughness improvement using volumetric error control through adaptive slicing［J］. International Journal of Rapid Manufacturing,2017,6（4）：279－302.

［9］王春香,郝志博 . 快速成形中基于零件装配要求的分段分层算法［J］. 图学学报,2014,35（4）：536－540.

［10］赵吉宾,刘伟军 . 快速成形技术中分层算法的研究与进展［J］. 计算机集成制造系统,2009,15（2）：209－221. doi：10.13196/j. cims. 2009. 02. 3. zhaojb. 006.

［11］王静亚,方亮,郝敬宾 . STL 模型特征面片自适应分层算法［J］. 计算机应用研究，2011，28(06)：2362－2364,2368.

［12］陈岩,王士玮,杨周旺,刘利刚 . FDM 三维打印的支撑结构的设计算法［J］. 中国科学：信息科学,2015,45(02):259－269.

［13］宋国华,敬石开,许文婷,刘继红,杨海成 . 面向熔融沉积成型的树状支撑结构生成设计方法［J］. 计算机集成制造系统,2016,22(03):583－588.

［14］WEEGER O. Digital design and nonlinear simulation for additive manufacturing of soft lattice structures［J］. Additive Manufacturing,2019,25:39－49.

［15］DAYNEYS S,FEIH S,LU W F,et al. Design concepts for generating optimised lattice structures aligned with strain trajectories［J］.Computer Methods in Applied Mechanics and Engineering,2019,354(SEP . 1):689－705.

[16] ARCHAK G, ANAND S. Design of functionally graded lattice structures using B - splines for additive manufacturing[J]. Procedia Manufacturing, 2019, 34: 655 - 665.

[17] MA THIEU D, PA TRICK T, Vladimir Brailovski. Modelling and characterization of a porosity graded lattice structure for additively manufactured biomaterials[J]. Materials & Design, 2017, 121: 383 - 392.

[18] CHRISTENSEN J, GARCIA D A F J. Anisotropic metamaterials for full control of acoustic waves[J]. Physical Review Letters, 2012, 108(12): 124301.

[19] LEVY U, ABASHIN M, IKEDA K, et al. Inhomogenous dielectric metamaterials with Space - V ariant polarizability[J]. Physical Review Letters, 2007, 98(24): 243901.

[20] FANG N, XI D, XU J, et al. Ultrasonic metamaterials with negative modulus [J]. Nature Materials, 2006, 5(6): 452 - 456.

[21] YAN C, HAO L, HUSSEIN A, et al. Microstructure and mechanical properties of aluminium alloy cellular lattice structures manufactured by direct metal laser sintering[J]. Materials ence & Engineering A, 2015, 628: 238 - 246.

[22] ZHOU H, ZHANG X, ZENG H, et al. Lightweight structure of a phase - change thermal controller based on lattice cells manufactured by SLM[J]. Chin. J. Aearonaut, 2019, 032(007): 1727 - 1732.

[23] ZARGARIAN A, ESFAHANIAN M, et al. On the fatigue behavior of additive manufactured lattice structures [J]. Theoretical and Applied Fracture Mechanics, 2019, 100: 225 - 232.

[24] WANG H, CHEN Y, ROSEN D W. A Hybrid geometric modeling method for large scale conformal cellular structures [C]. Long Beach: Asme International Design Engineering Technical Conferences & Computers & Information in Engineering Conference, 2005: 24 - 28.

[25] NGUYEN J, PARK S I, ROSEN D. Heuristic Optimization method for cellular structure design of light weight components[J]. International Journal of Precision Engineering & Manufacturing, 2013, 14(6): 1071 - 1078.

[26] 李日福, 李晋芳. 改进的三维离散点集凸包求解算法[J]. 现代计算机, 2017(20): 42 - 45.

[27] LI R F, LI J F. Improved algorithm for solving convex hull of three -

dimensional discrete point set[J]. Modern Computer. 2017,20:42 – 45.

[28] CLARKSEN K L,Shor P W. Algorithms for diametral pairs and convex hulls that are optimal, randomized and incremental[C]. [s. l.]:Symposium on Computational Geometry,1988.

[29] BARBER C B,DOBKIN D P ,HUHDANPAA H. The quickhull algorithm for convex hulls[J]. Acm Transactions on Mathematical Software,1996,22(4): 469 – 483.

第6章
三维模型分割与拼接技术

增材制造技术的优势是可以将任意复杂的三维模型在短时间内转变为实物模型，但由于增材制造设备与传统机械加工设备一样，存在最大加工尺寸限制，无法直接加工尺寸过大的模型，因此必须先将大的模型分割成一组小的子模型部件，分别加工后进行组装。三维模型分割是指根据几何和拓扑特征，将封闭的三维网格体或定向的二维网格流，依据其表面和几何特征、分割成一组具有各自简单形状特征的、又相互连通的子网格片的工作。简单地说，根据模型的表面特征，将其分割为更小、更简单的子模型。而模型拼接就是将分割制造出的子模型按照彼此之间的匹配关系组装起来，并经过固定和表面后处理使之成为最终模型的过程。

6.1 三维模型的分割方法

模型分割技术可解决待加工模型或零件因结构复杂、体积过大（超出材料尺寸或机床加工范围）等造成的整体加工困难、材料利用率低等问题，同时可以有效地降低加工设备要求，提高生产效率。由于模型分割在点云网格曲面重建、网格细分和简化、几何压缩、交互编辑、纹理映射、几何变形、局部区域参数化等方面都有着重要的应用，近年来已成为学术界和产业界关注的热点。针对大尺寸三维模型的增材制造而言，模型分割不只是单纯地把大模型分割成一组尺寸符合加工要求的小模型，更重要的是如何将模型分割成一个个形状简单、方便加工和装配的块模型，以提高快速成形设备的加工能力和效率。

在实际生产加工中，大尺寸三维模型有两种类型：一类是具有特征结构的大模型，如机械零件的功能结构、动物模型的肢体结构[图6-1(a)]，这类模型可以进行"有意义的"分割处理；另一类是简单的大模型，即模型本身是一个简单形状体，如球体、圆柱体［图6-1（b）］，没有其他可以区分的特征结构。这类模型大多数是从具有特征结构的大模型中分割出来的子模型，由于尺寸巨大而必须继续分割。

(a)   (b)

图6-1　不同类型的大尺寸三维模型

(a)具有特征结构的大模型；(b)简单结构的大模型。

根据认知心理学，人类对形状的识别一定程度上依赖于分割，任何形状复杂的物体都可以看成形状简单的基本体的组合。传统的交互式制图法和虚拟仿真技术就是使用少数组件来构建任意形状物体，三维建模软件都是将简单形状进行拉伸、旋转、变形从而得到所需的三维形体。人类视觉理论中"最小化法则"提出者 Hoffman 等指出，人类对物体的识别过程中，倾向于把最小负曲率线定义为特征之间的分界线，利用最小负曲率线来将物体分割为多个特征要素，这种分割结果称为"有意义"分割。

最早与三维网格模型分割相关的背景研究有两个方面：一是在计算几何学中的凸分割，该方法是把非凸的多面体划分成较小的凸多面体，从而提高计算机图形学中绘制与渲染效率。由于凸分割的对象往往不是多面体，而是其边界网格，所以对这些边界网格的分割算法容易实现，计算量成线性分布。另一方面是计算机视觉中的深度图像分割，由于深度图像往往具有较为简单的行列拓扑结构，所以其分割算法也相对简单。早期的分割研究工作主要是针对二维图像和图形进行分割，而后一些较为成功的算法被逐步推广到三维空间模型，如分水岭算法、K 均值算法、模糊聚类算法、均值漂移算法以及区域增长算法等。另外一些考虑几何与拓扑信息的曲率和特征分析算法得到了研究与应用，如高斯曲率平均曲率、特征角和测地距离度量、体素分解、骨架提取、拓扑关系图等。下面对目前几类典型模型分割算法进行简要介绍和分析。

6.1.1　基于分水岭方法的分割算法

"分水岭"一词最早出自地形学，是指相邻两个流域之间的山岭或高地。降落在分水岭两边的降水沿着两侧的斜坡汇入不同的河流。Serra 在 1982 年提出了图像分割的分水岭方法，其基本思想是把图像看作是地形学上的地貌图，图像中像素点的灰度值表示该点的"海拔高度"，图中局部极小值及其影响区域称为集水盆，而局部极大值及其影响区域称为山峰或高地，它们之间的边界就形成了分水岭(图 6-2)，这样图像就被这些边界划分为一个个相互连通的独立区域。

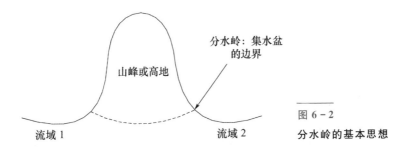

图 6-2　分水岭的基本思想

Vincent 等在 1991 年，首先将二维图像分割中的分水岭方法应用到任意三维网格曲面的特征分割问题上来，并建立了基本的计算方法。在该算法中，分水岭计算分两个步骤：排序过程和淹没过程。首先对每个顶点的高度函数进行从低到高排序，其次在从低到高实现淹没过程中，对每一个局部极小值在 h 阶高度的影响域采用先进先出(first in first out)结构进行判断及标注。因为分水岭表示的是输入图像的极大值点，所以为得到网格曲面的边缘信息，通常把顶点梯度图作为输入数据，即

$$g(x, y) = \text{grad}(f(x, y))$$
$$= \sqrt{[f(x, y) - f(x-1, y)]^2 [f(x, y) - f(x, y-1)]^2} \tag{6-1}$$

式中：$f(x, y)$ 为原始图像；grad(·)为梯度运算。

Mangan 和 Whitaker 在 1999 年，提出了对三维网格曲面的分水岭分割算法，首先计算每个曲面顶点的曲率或其他高度函数，进而寻找每个局部的最小值并对其标识，这些最小值的顶点都作为网格曲面的初始分割点；其次自上而下或自下而上地合并高度值低于指定阈值的顶点，完成曲面的区域划分(图 6-3)。Pulla 从曲率分析的角度改进了初始标识的选定方法，设 V 为三

维网格曲面的顶点集集合，对于每个顶点 $v_i \in V$，都有一个与之相连通的邻域 $N_i \in V$，初始分割点从该顶点向其邻域内具有较低高度值的顶点移动，直到高度值达到预设的极小值为止。

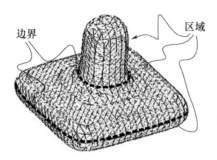

边界　　　　区域

图 6 - 3
三维网格模型的分水岭分割

基于分水岭方法的分割算法对微弱边缘具有良好的响应，是得到封闭连续边缘的保证。但同时也会因为模型网格中的噪声、物体表面细微的曲率变化，而产生过度分割的现象。Page 等在 2003 年创建了一个健壮的网格模型分割的贪婪分水岭法——FMW(fast marching watersheds)，以局部主曲率作为高度函数，得到一个遵循最小值法则，且具有方向性的高度图，改进了分水岭算法的初始标识集。该算法很好地消除过分割现象，并且可以得到有意义的分割结果。国防科技大学廖毅等提出了一种基于显著性分析的网格分割算法，该算法的基本思想还是分水岭算法，但是高度函数采用的是每个顶点的显著性值，而不是传统的高斯曲率。算法借鉴区域合并算法，将可以忽略的小区域合并到与它同用边界线最长的邻接区域中去，从而解决过分割问题，在效率和效果上达到了较好的平衡。

6.1.2　基于聚类分析的分割算法

基于分水岭方法的分割算法对于表面曲率变化明显的模型很有效，但对于表面曲率变化不明显的模型却无能为力。Garland 等在 2001 年提出了层次面片聚类法，使用面片之间的对偶关系来进行表面网格的迭代合并，从而把平坦的模型表面分割开来(图 6 - 4)。该算法的分割结果是片状的区域，分割边界并不适合三维模型的实体分割。

Shlafman 等在 2002 年提出了基于 K 均值的聚类法。K 均值算法是用于将给定的样本集分成制定数目的聚类算法。首先为每个聚类确定一个初始中心，K 个聚类就存在 K 个聚类中心；其次将样本集中的每个样本按照最小距离原则分配到某一个聚类中；最后计算每个聚类中所有样本的均值，作为新的聚类中心。如此重复运算直到聚类中心不再变化为止。使用 K 均值聚类法可以得到有意义的分割结果，但是分割边界是锯齿状，不是很准确。Katz 等在 2003 年提出了一种基于模糊聚类的层次分割算法，很好地解决了过分割和边界锯齿(图 6 - 5)。

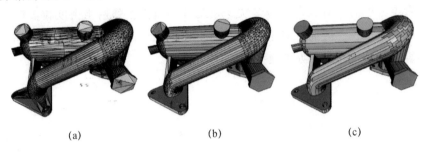

(a)   (b)   (c)

图 6 - 4   面片聚类分割法

(a)原始模型；(b)6000 类；(c)1000 类。

(a)   (b)   (c)

图 6 - 5   鸽子模型的层次聚类分割

(a)第一层分割；(b)第二层分割；(c)第三层分割。

算法首先计算每对面片之间的距离，设相邻面片 f_i、f_j 的测地距离为 $\text{Geod}(f_i, f_j)$，角距离为 $\text{Ang\_Dist}(a_{i,j})$。

$$\text{Geod}(f_i, f_j) = (f_i - f_j)^{\mathrm{T}} K^{-1}(f_i - f_j) \tag{6-2}$$

$$\text{Ang\_Dist}(a_{i,j}) = \eta [1 - \cos(a_{i,j})] \tag{6-3}$$

面片对偶图上的弧权重定义为

$$\text{Weight}(\text{dual}(f_i), \text{dual}(f_j)) = \delta \cdot \frac{\text{Geod}(f_i, f_j)}{\text{avg}(\text{Geod})} + (1-\delta) \cdot \frac{\text{Ang\_Dist}(a_{i,j})}{\text{avg}(\text{Ang\_Dist})}$$

$$\tag{6-4}$$

首先指定相对距离最大的两个三角面片为初始分割集，对每个分割集分别计算其他面片属于该集合的可能性概率。其次通过迭代来提高可能性概率的精度，从而将模型模糊地分割为两个部分。最后，将两部分的面片分别划归另一个分割集，从而构造分割集之间的准确边界，得到最终的分割结果。该算法很好地解决了过分割和边界锯齿，并将不同距离函数、不同容量函数以及非几何特征因素加入到算法中，扩大了算法的应用范围。

聚类分析需要对数据进行多次迭代运算，当模型的网格密度较大时，计算量成几何增长。因此，对于大规模网格模型的分割处理，基于聚类分析的分割算法计算量巨大、处理效率不高。

6.1.3　基于骨架提取的分割算法

基于几何与拓扑信息的骨架结构形状描述法在很多地方已经得到了很好的应用，如模型拼接、形状检索、结构变形、电脑动画等。传统的骨架提取方法是中轴抽取算法，它能够准确表示出三维实体模型的骨骼特征，但是计算量和计算复杂度都比较高，对模型边界敏感而不稳定。当三维模型的边界上有小的变形或是数据有部分缺失时，可能会造成中轴抽取结果发生偏差。

Hopp 在 1996 年提出了一种基于渐进网格的模型骨架树提取算法。该算法沿扫掠路径计算网格的几何函数、拓扑函数的函数值，一旦发现几何函数、拓扑函数的关键点，就抽取两个关键点之间的网格曲面得到一个新的分割子块，整个过程无需用户干涉。Lazarus 和 Verroust 在 1999 年提出了一种从多边形模型的顶点集中提取骨骼轴线，在骨骼关节处分割模型的水平集算法。该算法是使用模型顶点与初始设定的源点之间的最短路径距离作为水平集函数，构造出记录水平集图表的结构树，它的根结点表示源点，内部结点表示水平集函数的鞍点，叶子表示局部最大点，水平集算法具有较高的计算速度和稳定的计算精度，但是计算较为复杂而且需要用户进行手工操作。

Li 等在 2001 年提出了一个基于渐变网格算法的有效分割方法。首先使用删除误差函数对每条边进行排序，把具有最小函数值的边收缩成点，并删除包含该边的三角面片；如果某边没有对应的三角面片，则将其定义为骨架边，保持其顶点不变；按以上方法循环处理后得到网格模型的骨架边，再用虚拟边来连接那些脱节的骨架边，由此组成的骨架树图称为扫掠路径(图 6 - 6)。

抽取扫掠路径上分支面积较小的分割子块，再沿扫掠路径计算网格的几何和拓扑特征来寻找关节点，抽取两个关节点之间的网格得到一个新的分割子块。该算法的优点在于无需人工操作就可自动完成网格模型的有效分割。

(a)　　　　　　　　　　　(b)　　　　　　　　　　　(c)

图 6-6　网格模型的骨架树图

(a)网格模型；(b)骨架边；(c)骨架树。

Xiao 等在 2003 年基于人体三维扫描点云的离散 Reeb 图，给出了三维人体扫描模型的一个拓扑分割方法，通过探测离散 Reeb 图的关键点，抽取表示身体各部分的拓扑分支，进而进行分割。Shi 等在 2008 年从拉普拉斯变换的特征函数中构造 Reeb 图来计算拓扑结构的骨架，Reeb 图可以独立地抓取表面的几何结构和获得精确的骨架。Serino 等在 2014 年提出了基于骨架的模型分割算法，通过使用影响区域的概念将曲线骨架首先区分为有意义的分支和无意义的分支，有意义的骨架分支才会用于模型分割，得到有意义的模型分割。由于骨架提取方法的不同，对分割质量没有明确的评价标准，所以现有研究工作的"有意义"分割结果还存在诸多差异。

6.2　模型表面特征边界提取

在已有的模型分割算法中，大多数研究工作都是使用顶点作为模型表面曲率分析和特征提取的对象，通过比较顶点的曲率函数来对其进行筛选或聚类，然后将特征边界和特征区域提取出来。这类算法得到的分割结果虽然可以满足有意义的分割需要，但计算量大，而且分割操作复杂。本节介绍一种基于边曲率的特征边界提取算法，边的 3 个曲率参数计算简单，筛选速度快，避免了点曲率分析的复杂高度函数带来的巨大计算量。该算法提取的特征边界是直接可以分割模型的特征边集，而不是分割边界上的离散点集或面片集，减少了对三角面片进行分割操作的工作量。

6.2.1 模型表面的曲率分析

1. 顶点曲率分析

基于分水岭的分割算法是使用顶点曲率作为高度函数来对模型表面凸凹区域进行分割的。顶点曲率的主要测算方法有高斯曲率、平均曲率、根均方曲率和绝对曲率。由于测算方法的不同，曲率分析的效率和获取的特征边界有一定的差异。

1)高斯曲率

曲面上某点的高斯曲率 K，定义为该点两个主曲率 k_1 和 k_2 的乘积。对于曲面 S：$r = r(u, v)$ 的主曲率 k_1 和 k_2 是曲面的切平面 W 变换的两个特征值，分别为法曲率的最大值与最小值，即曲面主方向对应的法曲率。

$$K = k_1 k_2 = \frac{LN - M^2}{EG - F^2} \tag{6-5}$$

式中：第一基本形式系数：$E = r_u^2 > 0$，$F = r_u \cdot r_v$，$G = r_v^2 > 0$；第二基本形式系数：$L = r_{uu} \cdot n$，$N = r_{vv} \cdot n$，$M = r_{uv} \cdot n$，$n = (r_u \times r_v)/\|r_u \times r_v\|$。

如图 6-7 所示，将曲面上的顶点映射到单位球的球心，把法线的端点映射到球面上，即将曲面上的点与球面上的点建立了一种对应，称为曲面的球面表示，即高斯映射。利用高斯曲率的正负性，可以很方便地研究曲面在一点邻近的结构，$K > 0$ 时，为椭圆点；$K < 0$ 时，为双曲点；$K = 0$ 时，为平面或抛物点。并且高斯曲率是曲面的内蕴量，只与曲面的第一基本型相关，与坐标轴的选取和参数化表示无关，因此也称为全曲率或总曲率。

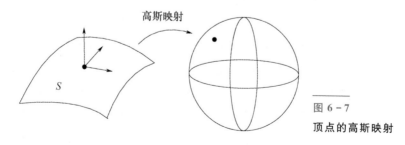

高斯映射

图 6-7

顶点的高斯映射

2)平均曲率

曲面上某点的平均曲率 H，定义为该点两个主曲率 k_1 和 k_2 的平均值。平均曲率是一个"外在的"弯曲测量标准，局部地描述了一个曲面嵌入周围空间（欧几里得空间）的曲率。

$$H = \frac{(k_1 + k_2)}{2} = \frac{EN - 2FM + GL}{2(EG - F^2)} \tag{6-6}$$

平均曲率描述了曲面在一点处的平均弯曲程度，又称为中曲率。如果一个曲面上所有点的平均曲率均为零，则这个曲面为极小曲面，如螺旋面、悬链面、Scherk 曲面和 Enneper 曲面等。而圆柱面和球面是平均曲率为非零常数的曲面。

均方根曲率 K_{rms} 和绝对曲率 K_{abs} 也常用来计算顶点的曲率，虽然比高斯曲率和平均曲率的计算要复杂一些，但对特征位置和轮廓有较好的定位。

$$K_{\mathrm{rms}} = \sqrt{\frac{k_1^2 + k_2^2}{2}} = \sqrt{4 H^2 - 2K} \tag{6-7}$$

$$K_{\mathrm{abs}} = |k_1| + |k_2| \tag{6-8}$$

使用顶点曲率来对模型表面特征进行分析，可以准确获取表面上曲率变化情况，过分割问题可以通过后处理来解决。但顶点曲率算法都需要使用到顶点在曲面上的主曲率 k_1 和 k_2，而主曲率的计算本身较复杂，使得基于顶点曲率的模型分割算法都存在计算量过大的问题。在处理大数据量的网格模型时，顶点曲率的计算量非常巨大，而当模型被修改后，修改处附近的顶点及其邻域内的顶点都需要重新计算曲率，这使得整个模型分析过程的计算量过大，直接影响模型处理的整体效率。

2. 边曲率分析

边曲率的最初定义为边的两个共面片的法向矢量的夹角，即二面角。设 e_{ij} 为两个相邻面片 f_i 和 f_j 的连接边，$\boldsymbol{n}_i$ 和 $\boldsymbol{n}_j$ 是两个面片的法向矢量，则 e_{ij} 的二面角 $\theta(e_{ij})$ 为

$$\theta(e_{ij}) = \arccos(\boldsymbol{n}_i \odot \boldsymbol{n}_j) \tag{6-9}$$

边曲率计算非常简单，并且直接由相邻两个面片的法向矢量决定（图 6-8），在对面片数量巨大的模型进行曲率分析时，计算量远远小于点曲率分析。通过设定适当边曲率阈值，可以快速提取出模型表面的特征边，内部特征边集可以直接作为分割边界。使用模型自身的特征边进行模型分割，可以有效地

减少三角面片的分割操作，同时保持了模型原有尺寸和精度。

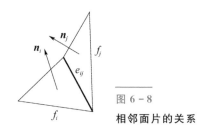

图 6 - 8
相邻面片的关系

用二面角表示边曲率存在两方面不足：①二面角的大小受网格密度的影响较大，阈值不容易确定。在曲率变化缓慢的特征边界处，特征边会因为二面角过小而不能被识别出，从而导致一些平滑特征边界无法提取。②二面角只能表示夹角大小，不能反映边的凹凸性。边的凹凸性是判断用此边分割是否合适的重要规则(参考分水岭思想，优先选择凹点集作为分割边界)。针对以二面角作为边曲率分析的唯一参数所存在的不足，使用遗传算法来自动选取特征边阈值，并且添加周长比和凹凸性两个曲率参数，可用于对大规模的网格模型进行边曲率分析和特征边界提取。

6.2.2　基于遗传算法的特征边阈值选取

特征边阈值的选取是特征边提取的关键，凭经验或实验分析给出的阈值不够精准，而且通用性差，不利于特征边的快速提取，所以采用遗传算法来自动选取特征边阈值。遗传算法的主要特点是对目标问题的求解不需要借助其他知识而完全依赖于解群体中的个体及其适应度，具有内在的隐并行性和整体寻优的能力，适用于目标问题结构不是十分清楚，数据量大，环境复杂的场合。

1. 特征边阈值选取的遗传算法

大尺寸复杂三维网格模型的特征边提取是一个数据量巨大、环境复杂的问题，特征边阈值的确定需要综合考虑模型的网格密度、表面曲率变化等情况，因此采用遗传算法来自动选取最优特征边阈值(图 6 - 9)。

步骤 1：问题的可行解编码为二进制位串。根据边曲率的计算方法，二面角 θ 的弧度范围为 $0 \sim \pi$，而特征边阈值的选取区间为 $(0, \pi/2)$。数据精度为小数点后 4 位，则可行解区间为 $(0, 15708) \in [0, 2^{14}]$，因此编码方式采用十八位长的二进制编码。例如，二进制位串（10000111010010）所表示的可行解 $x = 0.8658$。

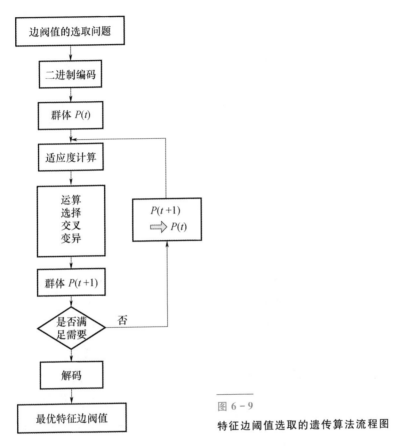

图 6 - 9

特征边阈值选取的遗传算法流程图

步骤 2：选定初始群体的规模 N 为 20，在 0～15708 之间以同等概率随机生成 20 个个体，A_1～A_{20} 作为第一次寻优的初始群体 $P(t)$。

步骤 3：最优特征边阈值不是简单的最大值或最小值问题，而是在数值中选取能够最大限度地区分出特征边的边界值。该算法使用最大类间方差函数作为适应度计算函数。

$$\sigma(x)^2 = w_1(x)w_2(x)[u_1(x) - u_2(x)]^2 \qquad (6-10)$$

式中：x 表示用于提取特征边的阈值；$w_1(x)$ 为小于阈值 x 的边数；$w_2(x)$ 为大于阈值 x 的边数；$u_1(x)$ 表示小于阈值 x 的边的平均二面角差；$u_2(x)$ 为大于阈值 x 的边的平均二面角差。目标是找到使 $\sigma(x)^2$ 最大的 x 的值，以其作为特征边的阈值。

步骤 4：在选择运算中，采用轮盘赌选择的方式来提取产生下一代的个体。轮盘赌选择是模拟博彩游戏中的轮盘赌，一个轮盘被划分为 N 个扇区，对应个体 A_i 的扇区面积与其适应度 $\sigma(A_i)^2$ 大小成正比，轮盘转动 N 次，每次选取一个个体，最终构成新的群体 $P'(t)$。

计算所有个体的适应度值之和为

$$F = \sum_{k=1}^{N} \sigma(A_k)^2 \tag{6-11}$$

计算个体的选择概率为

$$p_k = \frac{\sigma(A_k)^2}{F} \tag{6-12}$$

步骤 5：在群体 $P'(t)$ 中按一定概率 p_c 选出一些个体进行交叉运算。该算法采用单点交叉，在 $[1, 13]$ 之间随机产生一个整数作为交叉位置点，将选出的个体随机两两配对进行信息交换，直到生成新的群体 $P''(t)$。例如，随机选出进行交叉的两个个体 A'_3 和 A'_{11} 如下：

$$A'_3 = (111001101 \mid 10100); \ A'_{11} = (100010110 \mid 00101)$$

假设交叉位置为 7，则交换两个个体第 7 位右边的字串，得到两个新个体：

$$A''_3 = (111001101 \mid 00101); \ A''_{11} = (100010110 \mid 10100)$$

步骤 6：按照一定概率 p_m 对群体 $P''(t)$ 中所有个体的某一位置上进行变异运算，即将所选位置上的二进制字符进行变异（0 变为 1，1 变为 0）。为了防止上一代群体在交叉和变异运算中丢失适应度最高的解，将上一代群体中适应度最高的个体与变异后群体中适应度最低的个体进行比较和替换，这样做可以防止群体的退化而导致收敛速度过慢。最终形成新一代的群体 $P(t+1)$。

步骤 7：判断停机条件是否满足，若满足则终止计算，否则，以新的群体 $P(t+1)$ 作为新一轮进化的群体 $P(t)$ 转到步骤 3，重复步骤 2～步骤 6，直到满足停机条件。最终的群体中适应度最高的个体则被选取为特征边的阈值。

2. 辅助边曲率参数

对于复杂的大面积模型，模型表面的网格密度不尽相同，有些重要位置网格密度较大，而平坦的部分网格密度又较小。二面角只能表示相邻三角面片的曲率变化，而不能表示区域性的曲率变化，因此仅使用二面角作为唯一的边曲率参数，是很难将所有的特征边界都提取出的，需要借助另外两个辅助边曲率参数来提取特征边。

1）边的周长比

在光滑曲面的网格模型上，特征边界处的边由于二面角过小，不能有效地被特征边阈值识别出来。从图 6 - 10 中可以看出，模型在特征边界处的网格密度变化明显，曲率变化集中的位置网格密度较大（三角面片较小），分界边的两个面片周长差距较大。因此通过计算边的相邻面片周长比，可以有效地找到这些光滑的特征边界。

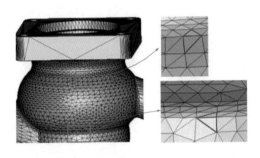

图 6 - 10
光滑曲面上的特征边界

设 e_{ij} 的两个相邻面片周长为 C_i 和 C_j，较大的面片周长的记为 $C_{\text{max}ij} = \max(C_i, C_j)$，较小的面片周长记为 $C_{\text{min}ij} = \min(C_i, C_j)$，周长比 $r(e_{ij})$ 为

$$r(e_{ij}) = C_{\text{max}ij} / C_{\text{min}ij} \tag{6-13}$$

由于 $r(e_{ij}) \in [1, +\infty]$，数值范围不是有限集，所以无法用遗传算法来选取最优阈值，只能通过实验验证的方法来设定阈值。参照 Yang 等的实验研究，当阈值 $\lambda = 4\bar{r}$ 时，光滑曲面的特征边提取结果最为理想。

$$\bar{r} = \frac{\sum\limits_{e_{ij} \in E} r(e_{ij})}{\|E\|} \tag{6-14}$$

2）边凹凸性

凹凸性是区分特征边界是否适合用于分割模型的最重要的依据之一。根据 STL 文件的法向矢量法则，面片 f_i 的顶点顺序 $V_i = \{a, b, c\}$，面片 f_j 的顶点顺序 $V_j = \{a, d, b\}$。

正向边结构的边地址储存中，边 e_{ij} 的顶点顺序 $V e_{ij} = \{a, b\}$，第一面片指针指向 f_i，第二面片指针指向 f_j。边 e_{ij} 的凹凸性 $\eta(e_{ij})$ 计算如下：

$$\eta(e_{ij}) = (\boldsymbol{n}_i \otimes \boldsymbol{n}_j) \odot \boldsymbol{n}(e_{ij}) \tag{6-15}$$

其中，$\boldsymbol{n}(e_{ij})$ 为 ab 的方向矢量。当 $\eta(e_{ij}) > 0$，e_{ij} 为凸边；当 $\eta(e_{ij}) < 0$，e_{ij} 为凹边；当 $\eta(e_{ij}) = 0$，e_{ij} 为平面边（图 6 - 11）。

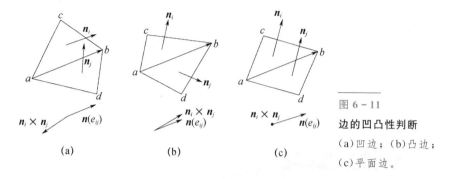

图 6-11

边的凹凸性判断

(a)凹边；(b)凸边；

(c)平面边。

对模型的所有边进行一次筛选，提取出高于阈值的边，将其地址指针和3个曲率参数存入到特征边链表中，从而完成特征边的提取工作。

6.2.3 基于最小二乘法的特征边集

提取出来的特征边在特征边链表中处于离散状态，如果要将其构造成模型的特征边界，首先需要根据邻接关系和曲率相似性建立特征边集，将曲率相似的相邻特征边链接起来，组成一条条特征边链。对于闭合的特征边链，将其定义为特征环。特征环是指一个特征边界上的完整边链，可以直接用于模型的特征分割。而对于未闭合的特征边链或孤立的特征边，需要将其归并到拟合特征平面上，然后采用最短路径算法对其进行修复，以得到相应的特征环。

1. 相邻特征边的链接

模型表面的特征边界具有一定的连续性，即在同一边界处的特征边之间是通过一个顺序链表连接在一起的。为获取可以用来进行模型分割的特征环，需要把提取出来的特征边进行链接。由于特征边原始储存位置和提取顺序不同，在特征链表中成离散状态，通过边 Hash 表和顶点 Hash 表的映射关系，快速寻找到具有相邻性和曲率相似性的特征边，将其连接在一起构成特征边链表。具体的特征边链接步骤如下：

步骤1：从特征边链表中选取一条没有被链接的特征边 e_i，与其他特征边进行顶点比较，得到两个顶点各自的相邻特征边集 E_i^i 和 E_i^j。如果 E_i^i 和 E_i^j 都为空，则转到步骤4；如果 E_i^i 和 E_i^j 有一个为空，则转到步骤3；否则，转到步骤2。

步骤2：根据两条不共线的边可以确定一个平面的原则，构建两组特征平面集 F_i^i 和 F_i^j。从两组特征平面集中选取相同或者二面角 $\theta < \alpha$（α 为模型容差

值，一般选为 $0.1°$)范围之内的两个平面f_{ij}和f_{ik}，将e_i与对应的特征边e_j和e_k
组成一个有向三边链(e_j，e_i，e_k)，链的方向由三边在模型表面的位置而决
定。按照模型实体在链的左面的原则，如果链在模型外表面上，则链的方向
为逆时针方向；反之，链在内表面上，链的方向为顺时针方向(图 6 - 12 中，
L_1在模型外表面，L_2在模型内表面内轮廓)。

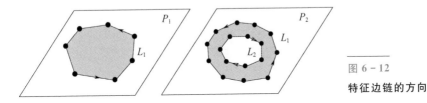

图 6 - 12

特征边链的方向

用近似平面$f_{ijk} = (f_{ij} + f_{ik})/2$ 作为三边链(e_j，e_i，e_k)的标识，并将
(e_j，e_i，e_k)存入到三边链的链表中。反复执行构建三边链的操作，直到e_i
所有的三边链都被获取。如果e_i有三边链，则转到步骤1；否则转到步骤3。

步骤3：从E_i^l和E_i^r中选取任意相邻特征边e_m，与边e_i组成二边链，并以
f_{im}作为标识存入到二边链的链表中。反复执行构建不完整特征链的操作，直
到e_i所有的相邻特征边都被选取，然后转到步骤1。

步骤4：将没有相邻特征边的e_i存入孤立边链表中，转到步骤1。

步骤5：反复按顺序执行步骤1至步骤4，直到所有特征边都被处理过。

步骤6：选取一条没有被连接的三边链，通过比较首尾特征边的邻接关系
和近似平面来连接与之相邻且相似的其他三边链或二边链。连接后组成多边
链，再对首尾特征边进行比较和连接，直至链首尾相连或没有其他可连接的
链。将多边链作为一条特征边界来存入特征边界链表中，并计算其拟合特征
平面作为标识。反复执行步骤6，直到所有三边链都被连接完成。

步骤7：选取一条没有被连接的二边链，采用与步骤6相同的搜索和连接
方法对其进行连接，连接完成后计算拟合特征平面，将多边链存入特征边界
链表中。反复执行步骤7，直到所有二边链都被连接完成。

通过以上的操作，可以将曲率相似的相邻特征边快速地连接起来，组成
有向的特征边界链。首尾相连的特征边链是一个完整的特征边界线(特征环)，
可以用于选定模型的分割边界；而未闭合的特征边链和孤立特征边有可能是
模型表面的噪声，也有可能是特殊特征边界中被提取出的一部分(图 6 - 13)。
因此，可以使用拟合特征平面来归并未闭合特征边链和孤立边。

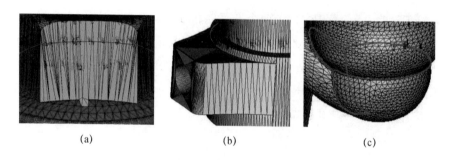

(a)   (b)   (c)

图 6 - 13   未闭合的特征边界情况

（a）表面噪声；（b）不闭合的特征边链；（c）多特征混合边界。

2. 最小二乘法拟合特征平面

当由实验提供了大量数据时，不能要求拟合函数 $\varphi(x)$ 在数据点 $(x_i，y_i)$ 处的偏差，即 $\delta_i = \varphi(x_i) - y_i$ 严格为零，但为了使近似曲线尽量反映所给数据点的变化趋势，需对偏差有所要求，通常要求偏差平方和最小，即称为最小二乘法。

$$\sum_{i=1}^{m} |\delta_i^2| = \sum_{i=1}^{m} \left[\varphi(x_i) - y_i\right]^2 \tag{6-16}$$

利用最小二乘法可以简便地求得未知的数据，并使这些求得的数据与实际数据之间误差的平方和为最小。从理论上来说，特征边链上的边都位于同一个特征平面内，但在实际模型处理过程中，不同特征边构成的平面之间都存在一定偏差。因此，采用最小二乘法获取特征边链的最优拟合特征平面，用它来标识特征边链、归并未闭合环和孤立边。

特征边链的最优拟合特征平面的求解问题，可以简化为空间上多个顶点的平面方程拟合（图 6 - 14），具体计算方法如下：

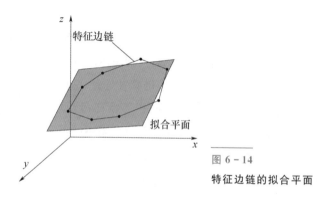

图 6 - 14

特征边链的拟合平面

(1)空间平面的方程表达式转换：

$$Ax + By + Cz + D = 0, \quad (C \neq 0)$$

$$z = -\frac{A}{C}x - \frac{B}{C}y - \frac{D}{C}$$

设 $a_0 = -\dfrac{A}{C}$，$a_1 = -\dfrac{B}{C}$，$a_2 = -\dfrac{D}{C}$，则

$$z = a_0 x + a_1 y + a_2 \tag{6-17}$$

(2)空间平面拟合：设一个特征边链有 m 个顶点，要用顶点 $v_i = (x_i, y_i, z_i)$，$(i = 0, 1, \cdots, m-1)$拟合计算上述平面方程，则 $\varphi(X)$ 应该最小。

$$\varphi(X) = \sum_{i=0}^{m-1} (a_0 x + a_1 y + a_2 - z)^2 \tag{6-18}$$

要使得 S 最小，应满足：$\dfrac{\partial S}{\partial a_k} = 0$，$(k = 0, 1, 2)$，即

$$\begin{cases} \sum 2(a_0 x_i + a_1 y_i + a_2 - z_i) x_i = 0 \\ \sum 2(a_0 x_i + a_1 y_i + a_2 - z_i) y_i = 0 \\ \sum 2(a_0 x_i + a_1 y_i + a_2 - z_i) = 0 \end{cases} \tag{6-19}$$

公式转换后，得

$$\begin{cases} a_0 \sum x_i^2 + a_1 \sum x_i y_i + a_2 \sum x_i = \sum x_i z_i \\ a_0 \sum x_i y_i + a_1 \sum y_i^2 + a_2 \sum y_i = \sum y_i z_i \\ a_0 \sum x_i + a_1 \sum y_i + a_2 n = \sum z_i \end{cases} \tag{6-20}$$

方程矩阵为

$$\begin{bmatrix} \sum x_i^2 & \sum x_i y_i & \sum x_i \\ \sum x_i y_i & \sum y_i^2 & \sum y_i \\ \sum x_i & \sum y_i & n \end{bmatrix} \begin{bmatrix} a_0 \\ a_1 \\ a_2 \end{bmatrix} = \begin{bmatrix} \sum x_i z_i \\ \sum y_i z_i \\ \sum z_i \end{bmatrix} \tag{6-21}$$

求解上述线性方程组，得到 a_0、a_1、a_2 的值，最优拟合平面即可确定。

$$a_0 x + a_1 y - z + a_2 = 0 \tag{6-22}$$

3. 特征边链和孤立边的合并

根据最优拟合平面，可以对特征边链和孤立边进行二次筛选和合并，进而使获取的特征边界更加完整。孤立边是指没有被选取构成特征边链的

特征边，这些特征边没有与之相邻且曲率相似的其他特征边和它们构成特征链表。

首先，对每个孤立边寻找与之相交或接近的拟合特征平面，计算边 e_i 顶点到该平面的欧几里得距离 $D_i = |D_{i1} + D_{i2}|/2$ 以及与平面之间的夹角 θ_i。如果 D_i 和 θ_i 都在容差范围之间，则将孤立边添加到拟合特征平面对应的特征边链的链表中；否则，该孤立边作为噪声被删除。

然后，对所有特征边链进行比较，将处在相同平面或平面之间夹角 $\theta < \alpha$ 的特征边链归并到一个特征边集中。最后，重新计算每个特征边集的拟合特征平面，将其赋予特征边集中所有的特征边。通过拟合特征平面的归并法，既有效地过滤模型表面上的噪声，又将有价值的特征边归入到已有特征边链中，便于后续特征环的生成处理。

6.2.4　基于最短路径算法的特征环闭合

通过拟合特征平面的归并法，在相同拟合特征平面内的特征边都归于同一个特征边集，目的是生成可供模型分割使用的特征环。未闭合的边链和孤立边在特征边集中连接关系是指针式的（虚拟链接），而非实际链接（图 6-15）。要将其真正闭合构成环路，需要找到它们之间最短的链接路径，连接上这些路径边来生成最终的特征环。

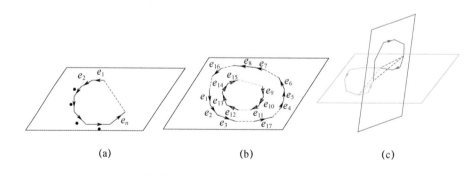

(a)　　　　　　　　　(b)　　　　　　　　　(c)

图 6-15　未闭合特征边链的链接关系

（a）特征边集中单个未闭合边链；（b）同一特征边集内的多个未闭合边链；
（c）处于不同特征边集内的未闭合边链。

从图 6-15 中可以看出，未闭合的边链有 3 种类型：

（1）特征边集中的单个未闭合边链。最简单的闭合方法：在拟合特征平面附近，沿边链的方向找到从起始顶点到终止顶点的最短路径［图 6 - 15(a)］。

(2)特征边集内的多个未闭合边链。通过位置和方向关系，分别将方向相同其位置最近的边链进行首尾连接，最终保住所有边链的首尾指针都不为空［图 6 - 15(b)］。

(3)处在不同特征边集内的未闭合边链。使用拟合特征平面来归并特征边的缺点就是会将曲面特征环分割开来，造成多个未闭合边链［图 6 - 15(c)］。对于这种情况，通过比较所有未闭合边链的首尾顶点和方向，选取首尾相连且方向相同的边链进行连接，连接时依然选取最短路径，边链闭合后并重新计算其拟合平面。

1. 基于 Dijkstra 算法的最短路径生成

最短路径问题是图论研究中的一个经典路径算法问题，目的是寻找由节点和连接节点的路径所组成的图中两节点之间的最短路径。具体路径问题有以下 4 类：①确定起点的最短路径问题。在已知起始节点的情况下，求最短路径问题。②确定终点的最短路径问题。在已知终止节点的情况下，求最短路径的问题。在无向图中以上两个问题完全等同，而在有向图中确定终点的问题等同于把所有路径方向反转的确定起点的问题。③确定起点和终点的最短路径问题。在已知起点和终点的情况下，求两节点之间的最短路径。④全局最短路径问题。求取图中所有节点之间的最短路径。

图是一种比线性表和树更为复杂的数据结构。在线性表中，数据元素之间仅有线性关系，每个元素只有一个直接前驱和一个直接后驱；在树形结构中，数据元素之间有着明显的层次关系，每一层上的数据元素可能和下一层中多个元素(及其子节点)相关，但只能和上一层中一个元素(其父节点)相关；而在图形结构中，节点之间的关系可以是任意的，图中任意两个数据元素之间都可能相关。在三维网格模型中，顶点之间的关系结构就是一个复杂的图结构，边作为顶点之间的连线，在图中表示为节点之间的路径，边的长度和曲率信息即是权值。

Dijkstra 算法是典型最短路径算法，用于计算一个节点到其他所有节点的最短路径。计算方法是以起始节点为中心向外部进行层层扩展，直到扩展到指定的终点为止，算法的时间复杂度是 $O(N^2)$。Dijkstra 算法的基本过程如下：

首先建立两个表：待测表和已测表。待测表保存所有已生成而未考察的节点，已测表中记录已访问过的节点。

(1)访问图中离起始节点最近且没有被检查过的其他节点，把这个节点放入到待测表中等待检查。

(2)从待测表中找出距起始节点最近的节点，找出这个点的所有子节点，把这个点放到已测表中。

(3)遍历考察这个节点的子节点。求出这些子节点距起始点的距离值，把子节点放到待测表中。

(4)重复步骤(2)和(3)，直到待测表为空，或找到目标点。

Dijkstra 算法是一种贪婪算法，即每一步选取最优解，通过优化局部来使得最终全局解为最优。在约束函数的约束下，算法才能最有效地得出最优解。因此，可采用拟合特征平面的最大容差面作为空间约束条件。

设拟合特征平面 f_0 的两个最大容差面为 f_0^- 和 f_0^+，它们的法向矢量与 f_0 相同，与 f_0 的距离 D_0^- 和 D_0^+ 是由特征边集中偏离 f_0 最远的上下顶点 v_{max}^- 和 v_{max}^+ 决定的(图 6-16)。

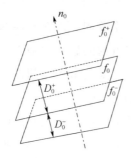

图 6-16
拟合特征平面的最大容差面

$$f_0: Ax + By + Cz + D_0 = 0$$

$$f_0^-: Ax + By + Cz + D_0^- = 0$$

$$f_0^+: Ax + By + Cz + D_0^+ = 0$$

$$D_0^- = 2 \cdot \text{Dist}(v_{max}^-, f_0), \quad D_0^+ = 2 \cdot \text{Dist}(v_{max}^+, f_0) \qquad (6-23)$$

式中：$\text{Dist}(v_{max}^-, f_0)$ 和 $\text{Dist}(v_{max}^+, f_0)$ 分别表示 v_{max}^- 和 v_{max}^+ 到 f_0 的垂直距离。由 f_0^- 和 f_0^+ 构成的限制区间，可以很好地对最短路径的寻优范围进行约束，最终得到的闭合特征环可以保持原有特征边链的特征。

2. 特征环的筛选

模型表面的特征边界分为两类：一类是模型内部的特征边界(图 6-17 中

红色平面的边界），这类特征边界的特征平面穿过模型此处的内部空间，所以可以用来做模型的分割边界；另一类是模型端面的特征边界（图 6-17 中蓝色平面的边界），这类特征边界由于在模型的端面上，只能表示模型的端面信息，无法作为模型的分割边界。我们需要对这些特征环进行筛选，选取内部特征环作为分割边界备选环。

判断特征环是否处于模型内部，只要判断特征环中的特征边是否全部或部分处于模型内部。而特征边处于模型内部的唯一判断标准：特征边的两个相邻面片分别处于特征平面的两侧。如图 6-18 所示，特征边的两个相邻面片与特征平面有 6 种位置关系，只有图 6-18(a)、(b)的特征边是在模型的内部，其他都是在模型端面上。通过边凹凸性观察，所有的凹边都是内部特征边，而只有相邻面片处于特征平面两侧的凸边才是内部特征边。由此也可说明，分水岭算法中选取凹点集作为分割边界的原因所在。

图 6-17

模型表面不同类型的特征边界

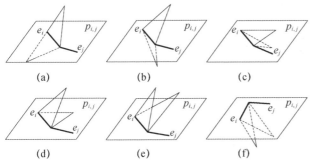

图 6-18

特征边和拟合平面的位置关系
(a)凹边；(b)~(f)凸边。

通过特征环的筛选，将内部特征环作为待分割边界存入分割环备选链表中，而端面特征环由于包含了与模型尺寸和复杂度相关的端面信息，存入模型表面特征链表中，用于后续对模型进行智能分割。

6.2.5 模型表面特征边界提取实例

为了验证基于边曲率的特征边界提取算法的效果,选取了 4 个尺寸、结构特征、网格密度都不相同的三维模型进行特征边界提取实验。如图 6-19～图 6-22 所示为实验模型的特征边界提取结果,凸特征环用蓝色边所表示,凹特征环用红色边来表示。从图中可以看出,对于结构较规则的模型,特征边界数目较少且完整度好(如图 6-19 所示的模型一),可以直接用于模型的分割处理,基于遗传算法的特征边界提取结果与预设阈值算法差别不是很明显;但是对于结构复杂的模型,尤其是有内部结构的模型,特征边界数目明显增多,所处位置复杂,该算法的优势就不能够体现出来了。如图 6-22 所示的模型四,使用预设阈值获取到的特征边数目为 4385,特征边界数目为 136;而该算法获取到的特征边数目为 1845,特征边界数目为 53。

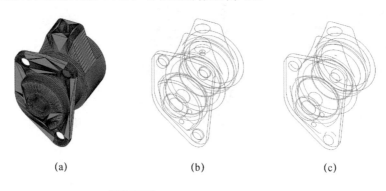

(a)　　　　　　　　(b)　　　　　　　　(c)

图 6-19　模型一的特征边界提取

(a)模型一的 STL 模型;(b)预设阈值的特征边界提取;(c)基于遗传算法的特征边界提取。

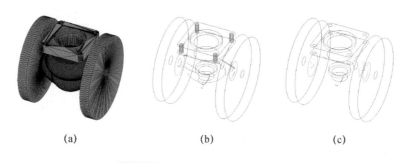

(a)　　　　　　　　(b)　　　　　　　　(c)

图 6-20　模型二的特征边界提取

(a)模型二的 STL 模型;(b)预设阈值的特征边界提取;(c)基于遗传算法的特征边界提取。

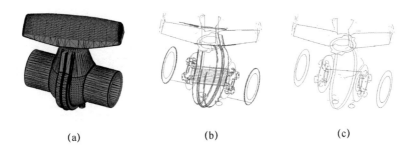

(a)　　　　　　　　　(b)　　　　　　　　　(c)

图 6 - 21　模型三的特征边界提取

(a)模型三的 STL 模型；(b)预设阈值的特征边界提取；(c)基于遗传算法的特征边界提取。

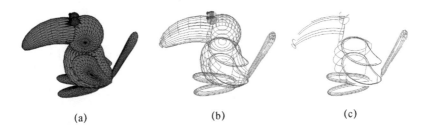

(a)　　　　　　　　　(b)　　　　　　　　　(c)

图 6 - 22　模型四的特征边界提取

(a)模型四的 STL 模型；(b)预设阈值的特征边界提取；(c)基于遗传算法的特征边界提取。

下面以模型四为例，详细叙述整个遗传算法的具体过程。在用遗传算法选取特征边阈值时，对遗传算法的编码方式为十二位二进制编码，交叉概率 p_c 设为 0.6，变异概率 p_m 设为 0.01。停机条件为达到预先设定的最大迭代次数(实验选取的最大迭代次数为 50 次)，或是新群体的适应度平均值与上一代群体的比值在(1，1.01)之间。

(1)根据 3.2.1 节中所选的编码方式和群体规模，对可行解 $(0,2^{14})$ 区间内随机生成初始群体。初始群体的规模 N 为 20，随机产生初始群体 $P(t)$ 如表 6 - 1 所示。

表 6 - 1　初始群体 $P(t)$

$A_1 = (00000000101001)$	$A_2 = (00101011000111)$	$A_3 = (01100010111110)$	$A_4 = (10101000101000)$
$A_5 = (00110110000101)$	$A_6 = (00000000010000)$	$A_7 = (10110011010110)$	$A_8 = (11010101010010)$
$A_9 = (10101111110110)$	$A_{10} = (10001000110100)$	$A_{11} = (01011001001001)$	$A_{12} = (11000010010101)$
$A_{13} = (01110110010101)$	$A_{14} = (00010001011111)$	$A_{15} = (10011011101001)$	$A_{16} = (00000111101011)$
$A_{17} = (00101110110011)$	$A_{18} = (10111010100110)$	$A_{19} = (01001011011011)$	$A_{20} = (01010100111100)$

(2)适应度计算，计算个体 A_i 最大类间方差函数 $\sigma(A_i)^2$ 如表 6-2 所示。

表 6-2　个体 A_i 最大类间方差函数 $\sigma(A_i)^2$

$\sigma(A_1)^2 = 4.49299 \times 10^{-6}$	$\sigma(A_2)^2 = 10.0996 \times 10^{-6}$	$\sigma(A_3)^2 = 2.47609 \times 10^{-6}$	$\sigma(A_4)^2 = 0.34640 \times 10^{-6}$
$\sigma(A_5)^2 = 8.40729 \times 10^{-6}$	$\sigma(A_6)^2 = 4.61561e \times 10^{-6}$	$\sigma(A_7)^2 = 0.88808 \times 10^{-6}$	$\sigma(A_8)^2 = 4.57586 \times 10^{-6}$
$\sigma(A_9)^2 = 0.68584 \times 10^{-6}$	$\sigma(A_{10})^2 = 0.11533 \times 10^{-6}$	$\sigma(A_{11})^2 = 3.58673 \times 10^{-6}$	$\sigma(A_{12})^2 = 2.12929 \times 10^{-6}$
$\sigma(A_{13})^2 = 0.88607 \times 10^{-6}$	$\sigma(A_{14})^2 = 3.98791 \times 10^{-6}$	$\sigma(A_{15})^2 = 0.030298 \times 10^{-6}$	$\sigma(A_{16})^2 = 4.42444 \times 10^{-6}$
$\sigma(A_{17})^2 = 9.53484 \times 10^{-6}$	$\sigma(A_{18})^2 = 1.40471 \times 10^{-6}$	$\sigma(A_{19})^2 = 5.54469 \times 10^{-6}$	$\sigma(A_{20})^2 = 4.20482 \times 10^{-6}$

从最大类间方差值可以看出，个体 A_2 是最好的，个体 A_{15} 是最差的。

(3)轮盘赌选择。群体中每个个体的选择概率如表 6-3 所示。

表 6-3　个体的选择选择概率

$p_1 = 0.062026$	$p_2 = 0.139426$	$p_3 = 0.034183$	$p_4 = 0.004782$
$p_5 = 0.116064$	$p_6 = 0.063719$	$p_7 = 0.012260$	$p_8 = 0.063170$
$p_9 = 0.009468$	$p_{10} = 0.001592$	$p_{11} = 0.049515$	$p_{12} = 0.029395$
$p_{13} = 0.012232$	$p_{14} = 0.055054$	$p_{15} = 0.000418$	$p_{16} = 0.061080$
$p_{17} = 0.131630$	$p_{18} = 0.019392$	$p_{19} = 0.076545$	$p_{20} = 0.058048$

轮盘转动 20 次后选取的个体组成新的群体 $P'(t)$ 如表 6-4 所示。

表 6-4　个体组成新的群体 $P'(t)$

$A'_1 = (01001011011010)$	$A'_2 = (00000000101001)$	$A'_3 = (00000000101001)$	$A'_4 = (01011001001001)$
$A'_5 = (01001011011010)$	$A'_6 = (00101110110010)$	$A'_7 = (01100010111110)$	$A'_8 = (00101011000111)$
$A'_9 = (00101011000111)$	$A'_{10} = (01010100111100)$	$A'_{11} = (11010101010010)$	$A'_{12} = (00110110000101)$
$A'_{13} = (00000111101011)$	$A'_{14} = (00000000001111)$	$A'_{15} = (00000111101011)$	$A'_{16} = (00101011000111)$
$A'_{17} = (00000111101011)$	$A'_{18} = (01010100111100)$	$A'_{19} = (00110110000101)$	$A'_{20} = (01001011011010)$

(4)交叉和变异。交叉概率 $p_c = 0.6$，从 $[0,1]$ 中随机产生 N 个概率数 r_k，若 $r_k < p_c$，则挑选群体 $P'(t)$ 中的第 k 个染色体。本次有 16 个个体被挑选出，随机配对进行两两交叉，每对个体的交叉位置是从 $[1,13]$ 之间随机选取的。变异概率 $p_m = 0.01$，群体的总基因数为 280，则每一代平均有 2.8 个基因进行变异。经过交叉和变异后，得到新的群体 $P''(t)$ 如表 6-5 所示。

表 6-5　新的群体 $P''(t)$

$A''_1 = (01000100101001)$	$A''_2 = (00000011011010)$	$A''_3 = (00000000101001)$	$A''_4 = (01011001001001)$
$A''_5 = (01001011011101)$	$A''_6 = (00101110110010)$	$A''_7 = (01100010100111)$	$A''_8 = (00101011011110)$
$A''_9 = (00010101010010)$	$A''_{10} = (01010100111100)$	$A''_{11} = (11101011000111)$	$A''_{12} = (00110110000111)$
$A''_{13} = (00000110101011)$	$A''_{14} = (00000000001101)$	$A''_{15} = (00000011000111)$	$A''_{16} = (00101111101011)$
$A''_{17} = (00000111101100)$	$A''_{18} = (01010101111011)$	$A''_{19} = (00110110000010)$	$A''_{20} = (01001011011010)$

新群体 $P''(t)$ 的平均适应度为 5.76753×10^{-6}，比初始群体 $P(t)$ 的平均适应度 3.62184×10^{-6} 有了很大的提高。由于两者比值大于 1.01，不满足停机条件，因此进行下一次的进化。初始群体中 A_2 的适应度最大，新群体中 A''_7 的适应度最小，两者比较后，将 A_2 替代新群体中的 A''_7，最终生成下一代群体 $P(t+1)$。将其作为新一轮的初始群体，重复上述过程，直到满足停机条件。最终的群体为迭代 8 次后的群体 $P(t+8)$ 如表 6-6 所示。

表 6-6　迭代 8 次后的群体 $P(t+8)$

$A_1 = (00101010111110)$	$A_2 = (00111011000101)$	$A_3 = (11101011011100)$	$A_4 = (00101100111010)$
$A_5 = (00110110000010)$	$A_6 = (00110110000010)$	$A_7 = (00101010111010)$	$A_8 = (00101111101001)$
$A_9 = (11101010011101)$	$A_{10} = (11101011011010)$	$A_{11} = (00101011000100)$	$A_{12} = (00101100111101)$
$A_{13} = (00110011001001)$	$A_{14} = (00101010111001)$	$A_{15} = (00110110000010)$	$A_{16} = (01010111000110)$
$A_{17} = (11101011000111)$	$A_{18} = (00110110000010)$	$A_{19} = (00101010111110)$	$A_{20} = (11101011101010)$

群体 $P(t+4)$ 平均适应度为 8.19089×10^{-6}，最好个体 A_{14} 的适应度为 10.165×10^{-6}。因此选取 A_{14} 对应的角度值 $15.73°$ 作为该模型的二面角阈值。4 个实验模型的最终特征边界提取结果如表 6-7 所示。

表 6-7　实验模型的特征边界提取结果

参数	模型一	模型二	模型三	模型四
尺寸 X/Y/Z /mm	589/911/775	723/702/702	427/437/263	402/274/166
三角面片数	8206	57574	48362	8052
顶点数	4093	28777	24180	4028
特征边数	3146	2879	4373	1845
二面角阈值/(°)	87.89	87.28	14.89	15.73

参数	模型一	模型二	模型三	模型四
周长比阈值	9.245	5.772	10.425	6.292
特征环数	28	26	36	53

从表 6-1 中可以看出，模型的表面特征和网格密度不同，使用遗传算法选取的二面角阈值有很大差别。模型一和模型二的表面特征都较为明显，选取的二面角阈值较大；反之，模型三和模型四的表面曲率变化较为复杂，选取的二面角阈值较小。由此可以看出，使用遗传算法选取二面角阈值具有较强的适应性。

假设模型的面片数为 n，则边曲率计算的时间复杂度为 $O(3n/2)$，比点曲率计算的 $O(n)$ 要大一些，但由于边曲率计算比点曲率计算要简单得多，实际运算速度要比点曲率计算要快很多。例如，模型的三角面片数目为 57574，顶点数目为 28777，而特征边数为 2879，这使算法的数据计算量大为减少。通过构建特征环，还可以进一步缩小数据处理量，从而提高整体运算的效率，在处理数据量巨大且结构复杂的模型分割上有绝对优势。

6.3 三维模型的交互式智能分割算法

三维模型的特征边界提取是模型分割的基础工作，而如何选取这些特征边界进行实际分割则是模型分割的具体操作环节。根据模型分割的实际操作需要，给出了人工决策式分割和智能化自动分割两种不同的分割算法。人工决策式分割主要适用于用户对模型分割有特殊要求或是模型复杂度过高不宜使用自动分割的情况，由于在模型分割过程中需要和用户进行交互，所以简称为交互式智能分割算法。

6.3.1 交互式智能分割概述

通过基于边曲率的模型特征边界提取，我们可以获取到表示模型表面特征的一系列特征环，并通过筛选获取内部特征环和端面特征环。针对人工决策式分割，如果用户直接选择内部特征环为分割边界，则不需要进行其他运算处理（如三角面片分割、分割轮廓线重构等），直接以分割边界的特征边为界，将面片分成上下两组，即完成了模型面片的分割处理。但在实际操作中，用户往往需要选择没有内部特征环的分割位置进行分割，而此位置上并没有可以用来分割的特征信息。对于这种情况下的模型分割，使用归纳学习法来优化生成分割位置上的分割边界，进而对模型进行分割，如图 6 - 23 所示为基于归纳学习法的分割边界生成步骤。

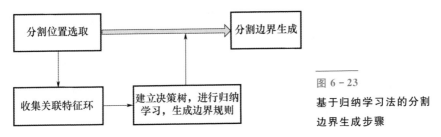

图 6 - 23
基于归纳学习法的分割边界生成步骤

当用户选取分割位置后，在分割位置上生成相似的分割边界，有若干个可供参考的特征边界，每个特征边界与分割位置之间的距离和相似度都不同，得到的分割边界也不同。使用决策树来对各个可供参考的特征边界进行分类和计算预期值，以指导机器进行归纳学习，选取最优特征边界，进而生成最优分割平面。

(1)用户选取分割位置。使用 OpenGL 显示 STL 模型以及特征边界信息，用户用鼠标输入，来选取模型上的分割位置。分割位置可以是模型表面上的单个点、边、面，也可以是切割方向(切线)。

(2)收集与分割位置相关联的特征环。以分割位置为起始点，使用 Dijkstra 最短路径算法，计算各关联特征环到分割位置的距离，并以此作为决策树构建的一个重要依据。

(3)建立决策树。通过分割位置上的轮廓边链，找到与之相通且较近的多个特征环作为分割边界的实例或反例，使用决策树来进行归纳，得出分割边界的一般规则(最优分割平面)。

(4)结合分割位置和最优分割平面，自动生成优化的分割边界，以供用户进行最终确认，完成模型分割。

6.3.2 模型表面的快速拾取

1. OpenGL 环境下的模型显示

OpenGL 是行业领域中应用最为广泛的二维/三维图形软件接口，是由

SGI 公司开发出来的。OpenGL 是一个开放的三维图形软件包，它独立于窗口系统和操作系统，以它为基础开发的应用程序可以十分方便地在各种平台间移植。Visual C++集成软件开发和 OpenGL 图像显示是实现三维图形编程、虚拟现实技术、实体仿真、三维动画的重要工具。

OpenGL 使用简便、效率高。它主要具有以下功能：

(1)建模：基本绘图函数(点、线、多边形)和复杂绘制函数(如复杂的三维球体、锥体、曲线和曲面)。

(2)变换：OpenGL 图形库的变换可分为基本变换和投影变换。基本变换有平移、旋转、变比、镜像；投影变换有平行投影变换和透视投影变换。其变换方法有利于减少算法的运行时间，提高三维图形的显示速度。

(3)颜色模式设置：OpenGL 颜色模式有 RGB 模式和颜色索引两种。

(4)光照和材质设置：OpenGL 光照包括辐射光、环境光、漫反射光和镜面光。材质则用光的反射率来表示。场景中物体最终反映到人眼的颜色是光的 RGB 分量与材质 RGB 分量的反射率相乘后形成的颜色。

(5)纹理映射：利用 OpenGL 纹理映射可以十分逼真地表达物体表面细节。

(6)位图显示和图像增强功能：OpenGL 除了基本的拷贝和像素读写外，还提供融合、反走样、雾的特殊图像效果处理，这使得被仿真物体更具真实感，增强图形显示的效果。

(7)动画和特殊效果：双缓存式动画(后台缓存计算场景、底层数据；前台缓存显示画面)，深度暗示、运动模糊等特殊效果。

从 Visual C++编程的角度讲，OpenGL 是实现 STL 模型显示的图形函数库，要实现 STL 模型的三维显示环境，需要进行以下编程步骤：①将 OpenGL 的库文件加入应用程序的集成开发环境中。②建立设备描述表 DC，调用 OpenGL 函数绘制三角形面片。③建立光照模型，加入材质属性。

为了能让用户能从不同角度和放大比例来观察 STL 模型，还需要实现 OpenGL 环境下的 STL 模型旋转、缩放和平移功能：①旋转函数 Void glRotatedf(角度值、x 坐标值、y 坐标值、z 坐标值)；②缩放函数 Void glScalef(x 坐标值、y 坐标值、z 坐标值)；③平移函数 Void glTranslatef(x 坐标值、y 坐标值、z 坐标值)。

2. 模型表面的点、边、面拾取

STL 模型表面的点、边、面的拾取操作实际上是求通过鼠标位置点的观察线与 STL 模型的相交点中选取离观察者最近的点、边、面，即表面拾取操作实际上是求交计算操作。直线与空间面片有交点的充分必要条件是直线与空间面片同时向垂直于直线的平面投影时，直线的投影点位于空间面片投影的内部。

(1)模型变换和法向筛选。以观察线方向的反方向为 z 轴正向，以屏幕平面为 xOy 平面建立笛卡儿坐标系 xyz。将初始 STL 模型中的面片数据转化为坐标系 xyz 中的面片数据。

在 OpenGL 环境下显示的 STL 模型表面只是与观察线法向反向的面片集合，即进行求交计算的对象只是面片法向与观察线法向反向的面片(图 6-24 中，灰色面片表示法线方向为正值的面片，红色面片表示法线方向为负值的面片)。因此，对以上得到的面片数据进行分析，筛除掉法线方向为负值的面片。

图 6-24
STL 模型正反面片的示意图

(2)投影变换和位置筛选。将法向筛选后的面片向屏幕平面投影，STL 模型面片在屏幕平面投影面片的坐标即为笛卡儿坐标 xOy 的 x、y 坐标。观察线与面片的相交关系就变换成二维平面上点和三角形的位置关系。

首先进行坐标筛选，如果鼠标点的 x(或 y)坐标大于或小于面片的所有顶点的对应 x(或 y)坐标，则鼠标点必然位于面片外部，对应的观察线和 STL 模型面片肯定不相交。

使用坐标筛选法能去掉绝大部分面片，对于剩下的面片再进行叉积筛选。投影平面内，点 p 位于三角面片 $s=(v_1, v_2, v_3)$ 内部的充分必要条件是矢量叉积 $pv_1 \otimes pv_2$，$pv_2 \otimes pv_3$，$pv_3 \otimes pv_1$ 的方向完全一致(图 6-25)。如果出现矢量叉积为零的情况，则表示点在面片的边上或和某顶点重合。

(3)叉积筛选和对象提取。将观察线与位置筛选后的二维面片对应的 STL 模型上的面片进行求交计算，得若干坐标点，取离观察者最近的一点即为所求的 STL 模型表面拾取点。如果拾取点在面片内部[图 6 - 26(a)]，则将该点和所在面片一起提取出来，作为分割位置信息；如果拾取点位于面片的边上[图 6 - 26(b)]，则将该点和所在边一起提取出来，作为分割位置信息；如果拾取点是面片上的顶点[图 6 - 26(c)]，则将该点提取出来，作为分割位置信息。

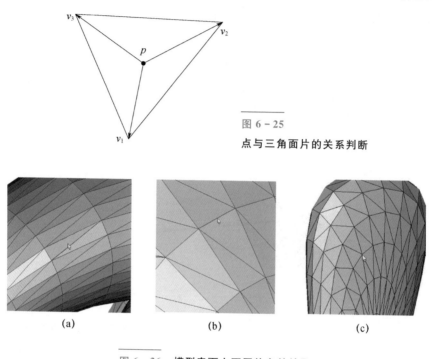

图 6 - 25

点与三角面片的关系判断

(a)   (b)   (c)

图 6 - 26 **模型表面上不同信息的拾取**

(a)三角面片拾取；(b)边拾取；(c)顶点拾取。

3. 划线式模型信息拾取

划线式拾取是多信息点提取，用户通过鼠标划取所要分割的区间，进而选取区间内的模型信息。观察线和划线构成了一个垂直于 xOy 平面的切分平面，选取出所有与切分平面相交或被包含的正值面片，作为分割位置信息，同时存储选取面片的外轮廓边。

首先进行矩形筛选，设一次划线所获取的鼠标点坐标分别为 $V_1 = (x_1, y_1)$ 和 $V_2 = (x_2, y_2)$，生成选取矩形 $R_s = [(x_1, x_2), (y_1, y_2)]$。如果面片 f_i 的投影 $f'_i = (v'_{i1}, v'_{i2}, v'_{i3})$ 的所有顶点都在矩形外部的一侧(图 6 - 27)，则该面片必然位于划线范围以外，可以直接筛选去除。

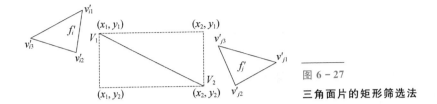

图 6 - 27

三角面片的矩形筛选法

对于剩下的面片再进行垂直射线法筛选。在投影平面内,面片投影与划线不相交的充分必要条件是顶点指向划线的垂直射线方向完全一致且各顶点与垂直交点的距离不能为零。如图 6 - 28(a)所示,f'_i 的 3 个顶点垂直射线 n_{i2}、n_{i1}、n_{i3} 的方向不相同,则 f'_i 与划线 $V_1 V_2$ 相交;f'_j 的 3 个顶点垂直射线 n_{j1}、n_{j2}、n_{j3} 的方向相同,且各顶点与垂直交点的距离不为零,则 f'_j 与划线 $V_1 V_2$ 不相交。如果出现顶点与垂直交点的距离为零的情况,则表示面片投影的顶点或边落在切线线段上[图 6 - 28(b)]。

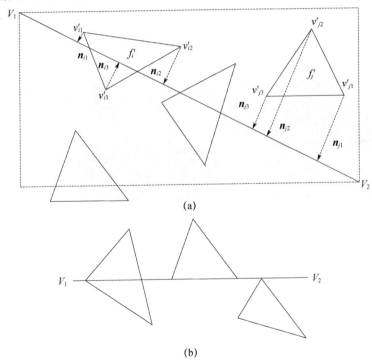

(a)

(b)

图 6 - 28　三角面片与划线线段的相交判断

(a)矩形内三角面片的垂直射线法筛选;(b)三角面片落在切线线段上。

将与划线相交的面片投影进行重叠判断。这里的重叠是指两个三角面片的投影拥有共同的相交区域，而非拥有共有边或共有点[图 6 - 29(a)]。如果出现某个面片投影为一条边，且该边与另一个面片投影有相交，则它们也是重叠的。如果有面片投影出现重叠，则取离观察者最近的一个面片作为划线选取的表面信息。

(a)   (b)

图 6 - 29   三角面片投影的重叠判断

(a)面片投影重叠；(b)面片投影相邻。

将提取出的分割位置信息以不同于模型表面的配色方式显示出来。根据正向边拓扑结构中边的相邻面片信息，剔除两个相邻面片都为被选取面片的边，然后将剩余的边链接起来，组成分割位置的外轮廓。如图 6 - 30 所示为 OpenGL 环境下模型表面三角面片的单切线选取和多切线选取示意图。

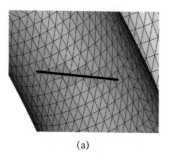
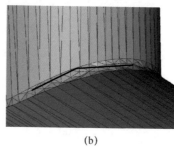

(a)   (b)

图 6 - 30

划线式模型信息拾取

(a)单切线选取；

(b)多切线选取。

6.3.3　归纳学习法生成分割边界

根据用户选取的分割位置，生成分割点集，以用于对模型的特征环进行 Dijkstra 最短路径计算。构建特征环决策树，对可供参考的特征环进行分类和计算预期值，以指导机器进行归纳学习，选取最优相似特征环来生成分割边界。

1. 基于决策树的归纳学习法

本节采用 ID3 算法作为基本算法，来对决策树进行归纳学习。ID3 算法具有两个方面的特点：一是当一个属性被选取后，实例集就能被这个属性的所有取值划分为彼此不相交的子实例集；二是在所有属性中选取熵最小的属性。

设训练实例集 PN 含有 p 个正例和 n 个反例，正例集 PE 在整个实例集的比例为 $p/(p+n)$，反例集 NE 的比例为 $n/(p+n)$。决策树作为正、反例集的一个消息源，这些消息的期望值为

$$I(p, n) = -\frac{p}{p+n}\log_2\frac{p}{p+n} - \frac{n}{p+n}\log_2\frac{n}{p+n} \qquad (6-24)$$

设属性 A 的取值为 $\{a_1, a_2, \cdots, a_r\}$，将实例集分成 r 个子集 $\{pn_1, pn_2, \cdots, pn_r\}$。设 pn_i 含有 p_i 个正例和 n_i 个反例，则子集 pn_i 的期望值为 $I(p_i, n_i)$，并且以 A 为根的树所需要的期望值为各子集期望值的加权平均值，即

$$E(A) = \sum_{i=1}^{r} \frac{p_i + n_i}{p+n}I(p_i + n_i) \qquad (6-25)$$

以 A 为根进行的分类信息增益为

$$\mathrm{gain}(A) = I(p, n) - E(A) \qquad (6-26)$$

一个好的决策树分类将使信息增益最大。ID3 算法对每个决策树节点的计算复杂度为 $O((k+m)\cdot n)$，因此整个算法的计算复杂度为 $O((k+m)\cdot n \cdot \mathrm{node})$，其中 node 为非叶节点的数目。ID3 算法的分类和测试速度快，非常适于大数据量的学习问题。但它也存在一些缺点：①如果决策树没有一个好的知识表示规则，其意义就会很令人费解；②两个决策树是否等价不好判断；③同一分类属性的叶节点分布较分散，影响近似匹配的精度。

因此，针对模型交互式分割的特点，在 ID3 算法上进行相应的实例预处理。首先对提取出的特征环进行预分类，根据特征环的凹凸性、相对位置和完整度，建立一个好的分割边界生成规则；其次对相近或处于同一特征平面内的特征环进行归并，保留最佳特征环，从而减少同一分类属性的叶节点。

2. 分割边界的决策树构建

通过本章第 2 节的边曲率分析和特征边界提取，得到了内部特征环和端面特征环，设特征环实例集为 L，每个特征环为 $l_i(l_i \in L)$。根据用户选取的分割

位置——分割点集 Q，求取特征环 l_i 到分割点集 Q 的 Dijkstra 最短路径值 $d(l_j)$：

$$d(l_i) = \min(d_{\text{Dijkstra}}(v_j, v_k)) \quad (v_j \in Q, v_k \in l_i) \quad (6-27)$$

如果是划线式选取分割位置，则只需计算拾取面片的外轮廓顶点到特征环的最短距离，以减少计算量，具体的 Dijkstra 最短路径算法见 6.2.4。按照 $d(l_i)$ 的大小顺序选取特征环来构建自上向下的决策树。

属性 1：特征环法向矢量。由于特征环的特征平面 $f(l_i)$ 是有法向矢量的，如果分割点集 Q 的中心点向特征平面的投影方向与法向矢量方向相反，则把该特征环存入右叉树中；如果集合中心点向平面的投影方向与法向矢量方向相同，则把该特征环存入左叉树中。由此，可以将模型上的特征环构造成一个二叉树图，即分割子集 Q 的特征环决策树。如图 6-31 所示为分割子集的特征环决策树构造示意图。

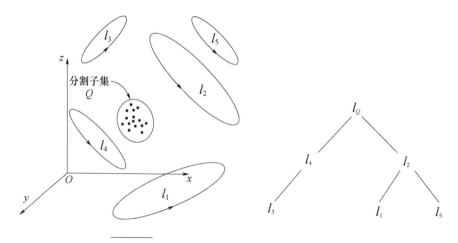

图 6-31　分割子集的特征环决策树构造示意图

属性 2：特征环凹凸性。根据分水岭思想，凹特征环是分割边界的最佳选择，可以将凹特征环作为正例，凸特征环作为反例，以此对特征环进行划分。特征环的凹凸性可直接根据特征环中边的凹凸性而获得。

属性 3：特征环相对距离。根据模型分割次数 K，将特征环实例集分成 K 个子集，使得子集中的各个特征环中心点之间的距离平方和最小，即

$$\sum_{s=1}^{k} \sum_{l_i,l_j \in L_s (i \neq j)} d(\text{centre}(l_i), \text{centre}(l_j))^2 \quad (6-28)$$

通过聚类法得到的特征环子集 L_s，可作为一次分割的分割边界最优参考集。

属性 4：完整度。完整的特征环可以将模型一分为二，而不需要对三角面

片进行切分；而不完整的特征环在分割模型时，需要借助特征平面来切分相交面片以获取完整边界。因此，完整度也可以作为实例集划分的属性。

3. 最优分割平面选取

对于决策树底层的叶节点，使用特征平面归并相同或相近的特征环，保留期望值最大的那一个特征环。根据每个叶节点（特征环 l_i）的期望值，选取最大期望值的特征环作为参照，其特征平面法向作为分割位置处的分割平面法向，使用 3.4 节所述的边界闭合算法，获取相应的分割边界。

(1) 分割位置包括内部特征环的边或边链。

当特征环与分割位置有重合，$d(l_i)$ 值等于或近似零，此时优先考虑相交特征环作为分割边界。这种情况较为普遍，因为特征环所在的位置是模型表面曲率变化较大的地方，也是用户对模型进行分割习惯性选取的位置。用户只要选取了特征环上的一个或多个点、边或面，软件就会自动识别到该特征环，并将其作为优先考虑的分割边界。

(2) 分割位置附近有多个内部特征环。

用户在没有特征边界的位置上选定分割位置，可以对附近的内部特征环进行归纳学习，比较尺寸大小和包含分割信息量，选取尺寸小且包含分割信息多的分割边界作为最优分割边界，即选取最优分割平面。具体步骤如下：

步骤 1：通过距离 $d(l_i)$ 将特征环集 L 分为 k 个特征环子集，首先对这些特征环子集提取它们的拟合特征平面。

步骤 2：用这些特征平面的法向矢量作为 k 个特征环子集的规则，来对分割子集求取最优拟合平面。

步骤 3：比较这些最优拟合平面，选取包含分割子集最多的平面作为最优分割平面。

4. 分割边界生成

有了分割子集的最优分割平面，就可以依据此平面来获取分割边界，具体步骤如下：

步骤 1：选取距离最优分割平面最近的一个点，求取它到分割子集中其他点的最短路径。

步骤 2：取离该点路径最短的点构成边，比较边与特征平面的夹角值 θ 是否在容差值以内，如果是，则作为特征边保存到分割边界链表中，转到步骤 3；

否则，选取下一个最近点进行比较，直到选取的是与特征平面较小的点，然后将该点与起始点之间的最小路径边存入到分割边界链表中，转到步骤4。

步骤3：通过顶点位置关系，寻找与之相连的边，用它们之间的位置平面与最优分割平面比较，如果有夹角值 θ 在容差值以内的边，则将其存入分割边界链表中，转到步骤4。否则，转到步骤1，选择下一个最近点进行运算。

步骤4：通过基于最短路径的特征环闭合算法，获取分割边界上的特征环。

分割子集的分割边界生成与特征环闭合问题相似，关键算法在于基于归类学习法的最优分割平面选取。如图6-32所示为模型三的交互式分割实例，分割位置#1没有内部特征环，使用归纳学习法选取最优分割平面生成最优分割边界；分割位置#2包含有内部特征环，因此可直接使用该特征环进行模型分割。

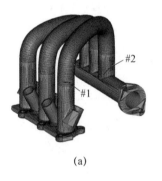
(a)

(b)

图6-32

不同分割位置上的分割边界生成

(a)划线式选取分割位置；
(b)基于归纳学习法的分割边界生成。

6.3.4 基于分割边界的模型实体分割

特征环的最优拟合平面除了可以用来帮助边界搜索和闭合，在模型进行分割时也起到了内外部特征获取的作用。如图6-33所示，根据用户选定的分割位置，选取特征环 l 作为分割边界。由于该模型具有内孔结构，如果只分开 l 上特征边的相邻面片，是不能完成实际分割需要的。因此需要用其最优拟合平面来搜索与之相交的三角面片，来完成模型分割操作。

步骤1：通过特征环的方向，判断其是内表面特征环还是外表面特征环。如果是内表面特征环，则转到步骤3；如果是外表面特征环，则转到步骤2。

步骤2：对于外表面特征环，使用特征平面求取特征环内部所有的轮廓边界。以特征环为界，特征平面为投影面，选取落在特征环内部或边上的三角面片；对三角面片与特征平面进行求交运算，将相交边或线段进行环链接，生成内部分割轮廓，转到步骤4。

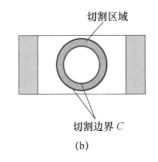

图 6 - 33

分割边界上的分割轮廓

（a）选取的分割边界；

（b）完整的分割轮廓。

特征环 l

（a）

切割区域

切割边界 C

（b）

步骤 3：对于内表面特征环，使用特征平面求取特征环外部最小包含外轮廓边界。对所有三角面片与特征平面进行求交运算，获取所有的相交边或线段进行环链接，得到特征平面内的所有相交轮廓；比较轮廓环和分割边界的包含关系，选取包含分割边界的最小外轮廓边界。以最小包含外轮廓边界作为外表面特征环，转到步骤 2。

步骤 4：获取分割轮廓边的相邻三角面片，并将其分别存入两个新模型面片链表 F_c^+ 和 F_c^- 中［图 6 - 34(a)］；以相邻关系将其他面片分别存入到两个面片链表中，从而生成两个独立的三角面片集，即得到两个开口的子模型 M_c^+ 和 M_c^-［图 6 - 34(b)］。

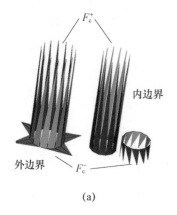
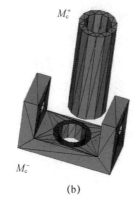

F_c^+

内边界

外边界　F_c^-

（a）

M_c^+

M_c^-

（b）

图 6 - 34

模型的实体分割

（a）分割轮廓的相邻三角面片；

（b）两个独立的开口子模型。

该实体分割算法充分考虑了复杂实体模型的分割特点，既保证在分割位置上的完整切割，又不会影响到模型的其他特征结构。该算法不仅适用于本节所述的交互式模型分割，也适用于 6.4 节所述的基于多目标优化的智能分割。

6.4 基于多目标优化的智能分割算法

大尺寸复杂模型一般拥有非常多的特征环，在对其分割时，需要按一定次序选择特征环来进行分割操作，即分割方案。分割方案的选定直接决定了模型分割的合理性、装配结构生成的难易和子模型的加工效率。通常一个待分割模型可能存在多种分割方案，需要结合模型加工的具体需求，对分割方案进行选优。本节介绍一种基于多目标优化的智能分割算法，将模型的分割尺寸控制在一个合理、有效的范围之内，综合考虑影响模型加工的主要因素，建立包含分割次数、子模型复杂度、加工尺寸利用率、分割面平整度等因素的多目标优化函数，以及相应的约束条件，采用遗传算法获取最优分割方案。

6.4.1 模型分割中的多目标优化问题

1. 多目标优化问题

在线性规划和非线性规划中，所研究的问题都只含有一个函数，这类问题常称为单目标最优化问题。而在工程技术、生产管理以及国防建设等部门中，所遇到的问题往往需要同时考虑多个目标在某种条件下的最优问题，这类问题就是多目标最优化问题。在一般情况下，多个目标函数之间常常彼此矛盾，不存在使各个目标函数同时达到最优的解。在应用实践中，人们发现在可行域（约束条件）内去求多目标函数，往往可以获得一个相对的最优解。多目标优化问题的数学表达式为

$$\boldsymbol{X} = \begin{bmatrix} x_1, & x_2, & \cdots, & x_n \end{bmatrix}^{\mathrm{T}}$$

$$F(\boldsymbol{X}) = \begin{bmatrix} f_1(\boldsymbol{X}), & f_2(\boldsymbol{X}), & \cdots, & f_m(\boldsymbol{X}) \rightarrow \min \end{bmatrix} \quad (6-29)$$

式中：$\boldsymbol{X}$ 为决策变量；$F(\boldsymbol{X})$ 为目标函数；n 为决策变量的个数；m 为目标函数的个数。设定约束条件：决策变量 x_i 的范围 $a_i \leqslant x_i \leqslant b_i$，等式约束函数 $h_j(\boldsymbol{X}) = 0(j = 0, 1, \cdots, p)$；不等式约束函数 $g_k(\boldsymbol{X}) \leqslant 0(k = 0, 1, \cdots, l)$。对于多目标函数 $F(\boldsymbol{X})$，存在下面几种可能解：

（1）绝对最优解。设 $\boldsymbol{X}^* \in R$，如果对任意 $\boldsymbol{X} \in R$，均有 $F(\boldsymbol{X}^*) \leqslant F(\boldsymbol{X})$，则说明 $\boldsymbol{X}^*$ 是多目标函数 $F(\boldsymbol{X})$ 的绝对最优解。绝对最优解的概念是从单目标

最优解概念直接推广过来的。

（2）有效解。设$X^* \in R$，如果不存在$X \in R$，使$F(X) \leqslant F(X^*)$，则称X^*是多目标函数$F(X)$的有效解。有效解又称为 Pareto 最优解，其最优解的含义：若$X^* \in R_{pa}$，则找不到这样的可行解$X \in R$，使$F(X)$的每个目标值都不比$F(X^*)$的相应目标值小，并且$F(X)$至少有一个目标值比$F(X^*)$的相应目标值大，即X^*是最优的了，不能再改进了。

（3）弱有效解。设$X^* \in R$，如果不存在$X \in R$，使$F(X) < F(X^*)$，则称X^*是多目标函数$F(X)$的弱有效解。其含义：若$X^* \in R_{wp}$，则找不到这样的可行解$X \in R$，使$F(X)$的每个目标值都比$F(X^*)$的相应目标值大，即再也找不到比X^*更优的解了。

对于多目标优化问题的结果有效解集的质量评价比较困难，在一般情况下，一个比较理想的有效解集应该满足以下条件：①获得的有效解集与真实有效解集的距离应尽量小；②获得的有效解集应均匀分布；③获得的有效解集应具有良好的扩展性，即有效解前沿的端点应尽可能接近单目标最优解。

2. 多目标优化问题的求解方法

求解多目标优化问题的最主要思想，是将多目标问题设法转化为单目标问题，然后采用已知的单目标优化问题求解算法求出最优解，从而得到原多目标问题的最优解。根据适应度和选择方式的不同，优化方法可分为以下 3 类：

（1）基于聚合选择的优化方法。这类算法是将多目标优化问题转化为单目标优化问题，然后利用传统的单目标优化方法来进行求解，如聚合方法、目标向量法、字典序法、ε 约束法、分层序列法等。这类算法的不足：将多目标优化问题转化为单目标优化问题时带有一定的主观性，当操作人员对目标问题认识的经验不足时，这一点是很难实现的。

（2）基于准则选择的优化方法。算法依次按照不同的准则进行选择、交叉以及变异，例如，Schaffer 在 1985 年提出的矢量分析算法，该算法将所有个体混合起来的做法等价于将适应度函数线性求和，只不过权重取决于当前代的群体。此外，这种基于准则选择的优化方法，缺乏处理非凸集问题的能力。

（3）基于 Pareto 选择的优化方法。这种优化方法中的适应度设置是基于 Pareto 概念的，其基本思想是将多个目标值直接映射到一种基于秩的适应度函数中。基于 Pareto 选择的概念很符合多目标问题本身的特点，近代发展起来的多目标演化算法大多都是基于 Pareto 选择的多目标演化算法，如多目标遗传算法、非劣分层遗传算法、小组决胜遗传算法、多目标粒子群优化算法等。

3. 模型分割中的多目标优化问题

模型分割的主要目的是获得形状较规则、尺寸适中的子模型。而对于大尺寸快速原型的分割制造来说，分割次数越少、子模型的加工时间越短、装配精度越高是模型分割的重要目标。为了获得最佳分割结果，应在保证子模型可以被现有设备加工的前提下，综合考虑分割次数、子模型复杂度、材料使用情况、分割面平整度等直接影响到效率、精度和成本等问题的各种因素。

(1)模型的分割次数。对于大尺寸模型来说，一般需要进行多次分割才能得到尺寸符合设备加工范围的子模型。分割次数和子模型尺寸是成反比关系的，即分割次数越多，子模型的尺寸越小。而分割次数直接决定了模型的分割效率，理论上应该尽量减少分割次数来提高分割速度。

(2)子模型的复杂度。虽然快速成形技术理论上可以制作出任何复杂造型的实体，但付出的代价是增加分层层数、使用辅助支撑材料、降低加工速度等。因此模型的复杂度直接影响快速成形制造的效率和成本。

(3)加工尺寸利用率。加工尺寸利用率直接影响快速成形的制造成本和效率。不同的快速成形技术对材料的使用是不同的。例如，叠层实体制造法是通过切除每层多余材料来进行堆积成形的，去除的材料越少，证明加工尺寸利用率越高；熔融沉积法是使用两种材料(成形材料和支撑材料)来进行堆积成形的，对支撑材料的使用越少，证明加工尺寸利用率越高。

(4)分割面平整度。特征环中的特征边并不一定全部在拟合特征平面上，这样的特征环分割出的分割面就不够平整，直接影响模型制造的精度和效率。因此希望选取较平整的特征环来进行分割。

在大尺寸复杂模型的分割过程中，分割序列和分割边界直接决定了以上各目标问题的值。单一目标优化问题是指选取的分割次序和分割边界能使某一个目标达到最优，而其他目标不予考虑；多目标优化的问题则是指选取的分割序列和分割边界能使各目标的加权值之和最优，即全局优化问题。图 6 - 35 所示为某模型在不同目标优化下获得的分割结果。

单一目标下的最优化分割比较容易实现，但不能保证其他目标值的最优。例如，只要求分割次数最少，得到的分割结果材料利用率最低，且子模型结构复杂度最高[图 6 - 35(a)]；只考虑材料利用率最高，得到的分割结果分割次数太多[图 6 - 35(c)]。而将多个目标综合起来考虑，选取次最优的分割方案，得到的分割结果却是整体最优[图 6 - 35(b)]。

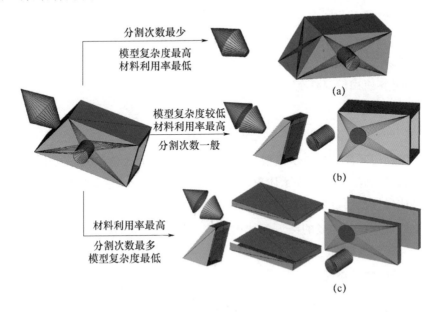

图 6 - 35　某模型在不同目标优化下获得的最优分割方案

(a)分割方案 1；(b)分割方案 2；(c)分割方案 3。

假设模型可用于分割的特征环数量为 N，则模型的可分割次数为 1，2，…，N，需要进行分析的分割方案为($P_N^1 + P_N^2 + \cdots + P_N^N$)种。大尺寸复杂模型可用于分割的特征环数目较多，需要进行分析的分割方案数据量会非常大，无法采用传统优化算法(如枚举法)进行求解，因此采用多目标遗传算法来求解此类 Pareo 最优解集合。

6.4.2　模型分割的目标函数和约束条件

1. 建立目标函数

根据以上分析，首先建立模型分割的多目标优化问题的各个目标函数。设模型 M 的内部特征环集 $L = \{l_1, l_2, \cdots, L_n\}$，模型 M 的一组分割序列为 $X = \{L_i, L_j, \cdots, L_k\}(i, j, \cdots, k \in n)$，对于每个目标问题，建立以下目标函数：

（1）分割次数函数：

$$t(X) = \| X \| \to \min \qquad (6-30)$$

即要求分割次数最少。其中，$\| \cdot \|$ 表示变量的参数个数。

（2）子模型复杂度：

$$f(X) = \| L \| - \| X \| \to \min \qquad (6-31)$$

即要求剩余的特征环最少。

（3）材料使用情况：

$$c(X) = \sum_{m_i \in M} \frac{A(m_i)}{A[B(m_i)]} = \frac{A(M)}{\sum_{m_i \in M} A[B(m_i)]} \to \max \qquad (6-32)$$

即要求模型的实体体积与子模型的包围盒体积之和的比值最大。其中，m_i 表示 M 的子模型，$A(m_i)$ 表示体积，$B(m_i)$ 表示包围盒。三维网格模型的实体体积可使用投影法进行计算，通过指定投影平面，计算每个三角面片在投影平面上的投影与其构成的凸五面体的带符号体积，模型的体积为所有凸五面体带符号体积的代数之和。

（4）分割面平整度：

$$p(X) = \sum_{l_k \in X} e * (l_k) \to \min \qquad (6-33)$$

即要求用于分割的特征环上的歧义点最低。其中，$e * (l_k)$ 为特征环上的歧义点集。

2. 约束条件的选定

在工程应用中，对多目标问题的求解都有一定的限制条件，这些限制条件称为多目标函数的约束条件，只有满足设定的所有约束条件的解才是可行解。针对大尺寸模型的增材制造，关键是解决模型尺寸超出设备加工范围的问题，因此可以将增材制造设备所允许的最大加工范围作为约束条件。

约束条件：子模型的尺寸应小于加工设备的最大加工范围。

加工设备的加工尺寸范围是已知条件，只需要通过计算模型的包围盒尺寸，与设备的加工尺寸范围进行比较，就可确定该模型是否小于最大加工范围（图 6-36）。

如果模型在加工尺寸范围内，则认为该模型符合尺寸约束条件；不然就需要对模型进行分割。根据设备的最大加工范围 $m_{\max}(x_{\max}, y_{\max}, z_{\max})$ 和模型 M 的包围盒尺寸 $B(M)$ 进行比较，模型的包围盒尺寸是由模型所有面片在 XOY、XOZ、YOZ 投影的极值点决定的。

$$B(M) = [X_{\min}, \ X_{\max}][Y_{\min}, \ Y_{\max}][Z_{\min}, \ Z_{\max}] \qquad (6-34)$$

$$m_{\max} = x_{\max} y_{\max} z_{\max} \qquad (6-35)$$

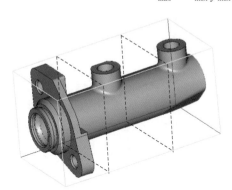

图 6 – 36

模型的包围盒和最大加工范围

　　进行尺寸比较时，我们将模型的坐标空间进行转换，让模型的包围盒尺寸三坐标大小排序与设备的三坐标最大加工范围排序一致，即按照 $x_{\max}$、$y_{\max}$、$z_{\max}$ 的大小顺序转换模型的空间坐标(图 6 – 37)。

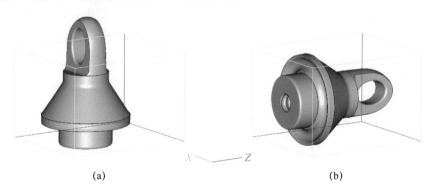

(a)　　　　　　　　　　　　　　　　　　　(b)

图 6 – 37　**模型的包围盒和最大加工范围**

(a)原始模型的坐标与加工尺寸范围；(b)模型的坐标转换。

　　假设 $x_{\max} > z_{\max} > y_{\max}$，则对 $(X_{\max} - X_{\min})$、$(Y_{\max} - Y_{\min})$、$(Z_{\max} - Z_{\min})$ 进行比较，将最大值的坐标转换到 X 轴，最小值的坐标转换到 Y 轴。这样做的好处是，可以最大限度地使用设备加工范围。所以，在每次模型尺寸比较时，都进行这样的操作。

　　如果模型尺寸超过加工范围，说明模型需要进行分割。分别计算各分割径向上的分割次数：

$$N_X = \text{Int}[(X_{\max} - X_{\min})/x_{\max}]$$

$$N_Y = \text{Int}[(Y_{\max} - Y_{\min})/y_{\max}]$$

$$N_Z = \text{Int}[(Z_{\max} - Z_{\min})/z_{\min}] \qquad (6-36)$$

根据分割径向上的分割次数要求和模型该方向上的最大、最小位置，可以获取近似分割位置。以 X 轴为例，模型在 X 轴上的第 j 次分割的近似分割位置为

$$X_j = X_{\min} + j\frac{X_{\max} - X_{\min}}{N_X + 1}(j = 1, 2, \cdots, N_X) \qquad (6-37)$$

根据近似分割位置，选取距离较近、特征平面法向与分割径向的叉值较小的内部特征环，对模型进行分割操作[图 6-38(a)]。如果模型只有端面特征环，则参照距离最近的端面特征环的特征平面法向，在近似分割位置上进行平面分割[图 6-38(b)]。如果模型连端面特征环都没有，则直接在近似分割位置上进行垂直于分割径向的平面分割[图 6-38(c)]。

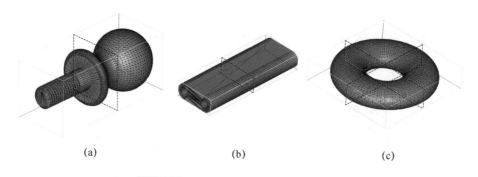

(a)   (b)   (c)

图 6-38   不同表面特征的模型分割方法

(a)内部特征环分割；(b)基于端面特征环的平面分割；(c)近似分割位置的平面分割。

6.4.3   基于遗传算法的最优分割方案

1. 多目标遗传算法的实现过程

首先将目标函数中最小化问题转换为最大化问题，即 $x_1 = -t$，$x_2 = -f$，$x_3 = c$，$x_4 = -p$，则模型分割的目标函数可以写为 $\max\{x_1, x_2, x_3, x_4\}$。基于遗传算法的最优分割方案生成的具体步骤如下：

(1)编码。给每个候选特征环(内部特征环)设定一个编号，使其具备作为编码的条件。根据特征环法向矢量在各轴上的分量大小，将其分为 X 轴径向分割环集L_X，Y 轴径向分割环集L_Y，Z 轴径向分割环集L_Z，并分别进行编号(图 6-39)。采用层次分割方法，依次对模型的 3 个轴径向进行分割方案选

择，这样做可以有效减少分割方案数量，提高算法的运算效率。以 X 轴径向分割为例，候选特征环数目为 8，则编码方式采用八位长的二进制编码，1 表示该特征环被选中，0 表示该特征环未被选中。

(2)群体规模。每个轴径向的分割次数要求不同，群体规模也需要随之增减，以保证算法的有效性。因此，设定每个轴径向的分割方案群体分别为 5 $\|N_X\|$、5 $\|N_Y\|$、5 $\|N_Z\|$。以 X 轴径向分割为例，分割次数要求为 2，则种群数量为 10。考虑到在分割过程中，并不是每个轴径向的待分割环数目都满足分割次数要求，在没有候选特征环的情况下，将近似分割位置的平面切割环加入到分割环集中，用于生成初始群体 $P(t)$（表 6-8）。

表 6-2 X 轴径向分割的初始群体信息

个体编码	分割序列	分割次数	模型复杂度	分割面平整度	材料利用率	目标函数值	适应度	选择概率
00101001	3，5，8	3	5	100%	21.12%	4.224	2	0.10
01101011	2，3，5，7，8	5	3	100%	21.08%	4.216	2	0.10
11010110	1，2，4，6，7	5	3	100%	27.38%	5.476	3	0.15
11101011	1，2，3，5，7，8	6	2	100%	28.58%	4.763	2	0.10
00101100	3，5，6	3	5	100%	20.97%	4.194	2	0.10
10101001	1，3，5，8	4	4	100%	21.08%	5.270	2	0.10
00000011	7，8	2	—	—	—	0	1	0.05
00100001	3，8	2	6	100%	18.36%	3.060	2	0.10
10111011	1，3，4，5，7，8	6	2	100%	21.52%	3.587	2	0.10
11101111	1，2，3，5，6，7，8	7	1	100%	28.85%	4.121	2	0.10

(3)群体适应度的计算。该算法采用线性标定的转换规则，将多目标优化问题的目标函数值转换为单目标函数值 $F(A_i)$：

$$F(A_i) = c(A_i) \cdot p(A_i) \cdot \min\left(\frac{1}{t(A_i)}, \frac{1}{f(A_i)}\right) \tag{6-38}$$

考虑到分割方案中不是所有方案都能满足约束条件(保证子模型在该轴径向上的尺寸满足加工尺寸范围要求)，如果不满足约束条件的分割方案在进化过程中不被选择，会不利于群体的多样性。因此，将分割方案分为两大类：

一类是不符合约束条件的分割方案，其适应度取值为1；另一类是符合约束条件的分割方案，目标函数值最大的适应度取值为3，其他的适应度取值为2。

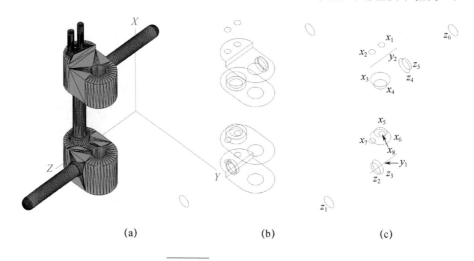

图6-39　候选特征环的编码

(a)某 STL 模型；(b)提取的特征环；(c)对候选特征环进行编号。

(4)轮盘赌选择运算。计算个体 A_i 的选择概率 p_i，利用轮盘赌得到新的群体 $P'(t)$，用于进行交叉、变异运算。其中，目标函数值最大的个体被选择的概率最高，其次是符合约束条件的非最优解，而不符合约束条件的个体被选择的概率最低。

(5)交叉运算。按一定的交叉概率 $p_c = 0.6$，采用单点交叉对选取的成对个体进行某一个或某几个基因位置的交叉运算，生成两个新的个体。

(6)变异运算。按一定的变异概率 $p_m = 0.01$，从所有个体的所有基因中随机选取某个基因位置进行变异运算，即从候选特征环集中随机提取一个特征环取代待变异的基因信息。当一个个体中包含两个或更多相同特征环时，这些基因位置上就需要进行变异操作，以消除群体中的不合格个体。

(7)停机条件判断。通过以上运算，最终生成新一代群体 $P(t+1)$。如果新群体的平均目标函数值与上一代群体的比值在(1，1.01)区间，或是达到预先设定的最大迭代次数50次，则停止迭代运算。否则将 $P(t+1)$ 作为下一次进化的初始群体，再次进行运算。

群体进化结束后，选取目标函数值最大的个体作为 X 轴径向的最优分割方案，并使用选定的特征环对模型进行一次分割。图6-40中的模型在 X 轴径向的最优分割方案为 $\{1,2,3,6\}$，目标函数值为 7.076，模型在 X 轴径向的一次分割结果如图 $6-40(a)$ 所示。然后对分割后的子模型从 Z 轴径向和 Y 轴径向进行最优分割，最终分割结果如图 $6-40(b)$ 所示。

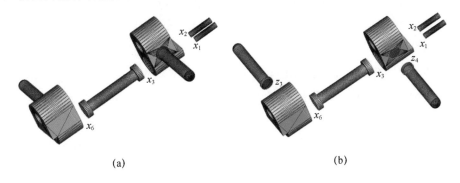

（a）　　　　　　　　　　　　　　　（b）

图 6 - 40　模型的最优分割方案

（a）X 轴径向的最优分割；（b）最终分割结果。

使用该方法对模型四进行了智能化分割实验，结果如图 $6-41$ 所示。

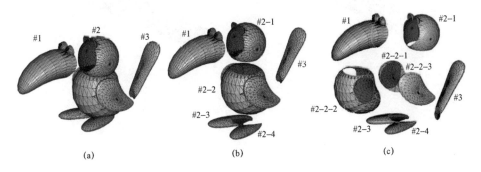

（a）　　　　　　　　　（b）　　　　　　　　　（c）

图 6 - 41　模型四的智能化分割

（a）模型四在 X 轴上的最优分割；（b）子模型在 Z 轴上的最优分割；

（c）子模型在 Y 轴上的最优分割。

模型在 X 轴径向最少需要分割两次，待分割环数目为 15，最优分割方案为 $\{6,11\}$［图 $6-41(a)$］；子模型 $\#2$ 在 Z 轴径向上最少需要分割一次，待分割环数目为 16，最优分割方案为 $\{3,7,8\}$［图 $6-41(b)$］；子模型 $\#2-2$ 在 Y 轴径向最少需要分割一次，待分割环数目为 9，最优分割方案为 $\{4,6\}$［图 $6-41(c)$］。模型四最终被分割成 8 个子模型，这些子模型的尺寸都符合加工设备要求，且结构简单，更易于加工制造。

2. 简单形体的子模型层次分割算法

对于没有内部特征环的大尺寸子模型，可以采用层次分割方法，直接根据近似分割位置，借助端面特征环信息，对其进行分割。具体步骤如下：

步骤 1：选择分割次数要求 $(N_X，N_Y，N_Z)$ 中最大的轴作为分割轴，计算近似分割位置。

步骤 2：选取该轴向的端面特征环，以其特征平面的法向矢量作为分割平面的法向矢量，在近似分割位置上进行平面分割，获取备选分割环（图 6 - 42）。

步骤 3：比较备选分割环的边链长度，选取最短的分割环作为该近似分割位置的最优分割环。

(a)　　　　　　　　　　　　　　　(b)

图 6 - 42　简单大尺寸子模型的层次分割

(a)简单大尺寸子模型的备选分割环；(b)子模型的分割结果。

重复以上步骤，直到子模型被分割成尺寸合适的子模型。该层次分割算法适用于已经被简化分割的子模型，因为这些子模型都有被分割后的端面信息可供参考。当子模型尺寸巨大时，通过层次分割法得到的子模型可能会有一些位于模型的内部，即子模型没有原始模型的表面信息（图 6 - 44 中红色子模型块）。

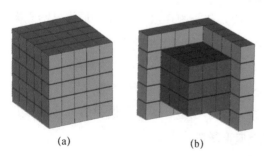

(a)　　　　　　　　(b)

图 6 - 43

大尺寸简单模型的镂空处理

(a)简单模型的层次分割结果；

(b)可删除的子模型块(红色标注)。

这类无用子模型可以直接删除掉，以减少原型制造的工作量。该操作类似于对 STL 模型进行镂空操作，在不影响最终原型外观和使用的前提下，减少 STL 模型的制造成本。

3. 子模型的加工序列合并

在对大尺寸模型进行层次分割后，得到的子模型在尺寸上都满足加工设备的要求了，但是还存在一个加工序列的问题。在分割开的子模型中，可能会有一些尺寸过小的子模型，如果每次加工一个子模型的加工序列安排肯定会造成加工时间和成本上的浪费。因此，需要对子模型的加工序列进行合并运算。

对所有子模型 $m_i(i=1, 2, \cdots, n)$ 建立双向链表，进行初次排序，并计算包围盒尺寸 (X_i, Y_i, Z_i)。

$$X_i = X_{max} - X_{min}, \quad Y_i = Y_{max} - Y_{min}, \quad Z_i = Z_{max} - Z_{min} \qquad (6-39)$$

式中：X_{max}、X_{min}、Y_{max}、Y_{min}、Z_{max}、Z_{min} 为子模型在三坐标上的最大、最小值。由于所有的子模型都已经根据设备的三坐标最大加工范围排序进行了坐标转换，加工位置已经是最佳的，因此只需要对模型中最小的尺寸进行尺寸合并运算。如果两个或多个子模型的最小轴向尺寸之和小于设备的该坐标最大值，则说明这些子模型可以合并一起进行加工（图 6-44）。

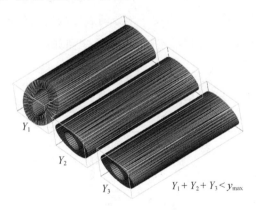

图 6-44

子模型加工序列的合并

将这些子模型从原有链表中剔除，组成一个新的子模型数组。对原有链表的其他子模型重复相同的合并运算，直到没有可以剔除的子模型为止。然后将新的子模型数组作为一次加工序号插入到链表末端，从而生成最终的子模型加工序列。通过合并运算后的加工序列可以最大限度地使用设备加工能力，有效减少子模型加工时间和降低成本。

6.5 子模型的拼接处理技术

大尺寸的模型被分割成尺寸适中、形状简单的子模型，这些子模型通过增材制造设备加工完成后，最终要组装成原始的大尺寸实体模型。而没有拼接结构，仅靠黏结、焊接等处理方法是无法保证子模型之间的准确定位的。为了保证拼接质量，需要在分割面上生成拼接结构来约束拼接面的一个或多个自由度模型，以保证最终组装完成的模型质量。

6.5.1 子模型拼接结构的生成方案

对于传统的平面式模型分割，拼接面为平面或是近平面，上面没有定位结构（如定位销、螺栓孔），很难保证实体模型的组装精度。而阶梯式模型分割，阶梯状连接键的生成比较复杂，模型的表面特征容易被破坏，不适用于智能化分割方法。因此，最直接的方法是在分割拼接面上添加用于定位和固定的拼接结构。本节介绍一种自动生成相似形连接键的拼接方法，连接键的相似形轮廓是通过分割表面外围轮廓向内部进行偏移获得，然后再根据定位孔最大深度来构建连接键。装配后的子模型只有一个自由度——分割表面的法向矢量，配对的子模型组装、拆卸方便。自动生成相似形连接键的基本思路如图6-45所示。

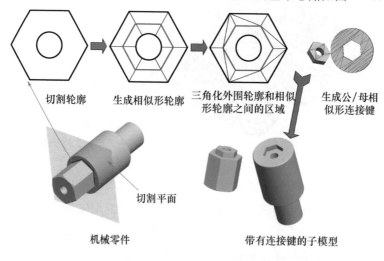

切割轮廓　　生成相似形轮廓　　三角化外围轮廓和相似　　生成公/母相
　　　　　　　　　　　　　形轮廓之间的区域　　　　似形连接键

切割平面

机械零件　　　　　　　　带有连接键的子模型

图6-45　相似形拼接结构的自动生成过程简图

大尺寸三维模型通过分割后，获取的是分割边界 K，与其中的特征边相邻的三角面片分为两类：F_c^+ 和 F_c^-。根据邻接关系，把其他面片归类到这两个面片类中。两个面片类分别构成了新的子模型 M_c^+ 和 M_c^-。

$$M_c^+ = \{ f_i \mid f_i \in F_c^+ \}; \quad M_c^- = \{ f_j \mid f_j \in F_c^- \} \tag{6-40}$$

式中：$M_c^+ \bigcup M_c^- = M$；$M_c^+ \bigcap M_c^- = C$。对子模型进行拓扑重构，分割边界 K 成为切割轮廓，即模型 M 被分割为两个开口的子模型。对于每个开口子模型的切割轮廓，可以使用 Delaunay 三角化方法进行三角化，以实现子模型的封闭。采用在切割区域构建相似形连接键/槽的方法来生成带有连接键/槽的子模型，便于子模型最终的组装成形。

所谓相似形连接键/槽，就是根据模型分割的切割轮廓和模型自身结构而构建的形状相似、尺寸适中的连接结构。定位连接键的生成一般需要先确定连接键的安放位置，而后根据安放位置和轮廓边界关系来构造连接键模型，计算复杂度较高且装配精度无法保证。相似形连接键则不需要单独建模，也无需计算合并的位置，而是直接与子模型的闭合操作一并生成的，提高了装配结构的生成效率。同时，装配表面的三角化精度一致，且留有配合公差，可以有效地保证子模型的装配精度。相似形连接键的生成算法包括以下 4 个步骤：

（1）根据切割轮廓信息，进行外轮廓的顶点偏移，来构造相似形轮廓。

（2）使用切平面投影法计算连接键的最大深度。

（3）对装配深度较深的公子模型进行连接键的构造和切割面的闭合。

（4）根据配合公差，对公子模型生成的新三角面片进行公差偏移复制，而后将法向矢量翻转，生成一组对应的反向三角面片，而后加入母子模型中。

对于其他匹配子模型的连接键生成，重复以上步骤，直到所有开口子模型都闭合为止。

6.5.2　相似形拼接结构的轮廓线构建

相似形轮廓是由切割轮廓的外轮廓顶点向内部进行偏移而生成的。借鉴 Voronoi 图的方法，首先计算外轮廓的内角平分线，以确定外轮廓各顶点的偏移方向；其次通过角平分线之间、角平分线与轮廓边之间的相交关系来获取外轮廓各顶点的最大偏移位置；再次选取最大偏移位置的 1/3～1/2，计算对应的相似形轮廓顶点；最后以逆时针方向连接成边，构成最终的相似形轮廓。

使用上两节介绍的模型智能分割算法，得到的分割轮廓都处在一个边界平面附近。因此，首先将分割轮廓投影到边界平面上，获取一个二维的多边形轮廓；其次对该多边形轮廓进行 Voronoi 图的划分操作，生成相似形轮廓线。这样生成的拼接端面是一个平面，减少了拼接面的不平坦度，非常符合增材制造的加工特点。

以某分割轮廓在特征平面上的投影轮廓为例，详细介绍相似形轮廓的构成算法。如图 6-46 所示，外轮廓 C_o 是由逆时针连接的 n 个顶点的集合 V_o 组成的。为了构造相似形轮廓 C_s，先要计算每个外轮廓顶点 v_i（$v_i \in V_o$）向内偏移的方向。由于 C_o 是闭合相连的边集，每个顶点 v_i 都有一对相邻的边 $v_{i-1} v_i$ 和 $v_i v_{i+1}$，计算两条边的内角平分线 E_{bi}，作为顶点 v_i 的偏移方向。

图 6-46
外轮廓点的内角平分线

如图 6-47 所示，所有顶点都计算出内角平分线，并被切割轮廓的包围盒剪裁成内角平分线段 $v_i v_{bi}$（v_{bi} 为内角平分线与切割轮廓包围盒的交点），因为内角平分线超出包围盒的部分与计算顶点最大偏移值没有关系。

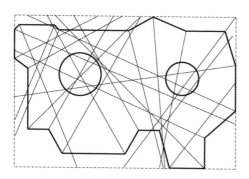

图 6-47
外轮廓的内角平分线

对每一条内角平分线段 $v_i v_{bi}$，计算与其他内角平分线段以及轮廓边的交点，从中选取最大偏移点 v_{imax}。如图 6-48 所示，主要有 4 类交点：①交角为锐角的内角平分线交点（交点 a）；②交角为钝角的内角平分线交点（交点 b）；③内轮廓边交点（交点 c）；④外轮廓边交点（交点 d）。

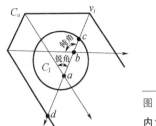

图 6 – 48

内角平分线的 4 类交点

如果距离外轮廓顶点最近的交点是交角为锐角的内角平分线交点或内轮廓边交点或外轮廓边交点，则选取该点为最大偏移点(图 6 – 48 中 c 点为v_i的最大偏移点)。

如果距离外轮廓顶点最近的交点是交角为钝角的内角平分线交点，则需要进一步比较其他 3 类交点来确定最大偏移点。比较交角为锐角的内角平分线交点、内轮廓边交点和外轮廓边交点，如果 3 类交点中最近的交点是交角为锐角的内角平分线交点或内轮廓边交点，则该交点为最大偏移点[图 6 – 49(a)中 a 点为v_i的最大偏移点]；如果最近的交点是外轮廓边交点，则选取原有最近的交点为最大偏移点[图 6 – 49(b)中 d 点为v_i的最大偏移点]。

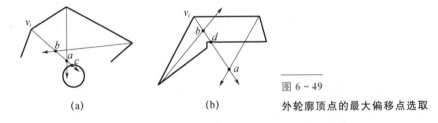

图 6 – 49

外轮廓顶点的最大偏移点选取

(a)　　　　　　　　(b)

如图 6 – 50 所示，计算出所有外轮廓顶点的最大偏移点。最大偏移点选取的基本原则是各顶点向内偏移时不能发生交叉、错位的现象，同时保证最大偏移点构成的轮廓在切割轮廓内部并且不破坏内部特征。

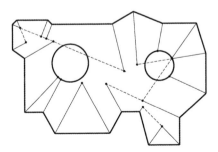

图 6 – 50

所有外轮廓顶点的最大偏移点

每一个外轮廓的顶点 v_i，其对应的相似形轮廓顶点的计算方法为

$$s_i = v_i + k(v_{i\max} - v_i) \qquad (6-41)$$

式中：k 为预设偏移比例($0 < k < 1$)。通过实验数据比较，当所有外轮廓的最大偏移点都不是外轮廓交点时，k 值选取 1/2 相似形轮廓较为合理；而当有顶点的最大偏移点是外轮廓交点时，k 值选取 1/3 相似形轮廓较为合理。将相似形轮廓顶点 s_i 以逆时针方向连接成边，构成最终的相似形轮廓 C_s(图 6 - 51)。

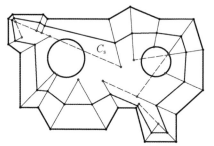

图 6 - 51
相似形轮廓的构成

对于一些特殊的分割轮廓，生成相似形轮廓与内轮廓有可能存在相交情况，造成最终拼接表面的错误。为了防止相似形轮廓边与内轮廓边相交，对每个相似形轮廓边进行相交判断。如果存在相交现象，至少有两条内轮廓边被穿越，则将这些内轮廓边及它们之间的连接边提取出来(内轮廓边的链接方向为顺时针方向)，计算修补点。如图 6 - 52(a)所示，相似形轮廓边 $s_j s_{j+1}$ 与内轮廓边 c_1 和 c_4 发生交叉，提取 $c_1 \sim c_4$，计算边顶点到对应外轮廓边 $v_j v_{j+1}$ 的垂直距离。选取垂直距离最短的顶点作为参照点，计算出垂线段的中点作为修补点，插入相似形轮廓链表中，生成两条新边 $s_j s_{n+1}$ 和 $s_{n+1} s_{j+1}$ [图 6 - 52(b)]。然后再对新边进行相交检测和修补，直到没有相似形轮廓边与内轮廓相交为止。

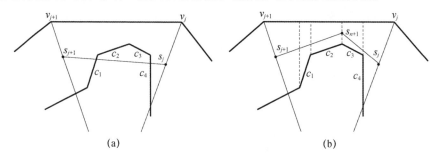

(a)   (b)

图 6 - 52   相似形轮廓边相交检测和修补

(a)相似形轮廓边与内轮廓相交；(b)插入修补点。

6.5.3　相似形拼接结构和子模型的合并

被分割轮廓分开的两个子模型，加入相似形连接键的称为公子模型，加入相似形连接键槽的称为母子模型。首先根据相似形轮廓和连接键深度，生成带有相似形连接键的公子模型；其次根据配合公差和快速成形设备的加工精度，换算连接键槽的轮廓和深度，生成带有相似形连接键槽的母子模型。

1. 相似形拼接结构的最大装配深度

为确保带有相似形连接键的子模型能准确地装配，相似形连接键的生成必须设置合理的深度。如果连接键的深度过大，可能会贯穿并毁坏模型的内部结构，如果深度过小，可能无法保证装配结构的模型支撑力。使用切平面投影法可以计算出相似形连接键的最大深度，取最大深度的 0.15～0.25 作为连接键深度 H，来生成相似形连接键。

由分割轮廓 K 分开的两个子模型面片集为 F_k^+ 和 F_k^-，分别将两个子模型的面片向切割平面作投影。如果面片 f_i 的投影在相似形轮廓上，则计算相交点到该面片的最短距离 $d_{i\min}$ [图 6-53(a)]；如果面片 f_i 的投影在相似形轮廓内部，则计算该面片到切割平面的最短距离 $d_{i\min}$ [图 6-53(b)]。

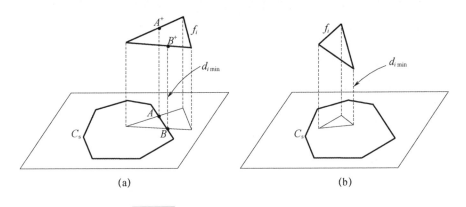

图 6-53　相似形轮廓边相交检测和修补

(a)面片投影在相似形轮廓上；(b)面片投影在相似形轮廓内。

计算 F_k^+ 中所有投影在相似形轮廓上或内部的面片，选取这些面片的最短距离最小值作为 F_k^+ 的最大装配深度 $D_{\max}^+$；同样方法计算出 F_k^- 的最大装配深度

D_{max}^-。为保证连接键深度能够尽量大一些，选取 D_{max}^+ 和 D_{max}^- 中较大值作为连接键的最大深度 D_{max}，与之对应的子模型为母子模型。

2. 相似形装配结构的三角化

第一步，三角化外轮廓与相似形轮廓之间的区域。对于无修补点的区域，由于外轮廓顶点与相似形轮廓顶点是一一对应关系，外轮廓边 $v_i v_{i+1}$ 对应着相似形轮廓边 $s_i s_{i+1}$，可以连接对角点 $v_i s_{i+1}$ 或 $s_i v_{i+1}$，以构建两个新的面片 f_i 和 f_{i+1}[图 6-54(a)]。

$$f_i = (v_i, \ s_{i+1}, \ s_i); \qquad f_{i+1} = (v_i, \ v_{i+1}, \ s_{i+1}) \qquad (6-42)$$

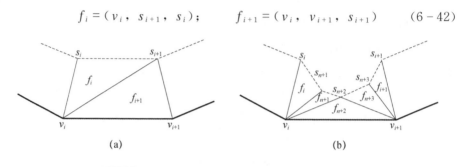

(a) (b)

图 6-54 外轮廓与相似形轮廓之间的区域三角化

(a)无修补点的区域三角化；(b)有修补点的区域三角化。

对于有修补点的区域，首先构建两端的新面片 f_i 和 f_{i+1}，然后对有修补点和外轮廓顶点组成的区域进行 Delaunay 三角[图 6-54(b)]。图 6-55 所示为图 6-46 中分割轮廓的外轮廓与相似形轮廓之间的区域三角化结果。

图 6-55

外轮廓与相似形轮廓之间的区域三角化实例

第二步，三角化相似形连接键的侧面轮廓。相似形轮廓和内轮廓沿切割平面的法向矢量向模型外部偏移 $H(H < D_{max})$，获得对应的连接键端面轮廓。根据两组轮廓的对应关系，采用和第一步相同的连接方法，构造出连接键侧面区域的三角形面片(图 6-56)。

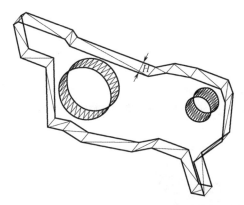

图 6 - 56

相似形连接键的侧面三角化

第三步，三角化相似形连接键的端面轮廓。现用的平面区域三角化算法都可以快速对相似形轮廓与内轮廓之间的区域进行三角化(图 6 - 57)。

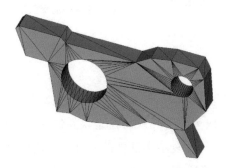

图 6 - 57

相似形连接键的端面三角化

将以上三步所构建的新面片加入公子模型中，带有相似形连接键的子模型就构造完成了。而对于母子模型来说，根据配合公差要求和快速成形设备的加工精度，计算相似形连接键槽的轮廓顶点。

$$s'_i = v_i + (k + \varphi)(v_{i\max} - v_i) \qquad (6-43)$$

式中：φ 为公/母子模型的装配侧面公差。相似形连接键槽的深度为 $H + \delta$，δ 为装配深度公差(图 6 - 58)。对相似形连接键槽的轮廓依然要进行相交检测和修补，然后向母子模型内部生成相似形连接键槽，表面三角化的方法与上述三步基本一致，内部侧面轮廓不用生成新的三角面片，而是裁剪母子模型相应的原有面片(图 6 - 59)。

相似形连接键和公子模型进行合并，相似形连接键槽则与配对的母子模型合并。由此，便形成了带有相似形装配结构的闭合子模型。

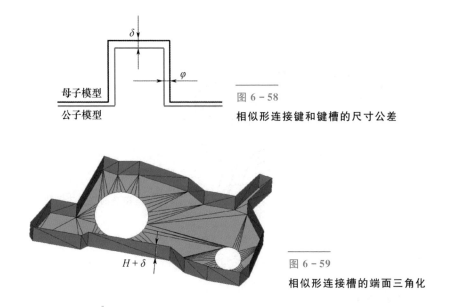

图 6 - 58

相似形连接键和键槽的尺寸公差

图 6 - 59

相似形连接槽的端面三角化

6.5.4　子模型的拼接处理实例

自动生成相似形连接键的算法和本节所介绍的模型分割算法都通过 Visual C + + 编程得以实现，并集成为作者开发的独立软件包（图 6 - 60 所示为模型分割软件界面），可用于对大尺寸复杂零部件的三维模型进行骨架提取和模型分割。当模型被分割成多个子模型，每对匹配的子模型都自动生成相应的连接键/槽。

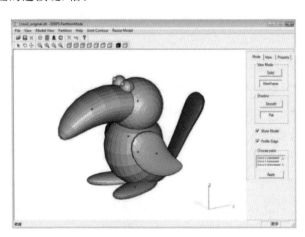

图 6 - 60

模型分割软件的操作界面

1. 任意复杂分割面的相似形装配结构生成实例

图 6 - 61 所示为该算法用于某模型的任意位置分割。对于任意复杂形状的切割面，该算法都可以根据切割轮廓直接生成相似形连接键，而不用另外设计连接键的安装位置和单元尺寸，连接键的结构合理、尺寸精度高。

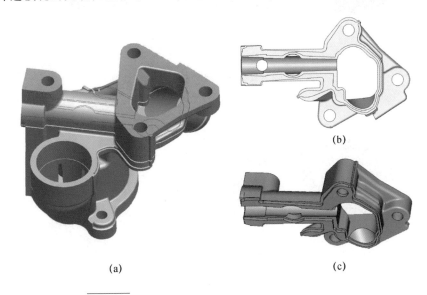

(a)

(b)

(c)

图 6 - 61　某模型任意分割面的相似形连接键生成

(a)被任意位置分割的原始模型；(b)切割轮廓与相似形轮廓；
(c)带有相似形连接键的公子模型。

2. 大尺寸模型有意义分割的相似形拼接结构生成实例

图 6 - 62～图 6 - 64 所示为实验模型的智能分割与拼接处理结果，实验模型最终被分割成带有相似形拼接结构的子模型。与独立定位连接键或自锁结构相比，相似形连接键的生成方法比其他方法更为有效，生成相似形连接键的计算时间仅取决于切割轮廓顶点的数目。该算法的时间复杂度为 $O[n_o(n_o + n_i)]$，其中 n_o 是外轮廓顶点的数目，n_i 是内轮廓顶点的数目。从实例中可以看出，模型根据不同的分割方法被分成多个开口的子模型。根据不同的切割轮廓和最大装配深度，相似形连接键/槽被构造出来并与对应的公/母子模型进行合并。由于使用最优拟合特征平面来生成分割边界，故分割面较为平坦，生成的相似形装配结构的形状和质量都非常好。

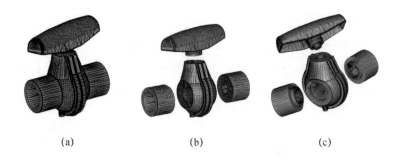

(a)   (b)   (c)

图 6 - 62   模型三的模型分割和拼接处理

（a）模型三的原始模型；（b）模型分割结果；（c）带有相似形拼接的子模型。

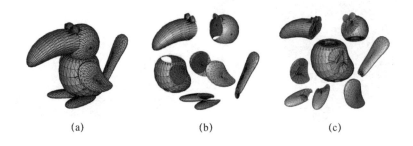

(a)   (b)   (c)

图 6 - 63   模型四的模型分割和拼接处理

（a）模型四的原始模型；（b）分割开的子模型；（c）带有相似形装配结构的子模型。

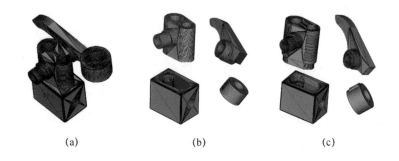

(a)   (b)   (c)

图 6 - 64   复杂零件的模型分割和拼接处理

（a）复杂零件的三维模型；（b）模型分割结果；（c）带有相似形拼接结构的子模型。

参考文献

［1］HOFFMAN D D，Richards W. Parts of recognition［J］. Cognition，1984，18(1)：65 - 96.

［2］SERRA J P. Image Analysis and Mathematical Morphology［M］. Pittsburgh：

Academic Press,1982.

[3] VINCENT L,SOILLE P. Watersheds in digital spaces:An efficient algorithm based on immersion simulations[J]. IEEE Transactions on Pattern Analysis and Machine Intelligence,1991,13(6):583 – 598.

[4] MANGAN A, WHITAKER R. Partitioning 3D Surface Meshes Using Watershed Segmentation [J]. IEEE Transactions on Visualization and Computer Graphics,1999,5(4):308 – 321.

[5] PULLA S. Curvature based segmentation for 3 – Dimensional meshes[D]. Phoenix: Arizona State University,2001.

[6] PAGE D L,KOSCHAN A F,ABIDI M A. Perception – based 3D triangle mesh segmentation using fast marching Watersheds[C]. Madison: IEEE Computer Society Conference on Computer Vision and Pattern Recognition,2003.

[7] 廖毅,程志全,党岗. 一种基于显著性分析的网格分割算法:第一届中国图学大会暨第十届华东六省一市工程图学学术年会论文集[M]. 北京:黄河出版社,2007.

[8] GARLAND M,WILLMOTT A,HECKBERT P S. Hierarchical face clustering on polygonal surfaces [C]. New York:2001 Symposium on Interactive 3D Graphics,2001.

[9] SHLAFMAN S,TAL A,KATZ S. Metamorphosis of polyhedral surfaces using decomposition [C]. Saarbrücken: Annual Conference of the European Association for Computer Graphics,2002.

[10] KATZ S,TAL A. Hierarchical mesh decomposition using fuzzy clustering and cuts[J]. Acm Transactions on Graphics,2003,22:954 – 961.

[11] HOPPE H. Progressive meshes[J]. Conference on Computer Graphics & Interactive Techniques,1996:99 – 108.

[12] LAZARUS F,VERROUST A. Level set diagrams of polyhedral objects[C]. New York:5th Symposium on Solid Modeling and Applications,1999.

[13] LI X,WOON T W,TAN T S,et al. Decomposing polygon meshes for interactive applications[C]. 2001 Symposium on Interactive 3D Graphics,NC,United states, 2001:35 – 42.

[14] XIAO Y,SIEBERT P,WERGHI N. A discrete Reeb graph approach for the segmentation of human body scans [C]. Banff: The 4th International Conference on 3 – D Digital Imaging and Modeling,2003.

［15］SHI Y,LAI R,KRISHNA S,et al. Anisotropic Laplace – Beltrami Eigenmaps: Bridging Reeb Graphs and Skeletons[J]. Proceedings,2008:1 – 7.

［16］SERINO L,ARCELLI C,BAJA G S D. From skeleton branches to object parts[J]. Computer Vision and Image Understanding,2014,129:42 – 51.

［17］HAO J,FANG L,WILLIAMS R E. An efficient curvature – based partitioning of large – scale STL models[J]. Rapid Prototyping Journal,2011,17(2):116 – 127.

［18］王小平.遗传算法理论、应用与软件实现[M].西安:西安交通大学出版社,2002.

［19］YANG S,SHU S,ZHU S. Feature line extraction from triangular meshes based on STL files[J]. Computer Engineering and Application,2008,44(4):14 – 19.

［20］乔林,费广正,林杜.OPENGL 程序设计[M]. 北京:清华大学出版社,2000.

［21］QUINLAN J R. Induction of Decision Trees[J]. Machine Learning,1986,1:81 – 106.

［22］焦李成.多目标优化免疫算法、理论和应用[M].北京:科学出版社,2010.

［23］SCHAFFER J D. Multiple objective optimization with vector evaluated genetic algorithms[C]. New York:Proceedings of 1st International Conference on Genetic Algorithms and Their Applications,1985.

［24］ZITZLER E,THIELE L. Multi – objective evolutionary algorithms: A comparative case study and the strength Pareto approach [J]. IEEE Transactions on Evolutionary Computation,1999,3(4):257 – 271.

［25］董志根,郝敬宾,方亮,等.模型分割制造中相似形联接键生成算法[J].计算机集成制造系统.2011,17(07):1473 – 1477.

第 7 章
复杂曲面增材制造的路径规划

对于带有复杂曲面结构的零件进行增材制造，一般是通过多自由度增材制造机器人来完成的。以激光熔覆的路径生成为例，通常将曲面作为一个整体进行路径规划，每次扫描的路径间隔保持不变（都按照一定的搭接率），这样在曲面上很可能会出现冗余熔覆材料的现象，而且整体的扫描路径会变长，也就意味着熔覆时间会增加；同时多余的熔覆材料还要通过后处理的机加工切削去除，造成制造效率下降和熔覆材料浪费。针对复杂曲面零件的增材制造路径规划问题，我们提出一种复杂曲面增材制造的路径规划框架模型，并基于流线场的理论生成增材制造的路径，在保证制造精度的前提下，提高增材制造效率，节省熔覆材料，减少零部件后续制造过程（车、铣、磨等）所消耗的时间。

7.1 流线场理论概述

向量场在科学计算和工程分析中描述了许多非常重要且常见的物理现象。向量场可视化是理解向量场运动变化规律的有力工具，在计算和工程分析中发挥着重要作用，已被广泛应用于航空航天、地质勘探、仿真、临床医学等领域，具有非常重要的实际意义和研究价值。在过去数年的研究中已经涌现了很多向量可视化的方法，包括张量场的可视化方法，最常用的有基于流线的可视化和基于纹理的可视化方法。基于流线的可视化方法提供了向量场的稀疏表达，突出流线的特征以重点关注显著特征，流线这种可视化方法为向量场拓扑结构的建立提供了方法，也是本章重要的基础理论。

场的概念也逐渐开始在复杂曲面 CNC 路径规划上使用，利用其进行数控切削加工路径优化已经成为一个较热的研究点。2002 年 Chiou 针对复杂曲面的多轴加工，提出了一种机加工势场（machining potential field，MPF）来生成刀具路径。同时考虑工件和刀具的几何特性，在工件曲面上找到切削带宽最优方向，构建一个 MPF，沿着这个方向去生成刀具路径。依据这种思路，即基于切削带宽最大化的目标优化算法构建 MPF 的研究方法就没有中断。近两年内，很多研究又直接将标量场、向量场、张量场的概念引入数控切削路径规划上来。2015 年，Kumazawa 和 Xu 等都提出了用张量场的可视化方法去研究刀具路径生成方法。前者延续了 MPF 的思路，后者则通过推导切削带宽的张量特性，建立最优进给方向场（preferred feed direction field，PFDF）。研究发现若一个方向是 PFDF，那么其相反方向也应该有同样的结果，进而提出用张量场的流线拟合出最优进给方向，然后依据张量场的退化点将分割曲面，最后在各个子区域生成刀具路径。2016 年，Kai 等提出一种在网格曲面上构建双标量场的自由曲面 5 轴加工路径生成方法，两个标量场分别表示刀具间隔和进给速率（没有方向），建立优化方程，通过求解得到最终的刀具路径。

流线场理论的应用，使整个路径优化过程中的数学表达更加清晰，更容易构建包含足够多信息的方程去表达路径曲线。下面对流线场的构建、流线方程的求解进行总结，并且重点介绍流线场拓扑结构的确定方法。

7.1.1　曲面及曲线的场表述方法

场是一个基础的物理量，定义为物体在空间中的分布情况，即空间函数。数学上则指从一个向量到另一个向量或标量的映射。一般，有标量场、向量场和张量场。对于一个设计曲面 S，定义一个映射 r：$(P \in R^2) \rightarrow (W \in R^3)$，$S \in r(P) \subset W$，$r_u \times r_v \neq 0$，其中 P 是指参数空间，它的两个基底分别为 u 和 v，W 是整个工件空间，r 称作曲面 S 的一个参数化。一般也常把这个映射 r 本身称作参数化的曲面。这些数学定义对整个路径规划非常重要。通俗地讲，就是把一系列标量、向量、张量放置在一个"场地"（"场地"就是流形，如三维空间曲面就是一个二维流形）上，构成标量场、向量场和张量场。

曲面上的加工路径本质上是以时间 t 为参数的曲面曲线 $r[u(t)，v(t)] \equiv r(t)$，其同时在参数空间对应的曲线则为 $[u(t)，v(t)]$，称为参数空间曲线，流线则可以看成是一些特殊的曲面曲线。为更好地描述流线场，下面定义几个相关的参数量。

1. 单位外法向矢量

为表示方便，将 u 定义为参数空间上的点，即 $u=(u，v)\in P$。因为参数空间 P 和设计曲面 S 一一对应，在不严格区分的情况下可以认为 $u\leftrightarrow r(u)\in S$，所以 u 和 r 在本文都是指曲面上的任意一点。曲面的点$(u，v)$（或 $u\in P$）处的单位外法向矢量用 $n(u，v)$ 表示，定义为

$$n=(+)\frac{r_u \cdot r_v}{\|r_u \cdot r_v\|} \tag{7-1}$$

式中：$r_u=\partial r/\partial u$，$r_v=\partial r/\partial v$；（$+$）为指向曲面外侧法向矢量，即不失一般性地，假设曲面的参数满足 $\det[r_u r_v n]>0$。

2. 切空间

切空间是一个线性空间，在设计曲面 S 上的任意一点 r，用基底 $\{r_u，r_v\}$ 构成的线性空间 $T_r S$ 被称为 S 上 r 点处的切空间。在点 $r(u，v)\in S$ 处的切平面为 $\{r(u，v)+a\cdot r_u(u，v)+r_v(u，v)\mid(a，b)\in R^2\}$，切空间上的一个向量 $v\in T_r S$ 也可以用两个实数 $\dot{u}$ 和 $\dot{v}$ 表示。

$$v=\dot{u} \cdot r_u + \dot{v} \cdot r_v \tag{7-2}$$

矩阵形式为

$$v=A\dot{u} \tag{7-3}$$

式中：$\dot{u}\equiv[\dot{u}\ \dot{v}]^T$；$A\equiv[r_u\ r_v]^T$，$A$ 是映射 r 的雅可比矩阵，在相互对应的情况下，$\dot{u}\leftrightarrow v\in T_r S$。

3. 法向曲率

在点 $u\leftrightarrow r\in S$ 处沿切向量 $\dot{u}\leftrightarrow v\in T_r S$ 方向的曲面法曲率 $\kappa_u(\dot{u})$［或 $\kappa_r(v)$］定义为

$$\kappa_u(\dot{u})\equiv\kappa_r(v)\equiv\frac{\dot{u}^T D\dot{u}}{\dot{u}^T G\dot{u}} \tag{7-4}$$

式中：

$$G\equiv\begin{bmatrix} r_u^T r_u & r_u^T r_v \\ r_u^T r_v & r_v^T r_v \end{bmatrix}=[g_{ij}]，\quad D\equiv\begin{bmatrix} r_{uu}^T n & r_{uv}^T n \\ r_{uv}^T n & r_{vv}^T n \end{bmatrix}=[d_{ij}]$$

在微分几何中，矩阵 G 和 D 分别被称作曲面的第一基本形式和第二基本形式。如式(7-4)所示，可以证明曲面法曲率有界，其最大值 κ_1 和最小值 κ_2 分别为式(7-5)中的最大特征值和最小特征值。

$$D\dot{u} = \kappa G\dot{u} \qquad (7-5)$$

将特征向量对应的特征向量用$\dot{u}_1$和$\dot{u}_2$表示，同时将其正则化，即

$$\dot{u}_1^T G\dot{u}_1 = 1, \quad \dot{u}_2^T G\dot{u}_2 = 1 \qquad (7-6)$$

7.1.2　速度流线场与机加工势场

对于某一簇加工路径，它们的拓扑信息可以由路径曲线的速度向量场来获取。速度流线场用作理论描述较为方便，但求解过程很困难。有些研究提出机加工势场这种离散的方式来完成刀具进给场的可视化及拓扑信息的确定。

1. 速度流线场

刀具路径线的速度用其对时间 t 的导数 $\mathrm{d}r/\mathrm{d}t$ 来表示。假定已经在曲面上获得一个向量场 $v(r)$，其在路径曲线上满足 $v(r) = \mathrm{d}r/\mathrm{d}t$，就可以利用积分曲线法（解微分方程）去求得轨迹曲线，也就是速度场的流线（streamlines）。确定一个合适的激光喷头进给场，将其拟合成流线指导激光熔覆的加工路径的生成。

设计曲面上 S 上的速度向量场 $v(r)$ 拟合成的流线被称为曲面流线，对应地还参数流线场，即参数速度向量为 $\dot{u}(u) = \mathrm{d}u/\mathrm{d}t$，$u(t)$ 则是一个参数流线（parameter streamline）。如果指定一个参数速度向量场 $\dot{u}(u)$，微分方程 $\dot{u}(u) = \mathrm{d}u/\mathrm{d}t$ 就可以通过积分获得一个参数加工路径，将其映射到设计曲面上所获得的 $r[u(t)]$ 就是最终的加工路径。

为了更清楚地介绍速度流线场，引用 Taejung 的方法。将向量场 v 用式(7-7)中极坐标形式来表示，其中幅值分量为切削速度 ϑ，角度分量 η 是向量与等参数线（ISO-parametric lines）的夹角，n 是曲面的单位外法向矢量。

$$v = \vartheta \cdot (\cos\eta \cdot r_u/\|r_u\| + \sin\eta \cdot n \cdot r_u/\|r_u\|) \qquad (7-7)$$

切削速度 $\vartheta(u)$ 和方向角 $\eta(u)$ 与向量场的关系为

$$\frac{\mathrm{d}u}{\mathrm{d}t} = \vartheta(u, v)h[\eta(u, v), u, v] \qquad (7-8)$$

式(7-8)中 $\vartheta(u, v)$、$\eta(u, v)$ 和 $h[\eta(u, v), u, v]$ 的具体表达式及推导过程详见文献[15]。给定速度 $\vartheta(u)$ 和方向角 $\eta(u)$，再确定一个起始点，就可以根据式(7-8)获得一条参数加工路径 $u(t)$ 和对应的曲面加工路径 $r[u(t)]$。根据这个场可得到无数的流线，任意一条都可用来当作加工路径。显然

式(7-8)缺少如何将这些流线合理放置的条件，即两条相邻路径线之间距离的确定方法。可以用垂直于路径线方向的长度来度量这个距离，数控上一般称作侧向步长(side step)，用 $w(u, v)$ 来表示。

将整个路径规划当作优化问题分析，优化目标为减少加工时间 $T_{加}$。此处的时间是有效的切削加工时间，工装时间被认为是固定的。根据推导，加工时间的优化模型可以写成：

$$T_{加} = \sum_i \int_{\lambda_i} \frac{\mathrm{d}s}{\vartheta_i(s)} = \sum_i \int_{\lambda_i} \frac{w_i(s)\mathrm{d}s}{w_i(s)\,\vartheta_i(s)} \tag{7-9}$$

$$\approx \iint_P \frac{\|\boldsymbol{r}_u \times \boldsymbol{r}_v\| \cdot \mathrm{d}u\,\mathrm{d}v}{w(u, v) \cdot \vartheta(u, v)}$$

式中：s 为刀具路径的弧长；λ_i 为第 i 条路径；$\vartheta_i(s)$ 为沿着第 i 条路径的切削速度；$w_i(s)$ 为第 i 条路径的侧向步长方程。

优化问题其中一个重要的步骤就是确定约束条件。对于数控中球头铣刀切削，常用的约束条件就是残高，即在相邻两道切削带之间残余材料的高度(图 7-1)。如果根据加工要求的残余高度容差为 ξ_0，那么在优化方程中的约束就是 $\xi \leqslant \xi_0$。往往最大的残高又决定了最大的偏移距离 w_0，因而在数控路径优化研究中常用 Lin 和 Koren 关于侧向步长限制的推导结果：

$$w_0 \approx \sqrt{\frac{8\,\xi_0}{\kappa_b - \kappa_s}} \tag{7-10}$$

式中：ξ_0 为最大残高限制；κ_b 为球头铣刀的曲率、即球头半径的倒数；κ_s 为曲面的法向曲率。

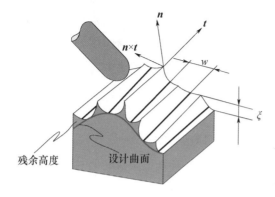

图 7-1

球头铣刀加工后的残余高度示意图

残高的约束 $\xi \leqslant \xi_0$ 可以等价于 $w_0 \leqslant w$，Teajung 还提到了其他的约束条件，比如主轴速度以及兼容性等，尤其是后者更是优化模型的主要约束条件，但推导过程很复杂，在此就不展开阐述了。确定机加工速度流线的优化模型如表 7-1 所示。

表 7-1　机加工速度流线的优化模型

目标(object)	找到分段连续(piece-wise)和分段光滑(piece-smooth)的参数方程$(u，v) \in P \in R^2$
未知(unknowns)	切削速度 $\vartheta(u，v)$、方向角 $\eta(u，v)$ 和侧向步长函数 $w(u，v)$，三者是为了最小化切削时间
约束于(subject to)	$T_{加}(\vartheta,\eta,w) = \iint_P \dfrac{\|\boldsymbol{r}_u \times \boldsymbol{r}_v\| \cdot \mathrm{d}u\mathrm{d}v}{w(u,v) \cdot \vartheta(u,v)}$
残高限制	$w(u，v) \leqslant w_0[\eta(u，v)，u，v]$
主轴速度(motor speed)限制	$\lvert wi \rvert \leqslant wi_0$
兼容性(compatibility)	$h_1(\eta，u，v) \cdot \dfrac{\partial w}{\partial u} + h_2(\eta，u，v) \cdot \dfrac{\partial w}{\partial v} = h_3(\eta，u，v) \cdot w$

2. 机加工势场

对于上述的优化方程，解析解和数值解都比较难获得，所以要找寻优化方程的近似解。近些年在数控领域基于机加工势场的路径规划方法，为解决这一问题提供了一些思路。

机加工势场旨在将工件曲面几何特性和刀具几何特性结合起来，在复杂曲面上生成高效的数控加工路径。最主要的思路是提高每条路径所能切除的材料，即找到切削的最大带宽(maximum strip width) W_{max}，保证在满足残高要求的情况下，总体路径线长度会缩短，这意味着在切削速度等参数一定的情况下，机加工时间会减少。利用 7.1.1 的加工时间优化方程，可以将方程被积函数的分母项定义成切削效率：

$$\Gamma(u，v) = \vartheta(u，v) \cdot w(u，v) \tag{7-11}$$

$\Gamma(u，v)$越大，加工时间 $T_{加}$ 越小。在切削速度一定时，切削的最大带宽可以代表最高切削效率，即加工时间 $T_{加}$ 最小。所以整个优化目标转换成确定拥有最大带宽的切削加工路径。

直接找到一条路径，使其扫过的轨迹切下的材料最多，显然也很困难。采用离散方法可以找到近似的优化解，具体过程如图 7-2 所示。球头铣刀在复杂曲面上加工，从某一点出发的切削带宽几乎都具有各向异性，在设计曲面上离散一组点集，确定出所有样本点处切削带宽最大的方向，从而得到机加工势场 MPF。利用积分曲线法或者最小二乘等方法可以将箭头用一个连续的平滑曲线连接起来，称为轨迹曲线（trajectory curve），离散点在该曲线的切线方向就是该点的矢量所指的方向，也就是局部最优的进给方向。如图 7-3 所示，有些文献也将这种方法获得的结果称为最优进给方向场。

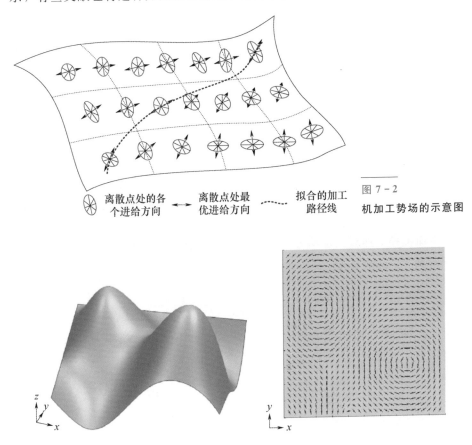

图 7-2　机加工势场的示意图

⊛ 离散点处的各个进给方向　　↔ 离散点处最优进给方向　　····· 拟合的加工路径线

图 7-3　典型曲面的进给方向场

7.1.3　流线方程的确定

获得最优进给场后，可以进一步拟合流线。如图 7-4 所示，根据 Sun 等的方法可以求得进给场的流线方程。假设曲面上存在一个优化的进给方向，

它在点P_{cc}处的切平面上表示为f，将式（7-3）中的向量v单位化即得其表达式为

$$f = \frac{\boldsymbol{v}}{\|\boldsymbol{v}\|} = \frac{\boldsymbol{v}}{\vartheta} = \cos\eta \cdot \boldsymbol{n} \cdot \frac{r_u}{\|r_u\|} + \sin\eta \cdot \boldsymbol{n} \cdot \frac{\dot{r}_u}{\|r_u\|} \qquad (7-12)$$

切空间上的一个向量$v\in T,S$可以用两个实数$\dot{u}$和$\dot{v}$表示，即$v = \dot{u} \cdot r_u + \dot{v} \cdot r_v$，令$\delta u = \dot{u}/\vartheta$，$\delta v = \dot{v}/\vartheta$，则$f$又可以改写成如下：

$$f = r_u \cdot \delta u + r_v \cdot \delta v \qquad (7-13)$$

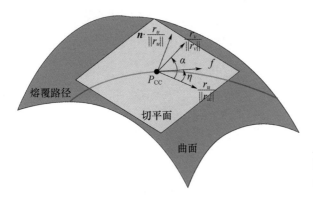

图 7-4

曲面切平面上的最优进给方向

下面推导如何获得进给方向f在参数空间P的表达参数（δu，δv），首先确定r_u和r_v之间的关系：

$$\cos\alpha = \frac{r_u \cdot r_v}{\|r_u \cdot r_v\|} = \frac{g_{1,2}}{\sqrt{g_{1,1} \cdot g_{2,2}}} \qquad (7-14)$$

式中：α为r_u和r_v之间的夹角；$[g_{i,j}]$为第一基本形式。所以$\boldsymbol{n} \cdot r_u/\|r_u\|$重新表示为

$$\boldsymbol{n} \cdot \frac{r_u}{\|r_u\|} = \frac{r_v}{\|r_v\|}\frac{1}{\sin\alpha} - \frac{r_u}{\|r_u\|}\cot\alpha \qquad (7-15)$$

将其带入式（7-7），得到

$$f = \frac{r_u}{\sqrt{g_{1,1}}}\left(\cos\eta - \frac{g_{1,2}}{\sqrt{\det\boldsymbol{G}}} \cdot \sin\eta\right) + r_v\sqrt{\frac{g_{1,1}}{\det\boldsymbol{G}}} \cdot \sin\eta \qquad (7-16)$$

逐项比较式（7-13）和式（7-16），可以得到

$$\begin{cases} \delta u = \dfrac{1}{\sqrt{g_{1,1}}}\left(\cos\eta - \dfrac{g_{1,2}}{\sqrt{\det\boldsymbol{G}}} \cdot \sin\eta\right) \\[3mm] \delta v = \sqrt{\dfrac{g_{1,1}}{\det\boldsymbol{G}}} \cdot \sin\eta \end{cases} \qquad (7-17)$$

使用 B 样条曲线表示流线方程：

$$\psi(u) = \psi(u, v) = \boldsymbol{MLN} \qquad (7-18)$$

式中：$\boldsymbol{M} = [N_{i,p}(u)]_{1 \times m}$；$\boldsymbol{N} = [N_{j,q}(v)]_{n \times 1}$；$\boldsymbol{L} = [l_{i,j}]_{m \times n}$。其中，$i = 1$, $2 \cdots$, m；$j = 1$, $2 \cdots$, n。

$\boldsymbol{M}$ 中的元素为定义在 $\boldsymbol{U}$ 方向的 p 阶 B 样条基函数：

$$\begin{cases} N_{i,p}(0) = \begin{cases} 1, & u_i \leqslant u \leqslant u_{i+1} \\ 0, & \text{其他} \end{cases} \\ N_{i,p}(u) = \dfrac{u - u_i}{u_{i+p} - u_i} N_{i,p-1}(u) + \dfrac{u_{i+p+1} - u}{u_{i+p+1} - u_{i+1}} N_{i+1,p-1}(u) \end{cases} \qquad (7-19)$$

同样地，N 中的元素是定义在 $\boldsymbol{V}$ 方向的 q 阶 B 样条基函数。

曲线中某点处的切向与其梯度方向是正交的，表达流线的方程 $\psi(u)$ 应当满足方程(7-19)。

$$f(u) \cdot \nabla \psi(u) = 0 \qquad (7-20)$$

$$\nabla \psi(u) = \nabla \psi(u, v) = \left[\frac{\partial \psi}{\partial u}, \frac{\partial \psi}{\partial v} \right] \qquad (7-21)$$

将式(7-13)以及式(7-21)代入式(7-20)，得到方程：

$$\frac{\partial \psi}{\partial u} \cdot \delta u + \frac{\partial \psi}{\partial v} \cdot \delta v = 0 \qquad (7-22)$$

求解式(7-22)，可得

$$\begin{cases} \delta u = -\dfrac{\partial \psi}{\partial v} = -\boldsymbol{MLN}' \\ \delta v = \dfrac{\partial \psi}{\partial u} = \boldsymbol{M}'\boldsymbol{LN} \end{cases} \qquad (7-23)$$

式中：$\boldsymbol{M}' = [N'_{i,p}(u)]_{1 \times m}$；$\boldsymbol{N}' = [N'_{j,q}(v)]_{n \times 1}$。其中，

$$N'_{i,p}(u) = \frac{p}{u_{i+p} - u_i} N_{i,p-1}(u) + \frac{p}{u_{i+p+1} - u_{i+1}} N_{i+1,p-1}(u)$$

$$\boldsymbol{A}^{\mathrm{T}} \boldsymbol{X} = \boldsymbol{b}^{\mathrm{T}} \qquad (7-24)$$

将式(7-23)改写成式(7-24)的线性方程形式，其中 $\boldsymbol{A}$ 是组成 B 样条曲线的系数矩阵，$\boldsymbol{b} = [\delta v, -\delta u]^{\mathrm{T}}$，$\boldsymbol{X}_{t \times 1}$ 指将 $m \times n$ 维的顶点矩阵转换成 $t \times 1$ 维。只要离散点集的数目超过方程的个数 t，线性方程组超定，没有精确解，但是一定有最小二乘解。因此通过最小二乘拟合的方法可以确定流线方程的系数 $\{l_{i,j}\}$，从而实现参数空间中最优进给方向场的可视化。

7.1.4　流线场拓扑结构的确定

对于 7.1.2 节中所提出的优化进给（最大切削带宽）方向，其相反方向显然能取得同样大的切削效率。可以采用 2 阶对称张量场表示这一对进给方向。路径规划的前期工作就可以描述成 2 阶对称张量场的可视化问题，即采用上一节的流线或者类流线的形式将场的性质表现出来。直接用场的流线或者类流线作为加工路径会出现过切或欠切的现象，所以需要重新规划路径间隔。这里介绍 Delmarcelle 关于 2 阶对称张量场的可视化及拓扑分析方法，将整个曲面划分成不同的区域，每个区域的流线簇都是局部最优路线的候选者，为流线场应用于加工路径的规划提供理论基础。

2 阶对称张量场中的每一点都可以表示成一个 2×2 的对称矩阵。因此自由曲面上每个点 u 都是一个 $(1,1)$ 型的张量 $\boldsymbol{T}_\alpha^\beta(u)$，其形式如式（7-26）所示。

$$\boldsymbol{T}_\alpha^\beta(u) = \begin{bmatrix} T_1^1(u) & T_1^2(u) \\ T_1^2(u) & T_2^2(u) \end{bmatrix} \tag{7-25}$$

从拓扑学的角度上考虑，$\boldsymbol{T}_\alpha^\beta(u)$ 完全等价于两个互相正交的特征向量：

$$\boldsymbol{V}_i(u) = \lambda_i(u)e_i(u) \tag{7-26}$$

式中：$\lambda_i(u)$ 和 $e_i(u)$ 分别是 $\boldsymbol{T}_\alpha^\beta(u)$ 的特征值及其对应的单位特征向量，$\boldsymbol{V}_i(u)$ 里面包含着大小信息 $\lambda_i(u)$ 和方向信息 $e_i(u)$。如图 7-5 所示，这两个特征向量 $V_1(u)$ 和 $V_2(u)$ 用双箭头表示，从中可以选择其中一个特征向量 $V_1(u)$ 表示前面所得到的两个彼此相反的优化进给方向。为了保证张量场形式的唯一性，另一个特征向量 $V_2(u)$ 需要被抑制，所以 $V_2(u)$ 对应的特征值满足 $\lambda_2(u)=0$。在这种情况下，在曲面上的每一点的优化进给方向只能沿着 $V_1(u)$ 的方向或者它的反方向。

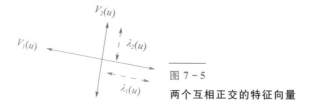

图 7-5　两个互相正交的特征向量

对于被选中的特征向量场，可以根据 7.1.3 节中的方法拟合张量场的流线或者类流线。在控制曲面的每一点上，流线都与所选特征向量 $V_1(u)$，即最优进给方向相切。但流线在有些特殊的点计算不出来，在这些点处两个互相垂直的特征值相等，每一个非零向量都会是点 $T_a^\beta(u)$ 的特征向量，这些特殊点被称为退化点（degenerated points）。它与向量场中的关键点（critical points）同样重要，通过定位退化点可以获得曲面（进给场）的拓扑结构。在退化点 u_0 处，一个特征值可以对应无数的特征向量，因而流曲线会在退化点相遇。从机械加工的角度来说，最大加工带宽在退化点 u_0 处失去了它的各向异性。无论沿哪个方向，切除的材料都是一样的，说明退化点附近的区域具有近似平面的性质。张量场 $T_a^\beta(u)$ 的元素在退化点 u_0 处满足：

$$\begin{cases} T_1^1(u_0) - T_2^2(u_0) = 0 \\ T_1^2(u_0) = 0 \end{cases} \tag{7-27}$$

在向量场中，在退化点处进行向量梯度计算可以识别流线的不同局部模式。不同退化点的类型对应着流线的不同性质，在式（7-27）等号的左侧使用泰勒展开式，可得

$$\begin{cases} \dfrac{1}{2}\left[T_1^1(u) - T_2^2(u)\right]\big|_{u_0} = \displaystyle\sum_{k=0}^{\infty} P_{m_k}(u^1 - u_0^1, u^2 - u_0^2) \\ T_1^2(u)\big|_{u_0} = \displaystyle\sum_{k=0}^{\infty} Q_{m_k}(u^1 - u_0^1, u^2 - u_0^2) \end{cases} \tag{7-28}$$

式中：P_m 和 Q_m 是 m 阶多项式，分别提出式（7-28）中等号右侧多项式的 4 个一阶项，对应地，等式左侧的张量元素用偏导数形式表达，为

$$\begin{cases} a = \dfrac{1}{2}\dfrac{\partial\left[T_1^1(u) - T_2^2(u)\right]}{\partial u^1}\bigg|_{u_0}, \quad b = \dfrac{1}{2}\dfrac{\partial\left[T_1^1(u) - T_2^2(u)\right]}{\partial u^2}\bigg|_{u_0} \\ c = \dfrac{\partial T_1^2(u)}{\partial u^1}\bigg|_{u_0}, \quad d = \dfrac{\partial T_1^2(u)}{\partial u^2}\bigg|_{u_0} \end{cases} \tag{7-29}$$

根据式（7-29）获得的结果，利用式（7-30）计算出一个重要参数 δ，可将退化点划分成不同的类型。

$$\delta = ad - bc \tag{7-30}$$

若是退化点附近区域的流线从两个方向经过退化点，这个局部区域被定义为双曲线区域；若只从一个方向经过退化点，则被称为抛物线区域。同样可以定义分隔线（separatrices），它是收敛到退化点的特殊流曲线，被看成是曲面的拓扑结构以分开双曲线区域和抛物线区域。当 $\delta<0$ 时，退化点被称为三分点（trisector point），它周围包含有被分隔线划分开来的三个双曲线区域（图 7-6）。在机械加工的角度来看，刀具的优化进给的方向被划分到了三个集合中。当 $\delta>0$ 时，退化点称为楔形点（wedge point），如图 7-7 中所示，楔形

点附近仅仅存在一个抛物线区域，一条分隔线不足以将曲面划分。如图7-8所示，这种楔形点都会成对出现，将两个楔形点合并成一个新的类型，称为融合点(merging point)。实际上退化点还有其他的类型，以及其他的两两结合的融合点，这里不再赘述，具体可见文献[2]。确定退化点类型后，再找出一些特殊点，便能获得曲面的分隔线(拓扑结构)，据此可以将曲面划分成不同的区域，且各子区域中的流线簇都是潜在的局部最优路径线。

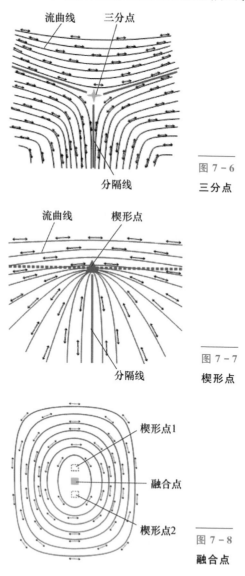

图7-6
三分点

图7-7
楔形点

图7-8
融合点

7.2　最优进给方向场的建立

使用场的概念可以得到一系列曲线的拓扑结构，利用这种拓扑结构信息可以将曲面划分成不同的区域，而且子区域中每个曲线簇都是路径的局部优化解。本节建立了曲面上对于激光熔覆最优进给场，利用流曲线对其进行拟合完成场的可视化，这样每条流线都是潜在的最优熔覆路径，可以依据流曲线为基础重新规划路径。

7.2.1　复杂曲面激光再制造模型

CNC 加工是一种减材加工工艺，作为增材加工方法的激光熔覆，由于具体工艺差异的原因不能直接套用减材的方法。激光熔覆熔池的截面轮廓一般被看成是倒着的高斯曲线，熔覆层的截面轮廓是近似抛物线的。根据前面章节的研究，残深可以刻画熔覆层表面质量，当与单道熔覆形貌相关的参数确定之后，曲面的粗糙度（残深）就与多道熔覆层的搭接率 O_p 相关。根据推导，可以获得的 O_p 的表达式，从而在给定的残深 τ 的情况下，依据单道形貌（w_0，h，κ_c）和曲面曲率 κ_s 得到满足加工要求的激光熔覆搭接率的指导值。为了方便后续路径线的规划描述，下面建立复杂曲面上激光熔覆的模型。

复杂曲面上的熔覆模型示意图如图 7-9 所示。假设有一个待熔覆的基体曲面 $S(u，v)$，将此曲面沿法向矢量偏移 $(h-\tau)$ 的距离得到所要求的设计曲面。这里 h 是熔覆层高度，τ 是残深要求，假设已经将之后机加工的加工余量考虑在内。将基体曲面上熔覆层的底部中心称为熔触点（coating contact point）P_{CC}，那么一系列相关的熔触点可以拟合成熔触点路径（CC 路径）。沿曲面 $S(u，v)$ 将 P_{CC} 处的法向矢量 n_{cc} 偏置一个激光束离焦量 D 的距离会得到一个曲面 $S'(u,v)$，称为控制曲面（control surface），它上面的每一点都是激光束在某一位置的焦点，称为焦位点（focus location point）P_{FL}。显然，每个 P_{FL} 点都有一个 P_{CC} 点与其一一对应，只要在控制曲面上进行适合的焦位点路径（FL 路径）规划，整个基体曲面就会被熔覆层覆盖，从而形成最终的熔覆表面。

要进行路径规划，还应该建立一个局部坐标系，如图 7-9 所示，坐标系中两个坐标轴分别代表路径线的法向矢量n_{FL}和激光喷头的进给方向f_{FL}，后者显然还是路径线的切线方向，第三个坐标轴可以通过叉乘$t_{FL} = f_{FL} \times n_{FL}$来获得。实际这3个参数不能完全定义激光头的进给状态，完整的激光路径信息应该包括位置和激光束的倾斜方向。前者通过$[x(t)，y(t)，z(t)]$来描述，后者可以用两个角度来刻画：倾斜角β和俯仰角γ。本章只对路径线的位置信息进行研究，根据复杂曲面上激光熔覆路径生成的模型，在控制曲面$S'(u, v)$上进行熔覆路径的规划。

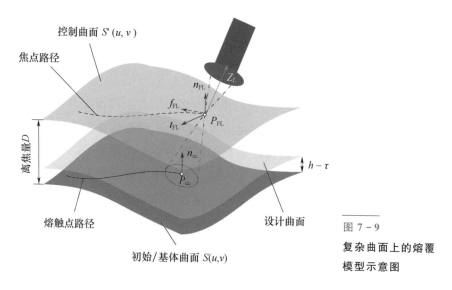

图 7 - 9

复杂曲面上的熔覆
模型示意图

7.2.2 最优熔覆进给方向场

对于数控加工，路径规划的优化目标一般是最小化时间，如 7.1 节中的阐述，每个刀具接触点加工带宽足够大是材料切除量的决定性因素，能够提高加工效率。Taejung、Guillermo 和 Liu 的工作可以概括为一个优化问题：限制残余高度ξ_i在给定高度h_m上限之内，找出所有采样点中带宽最大的方向，这些方向可称为优化的进给方向。依据相似的思路可以探究激光熔覆的最优进给方向。

不同路径方向的曲率区别如图 7 - 10 所示，给定激光喷嘴的位置 P，假设有两个 CC 路径l_1和l_2通过它的中心，显然l_1的曲率小于l_2，即前者的切线方向局部更平坦。理论上，在其他因素不变的情况下，如果以这个方向作为熔覆层宽度的延伸方向，其宽度可以设定为更大的值。这个结论在焦位点 FL 路径上是相同的。在控制曲面上的几乎每个采样点曲率是各向异性的，这也就意味着在这些点上总是有一个最平坦的行进方向。

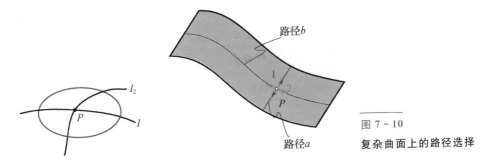

图 7 - 10

复杂曲面上的路径选择

在熔层表面残深 τ 的限制下，在控制曲面上的每个离散点处选择一个方向，在该方向上激光熔覆宽度将获得最宽的可用值，即在控制曲面上曲率各向异性的方向中确定一个进给方向，其局部曲率 K 最小，也就等于找到最大曲率半径为 ρ 的方向。这意味着在离散点处总是存在一个方向，熔覆宽度延伸总是比在其他方向可获得更宽的范围 $[w_{\min}, w_{\max}]$。这里 $w_{\min}$ 是由激光装置确定的，$w_{\max}$ 是由优化的曲率半径 ρ 获得的。

例如，图 7 - 10 中的曲面上有两个路径的选择，路径 a 是一条直线，其曲率半径为无限大，表明路径 a 在 P 点的方向 1 是最为平坦的；另一条路径 b 在 P 点的曲率半径有定值，说明方向 2 是不平坦的。对于激光熔覆等增材加工工艺，不直接研究激光束的进给方向，而从熔覆道（横截面）在宽度的延伸方向考虑显然更为实际和简便。因此，方向 1 是熔覆道宽度延伸的最佳方向，因为熔覆道宽度的方向与激光束进给的方向正交，所以根据最优熔覆宽度方向决定的激光束进给方向就是最终的优化方向。复杂曲面上的最优宽度选择方向场如图 7 - 11 所示。通过在控制曲面 $S'(u, v)$ 上离散一系列点集，在每个曲面点处选取熔覆宽度延伸最大的方向，建立一个描述结果的势场；在每个点处计算正交方向，建立宽度选择方向场的正交向量场（或对偶矢量场），激光熔覆的最优进给方向场如图 7 - 12 所示。该对偶矢量场就是优化的激光进给方向（optimized laser tracking direction，OLTD）场。

将 OLTD 场用曲线进行拟合，获得的结果就称为轨迹（或流线），流线某点切向所指的方向就是在该点所有进给方向中的拥有最大熔覆宽度间隔（最优宽度延伸）的那一个。

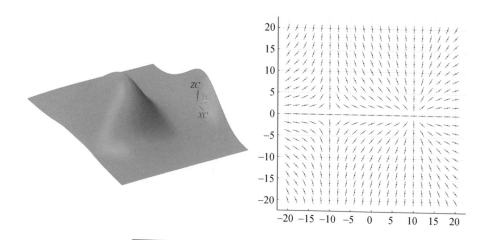

图 7 - 11 复杂曲面上的最优宽度选择方向场

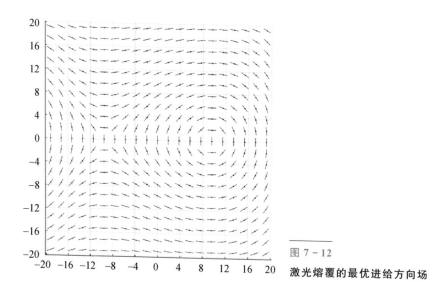

图 7 - 12
激光熔覆的最优进给方向场

　　由图中明显看出，在每个点处总是存在一对优化的激光进给方向，而且两者的夹角呈 180°。如果激光喷头沿某一方向进给，单道熔覆层宽度可以得到最优结果，其相反方向也会得到同样结果。矢量场只能代表我们最终的优化方向之一，根据数学知识，可以将标量场和矢量场分别视为 0 阶和 1 阶张量场。为同时表示两个矢量场，本章将应用 2 阶对称张量场，不仅可以描述两个矢量本身，而且可以描述彼此之间的关系。

　　如图 7 - 13 所示，根据前面 7.1.3 节中确定流线方程的方法，将图 7 - 12

中曲面上的优化的激光进给方向场进行流线拟合。不能使用张量场拟合的流线路径进行激光熔覆加工，纵然考虑到搭接率，原始张量场得到的流线路径间距变化很大，但图 7-13 中每一条流线都是潜在的最优熔覆路径，可以依据流曲线为基础重新规划路径。根据进给方向场还可以确定曲面拓扑结构，将流线簇划分到不同的区域中，这就引出了下一节的研究工作。

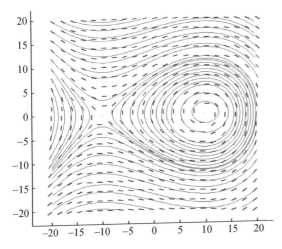

图 7-13

激光熔覆的最优进给方向的拟合流线

图 7-14 中是 3 个不同的复杂曲面，根据前文中的研究，可以在曲面上求出最优进给方向场，并将其拟合成流线。本章采用的是 2 阶张量场，因此拟合的流线都在平面上，可以通过映射获得三维曲面上流曲线。

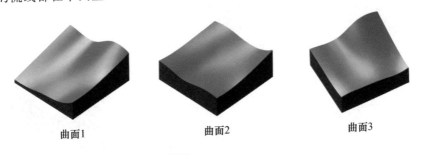

曲面1   曲面2   曲面3

图 7-14   **不同的复杂曲面**

以曲面 1 为例，在曲面上离散一些点集，求得每一点处的最优熔覆宽度延伸方向，其正交的方向便是曲面 1 上进行激光熔覆的最优进给方向场，结果如图 7-15 所示。如图 7-16(a)所示，依据第 2 章 2.3 节中的流线方程对进给场进行拟合可以得到张量场的流线。由图可以看出从边界各个起点出发所得到的流线不均匀，图 7 - 16(b) 中将所得到的流曲线选择一些映射到曲面上，从而完成曲面 1 上激光熔覆优化进给流线的可视化工作。尽管这些流线不能直接当作激光熔覆路径，却是路径规划重要的研究基础。同理获得图 7 - 17 所示的曲面 2 和曲面 3 上的最优熔覆进给流线场。

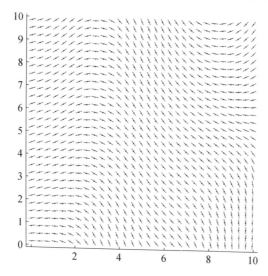

图 7 - 15
曲面 1 的最优进给方向场

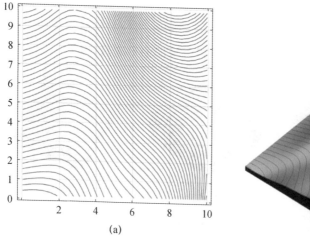

(a)

(b)

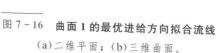

图 7 - 16   曲面 1 的最优进给方向拟合流线

(a) 二维平面；(b) 三维曲面。

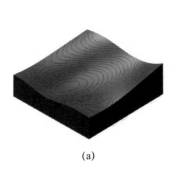
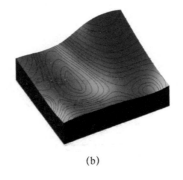

(a)　　　　　　　　　　　　　　　(b)

图 7 - 17

曲面 2 和曲面 3 上的流线确定

(a) 曲面 2；(b) 曲面 3。

7.3 基于流线场的曲面分割

7.2 节在控制曲面 $S'(u, v)$ 上离散了一组点集，如图 7 - 18(a) 所示，通过 7.1 节中的式 (7 - 25) 在网格点上找到退化点。如果找寻失败，可以通过对张量元素进行二次线性内插进一步细分样本点，找到潜在的退化点。退化点是确定流线场骨架（拓扑信息）的关键要素，但是仅有退化点不够，还需要其他特殊点来生成划分张量场（曲面、流线簇）的分隔线。

分隔线本身是一种被收敛到退化点的特殊流曲线，在控制曲面上构造退化点 P 处的切平面以及法向矢量，将曲面上的分隔线沿着法向矢量投影到切平面，会得到一条通过退化点的线。这里需要另外的点确定这条线，这些点被称为种子点 (seed point)，其确定方法如下：

步骤 1：如图 7 - 18(b) 所示，作过曲面退化点的切平面以及法向矢量；在切平面上做一个半径较小的圆以保证其中有且仅有一个退化点。将圆分成 m 等份，此处 m 取 6。

步骤 2：如图 7 - 18(c) 所示，将 6 个等分点映射回曲面上，利用式 (7 - 26) 计算每一点的所选特征向量，再投射到切平面上。

步骤 3：计算每一点所选特征向量与圆弧在该点的径线之间的夹角 θ。

步骤 4：构造函数 $f(\theta) = \cos(\theta)$，$f'(\theta) = -\sin(\theta)$，种子点就是函数 $f(\theta)$ 的极值点；利用极值点判定定理（极值点两侧函数增减性改变与否）来确定某一圆弧内是否有种子点，$f'(\theta_0 + \Delta\theta) \cdot f'(\theta_0 - \Delta\theta) < 0 (\Delta\theta$ 应该足够的小)。

步骤 5：若是 3 个圆弧都找到了，则结束；否则返回步骤 1，继续细分 m。

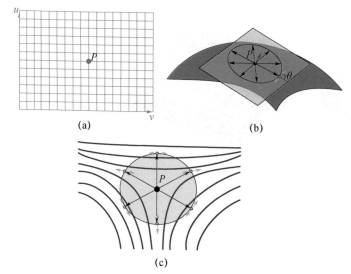

图 7 - 18

种子点的确定

(a)退化点的确定;

(b)切平面及进给角度;

(c)种子点的确定。

具体种子点的确定的步骤如图 7-19 所示。

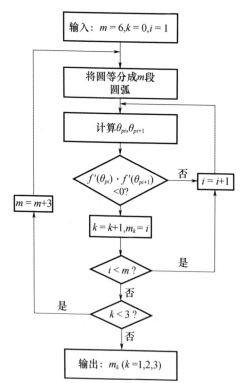

图 7 - 19

种子点的确定

　　边界是特殊的流线，它们总会通过退化点和种子点，从两侧的流线簇向其进行收敛。一旦有了退化点和种子点，采用最常规的追踪算法（marching method）就可以生长出曲面的分隔线，直到碰到曲面边界或者另外的退化点为止。

　　曲面上的熔覆最优进给流线场可以为曲面提供拓扑信息，从而将其划分成不同的子区域。利用式（7-27）对曲面 1 上的点集进行估计，计算结果接近于零（或者低于设置的一个较小阈值）的点可以认为是退化点。计算每个退化点上 δ 的值，可以求得曲面 1 有一个三分点和两个融合点，结果如图 7-20（a）所示。在退化点附近使用图 7-19 所示的算法，确定相应的种子点以及必要的边界点，使用追踪算法生长出曲面 1 分隔线，如图 7-20（b）所示。

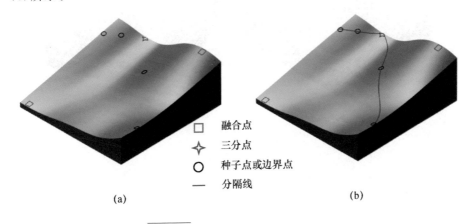

□　融合点
✦　三分点
○　种子点或边界点
—　分隔线

(a)　　　　　　　　　　　　　　　(b)

图 7-20　曲面 1 的特殊点和分割线

(a)特殊点；(b)分隔线。

　　使用同样的步骤在曲面 2 和曲面 3 上划分曲面。首先获得三维曲面上的最优熔覆进给流线场，以其为基础求出退化点和种子点[图 7-21(a)、(b)]；其次生成对应的曲面分隔线，将曲面 2 和曲面 3 分成若干个不同的子曲面，结果如图 7-21(c)、(d)所示。每个子曲面中以其中的流线簇为基础规划激光熔覆路径。

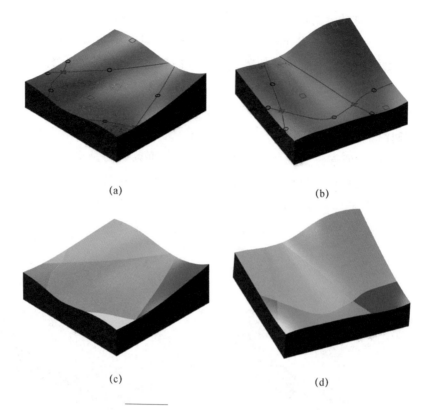

(a)   (b)

(c)   (d)

图 7 - 21　曲面的分隔线和分隔结果

（a）曲面 2 的分隔线；（b）曲面 3 的分隔线；（c）曲面 2 的分隔结果；（d）曲面 3 的分隔结果。

7.4　复杂曲面增材制造的路径生成方法

在 7.3 节中利用分隔线将控制面上的流线划分到不同的区域中，这种处理方式在一定程度上与聚类方法类似，把具有近似方向或曲率变化的流线放入同一类别，然后在各类别（子区域）内生成激光熔覆的路径线。路径的生成包括两个重要的步骤：首先是第一条路径线（称为起始路径线）的确定；其次是路径间隔的选择，即确定合适的搭接率。

7.4.1　起始基线的确定

数控中复杂曲面路径的生成方法，如等参数法（ISO - parameter）或等残高法（ISO－scallop），都是选择曲面区域的边界作为起始路径线，然后利用一定的侧向步长（路径间隔）偏移这个曲线，直至所有路径线布满这个曲面。

如图 7-22 所示，这种以边界作为起始路径线的方法存在一些问题。表现在两个方面：其一，随着路径偏移的次数增加，曲线会越来越不平滑，直至出现如图 7-22(a)所示的尖角，这样的路径对于控制系统或者最终质量的形成都是不利的，一般的解决方法是采取平滑函数，将夹角位置的曲线再度平缓；其二，这种从边界开始偏置路径线的方法，致使最终的路径线与该位置的流线（理论的最优进给路径）相去甚远，从图 7-22 可以看出，路径线和流线的相似程度随偏置次数的增加而减小，有的文献将其称为"漂移"现象。为减弱这种路径不平滑和"漂移"情况，应当尽可能减少偏移次数，准确地说应使总的偏移距离最短。显然没有必要找到这个最优起始路径的精确位置，下面介绍一种利用平均 Hausdorff 距离方法确定起始偏移路径线的方法。

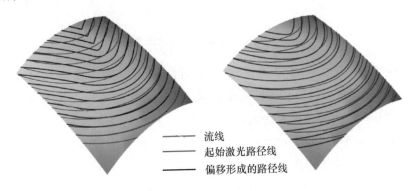

图 7-22　路径偏移初始基线的确定

(a)边界流线的偏移结果；(b)中间流线的偏移结果。

Hausdorff 距离是用来测量度量空间中真子集之间距离的数学量。Hausdorff 距离的示意图如图 7-23 所示，用来确定欧氏空间中两个点集（两条流线上的离散点）的距离。若 $A = \{a_1,\ a_2,\ a_3,\ \cdots\}$ 和 $B = \{b_1,\ b_2,\ b_3,\ \cdots\}$，测点集 A 和 B 的 Hausdorff 距离 $D_{\text{Hau}}(A,\ B)$ 可以写为

$$D_{\text{Hau}}(A,\ B) = \max[d_{\text{Hau}}(A,\ B),\ d_{\text{Hau}}(B,\ A)] \qquad (7-31)$$

式中：$d_{\text{Hau}}(A,\ B) = \max\limits_{a \in A} \min\limits_{b \in B} \|a - b\|$ 是从点集 A 到点集 B 的单向 Hausdorff 距离；同理 $d_{\text{Hau}}(B,\ A) = \max\limits_{b \in B} \min\limits_{a \in A} \|b - a\|$ 是点集 B 到点集 A 的单向 Hausdorff 距离。

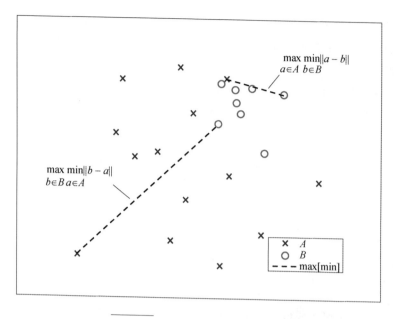

图 7 - 23　**Hausdorff 距离的示意图**

Hausdorff 距离可以描述流线簇之间的相似程度，找到与其他流线 Hausdorff 距离最相近的某条流线作为起始激光熔覆路径线。具体做法如下：将流线的数目设为一个较大的值（30～40），这样一方面便于确定退化点和种子点，另一方面可以较为准确地定位起始基线；计算出每一条流线与其余各个流线的 Hausdorff 距离，并求出平均值，Hausdorff 距离是可以度量流线上的某一点到另外一条流线上的最大距离，平均 Hausdorff 距离就可以用来估计某条流线的偏移距离。因为由其偏移而来的路径线与对应位置流线的偏差最小，所以平均 Hausdorff 距离值最小的流线就是较优的起始基线。为了简化运算，如果流线之间的距离比较均匀，实际应用中也可以直接选择最中间的流线为起始路径线。

7.4.2　熔覆路径线偏移方法

初始路径线选择好之后，另一个重要步骤则是路径间隔（搭接率）的确定。采用第 4 章中的等残深方法，路径偏移的示意图如图 7 - 24 所示。简单地介绍精确获取下一条等残深路径的方法：在选择出来的流曲线（初始路径线）上离散一些点集，利用公式在垂直于曲线的方向上计算各点的路径间隔；将这一系列点按照路径间隔进行偏移获得新的一组点，把这些点拟合成曲线即是下一条路径线。整个过程描述比较容易，实际计算量很大，可以采用一些近似的方法实现路径线的偏移生成。

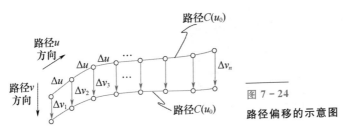

图 7 - 24
路径偏移的示意图

通过平均 Hausdorff 距离选择出路径起始基线，设其参数化形式为 $C(u_0)$。下一条路径线为 $C(u) = x(u) \cdot i + y(u) \cdot j + z(u) \cdot k$，其泰勒展开式为

$$C(u) = C(u_0) + C'(u_0) \cdot \Delta u + \frac{1}{2} C''(u_0) \cdot \Delta u^2 + \cdots \quad (7 - 32)$$

$\Delta u = u - u_0$ 可以当作是与激光路径间隔对应的参数增量，$|C(u) - C(u_0)|$ 是两路径之间的间隔函数，忽略展开式中的一些高阶项，得到的间隔函数为

$$w = |C(u) - C(u_0)| = \left| C'(u_0) \cdot \Delta u + \frac{1}{2} C''(u_0) \cdot \Delta u^2 \right| \quad (7 - 33)$$

对式(7 - 33)等号两边分别进行平方，容易推导出 Δu 的表达式为

$$\Delta u = \sqrt{\frac{w^2 - \varepsilon}{\left(\frac{\mathrm{d}x}{\mathrm{d}u}\right)^2 + \left(\frac{\mathrm{d}y}{\mathrm{d}u}\right)^2 + \left(\frac{\mathrm{d}z}{\mathrm{d}u}\right)^2 \Big|_{u_0}}} \quad (7 - 34)$$

式中：ε 是间隔函数关于 Δu 的高阶项，为了更快地计算，可以将 ε 省略。按照 Δu 的间隔在起始路径线 $C(u_0)$ 上离散点集，计算出各个点垂直于 $C(u_0)$ 的路径间隔，就可以得到参数空间的一对对的 (u, v) 值，将它们映射回工件曲面空间并拟合成曲线，即可得到下一条等残深的路径线。

这种方式也比较烦琐，一些研究将参数曲面再次映射，如使用共形映射 (conformal map)，将参数曲面映射到平面上，并在平面上完成路径规划，将其重新映射回参数曲面以及空间曲面，得到曲面上的刀具路径。如图 7 - 25 所示，Taejung 等提出了一种更便捷的近似方法，通过推导一个新的度规 (metric) H 定义一个新的流形 (P, H)。用类似于欧氏空间的弧长定义，将 $\mathrm{d}\eta = \sqrt{\mathrm{d}u^{\mathrm{T}} H(u) \mathrm{d}u}$ 称为元伪弧长。但与欧氏度规 G 不同的是，黎曼度规是度量两个向量之间的夹角或向量的长度。$\boldsymbol{H}$ 的定义以及推导证明这里不作展开，下面进行一些必要的参数解释。

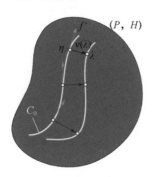

图 7-25

新度规 $\boldsymbol{H}$ 上的路径偏移

种子曲线(seed curve)为光滑曲线 C_0，参数 $\lambda \in [0, L]$，存在映射 $f: \lambda \to f(\lambda) \in P$。曲线 C_0 的参数化曲线为 $f(\lambda)$，其切向量为 $\boldsymbol{f}'(\lambda) = \mathrm{d}f/\mathrm{d}\lambda$，这里 λ 是欧氏空间中的弧长。定义 $\boldsymbol{f}'(\lambda)$ 和 $v(\lambda)$ 为 $\boldsymbol{H}$-正交，即 $v^{\mathrm{T}} H \cdot \boldsymbol{f}' = 0$。

如图 7-25 所示，从 $f(\lambda)$ 构建方向沿着 $v(\lambda)$ 的测地线，是指从 C_0 上的点到测地线偏移的长度是 η。通过偏移得到的曲线被称为测地平行线(geodesic parallel)，这种基于 $\boldsymbol{H}$ 的映射，定义如下：

$$\boldsymbol{X} \equiv [\lambda \ \eta]^{\mathrm{T}} \to \boldsymbol{u} \equiv [u \ v]^{\mathrm{T}} = \boldsymbol{y}(\boldsymbol{X}) \in P \tag{7-35}$$

如图 7-26 所示，这种以新度规及新坐标系确定起始路径线偏移方向和距离的方法的步骤如下：

(1)将 7.4.1 节中所获得的初始路径线作为种子曲线 C_0。

(2)在种子曲线上离散点集。

(3)每个点上，沿 $\boldsymbol{H}$-正交的方向，在由 (λ, η) 构成的坐标系上构建测地平行线，标注点 $\eta = 2n \cdot \sqrt{\tau}$ $(n = 0, 1, 2, \cdots)$，直到两个测地线相交，流程终止，这里 τ 为最大残深(粗糙度)要求。

(4)在 P 上构建刀具路径，通过沿 λ 值的升序连接有相同 η 值的标点，这条曲线就认为是一条激光熔覆路径。

根据以上所述，测地平行线中应该包括激光熔覆路径(波峰线)和波谷线，分别为

(1)$\eta = (2n - 1) \cdot \sqrt{\tau}$ $(n = 0, 1, 2, \cdots)$ 是第 n 个波谷线。

(2)$\eta = 2n \cdot \sqrt{\tau}$ $(n = 0, 1, 2, \cdots)$ 是第 n 个激光熔覆路径线。

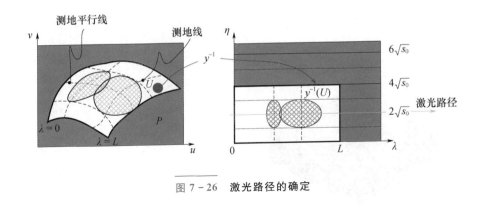

图 7 - 26　激光路径的确定

7.4.3　各个区域熔覆路径线的生成

基于流线场的激光熔覆路径线生成方法如图 7 - 27 所示，步骤如下：

(1)将曲面沿法向矢量偏移一个激光束离焦量的距离，得到控制曲面，但为方便展示路径结果，省略此步，直接在曲面上进行路径规划。

(2)在曲面上离散一个合适的点集。

(3)找到曲面上各个点处的单道激光熔覆最优的宽度延展方向，以其正交方向作为激光熔覆优化进给方向场。

(4)根据方向场确定流线方程，并且将流线方程拟合流曲线，将流线映射到三维曲面上。

(5)依据得到的流线场对曲面进行划分：

①找到流线场中的退化点和种子点；

②根据两种特殊点提取出分隔线；

③利用分隔线划分曲面。

(6)对各个子曲面所包含的流线，利用 Hausdorff 距离计算出每个区域最合适的起始偏移路径线C_0。

(7)在C_0上离散一些点，转换到新的坐标系$(\lambda，\eta)$下，求出每个点沿 H - 正交方向的偏移距离 $\eta = 2n \cdot \sqrt{\tau}(n = 0，1，2，\cdots)$。

(8)将带有相同 η 值的点拟合起来，直到将子区域完全覆盖，即得到该子曲面上的激光熔覆路径线。

(9)在每个子曲面都进行相同的路径偏移方法，就可以完成整个曲面激光熔覆路径线的规划。

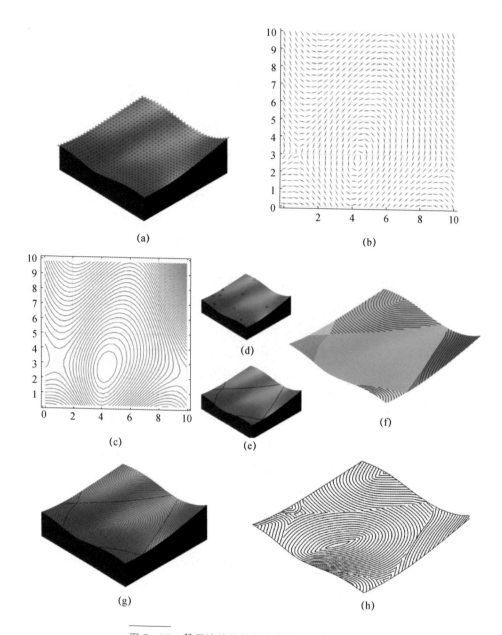

图 7 - 27　基于流线场的激光熔覆路径线生成方法

(a)曲面上离散点集；(b)生成最优进给方向场；(c)拟合流线；
(d)找到特殊点；(e)确定分隔线；(f)划分曲面，并在子曲面内生成路径；
(g)在整个曲面上生成激光熔覆路径；(h)激光熔覆路径。

单道横截面的宽度和高度分别为 4.41mm 和 1.06mm，残深 τ 的最大要求为 0.1mm（注意这里 τ 和实际粗糙度不严格对应）。根据这些要求，分别在曲面 1 和曲面 3 上生成基于最优进给流线场的激光熔覆路径，结果如图 7 - 28 所示。可以看出，对于这些复杂的曲面，在流线场这种表达形式下，总会存在一些特殊点组成的拓扑结构将曲面划分成不同的子曲面。尽管理论上路径线可以将曲面完全覆盖，但在实际熔覆加工中，边界两侧的区域由于路径朝向不一致会产生相应的干涉问题。对于数控这种减材加工形式，可以多次走刀提高边界处的表面质量，但对于激光熔覆等增材加工来说，边界区域的处理是一个具有挑战性的问题，在后续工作中可以从工艺的角度考虑解决方法。

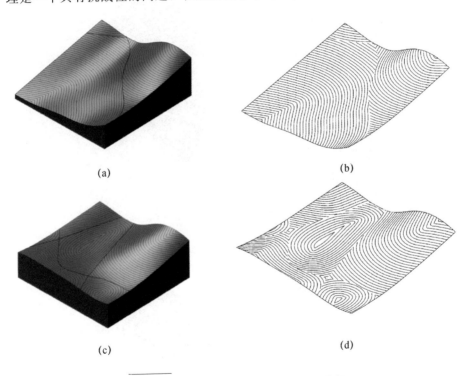

(a)　　　　　　　　　　　　　　　　(b)

(c)　　　　　　　　　　　　　　　　(d)

图 7 - 28　曲面 1 和曲面 3 的激光熔覆路径

(a)曲面 1 的最优进给流线场；(b)曲面 1 的激光熔覆路径；
(c)曲面 3 的最优进给流线场；(d)曲面 3 的激光熔覆路径。

扇叶和涡轮叶片是实际工程应用中常见的带有复杂曲面的零件，应用本章的研究方法在 MATLAB 软件中生成激光熔覆优化进给方向场如图 7 - 29 所示。它们拟合成的流线如图 7 - 29(a)、(c)所示；将平面的流线映射到三维空间曲面上，如图 7 - 29(b)、(d)所示。由图可以看出这两个零件的表面都没有出现退化点，流线属于同一个区域，不需要划分曲面。这说明边界问题在工程实践有可能避免。只要从流线中选择合适的起始偏移路径线(图 7 - 29 中红线所示)，然后按照偏移方法生成其余的路径即可。根据以上分析，对于大多数复杂零件表面的增材制造路径规划，应用本方法没有问题；但若是曲面上的进给流线场中出现退化点，则需要划分曲面。本方法在实际应用中其实还有些尚需解决的具体工艺问题。

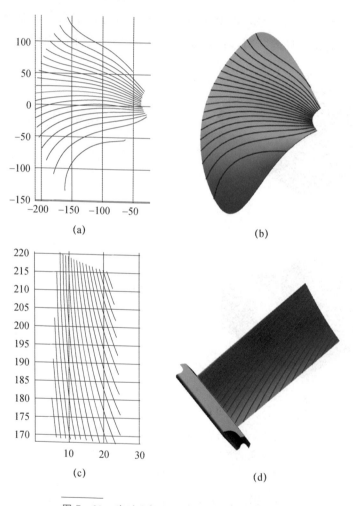

(a)   (b)

(c)   (d)

图 7 - 29 扇叶和涡轮叶片的进给方向流线场

(a)扇叶曲面的拟合流线；(b)扇叶上的流线；(c)涡轮叶片的拟合流线；

(d)涡轮叶片上的流线。

7.4.4　路径线的仿真分析

由于试验条件限制以及关于路径后期处理的问题还没解决，本章选择将激光熔覆层的形貌采用三维建模的方式展现出来。虽然这与实际的熔覆形貌之间存在偏差，但这种方法可以在实际熔覆加工之前较好地预测熔覆表面的质量情况。熔覆道的可视化，最重要是要确定熔层的横截面轮廓，在前面章节已经做了充足的准备。对于确定的激光工艺参数，熔覆道中间部分的轮廓是基本稳定，可以直接用前面的抛物线拟合。在两个端部位置，横截面轮廓会出现不同的变化，具体体现就是熔覆层端部坍塌，成形的结果对零件精度有较为重要的影响。根据宋梦华等的研究，激光熔覆层端部横截面轮廓宽度/高度沿扫描方向由外向内逐渐变大，大概经过半个熔池（光斑半径）后到达稳定状态。

根据所做研究的单道熔覆形貌的试验，激光束所形成熔池的实际直径近似为熔层的宽度 4.4mm；宽高比为 4.17(4.4097/1.0603)，根据式（7-36）的计算，可以求得单道熔层端部的表面形貌。

$$
\begin{cases}
z = \dfrac{m \cdot (y + \sqrt{r^2 - x^2})}{v \cdot \rho}, & y \in \left[-\sqrt{r^2 - x^2},\ \sqrt{r^2 - x^2} \right] \\[3mm]
z = \dfrac{2m \cdot \sqrt{r^2 - x^2}}{v \cdot \rho}, & y \in \left(\sqrt{r^2 - x^2},\ +\infty \right)
\end{cases}
\tag{7-36}
$$

熔覆道端部形貌的三维重建如图 7-30(a)所示，结合中间部位稳定的横截面形貌将熔覆效果可视化出来，如图 7-30(b)所示。由图可以看出，平面上的熔覆形貌与实际熔覆的结果非常接近；对于复杂曲面，熔层的底面不再是平面，重建形貌与实际结果会有差别。可以在路径线上多选几个轮廓，经过微调使其底面与曲面更好地兼容，成形效果会有所改善。

曲面上的单道熔覆道形貌如图 7-31 所示，其中图 7-31(a)是路径为平面曲线时熔覆道的三维结果；利用这种方法可以实现基于流线场的激光熔覆路径线的形貌可视化，结果如图 7-31(b)所示；通过 7-31(c)中的放大图来看，熔覆道的三维形状有很好的仿真结果。平板基材上的熔覆层的三维结果如图 7-32(a)所示，可以看出搭接率较大的熔覆层表面形貌显示不清晰。

本节提出一种残深可视化的方法，可以定性、定量地显示出熔覆层的表面质量。这个概念具体来说就是假设有一个设计曲面，根据加工后的熔覆层与这个曲面(或平面)存在高度差,用云图的形式在平面或曲面上将这个高度差(残深)可视化出来。

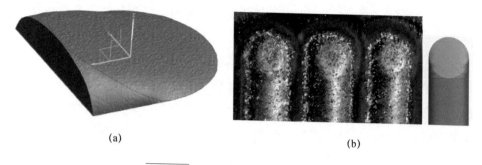

(a)   (b)

图 7 - 30　熔覆道端部形貌的三维重建

(a)端部重建结果;(b)与试验结果的对比。

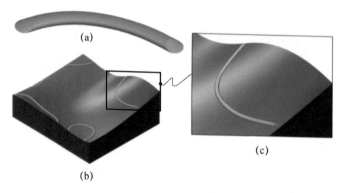

(a)

(c)

(b)

图 7 - 31

曲面上的单道熔覆道形貌

　　平板上熔覆层的残深如图 7 - 32(b)所示,由于完全考虑了熔覆道两个端部,残深的最大值已经超过 1mm,即达到单道熔覆道的高度。跟很多文献中指出的一样,端部对熔层表面质量有很大影响。为了更好地显示和量化残深,采用端部以内的中间部分作为可视化的有效区域,去掉两侧之后的残深可视化结果如图 7 - 32(c)所示。从图中可以看到,除了起始道和终止道的部分区域残深大于 0.6mm 以外,绝大部分区域的残深都小于 0.1mm。在后续的曲面上的熔层残深可视化中,会将这些边界区域影响忽略。

　　对于工程常见的机电产品扇叶[图 7 - 33(a)]和叶轮叶片[图 7 - 35(a)],根据本章所提出的方法,在其曲面上可以得到最优进给流线场,由于没有退化点的出现,零件表面就是一整个区域。根据平均 Hausdorff 距离选择其中的一条流线作为路径起始线,在残深要求为 0.1mm 的情况下,采用所提出的

等残深偏移方法，生成零件表面上基于流线场的激光熔覆路径线。如图 7 - 33
(b)和图 7 - 35(b)所示。

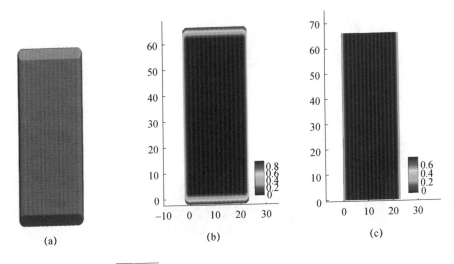

(a)　　　　　　　　(b)　　　　　　　　(c)

图 7 - 32　**平面基材上激光熔覆残深的可视化**

(a)三维形貌；(b)残深可视化；(c)去掉边界的残深可视化。

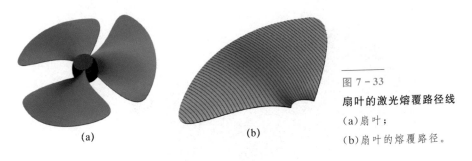

(a)　　　　　　　　(b)

图 7 - 33

扇叶的激光熔覆路径线

(a)扇叶；

(b)扇叶的熔覆路径。

　　将扇叶和叶轮叶片路径对应的熔覆层表面效果显示出来，残深的可视
化效果如图 7 - 34 和图 7 - 36 所示，最大残深在 0.08mm 左右，可达到表面
质量的要求。这种残深可视化方法比较清楚地展示了激光熔覆等增材制造
后表面质量的结果。在实际加工之前进行一定的仿真预测准备工作，为这
一类加工工艺的路径规划效果提供了重要反馈。路径规划结束后，若某些
地方不符合残深的限制要求，再返回去调整偏移距离，直到残深满足要求
为止。

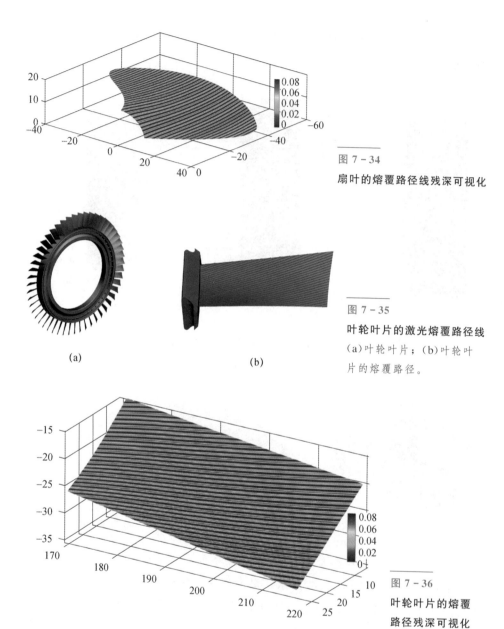

图 7 - 34

扇叶的熔覆路径线残深可视化

图 7 - 35

叶轮叶片的激光熔覆路径线

(a)叶轮叶片；(b)叶轮叶

片的熔覆路径。

(a)   (b)

图 7 - 36

叶轮叶片的熔覆

路径残深可视化

在相同的激光参数和最大残深要求下，可以在扇叶和叶轮叶片上生成等参数的激光熔覆路径线，图 7 - 37(a)和图 7 - 38(a)中是按照 u 方向，图 7 - 37(b)和图 7 - 38(b)中是按照 v 方向。表 7 - 2 所列为 3 个复杂曲面和两个零件表面生成的路径结果。

图 7 - 37　扇叶的其他方法生成的路径

(a)等参数法－u；(b)等参数法－v。

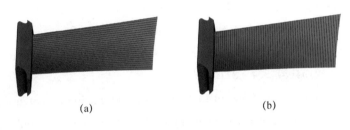

图 7 - 38　叶轮叶片的其他方法生成的路径

(a)等参数法－u；(b)等参数法－v。

从表 7 - 2 中可以看出，相对于其他方法，在同样表面残深的要求下，本章基于流线场的路径生成方法所得到的路径总长度最小。在激光喷头的进给速度和其他相关工艺参数一致的情况下，路径的长度可以表示加工效率。因此本章提出的方法可以在保证加工精度的情况下，提高复杂曲面激光熔覆的加工效率。

表 7 - 2　路径长度的比较

曲面类型	等参数法－u		等参数法－v		聚类算法		流线场法	
	路径长度/mm	比较/%	路径长度/mm	比较/%	路径长度/mm	比较/%	路径长度/mm	比较/%
曲面 1	5045	27.8	5158	31.7	5133	31.1	3916	—
曲面 2	4799	24.3	5098	32.0	4862	25.9	3860	—
曲面 3	4597	30.1	5029	37.8	4850	33.2	3649	—
扇叶	8141	12.9	8362	16.0	8296	15.1	7208	—
叶片	1230	6.4	1276	10.4	1254	7.5	1156	—

参考文献

[1] 周璐,符尚武,李晓梅. 二维复杂向量场可视化方法研究及应用[J]. 计算机研究与发展,2001,38(2):181-186.

[2] DELMARCELLE T, HESSELINK L. The topology of symmetric, second - order tensor fields[J]. IEEE Transactions on Visualization and Computer Graphics,1997,3(1):1-11.

[3] 王少荣,汪国平. 基于聚类的二维向量场可视化[J]. 计算机辅助设计与图形学学报,2014,26(10):1593-1602.

[4] CHIOU C J, LEE Y S. A machining potential field approach to tool path generation for multi - axis sculptured surface machining[J]. Computer - Aided Design,2002,34(5):357-371.

[5] LEE Y S,CHIOU J C J. Swept tool envelope and machining potential field for 5 - Axis sculptured surface machining[J]. Computer - Aided Design and Applications,2006,3(6):751-760.

[6] BERGER U,KRETZSCHMANN R,REICHENBACH M,et al. Development of a heuristic Process Planning Tool for Sequencing NC Machining Operations extended by the Potential Field Analysis[J]. IFAC Proceedings Volumes,2009, 42(4):1221-1226.

[7] XU K,TANG K. Five - axis tool path and feed rate optimization based on the cutting force - area quotient potential field[J]. The International Journal of Advanced Manufacturing Technology,2014,75(9):1661-1679.

[8] HU P,TANG K. Five - axis tool path generation based on machine - dependent potential field[J]. International Journal of Computer Integrated Manufacturing, 2015,29(6):636-651.

[9] KUMAZAWA G H ,FENG H Y ,FARD M B . Preferred feed direction field: A new tool path generation method for efficient sculptured surface machining [J]. Computer - Aided Design,2015,s 67-68:1-12.

[10] LIU X,LI Y,MA S,et al. A tool path generation method for freeform surface machining by introducing the tensor property of machining strip width[J]. Computer - Aided Design,2015,66:1-13.

[11] ZHANG K,TANG K. Optimal five‐axis tool path generation algorithm based on double scalar fields for freeform surfaces[J]. The International Journal of Advanced Manufacturing Technology,2016,83(9):1‐12.

[12] 陈维桓. 微分几何引论[M]. 北京:高等教育出版社,2013.

[13] DARLING R W R. Differential forms and connections[M]. Cambridge:Cambridge University Press,1994.

[14] 谭建荣. 平面曲线和各类空间曲线的统一绘制方法——积分曲线法及其在各类曲面求交中的应用[J]. 浙江大学学报(工学版),1989(3):418‐42.

[15] KIM T. Time‐optimal cnc tool paths:a mathematical model of machining[D].Cambridge:Massachusetts Institute of Technology,2001.

[16] KIM T. Constant cusp height tool paths as geodesic parallels on an abstract Riemannian manifold[J]. Computer‐Aided Design,2007,39(6):477‐489.

[17] LIN R S,KOREN Y. Efficient tool‐path planning for machining free‐form surfaces[J]. Journal of Engineering for Industry,1996,118(1):20‐27.

[18] SUN Y,SUN S,XU J,et al. A unified method of generating tool path based on multiple vector fields for CNC machining of compound NURBS surfaces[J]. Computer‐Aided Design,2017,19:14‐26.

[19] 宋梦华,林鑫,杨海欧,等. 激光熔覆层端部形貌三维重构模型[J]. 激光与光电子学进展,2015,52(8):203‐207.

第8章
再制造零件的损伤检测技术

再制造工程是增材制造技术的重要应用领域之一，是指以产品全寿命周期理论为指导，以优质、高效、节能、节材、环保为准则，以增材制造技术为主要手段，修复、改造废旧设备产品的一系列技术措施或工程活动的总称。再制造过程中对废旧零件的损伤检测属于逆向工程范畴，是指在再制造过程中，借助各种检测技术和方法，确定拆解后废旧零件的表面尺寸及性能状态等，以决定其弃用或可再制造废旧零件(再制造毛坯)的再制造加工方式。本章将介绍再制造零件的损伤形式与检测方法、基于骨架的再制造零件三维扫描技术、基于轮廓线模型的损伤部位识别技术以及损伤部位的再制造模型重构算法，为待修复零件的再制造工艺路径规划提供数字化模型。

8.1 再制造零件的损伤形式与检测方法

8.1.1 再制造零件的结构特征

近年来，再制造在我国国民经济建设中得到了快速发展，一个优质、高效、低耗的装备再制造行业正在兴起。再制造技术应用较为广泛的行业及具体应用如表8-1所示，可以看出，再制造技术在多个行业多种结构形式的零件中都得到了应用。

表 8-1 再制造技术的应用

行业	具体应用
钢铁冶金	轧辊、轴类零件、高压高速风机叶片等
石油化工	烟气轮机、螺杆压缩机、卧螺离心机等
船舶	气缸盖气阀座孔、汽轮机叶片等
矿山机械	掘进机截齿、刮板机中部槽等
燃煤发电	汽轮机叶片围带铆钉、轴径、末级叶片、隔板等
装备备件	凸轮轴、齿轮、曲轴等

　　3 种典型的再制造零件如图 8-1 所示，图 8-1(a)所示为主传动联接轴花键齿面磨损的再制造，图 8-1(b)所示为 TRT 转子叶片进气边损伤的再制造，图 8-1(c)所示为交叉型架定位块断裂的再制造。

(a)	(b)	(c)

图 8-1　3 种典型的再制造零件

(a)主传动轴；(b)TRT 转子；(c)交叉型架。

　　根据表 8-1 和图 8-1，再制造零件的结构特征可以总结如下：

　　(1)再制造零件大多形状规则且拓扑结构相对简单，易于进行标准模型和损伤零件点云模型的骨架提取与分割。

　　(2)相比于零件整体，损伤部位体积较小。

　　(3)再制造面向的零件类型多样，且即使是同类型零件，服役期间所处的工况也不同，导致失效形式和损伤程度也不同。因此，再制造零件的损伤部位具有数量不定、位置随机的特点。

　　一方面，由于具有特征(2)和特征(3)，导致了再制造零件尤其是大型再制造零件三维测量中精度选择和工作效率上的矛盾，为了保证损伤部位的数据精度，就必须采用较高的精度进行零件整体的表面数据采集，这意味着存在很大的数据量，会大大增加数据运算难度与工作量，从而减低损伤定位的效率。因此，采用一种适当的数据组织形式，通过两次不同精度的扫描，使用整体的低精度点云数据进行损伤定位、使用损伤区域的高精度点云数据进行模型重构，以兼顾精度和效率两方面的需求，是有意义的。这对于大型再制造零件来说，则是非常有必要的。另一方面，由于特征(1)的存在，恰好为再制造零件两种精度数据的获取与组织提供了一个极佳的依据。骨架是一种降维的物体形态描述方式，借助先进的骨架提取算法，能够实现标准模型和损伤零件点云模型的骨架提取。以标准模型的骨架为依据，进行损伤零件的粗扫，并根据粗扫点云进行损伤定位；获取损伤位置后，再进行损伤部位的高精度扫描，获取损伤部位的高精度数据，从而能够将零件整体的低精度数据和损伤区域的高精度数据有机地组织起来，在保证所需局部精度的前提下降低整体数据量，提高工作效率。

8.1.2 再制造零件的损伤形式

机械零件的损伤可分为磨损、腐蚀、断裂、变形4种主要形式，不同损伤的产生原因及案例如表8-2所示。再制造技术针对的主要是发生了磨损、腐蚀或断裂的零部件。

表8-2 机械零件的损伤形式

损伤形式	原　因	举　例
磨损	在载荷作用下，机械零件表面由于相对运动，导致材料流失	齿轮、轴、轴承
腐蚀	化学反应或物理化学反应	湿式气缸套外壁
断裂	载荷或应力强度超过材料承载能力	曲轴断裂、齿轮轮齿折断
变形	工件在载荷作用下发生过量变形，导致无法正常工作	曲轴、气缸体、变速器外壳

1. 磨损

磨损是指两个零件在载荷作用下发生相对运动，导致零件表面材料不断损耗的过程。根据损伤机理的不同，磨损可分为黏着磨损、磨粒磨损、剥层磨损、表面疲劳磨损、腐蚀磨损、氧化磨损以及点蚀磨损等；按照宏观损伤形貌的特征，磨损又可分为微缓磨损、严重磨损、点蚀、咬合、刮伤或擦伤以及微动磨损等，如图8-2所示。微缓磨损表现为材料以极小的碎屑脱落；严重磨损表现为材料以较大的碎屑脱落；点蚀又称为麻点，表现为材料脱落或位移形成的凹穴；咬合是指两滑动表面间发生固相焊合而引起的局部损伤；刮伤是指由局部固相焊合或磨粒磨损在表面沿滑动方向形成的严重擦痕，微细的擦痕称为擦伤；微动磨损是指相互压紧的金属表面间由于小振幅振动而产生的一种复合式磨损。

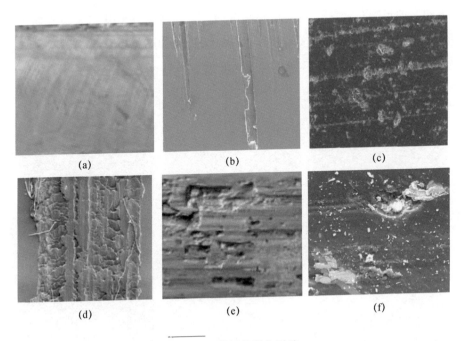

图 8 - 2 磨损的损伤形貌

(a)微缓磨损；(b)严重磨损；(c)点蚀；(d)咬合；(e)刮伤或擦伤；(f)微动磨损。

2. 腐蚀

腐蚀是由于零部件表面与工作环境中的介质发生化学或电化学反应，导致其表面出现损伤的现象。与表面磨损有本质区别，腐蚀总是从金属表面开始，再往里深入，从而改变零部件的表面形状，并且形成一些毫无形状的凹洞、斑点和溃疡等腐蚀物。根据腐蚀机理的不同，金属零件的腐蚀可分为一般腐蚀、局部腐蚀、选择腐蚀、电偶腐蚀、缝隙腐蚀、晶间腐蚀、应力腐蚀以及侵蚀腐蚀 8 种类型，腐蚀导致的宏观损伤形貌主要有麻点腐蚀、斑状腐蚀、溃疡腐蚀、腐蚀穿孔、应力腐蚀开裂、腐蚀疲劳、剥落腐蚀、冲击腐蚀以及空泡破损等几种情况，如图 8 - 3 所示。点状腐蚀是指小而不明深度的局部腐蚀，麻点腐蚀是指成群结队而又难于数清个数的点状腐蚀；斑状腐蚀是指大而浅的局部腐蚀；溃疡腐蚀是指大小和深度相当且都明显可见的局部腐蚀；腐蚀穿孔是指孔蚀或溃疡腐蚀发展到极致的情况；应力腐蚀开裂是指承受应力的金属材料在腐蚀性环境中由于裂纹的扩展而发生失效的情况；腐蚀疲劳是指金属材料在循环应力或脉动应力和腐蚀介质共同作用下，产生脆性断裂的腐蚀形态；剥落腐蚀又称层状腐蚀，是指金属材料从沿着与表面平行的位面开始的腐蚀；冲击腐蚀是高速流体的机械冲刷与电化学腐蚀对金属共同破坏的结果；空泡破损是金属材料表面由于连续地暴露在空泡作用下而发生的渐增损失。

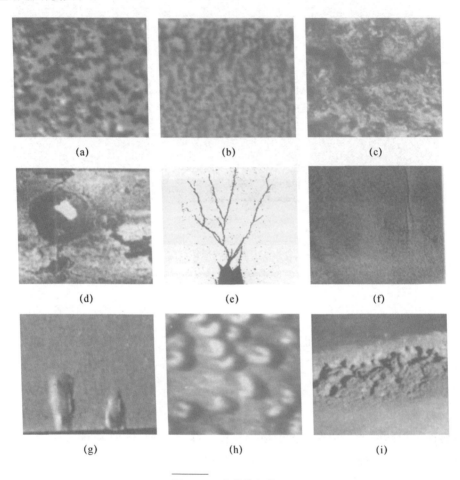

图 8-3　腐蚀的损伤形貌

(a)麻点腐蚀；(b)斑状腐蚀；(c)溃疡腐蚀；(d)腐蚀穿孔；(e)应力腐蚀开裂；
(f)腐蚀疲劳；(g)剥落腐蚀；(h)冲击腐蚀；(i)空泡破损。

3. 断裂

断裂是指金属零部件在力、热、声以及腐蚀等因素的作用下，工件表面产生裂纹甚至完全断裂的现象。按照断裂机理的不同，金属零件的断裂可分为解理断裂、韧性断裂、准解理断裂、疲劳断裂、环境断裂以及其他断裂。解理断裂是指金属材料因受拉应力作用而导致晶体沿着一定的结晶学平面发生分离的过程；韧性断裂是指金属材料由于剧烈的局部塑性形变而引起的断裂；准解理断裂是介于解理断裂和韧性断裂之间的一种断裂形式；疲劳断裂是指金属材料在循环负载或交变应力的作用下所产生的断裂；环境断裂是指金属材料在腐蚀介质、温度环境等条件的影响下所产生的沿晶或穿晶脆性断裂。相应地，金属零件断裂的宏观损伤形貌主要有解理断口、韧性断口、准解理断口、疲劳断口、环境断口以及其他断口(蠕变断口、脆性断口、沿晶断口以及混合断口等)等几种情况，如图 8-4 所示。

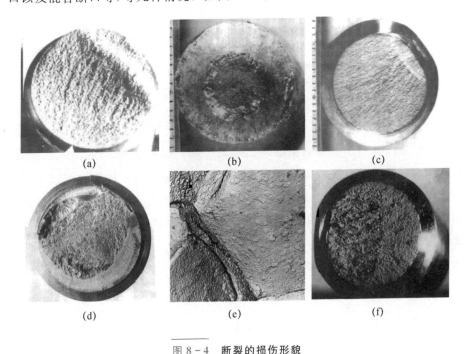

(a)　(b)　(c)

(d)　(e)　(f)

图 8-4　断裂的损伤形貌

(a)解理断口；(b)韧性断口；(c)准解理断口；(d)疲劳断口；
(e)环境断口；(f)脆性断口。

从图 8-2～图 8-4 中可以看出，机械零件的宏观损伤形貌可以分为轻度表面损伤、深度体积损伤以及孔洞 3 种类型。本书针对深度体积损伤进行三维测量及损伤提取研究，包括磨损形貌中的严重磨损、点蚀、咬合、刮伤、微动磨损，腐蚀形貌中的麻点腐蚀、斑状腐蚀、溃疡腐蚀、剥落腐蚀、冲击腐蚀、空泡破损以及所有的断裂形貌。

8.1.3 再制造零件的损伤检测

废旧产品再制造的工艺流程如图8-5所示，一般包括拆解、清洗、检测、加工、测试、装配、磨合、包装等步骤。其中，对再制造零件的检测是保证再制造产品质量、降低再制造费用的重要内容，通过对再制造零件进行质量检测，能够根据获取到的信息作出最优决策，避免因盲目加工完好件和不可再制造件而导致的资源浪费，并为可再制造件的加工工艺规划提供依据。

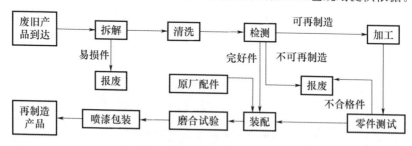

图8-5 废旧产品再制造的工艺流程

再制造零件的质量检测主要包括废旧产品的材料性质、理化性能、几何精度、内部缺陷以及表面损伤等内容。相应地，再制造零件的检测技术可分为几何量检测技术、力学性能检测技术、内部缺陷检测技术以及表面损伤检测技术。通过三维测量技术采集再制造零件的表面数据，再通过损伤提取技术获取各损伤部位的位置、形状、尺寸等具体信息，是进行后续再制造加工、实现废旧零件修复的必要前提。

1. 研究现状

在再制造零件三维测量技术的研究方面，2005年，杨培等提出一种基于结构光三维视觉的再制造工件测量及重建方法并给出了轴类工件的算例，首先采用安装在六自由度机械臂末端的结构光三维视觉传感器进行工件表面的数据采集，其次用B样条拟合出工件曲面，并将其直接输入离线编程系统进行工艺规划。2008年，赵江涛等采用线结构激光三角法，研制了一套面向再制造零件表面形貌的计算机辅助检测系统，实现了某型车辆离合器分离弹子槽的表面形貌测量。2009年，周国丽深入研究了弧焊机器人再制造系统中的再制造模型构建方法，实现了机器人柔性再制造中缺损件的三维检测与建模，并以鼠标为例进行了实验探究。2009年，王一波等以激光扫描为基础，结合电磁跟踪技术，提出一种快速、灵活的再制造零件三维检测方法，实现了再制造零件的便携式扫描。2010 年，王文标研究了视觉测量技术在再制造工程中的应用问题，并结合机器人与弧焊技术建立了基于结构光视觉的快速再制造成形系统。2010 年，Li 等研发了一个基于结构光视觉传感器的旋转工作台和工业机器人的平台。2011 年，吴翔研究了机器人三维视觉检测系统构建中的关键技术，并将其成功应用于再制造工件的快速修复系统与涂层厚度检测系统中。2011 年，高贵等提出一种与激光再制造机器人耦合的视觉系统，实现了激光再制造工件的快速准确测量，并以气缸门芯为例进行了实验探究。2013 年，董玲等开发了一套基于三维视觉的激光再制造机器人离线自动编程系统，能够采集零件表面的点云数据并提取出待修复区域，然后自动进行再制造路径规划和机器人加工程序编制，最终控制机器人准确高效地完成复杂形貌零件的修复。2015 年，Li 和 Zhang 研究了基于机器人立体视觉的再制造工件三维测量和模型重构技术。

再制造零件的损伤提取主要包括点云预处理、损伤定位以及损伤模型重构 3 部分内容。2013 年，涂志强提出了基于曲率和法向矢量的点云二次拼接算法和基于扫描线的点云重建算法，重构出了损伤零件的三维模型，并将其与原有模型进行了布尔运算，获取了缺损区域的三维模型。2015 年，Zhang 等提出一种面向再制造零件的缺损区域几何造型方法，首先将获取的点云拓扑重建成三角网格模型，然后将其与标准 CAD 模型配准，最后进行二者的布尔运算，得到缺损区域的几何模型。2016 年，范海波针对轴类零件，系统地研究了损伤零件再制造过程中的点云获取、点云处理以及点云重建等问题，绘制出了一幅适用于损伤零件再制造造型全过程的描述图。2016 年，王浩等提出一种针对航空发动机叶片再制造的损伤提取方法，首先采用激光扫描仪获取叶片的点云数据并预处理，其次基于小波变换建立叶片截面的特征曲线簇，拟合出叶片修复后的目标模型，最后将其与损伤叶片的模型进行布尔运算，得到损伤部位的三维模型。2017 年，黄勇等提出一种再制造零件损伤边界识别及关键尺寸提取方法，针对扫描得到的损伤零件点云数据，首先进行了基于曲率特征的损伤边界粗提取，其次进行了基于顶点法矢特征的损伤边界精提取，最后基于分层思想实现了损伤区域的分层截面轮廓尺寸提取。

2. 存在的问题

从上述再制造零件三维测量及损伤提取相关技术的研究现状中可以看出，国内外学者均进行了大量的研究，也取得了相当多的科研成果，但仍存在以下问题：

（1）现有的再制造零件三维测量技术多为面向简单零件（如轴类、气缸门芯、叶片等）的局部测量，且需人工指定测量区域，智能程度低，无法满足再制造实际应用中拓扑结构复杂零件（如曲轴、螺旋桨、叶轮等）的三维测量需求。

（2）现有的再制造零件三维测量技术多采用固定精度的一次性数据采集方式，因而存在着工作效率和测量精度之间的矛盾，测量精度高则数据量大，影响后续工作效率；测量精度低则可能出现损伤数据缺失，影响损伤提取效果。尤其是面向大型再制造零件的三维测量时，工作效率和测量精度之间的矛盾愈加突出。

（3）现有的再制造零件损伤提取技术中，为避免过度的点云处理导致损伤数据丢失，对三维测量获取的海量散乱点云数据只做简单预处理，导致损伤边界提取和模型重构工作的低效。

（4）现有的再制造零件损伤提取技术多采用从海量散乱点云中直接提取边界或重构点云模型再与标准模型布尔运算的方式来获取损伤部位的三维模型，损伤提取效果严重依赖于边界点提取和模型配准的质量，工作难度大且效率低。

3. 研究方案

根据行业研究现状及存在的问题，本章将对再制造零件的自适应三维测量及损伤提取方法进行研究，以期能根据拓扑结构，以损伤零件快速高效再制造为目的，为"测量＋修复"的全自动一体化智能再制造系统的实现提供技术支持。"自适应"主要体现在两个方面：一方面以零件拓扑信息和最小损伤尺度为依据，实现自适应的整体粗扫和损伤定位；另一方面以损伤定位的结果为依据，实现自适应的局部精扫和损伤部位模型重构。

4. 实验平台

本章采用视觉测量机器人进行三维扫描实验，其组成及工作原理如图 8 - 6 所示，主要由 LDI SLP 250 型线结构光双目立体视觉扫描仪、FANUC R - 2000 iB/125L 型六自由度智能机器人、计算机以及配套软硬件组成。其工作原理：首先三维扫描仪中的线激光器向零件投射结构光，在零件表面生成激光光条；其次三维扫描仪中的摄像机获取包含二维畸变光条的图像，并通过图像处理算法提取出光条中心的二维坐标；再次根据标定后的数学模型通过坐标换算求出光条中心的真实三维坐标；最后智能机器人控制扫描仪运动，使结构光光条扫过零件完整表面，获取零件整体的三维数据，生成点云模型。

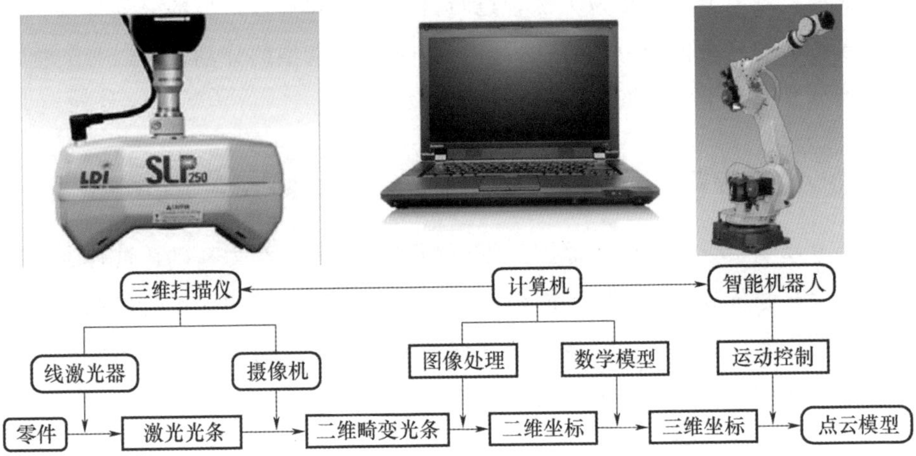

图 8-6　视觉测量机器人的组成及工作原理图

FANUC R-2000iB/125L 型六自由度智能机器人的主要参数：最大负重为 125kg，可达半径为 3005mm，重复精度为 ±0.2mm。LDI SLP 250 型三维扫描仪的主要参数如表 8-3 所示。

表 8-3　LDI SLP 250 型三维扫描仪的参数表

激光类别	半导体激光	激光输出功率	<1mW，Class Ⅱ
激光波长	680nm	测量景深	38mm
数据误差	≤10 μm	图像传感器	480 像素×752 像素×2 台
采样点数	每线 752 点	帧率	50～150Hz
最佳测量距离	近：72mm	扫描宽度	近：20mm
	中：92mm		中：22mm
	远：110mm		远：25mm

8.2　再制造模型骨架提取

针对再制造零件整体体积较大而损伤部位体积较小、数量不定、位置随机的特点，为兼顾数据采集精度和工作效率两个需求，本章提出一种基于标准化骨架图的再制造零件自适应三维测量及损伤提取方法。采用基于拉普拉斯收缩的三维模型骨架提取方法，进行网格模型和点云模型的骨架提取；采用基于骨架的三维模型分割方法，进行标准网格模型的分割，并以骨架提取和模型分割的结果为依据进行标准化骨架图的构建。

8.2.1 基于拉普拉斯收缩的三维模型骨架提取

本节以基于拉普拉斯收缩的三维模型骨架提取方法为基础，进行了局部的代码改写和参数选用，用于网格形式的标准模型和点云形式的损伤零件虚拟模型的骨架提取，主要步骤：①文件预处理，统一输入格式；②构造单环邻域；③几何收缩，获取零体积的网格或点云；④拓扑细化，得到一维曲线，再中心化处理，得到骨架。

1. 文件预处理

本章中的标准模型是指由设计人员通过三维设计软件建模而成，为零部件的制造提供基础依据的模型。不同行业的设计人员使用不同的三维建模软件(如 Solidworks、Pro-E、UG、CATIA 等)，而不同的三维建模软件建立的零件具有不同的格式(如 ∗.sldprt、∗.prt、∗.catpart 等)，但它们都可以导出网格形式的模型文件(如 ∗.stl、∗.off、∗.obj 等)，而且商业化的网格处理软件如 MeshLab 可以导入、处理并导出多种格式的网格文件。为便于处理和简化编程，本章将获取的标准模型导入 MeshLab 软件，统一转换为 off 格式的网格文件，再进行后续的骨架提取与模型分割工作。

本章中的点云模型是指通过三维扫描仪扫描损伤零件后得到的 ∗.txt、∗.xyz、∗.pts、∗.pcd 等格式的点云文件，MeshLab 软件同样可以导入、处理并导出这些文件。为便于处理和简化编程，本章将各种格式的点云文件导入 MeshLab 软件，统一导出为 txt 格式，再进行后续的骨架提取工作。

选用了 4 种不同结构类型的零件进行骨架提取和模型重构研究，它们的 off 网格文件和 txt 点云文件在 MeshLab 中的显示如图 8-7 和图 8-8 所示。

2. 构造单环邻域

基于拉普拉斯收缩的骨架提取方法首先需要将网格模型的角点集或点云模型中的点集向内收缩，直至生成体积为零的网格或点集，收缩的方向由拉

普拉斯算子 L 确定。拉普拉斯算子 L 中任一项 L_i 的值取决于点 p_i 的单环邻域 ring_i，构造单环邻域 ring_i 的步骤如下：

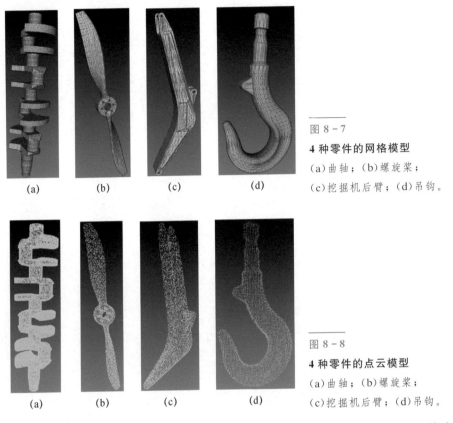

图 8 - 7

4 种零件的网格模型

（a）曲轴；（b）螺旋桨；

（c）挖掘机后臂；（d）吊钩。

图 8 - 8

4 种零件的点云模型

（a）曲轴；（b）螺旋桨；

（c）挖掘机后臂；（d）吊钩。

步骤 1：搜索 p_i 的 k 个近邻点 $N_k(p_i)$。首先采用三维的 Kd - tree 将点集 P 中所有的点有机组织起来，然后搜索提取距离 p_i 最近的 k 个点 $N_k(p_i)$。

近邻点 $N_k(p_i)$ 的数量 k 与点集的总数成正比，选用系数 0.012，并限定其变动区间为 [8，30]，以防止过小的 k 值导致法向量运算结果的低精度，或过大的 k 值导致法向量运算的低效率。

步骤 2：降维处理。p_i 的近邻点集合 $N_k(p_i)$ 的提取效果如图 8 - 9（a）所示，p_i 用红色表示，$N_k(p_i)$ 用黑色表示。由于近邻点 $N_k(p_i)$ 都是三维点，运算效率低、时间长，为提高法向量的计算效率，通过主成分分析（principal component analysis，PCA）对三维点集进行降维处理，将 $N_k(p_i)$ 投影到二维平面上，如图 8 - 9（b）所示。

步骤 3：提取单环邻域点 $R(p_i)$。通过对 $N_k(p_i)$ 进行狄洛尼（Delaunay）

三角剖分来提取近邻点 $N_k(p_i)$ 中的单环邻域点 $R(p_i)$。通过 Delaunay 三角剖分，能够使得单环邻域点 $R(p_i)$ 全部出现在包含 p_i 的三角面片中，如图 8-10(a) 所示，$R(p_i)$ 用蓝色表示。

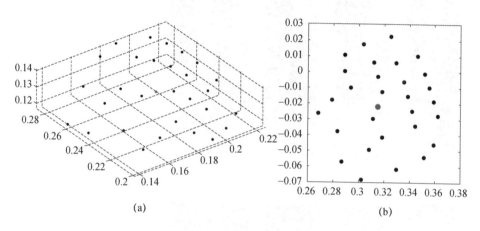

(a)

(b)

图 8-9　近邻点及其降维处理

(a)近邻点；(b)降维处理。

步骤 4：构造单环邻域 $ring_i$。得到点 p_i 的所有单环邻域点 $R(p_i)$ 之后，将它们依次相连，构成封闭多边形，即为 p_i 的单环领域 $ring_i$，如图 8-10 (b) 所示。

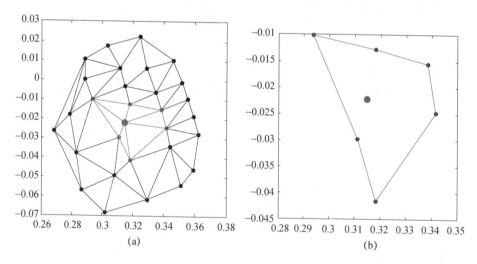

(a)

(b)

图 8-10　构造单环邻域

(a)单环邻域点；(b)单环邻域。

3. 几何收缩

基于拉普拉斯的几何收缩方法的关键环节为式(8-1)的迭代计算，即式(8-2)的最小值求解：

$$\begin{bmatrix} \boldsymbol{W}_\text{L}\boldsymbol{L} \\ \boldsymbol{W}_\text{H} \end{bmatrix} P' = \begin{bmatrix} 0 \\ \boldsymbol{W}_\text{H}P \end{bmatrix} \tag{8-1}$$

$$\| \boldsymbol{W}_\text{L}\boldsymbol{L}P' \|^2 + \sum_i \boldsymbol{W}_{\text{H},i}^2 \| p_i' - p_i \|^2 \tag{8-2}$$

式中：P 为初始点云；P' 为一次收缩后的点云；$\boldsymbol{L}$ 为拉普拉斯算子，它是 $n \times n$ 的矩阵；$\boldsymbol{W}_\text{L}$ 和 $\boldsymbol{W}_\text{H}$ 为平衡收缩过程的两个对角矩阵；$\boldsymbol{W}_{\text{L},i}$ 和 $\boldsymbol{W}_{\text{H},i}$ 分别为收缩过程中第 i 个点所承受的收缩力和吸引力。式(8-2)中，第一项用于沿法向去除几何细节，第二项用于在收缩过程中保持零件的拓扑关系。

在式(8-1)的迭代运算过程中，必须根据收缩程度更新 $\boldsymbol{W}_\text{L}$ 和 $\boldsymbol{W}_\text{H}$ 的数值，以保证收缩过程的高效性。其中，$\boldsymbol{W}_\text{L}$ 每次增大 s_L 倍，$\boldsymbol{W}_{\text{H},i}$ 根据点 p_i 的收缩程度来进行更新，收缩程度用单环邻域限定范围的变化程度来表征。

具体的迭代收缩过程如下：

步骤 1：$t=0$ 时，设置 $\boldsymbol{W}_\text{L}^0$ 和 $\boldsymbol{W}_\text{H}^0$ 的初始值，其中 $\boldsymbol{W}_\text{L}^0 = 1/(5S^0)$，$S^0$ 为点云 P 所有单环邻域限定范围的平均值；$\boldsymbol{W}_\text{H}^0$ 的值取决于不同零件的具体情况，$\boldsymbol{W}_\text{H}^0$ 过大会导致尖端的点云溢出，过小会导致较薄部位点云向较厚部位溢出，默认情况下 $\boldsymbol{W}_\text{H}^0$ 取值为 1。

步骤 2：根据点集 P 计算拉普拉斯算子 L^0。

步骤 3：求解 $\begin{bmatrix} \boldsymbol{W}_\text{L}^t \boldsymbol{L}^t \\ \boldsymbol{W}_\text{H}^t \end{bmatrix} P^{t+1} = \begin{bmatrix} 0 \\ \boldsymbol{W}_\text{H}^t P^t \end{bmatrix}$，得到 P^{t+1}。

步骤 4：更新 $\boldsymbol{W}_\text{L}^{t+1} = s_\text{L}\boldsymbol{W}_\text{L}^t$ 和 $\boldsymbol{W}_{\text{H},i}^{t+1} = \boldsymbol{W}_{\text{H},i}^0 S_i^0/S_i^t$，其中 S_i^t 和 S_i^0 分别表示点 p_i 当前和最初的单环邻域限定范围。

步骤 5：根据点集 P^{t+1} 计算新的拉普拉斯算子 $\boldsymbol{L}^{t+1}$。

步骤 6：重复步骤 3～步骤 5，直到 $S_i^{t+1} - S_i^t/S_i^0 < t_\text{cd}$，其中 t_cd 是一个用户自定义的数值，用于限定收缩程度，默认情况下取值 0.01。

网格模型和点云模型的几何收缩结果几乎完全相同，如图 8-11 所示，其中图 8-11(a)、(b)所示为网格模型的几何收缩结果，图 8-11(c)、(d)所示为点云模型的几何收缩结果。

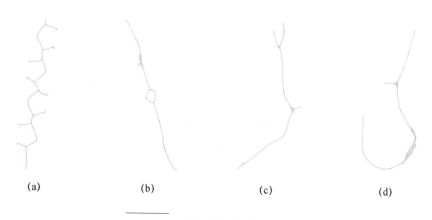

(a)   (b)   (c)   (d)

图 8 - 11　4 种零件的几何收缩结果

(a)曲轴；(b)螺旋桨；(c)挖掘机后臂；(d)吊钩。

4. 拓扑细化与中心化处理

通过拓扑细化能够将零体积的点集 C 细化成一维曲线，再对曲线做中心化处理，即可得到骨架 T，具体步骤如下：

步骤 1：将点集 C 划分成一系列独立子集 C_i 的集合，即 $C = \bigcup\limits_{i} C_i$，且 $C_i \bigcap C_j = \varnothing$，$\forall\, i \neq j$。

步骤 2：用点 $g_i \in G$ 代替子集 $C_i \subset C$，显然 G 也是 C 的子集，即 $G \subset C$。

步骤 3：连接点集 G 中的点，生成线集合 H，连接规则：当 C_i 和 C_j 中存在相同的单环邻域点时，连接 g_i 和 g_j。

步骤 4：对线集合 H 进行边收缩，去除闭环，得到骨架点的集合 G' 及骨架点之间的连接关系。

步骤 5：对 G' 中的点做中心化处理，使其位于相应单环邻域的中心，从而生成骨架 T。

网格模型和点云模型的骨架提取结果近乎完全相同，如图 8 - 12 所示，其中图 8 - 12(a)、(b)所示为网格模型的骨架提取结果，图 8 - 12(c)、(d)所示为点云模型的骨架提取结果。

根据相邻骨架点的数量，可以将骨架点分为 3 种类型：

(1)端骨架点：只有一个相邻骨架点的骨架点。

(2)分叉骨架点：有两个以上相邻骨架点的骨架点。

（3）相连骨架点：恰好有两个相邻骨架点的骨架点。

图 8 - 12　**4 种模型的骨架**

（a）曲轴；（b）螺旋桨；（c）挖掘机后臂；（d）吊钩。

两端由端骨架点和分叉骨架点构成的骨架点子集形成一个分支。

得到标准模型的骨架之后，便可获取对应损伤零件的拓扑信息，了解到该零件的分支数量及各分支的相对位置，以拓扑信息为依据对损伤零件进行整体粗略三维扫描，能够保证以较小的数据量无遗漏地获取零件所有分支的低精度点云数据。从图 8 - 12 中可以看出，提取到的骨架虽然能够反映分支之间的相对位置关系，但无法准确表达模型各分支的拓扑和位置信息，原因如下：

（1）分叉骨架点受周边所有分支的影响而无法处于各分支的绝对中心点。

（2）端骨架点是通过几何收缩得到的，无法触及模型表面。

为获得准确的骨架信息，本章研究基于骨架的三维模型分割技术，以模型分割的结果和初始骨架提取的结果为依据，构造能够准确表达模型各分支拓扑和位置信息的标准化骨架图 ST。

8.2.2　基于骨架的三维模型分割

三维模型的分割可以定义为根据一定的几何和拓扑特征，将封闭的三维网格多面体或者可定向的二维流形，分解为一组数目有限、各自具有简单意义且各自连通的模型子块。本节以基于骨架的三维模型分割方法为基础，进行了局部的代码改写和参数选用，用于标准网格模型的分割，为标准化骨架图的构建提供依据。主要步骤：①确定骨架各分支的访问顺序；②寻找关键分割点；③提取分割边界；④进行模型分割。

1. 确定骨架分支的访问顺序

确定骨架分支的访问顺序能够保证分割操作有序进行，实现有意义的分割。通过优先级 $P(b)$ 来定义骨架分支 brh 的访问顺序，优先访问 $P(b)$ 较大的分支，$P(b)$ 的计算公式为

$$P(b) = \text{Type}(b) + \frac{1}{\text{Length}(b)} \sum_{t \in b} C(p) \qquad (8-3)$$

式中：$\text{Type}(b)$ 为分支 brh 的类型值；$\text{Length}(b)$ 为分支 brh 的长度；$\sum_{t \in b} C(p)$ 为分支 brh 上所有骨架点归一化中心值的和。

分支类型值 $\text{Type}(b)$ 由构成该分支两端点的类型来确定：

(1)两端点均为分叉骨架点的分支的类型值为 0。

(2)两端点一个是端骨架点，另一个是分叉骨架点的分支的类型值为 1。

(3)两端点均为端骨架点的分支的类型值为 2。

分支长度 $\text{Length}(b)$ 定义为该分支上骨架点的数量。

骨架点 p 的中心值定义为从该点到骨架上所有骨架点的平均跳数 H，则所有骨架点中的最大平均跳数为

$$\max(H) = \max_p(\text{avg}H(p)) \qquad (8-4)$$

骨架点 p 的归一化中心值为

$$C(p) = \text{avg}H(p)/\max H \qquad (8-5)$$

在一个骨架分支中使用关键分割点对网格进行分割操作后，当前计算的所有骨架点的中心值在随后的分割中将不再有效，即在后续处理其他骨架分支时，需要重新计算骨架点的中心值。

2. 寻找关键分割点

关键分割点是指能将模型中相邻分支分割开来的点，本节借助网格模型的几何和拓扑属性来寻找关键分割点，具体步骤如下：

步骤 1：进行各分支的空间扫描。对每一个分支，根据确定的访问顺序，沿着骨架所表征的拓扑路径，以垂直于骨架线的扫描平面，从起始骨架点 p_{start} 到终止骨架点 p_{end} 进行空间扫描，如图 8-13 所示。

对于不同类型的骨架分支，采用不同的扫描方式，具体如下：

(1)扫描类型值为 0 或 2 的骨架分支时，以具有较小横截面面积的点作为扫描起点 p_{start}。

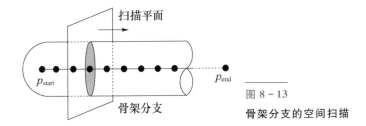

图 8 - 13
骨架分支的空间扫描

(2)扫描类型值为 1 的骨架分支时,以其中的端骨架点作为扫描起点 p_{start},分叉骨架点作为扫描终点 p_{end},还需将 p_{end} 附近的一些点排除在扫描之外,因为该区域中没有关键分割点,具体操作为定义一个以 p_{end} 为球心、以 p_{end} 到模型分支角点的最近距离为半径的球空间,然后将该空间中的点去除。

步骤 2:候选关键分割点的确定。计算分支 brh 中每一个骨架点处的横截面面积,并利用这些面积来计算几何函数 $G(p)$ 的数值:

$$G(p) = \frac{\mathrm{Area}CS(p+1) - \mathrm{Area}CS(p)}{\mathrm{Area}CS(p)}, \quad p \in (p_{start},\ p_{end-1}) \quad (8-6)$$

式中:$\mathrm{Area}CS(p)$ 为骨架点 p 处的横截面面积。

分别将分支 brh 中的 $\mathrm{Area}CS(p)$ 和 $G(p)$ 连接起来,可以得到两条脉冲波动形式的多边形曲线,$\mathrm{Area}CS(p)$ 和 $G(p)$ 曲线中的 3 种典型情况如表 8 - 4 所示。

表 8 - 4　$\mathrm{Area}CS(p)$ 和 $G(p)$ 曲线的 3 种典型情况

曲线	案例 1	案例 2	案例 3
$\mathrm{Area}CS(p)$			
$G(p)$			

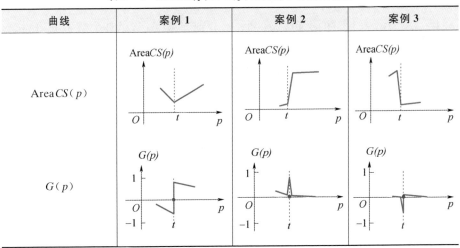

候选关键分割点的确定依据如下：

(1)在 $G(p)$ 曲线中，如果一个脉冲的上升沿通过 p 轴，且其波谷小于阈值 -0.15（如案例 1 和案例 3），则对应交叉点 t 将被视为候选关键分割点 t_s。

(2)在 $G(p)$ 曲线中，如果一个正脉冲的峰值大于阈值 0.4（如案例 2），则对应的交叉点 t 将被视为候选关键分割点 t_s。

3. 提取分割边界

获得关键分割点后，再通过凹区域的特征轮廓提取，即可获得最终的分割边界。具体步骤如下：

步骤 1：构建分割限制区域。对于关键分割点 t_s，其分割限制区域由两个平行平面组成，这两个平面的法向量为关键分割点 t_s 的方向，且与 t_s 保持相同的距离 d_s。d_s 的计算公式为

$$d_s = \begin{cases} 2\sigma, & \sigma > \mathrm{LNG}_{edge} \\ 2\mathrm{LNG}_{edge}, & 其他 \end{cases} \quad (8-7)$$

式中：σ 为与关键分割点 t_s 相邻的两个骨架点之间的距离；LNG_{edge} 为网格模型的平均边长。

步骤 2：计算凹区域。在网格模型中，若某角点 p_i 与其所有单环邻域点的高斯曲率 K 均为负值，则判定该点为凹点，所有凹点构成凹区域。高斯曲率 K 的计算公式为

$$K(p_i) = \frac{2\pi - \sum_j \alpha_j}{A_M} \quad (8-8)$$

式中：α_j 为 e_j 和 e_{j+1} 的夹角，e_j 和 e_{j+1} 分别为 p_i 与其单环邻域点 p_j 和 p_{j+1} 的连线；A_M 为 p_i 的单环邻域投影面积。

如果在某候选关键分割点的分割限制区域内没有找到凹点，则删除该关键分割点。

步骤 3：提取分割边界。将凹区域中的顶点按照拓扑关系进行连接，即可获得分割边界。但由于顶点较多，得到的连接边线可能不唯一或不规则，因此，需要将这些边线进行细化，以得到唯一的分割边界，具体方法为对凹点集进行三角剖分，然后迭代删除位于边界的边，直到不可删除为止。

4. 进行模型分割

根据获取的分割边界，进行标准网格模型的分割，分割结果如图 8-14

所示，可以看出，曲轴模型被 22 个分割边界分成了 23 个分支，螺旋桨模型被 2 个分割边界分成了 3 个分支，挖掘机后臂模型被 4 个分割边界分成了 5 个分支，吊钩模型被 4 个分割边界分成了 5 个分支。

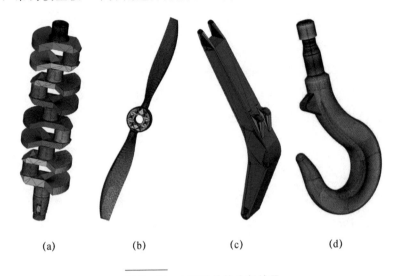

(a)   (b)   (c)   (d)

图 8 - 14 **4 种零件的分割结果**

(a)曲轴；(b)螺旋桨；(c)挖掘机后臂；(d)吊钩。

完成三维模型的分割之后，即可根据分割结果，对每个分支进行独立的骨架提取，在不受其他分支干扰的情况下生成各分支的骨架。

8.2.3 标准化骨架图的构建

为获取零件各分支的准确位置和拓扑信息，本节在初步骨架提取和模型分割的基础上，建立标准化骨架图 ST，使其能够准确表达各分支的具体情况。具体步骤：①提取分割边界中心点；②单独提取各分支的骨架；③剪裁次级骨架分支；④扩展非封闭分支骨架线；⑤连接相邻分支骨架线；⑥整合各分支骨架，得到标准化骨架图。

1. 分割边界中心点的提取

提取分割边界的中心点，并根据对应关键分割点的所属分支，将其加入对应分支的骨架点集。分割边界中心点 $p_{seg}(x_{seg}, y_{seg}, z_{seg})$ 的坐标计算公式为

$$\begin{bmatrix} x_{seg} & y_{seg} & z_{seg} \end{bmatrix} = \frac{1}{m} \begin{bmatrix} \sum_m x_i & \sum_m y_i & \sum_m z_i \end{bmatrix}, i \in \mathbf{Z}, i \in [1, m] \qquad (8-9)$$

式中：m 为该分割边界中的凹点数量。

2. 各分支骨架的单独提取

使用基于拉普拉斯收缩的骨架提取算法，单独提取每个分支的骨架。曲轴分支 3 的骨架图及二视图如图 8-15 所示，图中蓝色点表示分支骨架点，红色线表示骨架点之间的连线。从图中可以明显看出，由于没有了其他分支的干扰，这次提取的骨架能够很好地反映分支的拓扑结构。

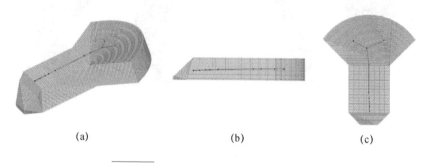

(a)　　　　　　　　　　　(b)　　　　　　　　　　　(c)

图 8-15　曲轴分支 3 的骨架图及二视图

(a)骨架；(b)正视图；(c)俯视图。

3. 次级骨架分支的剪裁

如图 8-15(c)所示，单一分支的骨架提取结果通常还包含次级骨架分支，为提高扫描效率，需要将这些次级骨架分支剪裁掉。判断分支骨架是否需要剪裁的方法：统计并分析分支骨架中端骨架点（只有一个相邻骨架点的骨架点）的数量 nesp，当 nesp 等于零时，说明骨架是封闭的环，无需剪裁；当 nesp 等于 2 时，说明骨架是一条非封闭的曲线，无需剪裁；当 nesp 大于 2 时，说明骨架中包含多余的次级骨架分支，需要进行剪裁。剪裁次级骨架分支的步骤如下：

步骤 1：识别分支主骨架。判定与分割边界中心点 p_{seg} 距离最近的局部端骨架点所在的局部骨架分支为该分支的主骨架，提取分支主骨架中的骨架点。

步骤 2：剪裁掉次级骨架分支。将分支除主骨架点之外的所有骨架点的坐标设置为 NaN(not a number)，剪裁掉次级骨架分支。

曲轴分支 3 的骨架剪裁结果如图 8-16(a)所示。

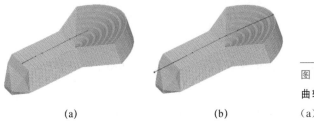

图 8 - 16

曲轴分支 3 的骨架剪裁与扩展

(a)骨架剪裁；(b)骨架扩展。

4. 非封闭分支骨架线的扩展

本书将剪裁后骨架不封闭的分支简称为非封闭分支，剪裁后骨架封闭的分支简称为封闭分支。对于非封闭分支来说，通过拉普拉斯收缩提取并剪裁后的骨架无法覆盖整个模型分支，仅根据已有骨架进行扫描必然会导致数据遗漏，因此必须将其扩展延伸至分支的物理边界，以保证扫描路径的完整性。扩展方法：以剪裁后分支骨架线的两个端骨架点与各自紧邻骨架点的连线方向作为延伸方向，将其向外延伸，以分支模型角点在延伸方向投影坐标的极值作为极限位置，获得两个极限骨架点。假设分支 brh 中骨架点的数量为 m，三角面片角点的数量为 n，则求取极限骨架点的具体步骤如下：

步骤 1：求端骨架点 p_{ep} 的紧邻骨架点 p_{cnp}，公式为

$$\text{cnp} = i_0, \ \| p_{i_0} - p_{ep} \| = \min(\| p_i - p_{ep} \|), \ i \in \mathbf{Z}, \ i \in [1, m] \text{且} i \neq ep \quad (8-10)$$

步骤 2：列写端骨架点 p_{ep} 和紧邻骨架点 p_{cnp} 所构成直线 line 在初始坐标系和投影坐标系中的方程：

$$\frac{x - x_{cnp}}{x_{ep} - x_{cnp}} = \frac{y - y_{cnp}}{y_{ep} - y_{cnp}} = \frac{z - z_{cnp}}{z_{ep} - z_{cnp}} \quad (8-11)$$

$$t = \frac{(p - p_{cnp}) \cdot (p_{ep} - p_{cnp})}{\| p - p_{cnp} \| \times \| p_{ep} - p_{cnp} \|} \times \frac{\| p - p_{cnp} \|}{\| p_{ep} - p_{cnp} \|} = \frac{(p - p_{cnp}) \cdot (p_{ep} - p_{cnp})}{\| p_{ep} - p_{cnp} \|^2} \quad (8-12)$$

其中，p、p_{cnp}、p_{ep} 均用初始坐标系中的坐标表示。

步骤 3：求取初始坐标系中分支网格模型任一角点 p_i 到直线 line 的投影点 p_j 的坐标 (x_j, y_j, z_j)，公式为

$$\begin{bmatrix} x_j \\ y_j \\ z_j \end{bmatrix} = k \begin{bmatrix} x_{ep} - x_{cnp} \\ y_{ep} - y_{cnp} \\ z_{ep} - z_{cnp} \end{bmatrix} + \begin{bmatrix} x_{cnp} \\ y_{cnp} \\ z_{cnp} \end{bmatrix}, \ j \in \mathbf{Z} \text{且} j \in [1, n] \quad (8-13)$$

式中：

$$k = \frac{(p_i - p_{cnp}) \cdot (p_{ep} - p_{cnp})}{\parallel p_{ep} - p_{cnp} \parallel^2}$$

步骤4：将式(8-13)中求出的坐标$(x_j,\ y_j,\ z_j)$代入式(8-12)中，得出投影点p_j在投影坐标系中的坐标t_j。

步骤5：求取端骨架点p_{ep}对应的极限骨架点p_{esp}在投影坐标系中的坐标t_{esp}，公式为

$$t_{esp} = \max(t_j),\ j \in \mathbf{Z} \text{ 且 } j \in [1,\ n] \tag{8-14}$$

步骤6：求取极限骨架点p_{esp}在初始坐标系中的坐标$(x_{esp},\ y_{esp},\ z_{esp})$，公式为

$$\begin{bmatrix} x_{esp} \\ y_{esp} \\ z_{esp} \end{bmatrix} = t_{esp} \begin{bmatrix} x_{ep} - x_{cnp} \\ y_{ep} - y_{cnp} \\ z_{ep} - z_{cnp} \end{bmatrix} + \begin{bmatrix} x_{cnp} \\ y_{cnp} \\ z_{cnp} \end{bmatrix} \tag{8-15}$$

曲轴分支3的骨架扩展结果如图8-16(b)所示。部分分支的极限骨架点p_{esp}与它的分割边界中心点p_{seg}重合，如曲轴中的分支4。曲轴所有分支的扩展后骨架线如图8-17(a)所示，图中蓝色点表示基于拉普拉斯收缩提取出的骨架点，绿色点表示分割边界中心点，紫色点表示极限骨架点，红色线表示骨架点之间的连接线。

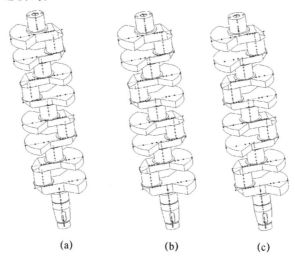

(a)   (b)   (c)

图8-17 曲轴的标准化骨架图

(a)分支骨架线；(b)连接相邻分支的骨架线；(c)标准化骨架图。

5. 相邻分支骨架线的连接

由获取的全局骨架图可得到分支骨架之间的相邻关系，通过连接相邻分支的骨架线能够将它们组合成一个整体。相邻分支骨架线的连接可分为 3 种情况：两个非封闭分支的骨架线相连、两个封闭分支的骨架线相连、一个非封闭分支和一个封闭分支的骨架线相连。

例 1　当两相邻分支 brh_1 和 brh_2 均为非封闭分支时，两分支的端骨架点数量均为 2，连接它们的方法为首先计算每个分支中的两个端骨架点到另一分支骨架线的最短距离，其取出 4 个距离中的最小值，将对应的端骨架点与另一分支的骨架线以最短线段相连。

假设两分支的骨架点数量分别为 m_1 和 m_2，分支 brh_1 的两个端骨架点分别为 p_{ep_1} 和 p_{ep_2}，分支 brh_2 的两个端骨架点分别为 p_{ep_3} 和 p_{ep_4}，则连接 brh_1 和 brh_2 的具体步骤如下。

步骤 1：求取端骨架点到另一分支所有骨架点中距离最近的两个骨架点。以分支 brh_1 中的端骨架点 p_{ep_1} 为例，求取它到分支 brh_2 所有骨架点中距离最近的两个骨架点 $p_{ep_1 cp_1}$ 和 $p_{ep_1 cp_2}$ 的公式为

$$ep_1 cp_1 = i_1, \quad \| p_{i_1} - p_{ep_1} \| = \min(\| p_i - p_{ep_1} \|), \ i \in \mathbf{Z}, \ i \in [1, \ m_2]; \tag{8-16}$$

$$ep_1 cp_2 = i_2, \quad \| p_{i_2} - p_{ep_1} \| = \min(\| p_i - p_{ep_1} \|), \ i \in [1, \ m_2] \text{且} \ i \neq i_1$$

步骤 2：计算分支端骨架点到另一分支的最短距离。以端骨架点 p_{ep_1} 为例，计算 p_{ep_1} 到 brh_2 的最短距离即为计算 p_{ep_1} 到 $p_{ep_1 cp_1}$ 和 $p_{ep_1 cp_2}$ 所构成线段的最短距离 l_1，具体步骤如下。

（1）参考式（8-11）～式（8-14），将 p_{cnp}、p_{ep}、p_j、p_j 替换为 $p_{ep_1 cp_1}$、$p_{ep_1 cp_2}$、p_{ep_1}、$p_{ep_1 p}$，计算出 p_{ep_1} 到 $p_{ep_1 cp_1}$ 和 $p_{ep_1 cp_2}$ 所构成直线上的投影点 $p_{ep_1 p}$ 的坐标 $t_{ep_1 p}$。

（2）参考式（8-16），将 p_{cnp}、p_{ep}、p_{esp}、p 替换为 $p_{ep_1 cp_1}$、$p_{ep_1 cp_2}$、$p_{ep_1 p}$，计算出投影点 $p_{ep_1 p}$ 的坐标（$x_{ep_1 p}$，$y_{ep_1 p}$，$z_{ep_1 p}$）。

（3）计算端骨架点 p_{ep_1} 到分支 brh_2 的最短距离 l_1，公式为

$$l_1 = \begin{cases} \| p_{ep_1} - p_{ep_1 cp_1} \|, & t_{ep_1 p} < t_{ep_1 cp_1} \\[2mm] \| p_{ep_1} - p_{ep_1 p} \|, & t_{ep_1 cp_1} < t_{ep_1 p} < t_{ep_1 cp_2} \\[2mm] \| p_{ep_1} - p_{ep_1 cp_2} \|, & t_{ep_1 p} > t_{ep_1 cp_2} \end{cases} \tag{8-17}$$

步骤 3：提取 4 个距离 $l_1 \sim l_4$ 中最短距离对应的端骨架点序号 $\mathrm{min}l$，公式为

$$\mathrm{min}l = i, \quad l_i = \min(l_1, l_2, l_3, l_4), \quad i \in \mathbf{Z} \text{ 且 } i \in [1, 4] \quad (8-18)$$

步骤 4：获取分支之间的连接点 p_{cob}。假设 $\mathrm{min}l$ 对应的端骨架点为 p_{ep_1}，则 p_{ep_1} 与分支 brh_2 连接点 p_{cob} 的求取公式为

$$p_{\mathrm{cob}} = \begin{cases} p_{\mathrm{ep}_1\mathrm{cp}_1}, & t_{\mathrm{ep}_1\mathrm{p}} < t_{\mathrm{ep}_1\mathrm{cp}_1} \\ p_{\mathrm{ep}_1\mathrm{p}}, & t_{\mathrm{ep}_1\mathrm{cp}_1} < t_{\mathrm{ep}_1\mathrm{p}} < t_{\mathrm{ep}_1\mathrm{cp}_2} \\ p_{\mathrm{ep}_1\mathrm{cp}_2}, & t_{\mathrm{ep}_1\mathrm{p}} > t_{\mathrm{ep}_1\mathrm{cp}_2} \end{cases} \quad (8-19)$$

可知，当 $t_{\mathrm{ep}_1\mathrm{p}} < t_{\mathrm{ep}_1\mathrm{cp}_1}$ 或 $t_{\mathrm{ep}_1\mathrm{p}} > t_{\mathrm{ep}_1\mathrm{cp}_2}$ 时，两分支通过"端点-端点"的方式相连；当 $t_{\mathrm{ep}_1\mathrm{cp}_1} < t_{\mathrm{ep}_1\mathrm{p}} < t_{\mathrm{ep}_1\mathrm{cp}_2}$ 时，两分支通过"端点-线"或"端点-点"的方式相连，"端点-线"连接方式将在被连分支 brh_2 上增加一个连接点 p_{cob}，将该点加入 brh_2 的骨架点集。图 8-18 所示为两个非封闭分支连接的 4 种形式，图 8-18(d) 所示为"端点-端点"相连方式中的一种特殊情况——端骨架点重合。

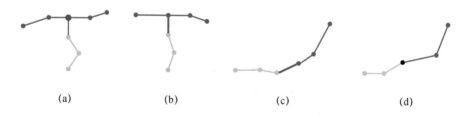

$$(a) \qquad\qquad (b) \qquad\qquad (c) \qquad\qquad (d)$$

图 8-18　非封闭分支骨架线连接的 4 种形式

(a)"端点-线"相连；(b)"端点-点"相连；

(c)"端点-端点"相连；(d)端骨架点重合。

例 2 当两相邻分支 brh_1 和 brh_2 的骨架均封闭时，端骨架点的数量都为 0，连接它们的方法为计算分支 brh_1 中所有骨架点到分支 brh_2 的最短距离和分支 brh_2 中所有骨架点到分支 brh_1 的最短距离，取其中的最小值对应的骨架点，将其与另一分支以最短线段相连。具体连接步骤如下。

步骤 1：求取分支 brh_1 中所有骨架点到分支 brh_2 的最短距离 l_{min_1} 及其对应的骨架点 p_{i_0} 和连接点 p_{cob_1}。

步骤 2：求取分支 brh_2 中所有骨架点到分支 brh_1 的最短距离 l_{min_2} 及其对应

的骨架点 p_{j_0} 和连接点 p_{cob_2}。

步骤 3：求出 $l_{\min_1}$ 和 $l_{\min_2}$ 中的最小值，将其对应的骨架点和连接点相连。

两封闭分支之间的连接有"点-线"相连和"点-点"相连两种情况，如图 8-19 所示。同样，将"点-线"连接中新增的连接点加入对应分支的骨架点集。

(a)　　　　　　　(b)

图 8-19
封闭分支骨架线连接的两种形式
(a)"点-线"相连；
(a)"点-点"相连。

例 3　当两相邻分支由一个封闭分支 $\mathrm{brh_1}$ 和一个非封闭分支 $\mathrm{brh_2}$ 组成时，端骨架点的数量分别为 0 和 2，连接方法为计算分支 $\mathrm{brh_1}$ 中所有骨架点到分支 $\mathrm{brh_2}$ 的最短距离和分支 $\mathrm{brh_2}$ 两个端骨架点到分支 $\mathrm{brh_1}$ 的最短距离，取其中的最小值对应的骨架点，将其与另一分支以最短线段相连。具体连接步骤如下：

步骤 1：求取分支 $\mathrm{brh_1}$ 中所有骨架点到分支 $\mathrm{brh_2}$ 的最短距离 $l_{\min_1}$ 及其对应的骨架点 p_{i_0} 和连接点 p_{cob_1}。

步骤 2：求取分支 $\mathrm{brh_2}$ 中的两个端骨架点到分支 $\mathrm{brh_1}$ 的最短距离 $l_{\min_2}$ 及其对应的端骨架点 p_{ep} 和连接点 p_{cob_2}。

步骤 3：求出 $l_{\min_1}$ 和 $l_{\min_2}$ 中的最小值，将其对应的骨架点和连接点相连。

用符号 U 和 B 分别代表非封闭分支和封闭分支，则一个封闭分支和一个非封闭分支之间的连接有"U 端点-B 线"相连、"U 端点-B 点"相连、"B 点-U 线"相连以及"B 点-U 点"相连 4 种情况，如图 8-20 所示。同样，将"点-线"连接中新增的连接点加入对应分支的骨架点集。

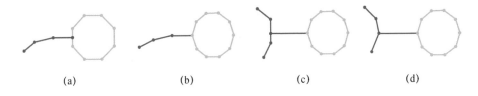

(a)　　　　(b)　　　　(c)　　　　(d)

图 8-20　非封闭分支与封闭分支骨架线连接的 4 种形式
(a)"U 端点-B 线"相连；(b)"U 端点-B 点"相连；(c)"B 点-U 线"相连；
(d)"B 点-U 点"相连。

图 8-18~图 8-20 中，绿色线、蓝色线表示两个不同分支的骨架线，绿色点、蓝色点表示不同分支的骨架点，红色线表示相邻分支骨架之间的连接线，红色点表示"点-线"连接方式中的连接点，黑色点表示重合的端骨架点。

曲轴的分支骨架线连接效果如图 8-17(b)所示，图中青色点表示相邻分支之间的连接点，黑色线表示相邻分支骨架之间的连接线。

6. 骨架分支的整合

将端骨架点重合的相邻非封闭骨架分支整合成一个大的骨架分支，将整合后单一分支的所有骨架点拟合成光滑的非均匀有理 B 样条(non-uniform rational B-spline，NURBS)曲线，生成最终的标准化骨架图。曲轴的标准化骨架图如图 8-17(c)所示，螺旋桨、挖掘机后臂、吊钩的标准化骨架图如图 8-21 所示。在图 8-17(c)和图 8-21 中，整合成一体的分支骨架线用彩色线表示，骨架分支之间的连接线用黑色线表示。由图可以看出，整合后的曲轴、螺旋桨、挖掘机后臂以及吊钩分别包含 17、3、5、2 个骨架分支。

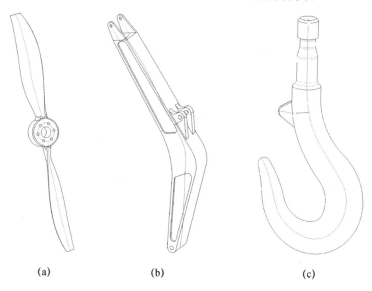

(a)　　　　　　　　(b)　　　　　　　　(c)

图 8-21　其余 3 种模型的标准化骨架图

(a)螺旋桨；(b)挖掘机后臂；(c)吊钩。

获取能够准确表达模型各分支拓扑和位置信息的标准化骨架图之后，即可进行基于标准模型拓扑信息的损伤零件自适应扫描路径规划。

8.3 基于骨架的再制造零件粗略扫描

本节提出一种基于标准化骨架图的再制造零件整体自适应三维粗略扫描方法，目的在于以较低的精度、较少的数据量无遗漏地获取损伤零件所有分支的低精度点云数据。首先根据标准化骨架图生成各分支的单独扫描路径，其次在此基础上确定各分支的扫描顺序，生成零件整体的自适应扫描路径，最后根据零件的最小损伤尺度设定扫描精度，从而生成再制造零件的整体自适应粗略扫描策略。

8.3.1 单一分支的扫描路径生成策略

本节采用"相对绕转＋重复移动＋端面补全"的方式进行非封闭分支的扫描，采用"相对绕转＋绕圈"的方式进行封闭分支的扫描，获取单一分支的三维点云数据，主要步骤如下：

步骤 1：确定分支的扫描起止点。

步骤 2：确定扫描仪相对分支的绕转轴和绕转方向。

步骤 3：确定单侧扫描的理想路径，进行单侧数据采集。

步骤 4：绕转一定角度，重复步骤 3，直至完整采集分支的周围数据。

步骤 5：扫描裸露的非封闭分支末端面。

1. 分支的扫描起止点

非封闭分支有两个明确的端骨架点，选择距离上一个分支的扫描停止点最近的端骨架点作为该非封闭分支的扫描起点，另一个端骨架点作为扫描终止点。

封闭分支本身没有端骨架点，将封闭分支与其他分支的连接点定义为它的端骨架点，采用"绕圈"的方式扫描封闭分支时，选取距离上一个分支的扫描停止点最近的端骨架点作为该封闭分支的扫描起止点。

2. 扫描仪相对分支的绕转轴和绕转方向

为完整采集分支骨架周围的数据，每完成一侧的数据扫描，扫描仪需要相对分支绕转一定角度，进行下一侧的数据采集。

对于非封闭分支，绕转轴定义为该分支两个端骨架点连线所确定的直线，绕转方向定义为从单侧扫描的起点看向终点的顺时针方向。

对于封闭分支，绕转轴定义为扫描起止点的法线，绕转方向定义为从扫描起止点看向该点在其两侧近邻点所成直线上投影点的顺时针方向。假设封闭分支 brh 的骨架点数量为 m，被选取为扫描起止点的端骨架点为 p_{ep}，则法线与投影点的计算步骤如下：

步骤 1：提取端骨架点 p_{ep} 两侧的紧邻骨架点 p_{cnp_l} 和 p_{cnp_r}。

步骤 2：参考式$(8-11)$～式$(8-14)$，将 p_{ep}、p_{cnp}、p_i、p_j 替换为 p_{cnp_l}、p_{cnp_r}、p_{ep}、p_{epp}，求出端骨架点 p_{ep} 在 p_{cnp_l} 和 p_{cnp_r} 所成直线上的投影点 p_{epp}。

步骤 3：参考式$(8-11)$，将 p_{cnp} 替换为 p_{epp}，写出 p_{ep} 和 p_{epp} 所构成直线的方程，即为扫描封闭分支 brh 时的绕转轴，从 p_{ep} 看向 p_{epp} 的顺时针方向即为扫描封闭分支 brh 时的绕转方向。

3. 分支单侧扫描的理想路径

单侧扫描的理想路径定义为在扫描仪法线垂直相交于分支骨架线的前提条件下，为完整采集分支在该侧面的所有数据，扫描仪沿骨架线所走的路径。实际情况中，存在外界障碍物和其他分支的影响，因此，在实际扫描时需利用机械臂的主动避障技术，通过机械臂的实时位姿调整，来避开障碍物的干扰。吊钩分支 1 的 4 个单侧理想扫描路径如图 8-22 所示。

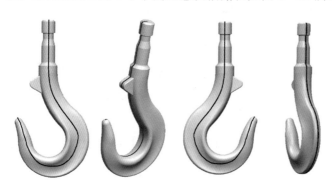

图 8-22

吊钩分支 1 的 4 个单侧理想扫描路径

4. 分支周围数据的完整采集

完成单侧扫描后，扫描仪相对分支绕转一定角度，转到另一侧继续扫描，如此循环，直至完整采集分支周围的数据。

分支的绕转角度与分支体积和视场范围等参数有关，在扫描过程中以保证一定比例的数据重合度 ε 为目标来实时计算得出。相邻两次单侧扫描的数据重合度 ε 由用户给定，默认情况下采用 35%。

5. 非封闭分支裸露末端面的补扫

对于非封闭分支来说，当其末端面裸露且不是外凸面时，仅仅扫描骨架周围的数据则会出现数据遗漏，如图 8 - 23(a) 所示的曲轴分支 1 的末端面。因此，需要对所有裸露的分支末端面进行针对性扫描，以补齐可能缺漏的数据。

判断分支末端面是否裸露的方法：定义分支末端面在相应的端骨架点法面上投影的外轮廓线为端面轮廓线，如果一个端骨架点对应的端面轮廓线限定区域包含分割边界的限定区域（对于没有分割边界的端骨架点，令分割边界限定区域为空集 $\varnothing$），则该端骨架点对应的末端面是裸露的，需要针对性扫描以补齐数据。

裸露末端面的扫描路径生成方式：以分支周围数据扫描的停止点 p_{s-end} 和端面轮廓线中心点 O 所成直线为基础线，一定间隔实时生成直线簇，端面轮廓线在直线簇方向上的两条切线为边界生成直线段簇，该直线段簇即为端面扫描时的路线集合；实际扫描时，扫描仪先沿过中心点 O 的直线段进行一次扫描，然后判断是否完成端面数据扫描，如未完成，则以数据重合度 ε 为依据计算出间隔 l 的数值，在已有直线段簇两侧间隔 l 处生成两条直线段，然后以"先左后右"的方式走过新生成的直线段；如此重复，直到完成端面数据的采集为止。曲轴分支 1 裸露末端面的可能扫描路径如图 8 - 23(b) 所示，图中绿色线表示端面轮廓线，红色线表示直线段簇的边界线，黑色线表示扫描路径。

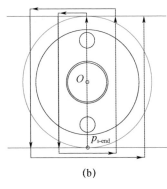

(a)　　　　　　　(b)

图 8 - 23

裸露末端面的扫描

(a) 裸露的分支末端面；
(b) 扫描路径。

8.3.2　各分支的扫描顺序生成策略

在确定每个分支的单独扫描路径后，即可确定各分支的扫描顺序。本文将封闭分支和非封闭分支分开处理，扫描完所有非封闭分支之后，再去扫描封闭分支。确定零件各分支扫描顺序的具体步骤如下：

步骤 1：确定第一个被扫描的非封闭分支及扫描起点，如果没有非封闭分支，则直接跳到步骤 5。

步骤 2：根据本节中的扫描策略，完成被扫描非封闭分支的数据采集。

步骤 3：确定下一个被扫描的非封闭分支。

步骤 4：重复步骤 2～3，完成所有非封闭分支的数据采集。

步骤 5：确定第一个被扫描的封闭分支。

步骤 6：根据本节中的扫描策略，完成被扫描封闭分支的数据采集。

步骤 7：确定下一个被扫描的封闭分支。

步骤 8：重复步骤 6～7，完成所有封闭分支的数据采集，即可完成被扫描零件的数据采集。

1. 第一个被扫描的非封闭分支及扫描起点

首先提取只有一个相邻骨架分支的非封闭分支，取其中骨架点连线总长度 sl 最大的分支作为第一个被扫描的分支；总长度相等的情况下，优先选择骨架分支中心点与骨架包围盒中心点 p_{center} 的距离 sd 更大的分支；距离也相等的情况下，优先选择骨架中心点坐标值平方和 ss 更大的分支。假设模型骨架点的总数为 mm，某分支中骨架点的数量为 m，则计算该分支 sl、sd 及 ss 数值的公式分别为

$$\mathrm{sl} = \sum_m l_{i,i+1}, i \in \mathbf{Z} \text{ 且 } i \in [1, m-1] \tag{8-20}$$

$$\mathrm{sd} = \sqrt{\mathrm{sd}_x^2 + \mathrm{sd}_y^2 + \mathrm{sd}_z^2} \tag{8-21}$$

$$\mathrm{ss} = \left(\frac{\sum_m x_i}{m}\right)^2 + \left(\frac{\sum_m y_i}{m}\right)^2 + \left(\frac{\sum_m z_i}{m}\right)^2, i \in \mathbf{Z} \text{ 且 } i \in [1, m] \tag{8-22}$$

式(8-21)中，

$$
\begin{cases}
\mathrm{sd}_x = \dfrac{\sum_m x_i}{m} - \dfrac{\max x_j + \min x_j}{2} \\[2mm]
\mathrm{sd}_y = \dfrac{\sum_m y_i}{m} - \dfrac{\max y_j + \min y_j}{2}, i \in \mathbf{Z} \text{且} i \in [1, m], j \in \mathbf{Z} \text{且} j \in [1, mm] \\[2mm]
\mathrm{sd}_z = \dfrac{\sum_m z_i}{m} - \dfrac{\max z_j + \min z_j}{2}
\end{cases}
$$

在第一个被扫描的非封闭分支中，取距离骨架包围盒中心点 p_{center} 较远的端骨架点作为扫描的起点 $p_{s-start}$。

2. 下一个被扫描的非封闭分支

完成上一个非封闭分支的扫描之后，选择未扫描非封闭分支中距上一分支扫描停止点 p_{s-end} 最近的端骨架点所在的分支作为下一个被扫描分支，并以该端骨架点作为新的扫描起点 $p_{s-start}$；如果出现了距离相等的情况，任取其一即可。

3. 第一个被扫描的封闭分支及扫描起止点

完成所有非封闭分支的扫描后，选择未扫描分支中距扫描停止点 p_{s-end} 最近的端骨架点所在的封闭分支作为第一个被扫描的封闭分支，该端骨架点既是被扫描封闭分支的扫描起点 $p_{s-start}$，又是扫描终止点 p_{s-end}。

当被扫描零件中仅有封闭分支时，选择其中端骨架点数量最少的分支作为第一个被扫描分支；当最少端骨架点数量对应多个分支时，优先选择到骨架包围盒中心点 p_{center} 的距离 sd 更大的分支；当存在距离相等的情况时，优先选择骨架中心点坐标值平方和 ss 更大的分支。

4. 下一个被扫描的封闭分支

上一个封闭分支扫描完成后，选择未扫描分支中距扫描停止点 p_{s-end} 最近的端骨架点所在的分支作为下一个被扫描分支，并以该端骨架点作为新的扫描起止点；如果出现了距离相等的情况，任取其一即可。

根据上述策略，生成的曲轴各分支扫描顺序如图 8-24 所示。

在图 8-24 中，为便于表达，对分支和端骨架点进行了假想的编号，矩形框中的数字代表分支序号，椭圆框中的数字代表端骨架点的序号，端骨架点序号的命名规则为 1702 表示第 17 个分支的第 2 个端骨架点。

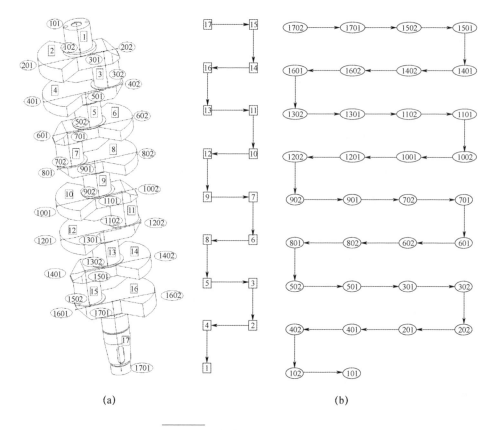

图 8-24　曲轴各分支的扫描顺序

(a)分支及端骨架点序号；(b)分支及端骨架点的扫描顺序。

8.3.3　零件整体的自适应扫描路径生成

综合本章8.3.1节中的单一分支扫描路径生成策略和8.3.2节中的各分支扫描顺序生成策略，生成零件整体自适应扫描路径的工作流程，如图8-25所示。

8.3.4　再制造零件的整体粗扫精度设置

本节研究再制造零件整体粗扫的精度设置策略，目的是在保证所有损伤边界都被检测到的前提下尽可能地减少整体数据量，从而减少点云处理和损伤定位的工作量。

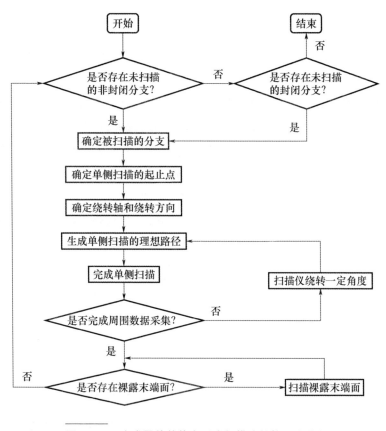

图 8 - 25　生成零件整体自适应扫描路径的工作流程

1. 最小损伤尺度

本节针对的是深层体积损伤的数据获取与模型重构，如图 2 - 2～图 2 - 4 所示，每一种深层体积损伤的形貌都有且只有一个明确的损伤边界，定义变量 ξ_i 来表征深层体积损伤 Dae_i 的损伤尺度，ξ_i 的数值等于 Dae_i 真实损伤边界的最大内切圆直径，则 ξ_i 中的最小值 ξ_{min} 即为所有损伤部位的最小损伤尺度。在实际扫描中，ξ_{min} 的数值可由用户给定。因此，损伤边界的检测问题可以转化为直径 ξ_{min} 的圆的检测问题。

2. 单侧扫描的光条排布

本节采用线结构光双目立体视觉测量机器人进行损伤零件的数据采集，线结构光三维扫描仪主要由线激光器和摄像机组成。进行零件整体的三维扫描时，机械臂操纵扫描仪沿分支骨架线以速度 v 匀速移动，并保持扫描仪法线、分支骨架线以及投射光条两两垂直，使线激光器投射出的光条依次掠过扫描面，同时摄像机以每秒传输帧数（frames per second，FPS）的频率摄取图像，完成分支单侧数据的采集。

分支单侧扫描的光条排布如图 8-26 所示，图中黑色线表示分支单侧的轮廓线，蓝色线表示分支骨架线在单侧面上的投影线，红色线表示摄像机摄取到的激光光条。显然，在微小区域中，相邻的激光光条是近似平行的，且其间距 d_{lb} 与对应的骨架投影线段长度 l_{lb} 的关系为

$$d_{lb} \leqslant l_{lb} \qquad (8-23)$$

而在微小区域中，骨架投影线段的长度 l_{lb} 又与扫描仪沿骨架线的移动距离 l_0 近似相等，即

$$l_{lb} \approx l_0 = \frac{v}{\text{FPS}} \qquad (8-24)$$

因此，微小区域中的扫描光条簇可以用间距为 l_0 的平行线近似代替。

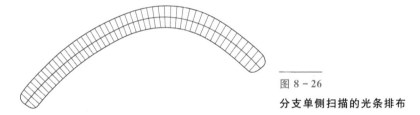

图 8-26
分支单侧扫描的光条排布

3. 再制造零件的整体粗扫精度设置策略

再制造零件整体粗扫精度的设置原则是，在不遗漏损伤边界的前提下，尽可能地降低扫描精度，减少数据量。线结构光三维扫描仪的精度由光条上的数据精度和扫描方向上数据精度组成，光条上的数据精度通常远大于扫描方向上的数据精度（扫描设备 SLP250 能够在长度为 25mm 的光条上采集到 752 个数据点），因此只需研究扫描方向上的精度设置策略，扫描结束后再通过数据精简去除掉因光条上数据精度过高而产生的冗余即可。

因为上面指出损伤边界的检测问题可以转化为直径 ξ_{min} 的圆的检测问题，且可以用间隔为 l_0 的平行线近似代替微小区域中的扫描光条簇，而 ξ_{min} 通常很小（几毫米甚至零点几毫米），所以损伤边界的检测问题可以转化为求直径 ξ_{min} 的圆在间隔 l_0 的平行线中的交点问题。

整体粗扫精度的设置策略如图 8-27 所示，只需设置 $l_0 = \xi_{min}/3$，就能保证直径 ξ_{min} 的圆与间隔 l_0 的平行线有至少 4 个交点，即可采集到损伤边界上的至少 4 个点，通过这些点能够求出损伤部位的位置和简略的损伤边界，为高精度扫描提供依据。需要注意的是，在大多数情况下，这样的设置能采集到 6 个点，只有在 $l_0 < l_{lb}$ 且损伤边界恰好与两根光条相切的情况下，才会出现仅采集到 4 个点的情况（切点无法被有效采集到）。在实际扫描中，根据用户提供的 ξ_{min} 计算出 l_0，再将其代入式(8-24)，求出对应的扫描仪沿骨架线移动速度 v_0：

$$v_0 = \frac{\xi_{min} \cdot \text{FPS}}{3} \qquad (8-25)$$

将扫描速度设置为 v_0 就能保证无遗漏地检测出被扫描零件上的全部损伤区域。

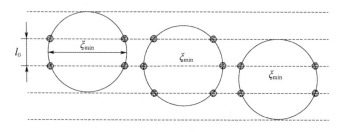

图 8-27　整体粗扫精度的设置策略

8.3.5　基于骨架的再制造零件整体自适应粗略扫描实验

为验证本章方法的可行性，用 Solidworks 软件制作了损伤曲轴零件和损伤螺旋桨零件的三维模型，并用光固化 3D 打印机制作出了物理模型；基于本章所述的再制造零件整体自适应粗略扫描策略，线结构光双目立体视觉测量机器人，进行损伤曲轴和损伤螺旋桨零件的整体自适应粗略扫描实验。

1. 待扫描零件的损伤分析

损伤的曲轴零件和螺旋桨零件如图 8-28 所示。损伤曲轴的总体尺寸约为 1244mm×315mm×257mm，有 12 处损伤，损伤分析如表 8-5 所示；损伤螺旋桨的总体尺寸约为 2099mm×247mm×163mm，有 6 处损伤，损伤分析如表 8-6 所示。

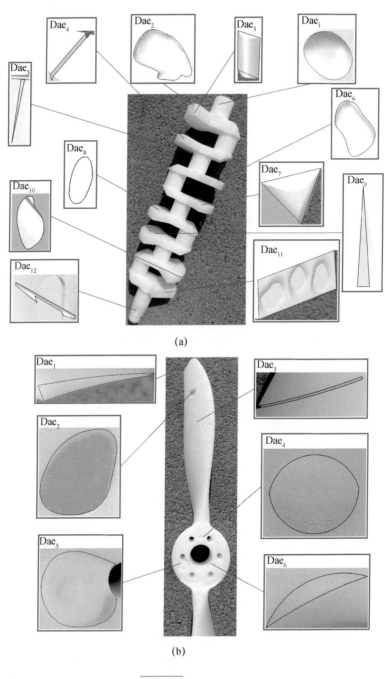

图 8 - 28　损伤零件

(a)曲轴；(b)螺旋桨。

表 8 - 5　曲轴零件的损伤分析

编号	类型	损伤尺度 ξ_i/mm	编号	类型	损伤尺度 ξ_i/mm
1	点蚀	17.34	2	微动磨损	8.55
3	严重磨损	19.53	4	刮伤	5.70
5	刮伤	2.79	6	冲击腐蚀	15.25
7	严重磨损	16.11	8	点蚀	12.48
9	剥落腐蚀	10.47	10	空泡破损	9.60
11	断裂	48.45	12	刮伤	5.55

表 8 - 6　螺旋桨零件的损伤分析

编号	类型	损伤尺度 ξ_i/mm	编号	类型	损伤尺度 ξ_i/mm
1	断裂	11.43	2	冲击腐蚀	20.57
3	刮伤	4.58	4	点蚀	19.20
5	严重磨损	48.42	6	剥落腐蚀	9.51

2. 整体自适应粗略扫描

损伤曲轴的各分支扫描顺序如图 8 - 24 所示，最小损伤尺度为 $\xi_{min} = 2.79$mm。损伤螺旋桨的各分支扫描顺序如图 8 - 29 所示，最小损伤尺度为 $\xi_{min} = 4.58$mm。扫描参数如表 8 - 7 所示。

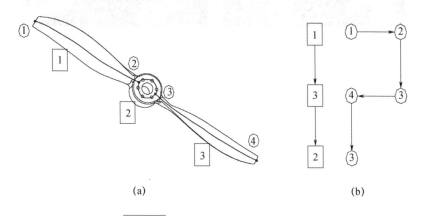

(a)　　　　　　　(b)

图 8 - 29　螺旋桨各分支的扫描顺序

(a)分支及端骨架点序号；(b)扫描顺序。

表 8 - 7　粗扫参数

参数	损伤曲轴	损伤螺旋桨
相机帧率	100Hz	
扫描仪空走速度	200mm/s	
测量距离	110mm	
单侧扫描数据重合度	35%	
扫描速度	93mm/s	152.7mm/s

3. 扫描结果

扫描得到的 txt 格式的损伤曲轴零件点云和损伤螺旋桨零件点云文件，如图 8-30 所示。损伤曲轴零件的点云包含 4737914 个数据点，占用存储空间 52MB；损伤螺旋桨零件的点云包含 2831623 个数据点，占用存储空间 28.9MB。

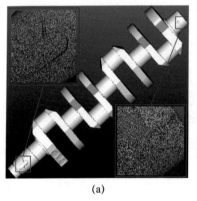
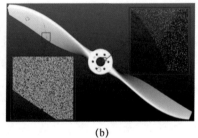

(a)　　　　　　　　　　　　　　　　(b)

图 8 - 30　**扫描结果**

(a)曲轴；(b)螺旋桨。

8.4　点云预处理与损伤部位的识别

8.3 节中，通过自适应的整体粗略扫描获取了损伤零件的整体低精度点云数据，SLP 扫描仪关联的点云处理软件 SSC 已经对点云进行了常规的预处理。本节针对所提出的再制造零件自适应三维测量方法和所采集到的点云数据的特点，提出一种基于轮廓线模型的损伤零件点云二次预处理与损伤定位方法。

8.4.1　基于轮廓线模型的点云二次预处理与损伤定位方法的工作流程

基于轮廓线模型的点云二次预处理与损伤定位方法的总体工作流程如图 8-31 所示。首先通过基于 ICP 算法的骨架点云配准，实现标准网格模型和损伤零件点云模型的匹配，将它们统一在同一坐标系下；其次以标准化骨架图为依据，构建标准网格模型的轮廓线模型；再次基于标准轮廓线模型，进行损伤零件点云数据的二次预处理和损伤点提取；最后进行损伤定位，求出各损伤部位的位置和简略损伤边界。

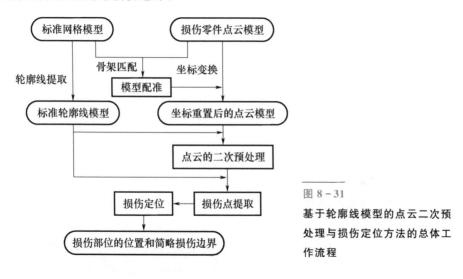

图 8-31
基于轮廓线模型的点云二次预处理与损伤定位方法的总体工作流程

8.4.2　基于骨架匹配的模型配准

为了利用标准网格模型的轮廓线进行损伤零件点云数据的预处理和损伤提取，必须首先将标准网格模型和损伤零件点云模型配准，使它们处于同一坐标系下。而网格模型也可以看作是由网格角点组成的规则点云，因此标准网格模型和损伤零件点云模型的配准问题可以转换为两个点云之间的配准问题。

1. 点云配准的概念及其数学表达

点云配准简单来说就是找到两个点云之间的对应关系，然后将一个点云从它的原始坐标系转换到另一个点云的坐标系下。

已知坐标系 $O_1 - x_1 y_1 z_1$ 下的点云 P 和坐标系 $O_2 - x_2 y_2 z_2$ 下的点云 Q，

且 $P_i(x，y，z)$ 和 $Q_i(X，Y，Z)$ 是同名点。若要将点云 P 从原始坐标系 $O_1-x_1y_1z_1$ 转换到点云 Q 所在的坐标系 $O_2-x_2y_2z_2$ 下，则需求解平移矩阵 T 和旋转矩阵 R，使所有同名点对满足刚体变换：

$$\begin{bmatrix} X \\ Y \\ Z \end{bmatrix} = R \begin{bmatrix} x \\ y \\ z \end{bmatrix} + T \qquad (8-26)$$

其中：

$$R = \begin{bmatrix} \cos\alpha & -\sin\alpha & 0 \\ \sin\alpha & -\cos\alpha & 0 \\ 0 & 0 & 1 \end{bmatrix} \begin{bmatrix} \cos\beta & 0 & -\sin\beta \\ 0 & 1 & 0 \\ \sin\beta & 0 & \cos\beta \end{bmatrix} \begin{bmatrix} 1 & 0 & 0 \\ 0 & \cos\gamma & -\sin\gamma \\ 0 & \sin\gamma & \cos\gamma \end{bmatrix} \qquad (8-27)$$

$$T = \begin{bmatrix} t_x \\ t_y \\ t_z \end{bmatrix} \qquad (8-28)$$

式中：α、β、γ 分别为绕 X、Y、Z 轴的旋转角；t_x、t_y、t_z 分别为沿 X、Y、Z 轴的移动距离。

2. 点云配准的主要方法

经过多年的发展，主要形成了两类点云配准算法：基于特征的配准算法和无特征的配准算法。

(1)基于特征的点云配准算法。基于特征的点云配准算法是利用点云表面明显的几何特征(点、角、边、面以及人为添加的标靶)来求解坐标变换矩阵，这类方法可分为 3 个步骤：①从原始点云中提取特征；②进行相似性度量以获取对应特征；③求解坐标变换矩阵。

基于特征的点云配准算法的优点在于无需提前知道配准变换参数的初始值，算法简单便于理解；缺点是必须花费大量的时间进行特征的提取与配对，且严重依赖于点云特征的提取，当特征不明显时则会导致配准失败。

(2)无特征的配准算法。无特征的配准算法即基于原始数据的配准算法，其中最经典的就是 ICP 算法。ICP 算法本质上是一种基于最小二乘法的最优匹配算法，它重复求解最优变换，直到满足收敛准则而终止迭代。该算法的基本思想是：首先假设一个初始位姿估计，从一个点云中选出一定数量的点，再从另一个点云中寻找与这些点对应的距离最近的点集，通过最优刚体变换最小化点集间的距离，迭代计算直到残差平方和的数值不变。

ICP 算法的优点在于无需进行特征的提取，而且配准精度高。ICP 算法也存在一些问题：一方面初始位姿估计对配准精度的影响很大，如果初始位姿和实际情况相差很大，ICP 的解则很有可能陷入局部最优；另一方面，标准 ICP 算法使用一个点云中的所有点进行点对搜索，耗时长、效率低，还有可能引入错误的点对。

3. 基于骨架的模型配准方法概述

8.2 节中介绍了同时适用于点云模型和网格模型的基于拉普拉斯收缩的三维模型骨架提取方法，而且该方法鲁棒性强，对噪声点不敏感，能够有效提取出带噪声点云模型的骨架。相比于原有的网格模型和损伤零件点云模型，它们的骨架模型能够以极小的数据量保留拓扑信息，而小数据量点云之间的配准则能弥补 ICP 算法效率上的不足。因此，通过匹配标准网格模型和损伤零件点云模型的骨架来进行二者的配准，具体步骤如下：

步骤 1：采用基于拉普拉斯收缩的骨架提取算法提取标准网格模型和损伤零件点云模型的骨架。

步骤 2：采用 ICP 算法进行网格模型骨架和点云模型骨架之间的配准，求解出坐标转换矩阵。

步骤 3：对损伤零件点云模型中的数据点进行坐标变换，将其转换到标准网格模型所在的坐标系下。

以曲轴的标准网格模型和损伤零件点云模型的配准为例，其标准网格模型和损伤零件点云在配准前的相对位置如图 8-32 所示。

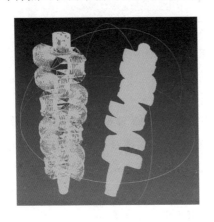

图 8-32
标准网格模型和损伤零件点云模型在配准前的相对位置

4. 基于拉普拉斯收缩的骨架提取

采用基于拉普拉斯收缩的骨架提取算法，进行曲轴的标准网格模型和损伤零件点云模型的骨架提取，提取结果如图 8-33 所示。由图可以看出，两个骨架的相似度很高，图中标出了 3 个轻微的不同之处。标准网格模型的骨架点数量为 73，将它们构成的点云命名为 SK_{mesh}，损伤零件点云模型的骨架点数量为 74，将它们构成的点云命名为 SK_{pcloud}。

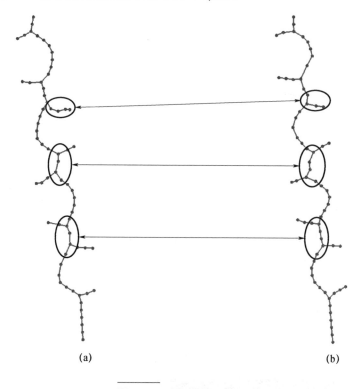

(a)   (b)

图 8-33 **骨架提取结果**

(a)标准网格模型的骨架；(b)损伤零件点云模型的骨架。

5. 基于 ICP 算法的骨架点云配准

点云 SK_{mesh} 和 SK_{pcloud} 配准前的相对位置如图 8-34 所示，采用 ICP 算法实现了二者的配准，结果如图 8-35 所示。在图 8-34 和图 8-35 中，骨架点云 SK_{mesh} 用蓝色表示，骨架点云 SK_{pcloud} 用绿色表示。

坐标变换矩阵的运算结果为

$$SK_{mesh} = \boldsymbol{R} \cdot SK_{pcloud} + \boldsymbol{T} \tag{8-29}$$

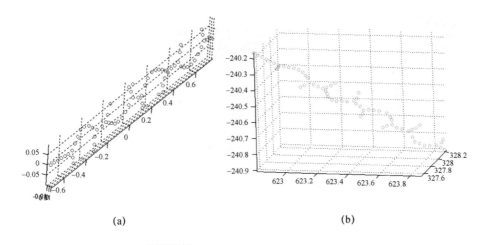

(a) (b)

图 8 - 34 配准前骨架点云的相对位置

(a)SK_{mesh}; (b)SK_{pcloud}。

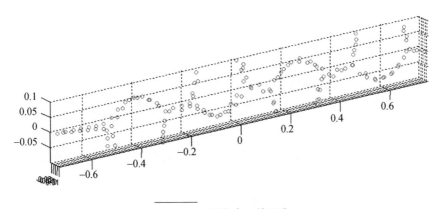

图 8 - 35 骨架点云的配准

其中,

$$T = \begin{bmatrix} 76.7307 & -724.7196 & -150.9955 \end{bmatrix}^{T}$$

$$R = \begin{bmatrix} -0.0225 & -0.7086 & -0.7052 \\ 0.7114 & 0.4843 & -0.5093 \\ 0.7025 & -0.5131 & 0.4932 \end{bmatrix}$$

6. 模型匹配

根据式(8-29)的计算结果进行损伤点云的坐标变换,即可将它与标准网格模型匹配起来,如图 8-36 所示。

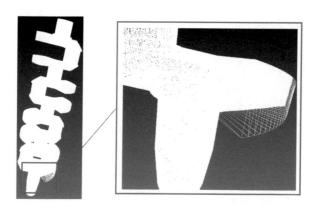

图 8－36
曲轴标准网格模型和损伤
零件点云模型的配准

8.4.3 标准轮廓线模型的构建

实现标准网格模型和损伤零件点云模型的配准之后，为提高点云预处理和损伤定位工作的效率，本节提出一种轮廓线模型，将理想情况下根据粗扫策略扫描到的对应于同一骨架位置的数据拟合成的曲线定义为轮廓线。标准网格模型的轮廓线构成标准轮廓线模型，损伤零件点云的轮廓线构成损伤轮廓线模型。可知，轮廓线模型具有如下性质：

(1)轮廓线是平面曲线，且所在平面与对应骨架点的切线垂直，对应骨架点也在该平面上。

(2)理想情况下，相邻轮廓线对应的骨架点在骨架线上的距离为 l_0。

(3)对于任意一条损伤轮廓线，总有一条标准轮廓线与之对应，且损伤轮廓线的限制区域包含在标准轮廓线的限制区域之内。

显然，对于未损伤的区域，采集到的点云数据应位于标准轮廓线模型中的某一条轮廓线上。因此，标准轮廓线模型可作为损伤零件点云预处理和损伤定位的依据，位于对应轮廓线外部的点可判定为噪点，位于对应轮廓线内部的点，可认定为损伤点。标准轮廓线模型的建立步骤：①确定轮廓线生成点的位置；②在轮廓线生成点处进行剖切，生成轮廓线；③将所有轮廓线组合起来，得到标准轮廓线模型。

1. 轮廓线生成点的确定

假想扫描仪沿着理想扫描路径以 kv_0 的移动速度对某一分支进行了一次粗略扫描，则标准轮廓线的生成位置即摄像机摄取图像时扫描仪对应的骨架点位置，将这些位置点命名为轮廓线生成点。kv_0 的大小决定了轮廓线生成点的间隔，理想情况下 k 的数值是1。但在实际扫描时，由于机械臂的运动误差以及其他因素的影响，绕分支骨架的多次单侧扫描路径在骨架线上的投影难以做到完全一致，从而导致本应位于同一剖切面的数据出现错位。因此，必须将错位的数据投影到剖切面上。然而，当剖切面间隔较大且分支截面尺寸变化较大时，会产生较大的投影误差，最终影响损伤定位的精度。因此，需通过减小 k 的数值来减小剖切面间隔，进而减小投影误差。k 的数值可由用户根据需求来设定，默认情况下取0.5。

以曲轴为例，按照图 4-3 中的序号编排和扫描策略，以 $0.5v_0$ 的速度进行扫描，提取到的分支6和分支17的轮廓线生成点，如图 8-37 所示。图中绿色点、红色点、蓝色点都是轮廓线生成点，绿色点表示扫描起始点，红色点表示扫描终止点，蓝色点表示常规的轮廓线生成点。由于轮廓线生成点之间间隔较小（仅0.465mm），为便于显示和理解，每隔19个点显示一个常规的轮廓线生成点。

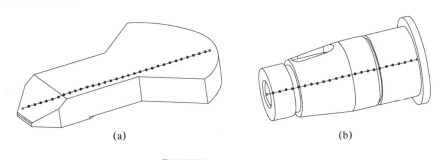

(a)　　　　　　　　　　(b)

图 8-37　轮廓线生成点
(a)曲轴分支 6；(b)曲轴分支 17。

2. 分支剖切面的生成

轮廓线生成点对应的分支剖切面为过该点且垂直于该点骨架线切线的平面。所有的轮廓线生成点能够构成一个从分支扫描起始点指向扫描终止点的有序点集，设其中轮廓线生成点 $p_i(x_i, y_i, z_i)$ 前后两侧的点分别为 $p_{i_1}(x_{i_1}, y_{i_1}, z_{i_1})$ 和 $p_{i_2}(x_{i_2}, y_{i_2}, z_{i_2})$（起始点和终止点只有一个相邻点，将其本身视作另一个相邻点），则可认为点 p_i 的骨架线切线与矢量 $\boldsymbol{p}_{i_1}\boldsymbol{p}_{i_2}$ 平行，即矢量 $\boldsymbol{p}_{i_1}\boldsymbol{p}_{i_2}$ 是剖切面 α_i 的一个法向矢量，矢量 $\boldsymbol{p}_{i_1}\boldsymbol{p}_{i_2}$ 的坐标为

$$\boldsymbol{p}_{i_1}\boldsymbol{p}_{i_2} = (x_{i_2} - x_{i_1}, \ y_{i_2} - y_{i_1}, \ z_{i_2} - z_{i_1}) \tag{8-30}$$

过点 p_i 且以 $\boldsymbol{p}_{i_1}\boldsymbol{p}_{i_2}$ 为法向矢量的剖切面 α_i 的方程为

$$ax + by + cz + d = 0 \tag{8-31}$$

其中，

$$\begin{cases} a = x_{i_2} - x_{i_1} \\ b = y_{i_2} - y_{i_1} \\ c = z_{i_2} - z_{i_1} \\ d = -(ax_i + by_i + cz_i) \end{cases}$$

将轮廓线生成点及其两侧相邻点的坐标依次代入式(8-31)中，即可求出分支的所有剖切面。曲轴分支 6 和分支 17 的剖切面生成结果如图 8-38 所示。同样地，为便于显示和理解，每隔 19 个面显示一个面。

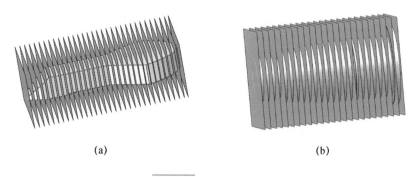

(a)   (b)

图 8-38　**分支剖切面**

（a）曲轴分支 6；（b）曲轴分支 17。

3. 轮廓线的生成

剖切面与模型分支表面的交线即为轮廓线，提取这些交线即可构建分支的轮廓线模型。网格模型是由三角面片构成的，而分割后的模型分支是由三角面片和分割面片一起构成的(图 8-39 所示为曲轴分支 6 的面片形式)。因此轮廓线实际上是由一组剖切面与面片的交线构成的。图 8-39 中的黄色线表示该分支与相邻分支的分割边界。

这里参考增材制造技术中的切片理论进行轮廓线的生成，具体步骤如下。

步骤 1：搜索与剖切面相交的三角面片。对于分支上的某一个剖切面来说，它与分支中的大部分三角面片都是不相交的。因此，需要进行"求交判

断"，找到分支中与剖切面相交的三角面片并确定相交的类型。剖切面与三角
面片的相交有 5 种情况，如图 8 - 40 所示。

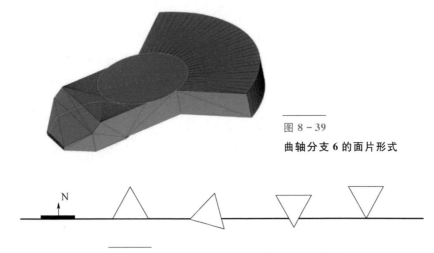

图 8 - 39

曲轴分支 6 的面片形式

图 8 - 40　**三角面片与剖切面相交的 5 种情况**

设三角面片的三个角点分别为 $p_1(x_1, y_1, z_1)$、$p_2(x_2, y_2, z_2)$、$p_3(x_3, y_3, z_3)$，剖切面为 $\alpha: ax + by + cz + d = 0$，则上述 5 种情况可以用数学形式表达如下：

令

$$\begin{cases} t_1 = ax_1 + by_1 + cz_1 + d \\ t_2 = ax_2 + by_2 + cz_2 + d \\ t_3 = ax_3 + by_3 + cz_3 + d \end{cases} \tag{8-32}$$

第一种情况，3 个角点均位于剖切面上，即

$$t_1 = t_2 = t_3 = 0 \tag{8-33}$$

第二种情况，有两个角点位于剖切面上，即

$$\begin{cases} t_1 = 0 \\ t_2 = 0 \\ t_3 \neq 0 \end{cases} \text{或} \begin{cases} t_1 = 0 \\ t_2 \neq 0 \\ t_3 = 0 \end{cases} \text{或} \begin{cases} t_1 \neq 0 \\ t_2 = 0 \\ t_3 = 0 \end{cases} \tag{8-34}$$

第三种情况，有一个角点位于剖切面上，另两个角点分处于剖切面两侧，即

$$\begin{cases} t_1 = 0 \\ t_2 < 0 \\ t_3 > 0 \end{cases} \text{或} \begin{cases} t_1 = 0 \\ t_2 > 0 \\ t_3 < 0 \end{cases} \text{或} \begin{cases} t_1 < 0 \\ t_2 = 0 \\ t_3 > 0 \end{cases} \text{或} \begin{cases} t_1 > 0 \\ t_2 = 0 \\ t_3 < 0 \end{cases} \text{或} \begin{cases} t_1 < 0 \\ t_2 > 0 \\ t_3 = 0 \end{cases} \text{或} \begin{cases} t_1 > 0 \\ t_2 < 0 \\ t_3 = 0 \end{cases} \tag{8-35}$$

第四种情况，有两个角点处于剖切面一侧，另一个角点处于剖切面另一侧，即

$$\begin{cases} t_1<0 \\ t_2<0 \\ t_3>0 \end{cases} \text{或} \begin{cases} t_1>0 \\ t_2>0 \\ t_3<0 \end{cases} \text{或} \begin{cases} t_1<0 \\ t_2>0 \\ t_3<0 \end{cases} \text{或} \begin{cases} t_1>0 \\ t_2<0 \\ t_3>0 \end{cases} \text{或} \begin{cases} t_1<0 \\ t_2>0 \\ t_3>0 \end{cases} \text{或} \begin{cases} t_1>0 \\ t_2<0 \\ t_3<0 \end{cases} \quad (8-36)$$

第五种情况，有一个角点位于剖切面上，另两个角点位于剖切面的同一侧，即

$$\begin{cases} t_1=0 \\ t_2>0 \\ t_3>0 \end{cases} \text{或} \begin{cases} t_1=0 \\ t_2<0 \\ t_3<0 \end{cases} \text{或} \begin{cases} t_1>0 \\ t_2=0 \\ t_3>0 \end{cases} \text{或} \begin{cases} t_1<0 \\ t_2=0 \\ t_3<0 \end{cases} \text{或} \begin{cases} t_1>0 \\ t_2>0 \\ t_3=0 \end{cases} \text{或} \begin{cases} t_1<0 \\ t_2<0 \\ t_3=0 \end{cases} \quad (8-37)$$

根据式（8-33）～式（8-37），依次判断三角面片三个角点与剖切面的位置关系，即可搜索出分支上所有与剖切面相交的三角面片并判断出相交类型。

步骤2：计算三角面片的边与剖切面的交点。对于前两种情况，三角面片与剖切面的交点即为面片中位于剖切面上的角点；对于第三种情况，一个交点为位于面片上的角点，另一个交点为位于面片两侧的角点所成直线段与剖切面的交点；对于第四种情况，两个交点为剖切面一侧的角点与另一侧的两个角点所成直线段与剖切面的交点；对于第五种情况，仅位于剖切面上的那个角点构成一个独立的交点，由于没有可与之构成线段的其他交点，该交点实际上对轮廓线并无贡献，可以直接忽略。

步骤3：生成轮廓线。求出交点之后，将位于同一个三角面片上的交点连接，再将包含相同点的线段合并，即可生成轮廓线。第二、第三、第四种相交情况都能生成一条交线，第一种相交情况实际上会产生一个交面，这种情况仅存在于裸露的非封闭分支末端面中。

根据分支剖切处是否有内部孔洞，可以将剖切面上的轮廓线分为嵌套式和非嵌套式两种情况，如图8-41所示，图中红色线表示嵌套式轮廓线，蓝色线表示非嵌套式轮廓线。

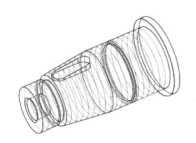

图8-41

嵌套式和非嵌套式轮廓线

骨架周围的轮廓线是由交线构成的，将交线合并后，由于分割面的存在，会形成封闭式和非封闭式两种轮廓线，如图 8 - 42 所示，图中封闭式轮廓线用红色线表示，非封闭式轮廓线用蓝色线表示。

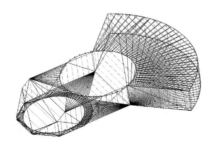

图 8 - 42

封闭式和非封闭式轮廓线

对于裸露的非封闭分支末端面，任何体积损伤都会导致损伤区域不再裸露，从而被邻近的剖切面检测到。因此，无需生成相应的轮廓线。

4. 剖切处轮廓线模型的构建

将同属于一个剖切面的轮廓线组合起来，即可生成剖切处的轮廓线模型。综合考虑图 8 - 41 和图 8 - 42 中的两种分类，结合实际情况，可将剖切处的轮廓线模型分成 6 种类型：单独一个封闭的轮廓线（简称 I 型）、单独一条折线（简称 II 型）、两条及以上折线（简称 III 型）、封闭轮廓线内部嵌套一个或多个封闭轮廓线（简称 IV 型）、单独一条折线嵌套一个或多个封闭轮廓线（简称 V 型）、两条及以上折线嵌套一个或多个封闭轮廓线（简称 VI 型），如图 8 - 43 所示。

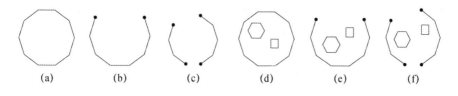

(a)　　　　(b)　　　　(c)　　　　(d)　　　　(e)　　　　(f)

图 8 - 43 **剖切处的轮廓线模型**

(a) I 型；(b) II 型；(c) III 型；(d) IV 型；(e) V 型；(f) VI 型。

5. 整体轮廓线模型的构建

将所有剖切处的轮廓线模型有机组合起来，即可构造出整体的轮廓线模型。曲轴的标准轮廓线模型如图 8 - 44 所示，为便于显示，轮廓线每隔 19 条显示一条。

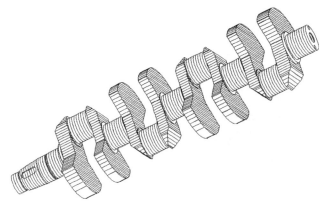

图 8 - 44

曲轴标准轮廓线模型

8.4.4　基于轮廓线模型的点云二次预处理

8.4.2节实现了标准网格模型和损伤零件点云模型的配准，8.4.3节构建了标准轮廓线模型，在此基础上，本节进行基于轮廓线模型的点云二次预处理，将点云投影到剖切面上，然后进行基于轮廓线的点云二次精简和二次去噪。

1. 点云投影

在实际扫描过程中，一条轮廓线对应的点集通常由多次扫描的点云拼合而成的，由于机械臂运动误差、重复定位误差以及扫描仪光条中心提取误差等因素的存在，采集到的点云很难恰好位于剖切面上。因此，在进行后续的点云预处理和损伤定位工作之前，必须先将初始点云投影到剖切面上。点云投影的具体步骤如下：

步骤1：用模型分割面分割点云，使数据点与分支对应。采用8.2.2节中的基于骨架的三维模型分割算法能够提取出标准模型的初始分割面集合，由于构建标准化骨架图的过程中进行了分支整合，所以需将整合分支内部的分割面从初始分割面集合中去除，生成用于分割点云的分割面集合。曲轴的分割面如图8-45(a)所示，这些分割面分割出17个对应于不同分支的独立空间，通过依次判断数据点在这些空间中的位置即可将点云分割开来。对于恰好位于分割面上的点，将它复制成两个点，分别放置到分割面两侧的点集中。曲轴点云的分割结果如图8-45(b)所示。

步骤 2：用分支剖切面二次分割点云。对初步分割后的点云，再依次判断数据点在分支剖切面所分割空间中的位置即可将分支对应点云分割成恰好位于剖切面上的点云和剖切面分割出的独立空间中的点云。

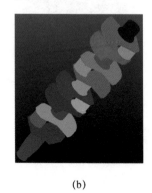

图 8 - 45

用模型分割面分割点云

(a)分割面；(b)分割结果。

(a)　　　　　　　　　　(b)

步骤 3：使数据点与剖切面对应。二次分割后，还需将处于独立空间中的数据点与某一剖切面对应。已知点 $p(x_0,\ y_0,\ z_0)$ 位于剖切面 α_1：$(a_1 x + b_1 y + c_1 z + d_1)=0$ 和 α_2：$(a_2 x + b_2 y + c_2 z + d_2)=0$ 构成的独立空间内，可通过比较该点到两平面的距离来确定它对应的剖切面，距离更近的剖切面即为它的对应剖切面。当该点距两平面的长度相等时，将其复制成两个，分别加入两个剖切面的对应点集合中。判断对应剖切面的具体公式为

$$\alpha = \begin{cases} \alpha_1, & l_1 < l_2 \\ \alpha_2, & l_1 > l_2 \\ \alpha_1(\alpha_2), & l_1 = l_2 \end{cases} \qquad (8-38)$$

式中：

$$\begin{cases} l_1 = \dfrac{|a_1 x_0 + b_1 y_0 + c_1 z_0 + d_1|}{\sqrt{a_1^2 + b_1^2 + c_1^2}} \\[3mm] l_2 = \dfrac{|a_2 x_0 + b_2 y_0 + c_2 z_0 + d_2|}{\sqrt{a_2^2 + b_2^2 + c_2^2}} \end{cases}$$

以曲轴分支 6 和分支 17 为例，它们的剖切面稀疏，显示结果如图 8 - 38 所示，采用该稀疏剖切面集进行二次分割并使数据点与剖切面对应后的点云如图 8 - 46 所示。

(a)

(b)

图 8 - 46

数据点与剖切面对应

(a)曲轴分支 6；(b)曲轴分支 17。

步骤 4：点云投影。实现数据点和剖切面的一一对应之后，还需将其投影在剖切面上，才能进行数据点和轮廓线的对比，以实现后续的数据处理和损伤定位工作。求点 $p(x_0,y_0,z_0)$ 在对应剖切面 α：$(ax+by+cz+d=0)$ 上的投影坐标的计算步骤如下：

设投影点为 $q(x,y,z)$，则直线 pq 与平面 α 的法向矢量 $\boldsymbol{n}(a,b,c)$ 平行，直线 pq 的参数方程为

$$\begin{cases} x = x_0 - at \\ y = y_0 - bt \\ z = z_0 - ct \end{cases} \tag{8-39}$$

将式(8-38)代入平面 α 的方程 $ax+by+cz+d=0$，可得出

$$t = \frac{ax_0 + by_0 + cz_0 + d}{a^2 + b^2 + c^2} \tag{8-40}$$

再将式(8-39)代入式(8-38)，即可得出投影点 q 的坐标：

$$\begin{cases} x = x_0 - \dfrac{a(ax_0 + by_0 + cz_0 + d)}{a^2 + b^2 + c^2} \\[2mm] y = y_0 - \dfrac{b(ax_0 + by_0 + cz_0 + d)}{a^2 + b^2 + c^2} \\[2mm] z = z_0 - \dfrac{c(ax_0 + by_0 + cz_0 + d)}{a^2 + b^2 + c^2} \end{cases} \tag{8-41}$$

以曲轴分支 6 和分支 17 为例，采用图 8-38 中的稀疏剖切面集进行点云投影的结果如图 8-47 所示。

2. 点云的二次精简

导致投影后出现点云冗余的直接原因是位于同一条剖切面垂线上的点具有相同的投影点；除直接重合的情况之外，距离过近的点集中也可认为有冗

余点存在。通过点云二次精简去除投影后的冗余点，能够有效提高后续工作的效率。具体步骤如下：

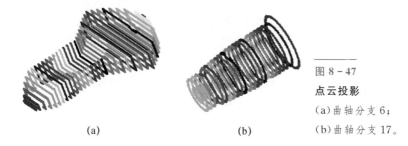

图 8 - 47

点云投影

（a）曲轴分支 6；

（b）曲轴分支 17。

(a)　　　　　　(b)

步骤 1：根据距离关系将数据点排序。投影后的点集存储在一个 n 行 3 列的矩阵 P 中，该矩阵中的数据点在空间上是无序的；取矩阵 P 中的第一个点作为起始点，在剩余点中选择与其距离最近的点作为下一个点，以此类推，将无序点集 P 重置为一个有序点集 Q，并用一个列矢量 D 记录最短距离。

求取数据点 q_j 下一个点 q_{j+1} 的公式为

$$q_{j+1} = p_{i_0}, \ d_{j+1} = |q_j p_{i_0}| = \min(|q_j p_i|),$$
$$j \in \mathbf{Z} \text{且} j \in [1, \ n-1], \ i \in \mathbf{Z} \text{且} i \in [1, \ n-j] \tag{8-42}$$

求取下一点 q_{j+1} 后，需要将该点从无序点集 P 中去除，以防止出现死循环，相应的 Matlab 命令为 $P(i_0, :) = [\ ]$。

步骤 2：去除冗余点。首先将 d_1 设置为无穷大（inf），以保证第一个点不被去除；然后设定阈值 $d_{\max}$，依次判断 d_j 的数值大小，当 $d_j < d_{\max}$ 时，认为点对 q_{i-1} 和 q_i 存在冗余，去除点对中的后一个点 q_i，并将 d_j 的数值重置为 $|q_{j-1} q_{j+1}|$；如此循环，直到去除所有冗余点。阈值 $d_{\max}$ 可由用户根据需求来调整，默认情况下设定为 $\xi_{\min}/3$。图 8 - 47 所示的曲轴分支 6 和分支 17 的投影点云的精简结果如图 8 - 48 所示。

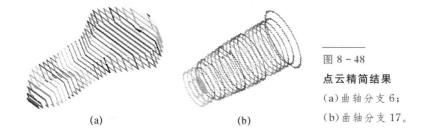

图 8 - 48

点云精简结果

（a）曲轴分支 6；

（b）曲轴分支 17。

(a)　　　　　　(b)

3. 点云的二次去噪

点云投影会引入新的噪声点，而噪声点的存在会严重影响损伤定位的精度。基于轮廓线模型的点云二次去噪的具体步骤如下：

步骤1：构造封闭区域。通过构造封闭区域能够将投影后点云分成区域内和区域外两部分，区域外的点云可直接判定为噪点，以此来快速去掉绝大多数噪点。构造封闭区域的实质在于生成封闭区域的边界线，由所有边界线共同作用构成封闭区域。封闭轮廓线本身就是封闭区域边界线，对于非封闭的轮廓线，需通过连接端点对来生成封闭区域边界线。对于仅有一条折线的非封闭轮廓线，直接连接两端点即可构成封闭区域；对于多条折线形式的轮廓线，计算连接端点对的方式为以其中一个端点为基础，取其他折线中距离该端点最近的端点作为与它连接的端点。针对图8-43所示的6种剖切处轮廓线模型，构造出的封闭区域如图8-49所示。

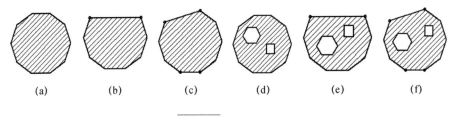

(a)　　　(b)　　　(c)　　　(d)　　　(e)　　　(f)

图8-49　封闭区域

(a) Ⅰ型；(b) Ⅱ型；(c) Ⅲ型；(d) Ⅳ型；(e) Ⅴ型；(f) Ⅵ型。

步骤2：区域扩张。点云投影时，沿骨架线一定范围内的数据点会投影到剖切面上，当该范围内的截面尺寸变化较大时，如果直接使用图8-49中的初始封闭区域进行噪点判定，会有一部分数据点被误判为噪点。本章8.4.3节中已经通过增加剖切面来减小投影点和对应轮廓的距离，本节再将封闭区域向外扩张，从而大幅降低噪点误判的可能性。通过将每条边界线向外扩张实现封闭区域扩张，边界线扩张的方式为：由边界线质心点与每个边界线角点连接构成直线，然后使角点沿相应直线向外部移动一定距离 s 以生成新的角点，最后将新的角点按顺序连接起来。距离 s 可由用户根据实际情况自行设置，默认情况下设为 $\xi_{\min}/3$。图8-49所示的6种类型封闭区域的扩张结果如图8-50所示，图中黑色线表示初始的封闭区域边界线，蓝色线表示扩张后的封闭区域边界线。

步骤3：判断数据点是否位于封闭区域中。当数据点位于封闭区域边界线上时，可直接认定其为内部点；对于不在边界线上的数据点，可通过依次判断该点是否位于边界多边形的内部，来判定它是否位于扩张后的封闭区域中。判断数据点是否位于多边形内部的方法为：从数据点发出一条射线，检测这条射线和多边形所有边的交点数目，如果交点数量为奇数，则说明该点在多边形内部，如果交点数量为偶数，则说明该点在多边形外部，如图 8-51 所示。

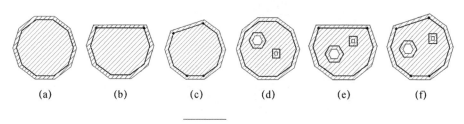

(a)　　　　(b)　　　　(c)　　　　(d)　　　　(e)　　　　(f)

图 8-50　区域扩张

(a)Ⅰ型；(b)Ⅱ型；(c)Ⅲ型；(d)Ⅳ型；(e)Ⅴ型；(f)Ⅵ型。

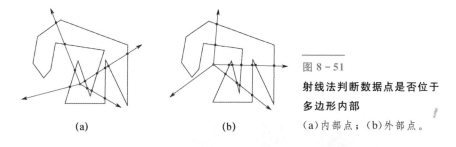

(a)　　　　　　　　　(b)

图 8-51

射线法判断数据点是否位于多边形内部

(a)内部点；(b)外部点。

前 3 种封闭区域只有一个边界多边形，数据点位于该多边形内即位于封闭区域内部；后 3 种封闭区域有多个边界多边形，当数据点仅位于最外侧的边界多边形内部时，才能认定它位于封闭区域内部。

步骤 4：去除噪点。将位于封闭区域外部的数据点认定为噪点，直接去除。曲轴分支 6 和分支 17 去噪后的点云如图 8-52 所示。

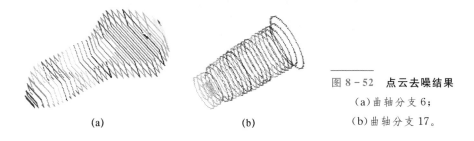

(a)　　　　　　　　　(b)

图 8-52　点云去噪结果

(a)曲轴分支 6；

(b)曲轴分支 17。

采用图 8-38 所示的剖切面集，生成的曲轴分支 6 和分支 17 各阶段点云数量对比如图 8-53 所示，可以看出，基于轮廓线模型的点云二次预处理能够有效减少点云的数据量，从而提高损伤定位时的运算效率。

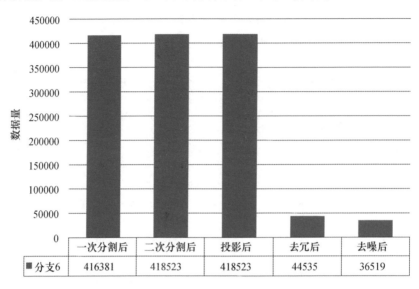

(a)

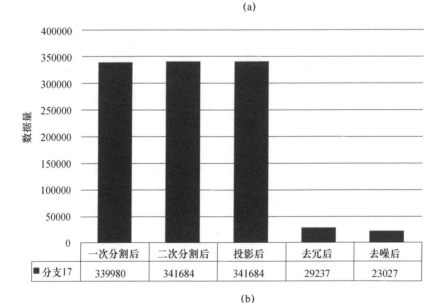

(b)

图 8-53　各阶段点云的数据量对比

(a)曲轴分支 6；(b)曲轴分支 17。

8.4.5 基于轮廓线模型的损伤定位

确定了损伤零件点云上各数据点和标准网格模型各剖切处轮廓线模型的对应关系后，即可进行基于轮廓线模型的损伤定位。首先以标准轮廓线为依据提取损伤点，其次分割损伤点云以确定损伤部位的数量，最后确定损伤区域的位置和简略损伤边界，为损伤部位的高精度扫描提供依据。

1. 损伤点与损伤边界点的提取

以剖切处轮廓线模型为标准，提取损伤点的具体步骤如下：

步骤 1：将剖切处 c_k 的轮廓线模型分离成线段的集合 L。

步骤 2：计算剖切处 c_k 上数据点 p_i 到集合 L 中所有线段的最短距离 $d_{i\min}$。

步骤 3：将 $d_{i\min}$ 与用户给定的损伤点判定阈值 d_0 进行对比，若 $d_{i\min} > d_0$，则判定数据点 p_i 为损伤点，将其存储到损伤点点集 P_{damage} 中。

步骤 4：将所有损伤点向距其最近的轮廓线投影，提取出投影点位于最外侧的两个损伤点作为损伤边界点，存储到损伤边界点点集 B_{damage} 中，并建立点集 B_{damage} 和点集 P_{damage} 之间的索引对应关系。

步骤 5：重复步骤 2~4，提取出剖切处 c_k 对应的所有损伤点和所有损伤边界点。

步骤 6：重复步骤 1~5，提取出损伤零件点云模型中的所有损伤点和所有损伤边界点。

曲轴零件的损伤点提取结果如图 8-54 所示。

2. 零件损伤部位数量的确定

从图 8-54 中可以看出，所有的损伤点构成一组相互独立的点集，每个点集对应于一处损伤。因此，只需将整体损伤点云中的独立点集分离开来，得出独立点集的数量，即可确定零件损伤的数量。分离独立点集、求取损伤数量的具体计算步骤如下：

步骤 1：根据距离关系将损伤点排序。损伤点按提取次序存储在一个 n 行 3 列的矩阵 P_{damage} 中，取矩阵 P_{damage} 中的第一个损伤点为起始点，使用式(8-41)在剩余点中选择距离最近的点作为下一个点，以此类推，将损伤点点集 P_{damage} 重置为一个有序的点集 Q_{damage}，并用列向量 D_{damage} 记录最短距离(d_1 赋值为零），同时建立点集 Q_{damage} 和点集 P_{damage} 之间的索引对应关系。P_{damage} 和 D_{damage} 在 Matlab 软件中的可视化效果如图 8－55 所示。

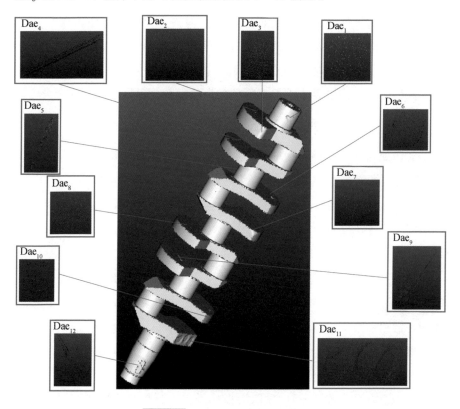

图 8－54　曲轴的损伤点提取结果

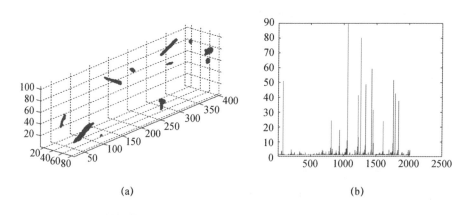

(a)　　　　　　　　　　　　　　(b)

图 8－55　$\boldsymbol{P}_{\mathrm{damage}}$ 和 $\boldsymbol{D}_{\mathrm{damage}}$ 在 Matlab 软件中的可视化效果

（a）点集 P_{damage}；（b）距离向量 D_{damage}。

步骤 2：提取最短距离向量 D_{damage} 中的峰值点。从图 8-55 中可以看出，最短距离向量中有 m 个峰值点，每个峰值点对应两个距离相对较远的损伤点，从而能够将点集 Q_{damage} 分割成 $m+1$ 个子集，子集中数据点之间的距离显著小于任意两子集之间的距离。因此，只需设置阈值 $dist_0$ 略小于零件各处损伤之间的最小距离 $dist_{min}$，即可提取出与损伤数量相对应的峰值点。本书设置 $dist_0 = 0.8 dist_{min}$，其中 $dist_{min}$ 的数值由用户根据实际情况来指定，8.3.5 节中损伤曲轴和螺旋桨的 $dist_{min}$ 数值分别为 82mm 和 75mm。

步骤 3：分离相互独立的损伤点点集。根据所提取的峰值点 d_j 在向量 D_{damage} 中的位置，可定位到它在有序损伤点点集 Q_{damage} 中对应的两个分离点 q_{j+1} 和 q_j；确定所有的分离点后，即可将点集 Q_{damage} 分离成 m_0 个独立的损伤点点集 Q_1、$Q_2 \cdots Q_{m_0}$，即待修复零件上有 m_0 处损伤。

3. 损伤部位的位置和简略损伤边界的确定

根据分离后的损伤点子集，确定各损伤部位的位置的具体步骤如下：

步骤 1：求出各损伤点子集的质心点 $q_{d-center}$。

步骤 2：将损伤质心点的坐标与点云一次分割时的各独立空间进行位置对比，确定所属的分支。

步骤 3：从损伤质心点向所属分支骨架线作垂线，求出对应的骨架点 $q_{d-snode}$，由质心点 $q_{d-center}$ 和骨架点 $q_{d-snode}$ 共同确定损伤位置。

根据分离后的损伤点子集，提取损伤部位简略边界的具体步骤如下：

步骤 1：根据损伤边界点点集 B_{damage} 和有序损伤点点集 Q_{damage} 的索引对应关系，将损伤边界点点集 B_{damage} 分离成 m_0 个独立的损伤边界点子集 B_1、B_2、$\cdots$、B_{m_0}。

步骤 2：将损伤边界点子集 B_t 通过主成分分析，投影成平面点集 B'_t。

步骤 3：利用 Matlab 软件中的 delaunayTriangulation 函数，对平面点集 B'_t 进行三角剖分，再利用 convexHull 函数求取 B'_t 的最小凸包和对应的角点集 B''_t。

步骤 4：根据 B''_t 和 B_t 的索引对应关系以及 B''_t 中角点之间的连接关系，绘制出三维空间中的简略损伤边界。

曲轴损伤 Dac_6 的简略损伤边界提取如图 8-56 所示，图中蓝色点表示损伤边界点，红色点表示最小凸包的角点。

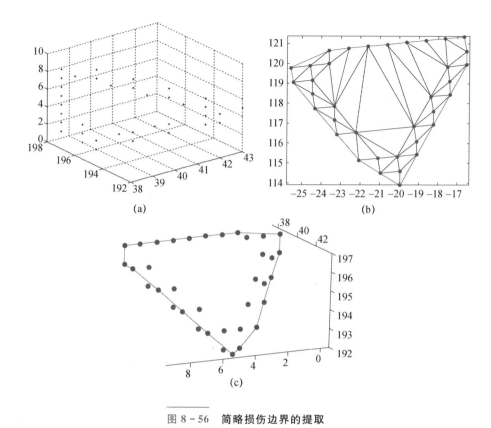

图 8-56 简略损伤边界的提取

（a）损伤边界点点集；（b）二维损伤边界；（c）三维损伤边界。

8.5 损伤部位的高精扫描与模型重构

8.4 节中以标准轮廓线模型为依据，实现了损伤零件粗扫点云的二次预处理、损伤定位以及简略损伤边界提取。在此基础上，本章研究零件损伤部位的自适应高精扫描与模型重构方法。首先研究损伤部位的自适应高精度扫描策略，获取高精度的损伤点云；其次进行精扫点云的二次去噪，并将其与粗扫点云融合；最后提取损伤部位的高精度表面数据并重构出三维网格模型。

8.5.1 零件损伤部位的自适应高精度扫描策略

本节根据获取的损伤位置和简略损伤边界，确定损伤部位的精扫区域，然后生成损伤部位的自适应高精度扫描路径并确定扫描精度。

1. 精扫区域的确定

粗扫时设置的扫描精度为 $\xi_{min}/3$，即用户给定的最小损伤尺度的 1/3。这种设置能够保证粗扫时采集到至少 4 个损伤边界点（大多数情况下至少 6 个），根据这些损伤边界点可以求出损伤部位的简略边界，而该简略损伤边界的限定范围必定小于真实的损伤范围。仅有 4 个或 6 个位于同一平面的损伤边界点时的真实损伤边界和简略损伤边界对比如图 8-57 所示。图中黑色线表示真实损伤边界，蓝色线表示扫描光条，红色线表示简略损伤边界线，黑色剖面区域表示简略损伤边界无法覆盖到的损伤区域。因此必须进行边界扩张，将损伤区域完全包含在精扫区域内。

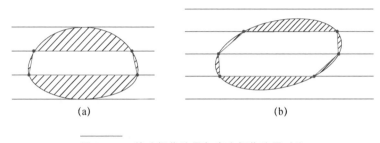

图 8-57　简略损伤边界与真实损伤边界对比

(a)4 个损伤边界点；(b)6 个损伤边界点。

本书以简略损伤边界多边形 $Polygon_0$ 的质心点作为扩张中心点，将简略损伤边界线向外部扩张，确定完全覆盖损伤区域的多边形 Polygon，然后将 Polygon 投影到拟合平面上，得到投影多边形 $Polygon_1$，最后求出 $Polygon_1$ 的最小外接矩形（minimun enclosing rectemgle，MER），该矩形限制的范围即为精扫区域。设简略损伤边界多边形 $Polygon_0$ 的角点数量为 m，构成集合 $P_{b-polygon}$，则确定精扫区域的具体步骤如下。

步骤 1：计算简略损伤边界多边形 $Polygon_0$ 的质心点 p_0。

步骤 2：从 p_0 出发，依次连接简略损伤边界多边形 $Polygon_0$ 的所有角点 p_i，形成 m 条射线。

步骤 3：依次求出射线 l_i 与 $Polygon_0$ 外部近邻剖切面的 m 个交点 q_i，并计算交点 q_i 与角点 p_i 的距离 d_i。

步骤 4：求出 m 个距离中的最小值 d_{min}，取出 d_{min} 对应的角点 p_{i0} 和交点 q_{i0}。

步骤 5：计算扩张比例 e，公式为

$$e = \frac{|\boldsymbol{p}_0 \boldsymbol{q}_{i0}|}{|\boldsymbol{p}_0 \boldsymbol{p}_{i0}|} \quad\quad\quad (8-43)$$

步骤 6：以 p_0 为中心点，以 e 为扩张尺度，将所有角点 p_i 向 Polygon_0 的外部扩张。由于 8.4.4 节中得出的 Polygon_0 都是凸多边形，质心点 p_0 始终位于多边形内部，所以扩张方向为向量 $\boldsymbol{p}_0\boldsymbol{p}_i$ 的方向，扩张后的尺寸为

$$|\boldsymbol{p}_0 \boldsymbol{p}_i'| = e \cdot |\boldsymbol{p}_0 \boldsymbol{p}_i| \quad\quad\quad (8-44)$$

依次连接所有扩张后的角点 p_i'，即可形成包含真实损伤区域的边界多边形 Polygon。

步骤 7：由所有扩张后的角点 p_i' 拟合出一个平面 α_{bestfit}，该平面为到这些点的距离和最小的平面，拟合方法：过质心点 p_0，取所有角点 p_i' 的协方差矩阵的奇异值分解（singular value decomposition，SVD）变换中最小奇异值对应的奇异矢量为法向矢量，生成拟合平面 α_{bestfit}。

步骤 8：将扩张后角点 p_i' 投影到拟合平面 α_{bestfit} 上，依次连接投影点 p_i''，生成多边形 Polygon 的投影多边形 Polygon_1。显然，Polygon_1 也是凸多边形。

步骤 9：求平面 α_{bestfit} 上凸多边形 Polygon_1 的最小外接矩形 MER，该矩形 MER 限定的区域即为高精度扫描时的扫描区域。求 MER 的具体方法如下：

（1）取 Polygon_1 上的一条边作为矩形的一条边。

（2）寻找距离已知边最远的角点，过该点作平行线，得到矩形的第二条边。

（3）将 Polygon_1 上的剩余角点向已知边投影，求出距离最远的两个投影点，过这两个点作直线，生成矩形的另外两条边。

（4）将 Polygon_1 的下一条边作为起始边，重复步骤（1）～（3），生成所有的矩形，其中面积最小的矩形即为 Polygon_1 的最小外接矩形 MER。

仅有 4 或 6 个位于同一平面的损伤边界点时的精扫区域如图 8-58 所示。图中绿色点表示简略损伤边界的质心点，洋红色的线表示扩张后的边界多边形 Polygon_1，紫色线表示最小外接矩形 MER。

2. 精扫路径的生成

进行损伤零件的粗扫时，在精扫区域内的扫描路径和光条排布如图 8-59 (a)所示，扫描路径始终沿着骨架线，相邻两条路径的方向一致，激光光条平行排布。为提高扫描效率，进行高精度扫描时，扫描仪法线应垂直于拟合平面 α_{bestfit}，沿着最小外接矩形 MER 长边的方向往复移动，以两条短边作为起止线，具体扫描路径的确定步骤如下：

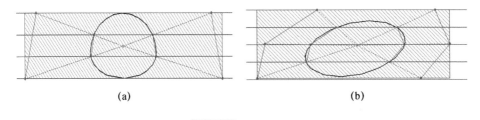

图 8 - 58 　精扫区域

(a)4 个损伤边界点；(b)6 个损伤边界点。

步骤 1：以最小外接矩形 MER 中，坐标平方和 $x^2 + y^2 + z^2$ 最大的角点 p_{cqs} 所在的长边作为第一条扫描路线，以 p_{cqs} 指向该长边另一点 p_{acp} 的方向作为扫描方向，进行精扫区域的第一次高精度扫描。

步骤 2：一次扫描结束后，通过实时判断是否扫描到 MER 的另一条长边来确定是否需要下一次扫描，若未扫描到，则需进行下一次扫描。

步骤 3：下一条路径与前一条路径平行、等长且反向，并通过数据重合度 ε 来确定两条路径的间距。

步骤 4：重复步骤 2~3，完成精扫区域的数据采集。

理想的精扫路径如图 8 - 59(b)所示，图中红色点表示扫描线的起止点，紫色线表示最小外接矩形 MER 的边，红色线表示扫描路径，蓝色线表示激光光条，不同的线型对应于不同的路径线。需要注意的是，实际精扫过程中，同样需要利用机械臂的主动避障技术来避过外界和其他分支的干扰。此外，图中精扫路径线和粗扫路径线垂直是 MER 长边恰好平行于粗扫光条时的一种特殊情况，大多数情况下它们是不垂直的。

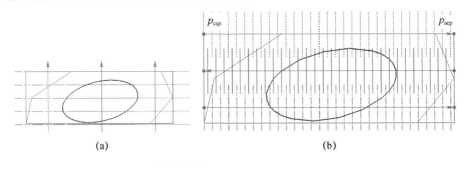

图 8 - 59 　扫描路径和光条排布

(a)粗扫；(b)精扫。

3. 扫描精度的设置

扫描时光条间隔 l 和扫描仪移动速度 v 的关系为

$$l = \frac{v}{\text{FPS}} \tag{8-45}$$

式中：FPS 为指扫描仪的图像摄取帧率，是一个定值。因此，通过调整速度 v 的数值，理论上可以达到任意的光条间隔 l，即任意的扫描精度。实际扫描时，根据用户所需的数据精度确定扫描间隔 l_0，代入式（8-44）中计算出相应的扫描速度 v_0，即可实现扫描精度的设置。

8.5.2 再制造零件损伤部位的自适应高精度扫描实验

1. 精扫结果

采用线结构光双目立体视觉测量机器人，设置扫描精度 $l_0 = \xi_{\min}/30$，进行了损伤曲轴和损伤螺旋桨的损伤部位自适应高精度扫描实验，并在扫描后直接去除了 MER 外部的数据。精扫参数如表 8-8 所示，各损伤的 MER 尺寸和点云数量如表 8-9 和表 8-10 所示，精扫点云如图 8-60 所示（以曲轴 Dae_1、Dae_{11} 和螺旋桨 Dae_3、Dae_5 为例）。

表 8-8 精扫参数

参数	损伤曲轴	损伤螺旋桨
相机帧率	100Hz	
扫描仪空走速度	100mm/s	
测量距离	72mm	
数据重合度	35%	
扫描速度	9.3mm/s	15.27mm/s

表 8-9 曲轴损伤部位的精扫结果

参数	MER 尺寸/mm²	点数	参数	MER 尺寸/mm²	点数
Dae_1	19.38×19.11	57971	Dae_2	15.09×10.68	32251
Dae_3	48.45×19.56	144091	Dae_4	141.57×5.7	291693
Dae_5	43.89×2.94	34285	Dae_6	31.2×16.32	106641
Dae_7	32.82×23.16	162890	Dae_8	26.64×12.48	46354

续表

参数	MER 尺寸/mm²	点数	参数	MER 尺寸/mm²	点数
Dae_9	111.45×10.74	233562	Dae_{10}	5.16×4.02	13505
Dae_{11}	148.32×50.67	1298771	Dae_{12}	64.44×5.37	91963

表 8 - 10　螺旋桨损伤部位的精扫结果

参数	MER 尺寸/mm²	点数	参数	MER 尺寸/mm²	点数
Dae_1	67.5×27.96	54062	Dae_2	78.12×65.7	325294
Dae_3	194.07×7.62	112674	Dae_4	23.19×19.8	28868
Dae_5	49.41×48.93	157878	Dae_6	37.2×7.59	27923

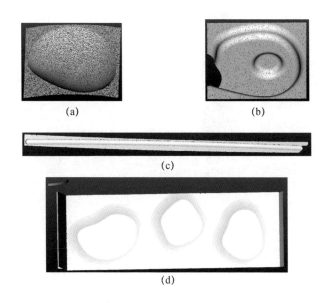

图 8 - 60　损伤部位的精扫点云

（a）曲轴Dae_1；（b）螺旋桨Dae_5；（c）螺旋桨Dae_3；（d）曲轴Dae_{11}。

2. 数据量对比

为体现本书自适应"整体粗扫＋局部精扫"方法的优势，将其与常规的"整体精扫"方法进行了直观的数据量对比，如图 8 - 61 所示。由图可以看出，本书提出的基于骨架的再制造零件自适应三维测量方法能够显著降低所处理的数据量，有效提高损伤提取的效率，进而提高零件再制造的整体效率。

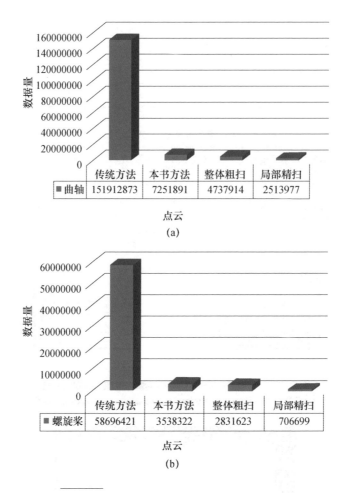

点云	传统方法	本书方法	整体粗扫	局部精扫
曲轴	151912873	7251891	4737914	2513977

(a)

点云	传统方法	本书方法	整体粗扫	局部精扫
螺旋桨	58696421	3538322	2831623	706699

(b)

图 8-61　本书方法和传统方法的数据量对比

(a)损伤曲轴；(b)损伤螺旋桨。

8.5.3　精扫点云的二次去噪

在精扫点云中，除因设备精度、环境干扰、表面纹理等常规因素产生的噪点外，还有一部分数据不属于损伤区域，无益于真实损伤边界的提取，可以直接判定为噪点。这部分数据即位于投影多边形 Polygon$_1$ 和最小外接矩形 MER 之间的数据点，如图 8-62 所示，图中黑色线表示真实损伤边界，洋红色的线表示投影多边形 Polygon$_1$，紫色线表示最小外接矩形 MER，红色剖面区域表示噪点区域。

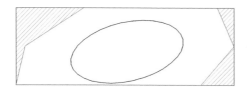

图 8 - 62

精扫点云中的主要噪点

　　这部分噪点无法和常规噪点一起被 SLP 扫描仪关联的点云处理软件 SSC 去除，因此必须进行二次去噪。二次去噪的方法为：从精扫点云的所有数据点依次向 Polygon$_1$ 的质心点作射线，计算射线与 Polygon$_1$ 所有边的交点数量，如果有两个交点，则认定为噪点，将其去除。二次去噪后曲轴零件和螺旋桨零件损伤部位精扫点云的数据量如图 8 - 63 所示。

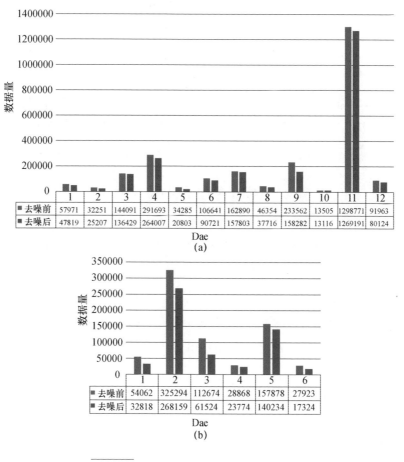

	1	2	3	4	5	6	7	8	9	10	11	12
■ 去噪前	57971	32251	144091	291693	34285	106641	162890	46354	233562	13505	1298771	91963
■ 去噪后	47819	25207	136429	264007	20803	90721	157803	37716	158282	13116	1269191	80124

Dae

(a)

	1	2	3	4	5	6
■ 去噪前	54062	325294	112674	28868	157878	27923
■ 去噪后	32818	268159	61524	23774	140234	17324

Dae

(b)

图 8 - 63　二次去噪前后的点云数据量对比

(a)损伤曲轴；(b)损伤螺旋桨。

8.5.4 点云融合

通过精扫点云与粗扫点云的融合，能够将损伤部位的高精度点云数据转换到零件整体的低精度点云数据所在的坐标系下，为损伤部位的表面数据提取和模型重构提供依据。

损伤零件的粗扫点云 P_{rough} 与该零件上任一损伤部位 Dae 的精扫点云 Q_{fine} 之间有 n 个对应点对（n 为简略损伤边界多边形 $Polygon_0$ 的角点数量，$n \geq 4$）。如图 8-64 所示，粗扫点云 P_{rough} 中 $Polygon_0$ 上的任一角点 p_i 对应于 MER 上的点 p_i''，而 MER 又是损伤部位精扫区域平面投影的边界矩形，因此 p_i'' 和边界矩形上的某一点 q_k' 对应，q_k' 又是精扫点云 Q_{fine} 在投影矩形上一系列投影点的插值点，即 q_k' 对应于精扫点云 Q_{fine} 中的某一个插值点 q_k。因此，通过依次建立 p_i 和 q_k 的对应关系，即可构造出 Q_{fine} 和 P_{rough} 之间的 n 个对应点对。

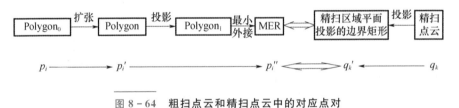

图 8-64 粗扫点云和精扫点云中的对应点对

进行粗扫点云和精扫点云融合的具体步骤如下：

步骤 1：将点 p_i 的坐标代入式(6-2)，计算出扩张点 p_i' 的坐标。

步骤 2：将点 p_i' 向 $\alpha_{bestfit}$ 投影，得出点 p_i'' 的坐标。

步骤 3：根据点 p_i'' 与 MER 的位置关系，求出点 q_k' 的坐标。

步骤 4：求出点 q_k' 在投影矩形中的 4 个近邻点 $q_{k_1}' \sim q_{k_4}'$。

步骤 5：根据 $q_{k_1}' \sim q_{k_4}'$ 的坐标逆推出它们在精扫点云 Q_{fine} 中对应点 $q_{k_1} \sim q_{k_4}$ 的坐标。

步骤 6：根据 $q_{k_1} \sim q_{k_4}$ 的坐标，通过插值求出 q_k 的坐标，即可得到 p_i 在精扫点云 Q_{fine} 中的对应点。

步骤 7：重复步骤 1~6，获取全部对应点对。

步骤 8：根据所有的对应点对计算出 Q_{fine} 到 P_{rough} 的坐标变换矩阵 $\boldsymbol{R}$ 和 $\boldsymbol{T}$。

步骤 9：对精扫点云 Q_{fine} 中的数据点进行坐标变换，将其与粗扫点云

P_{rough}融合。

步骤 10：重复步骤 1～9，将同一损伤零件的所有精扫点云都与粗扫点云P_{rough}融合。

步骤 11：以精扫时的数据点间隔$\xi_{\min}/30$，对融合后的点云进行去冗处理。

损伤曲轴和损伤螺旋桨零件的点云融合结果如图 8-65 所示，图中粗扫点云用白色表示，精扫点云用彩色表示。

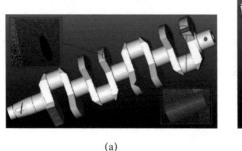 

(a)　　　　　　　　　　　　　　　(b)

图 8-65　精扫点云与粗扫点云的融合
(a)损伤曲轴；(b)损伤螺旋桨。

8.5.5　损伤部位的数据提取与模型重构

本节进行损伤部位的高精度数据提取和模型重构，主要步骤为：①对损伤区域进行高精度剖切，获取高精度的损伤边界数据；②根据获取到的损伤边界数据提取损伤部位的表面数据；③根据获取的表面数据进行损伤部位的模型重构。

1. 高精度损伤边界提取

8.5.1 节中确定了包含真实损伤边界的精扫区域 MER，对 MER 限定范围内的点云进行基于标准轮廓线模型的损伤边界点提取，即可获取高精度的损伤边界线。具体步骤如下：

步骤 1：将 MER 的 4 个角点向对应的分支骨架线投影，并提取 4 个投影点中的两侧极限位置点 sp_1 和 sp_2。

步骤 2：参考 8.4.3 节中的内容，以 sp_1 为起点、sp_2 为终点，$\xi_{\min}/30$ 为剖面间隔，构造出覆盖 MER 的局部高精度标准轮廓线模型。

步骤 3：参考 8.4.4 节中的内容进行精扫点云的投影、去噪与精简，参考 8.4.5 节中的内容进行损伤边界点的提取，得到高精度的损伤边界点点集 FB_{damage}。

步骤 4：将损伤边界点依次连接，生成损伤部位 Dae 的高精度损伤边界多边形 Damagepolygon。

图 8-60 所示 4 处损伤的高精度损伤边界线如图 8-66 所示。

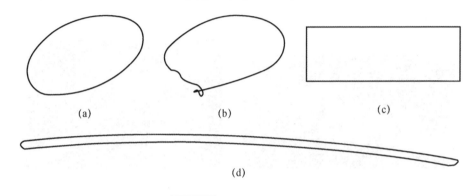

图 8-66　高精度损伤边界

(a)曲轴 Dae_1；(b)螺旋桨 Dae_5；(c)曲轴 Dae_{11}；(d)螺旋桨 Dae_3。

2. 损伤部位的表面数据提取

损伤部位的下表面数据即损伤表面的数据，采用图 8-51 所示的射线法，依次判断精扫点云数据是否位于边界多边形 Damagepolygon 的内部，即可提取出损伤部位的下表面点云数据 P_L。P_L 的边界点点集 B_L 和 FB_{damage} 相同。

损伤部位的上表面数据即损伤表面的原始数据，采用边界多边形 Damagepolygon 可将标准网格模型分割成两部分，提取出体积/面积更小的那一部分，即为损伤部位的上表面数据 $Mesh_U$，$Mesh_U$ 的边界点点集 B_U 由 FB_{damage} 和 Damagepolygon 与标准网格模型面片的交点组成。

图 8-60 所示 4 处损伤的表面数据如图 8-67 所示。

3. 损伤部位的模型重构

获取损伤部位的上下表面数据之后，先对点云形式的下表面数据进行 Delaunay 三角剖分，将其转换成三角网格形式，然后将下表面网格和上表面网格合并，最后对合并网格进行简化，即可获得网格形式的损伤部位三维模型。具体步骤如下：

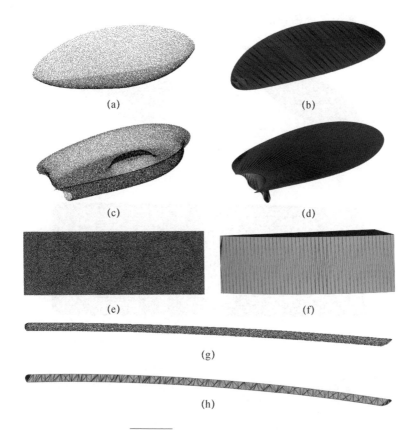

图 8 - 67　损伤部位的表面数据

（a）曲轴 Dae_1 下表面；（b）曲轴 Dae_1 上表面；（c）螺旋桨 Dae_5 下表面；

（d）螺旋桨 Dae_5 上表面；（e）曲轴 Dae_{11} 下表面；（f）曲轴 Dae_{11} 上表面；

（g）螺旋桨 Dae_3 下表面；（h）螺旋桨 Dae_3 上表面。

步骤 1：对下表面数据点集 P_L 进行 Delaunay 三角剖分，得到封闭网格 $Mesh_0$。

步骤 2：将 $Mesh_0$ 中由 3 个损伤边界点构成的三角面片去除，得到非封闭网格 $Mesh_1$。

步骤 3：根据 FB_{damage} 将 $Mesh_1$ 和 $Mesh_U$ 合并，得到网格 $Mesh_2$。B_U 相比 B_L 多出一部分数据点 B_1（Damagepolygon 与标准网格模型面片的交点集），因此 $Mesh_2$ 上会出现面片缺失和面片冗余两种缺陷。

步骤 4：将 $Mesh_2$ 中的冗余面片去除，缺失面片补齐，即可得到损伤部位的网格模型 $Mesh_{damage}$，将其简化并存储为 STL 文件。

图 8-60 所示 4 处损伤的网格模型重构结果如图 8-68 所示。

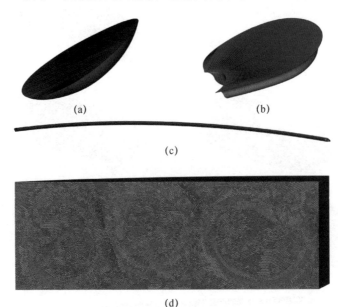

(a)

(b)

(c)

(d)

图 8-68　损伤部位的模型重构

(a)曲轴 Dae_1；(b)螺旋桨 Dae_5；(c)螺旋桨 Dae_3；(d)曲轴 Dae_{11}。

参考文献

[1] 姚巨坤,崔培枝. 再制造工艺技术讲座(四)再制造检测工艺与技术[J]. 新技术新工艺,2009,(4):1-3.

[2] 徐滨士,董世运. 激光再制造[M]. 北京:国防工业出版社,2016.

[3] 田国富,张国胜,陈宝庆,等. 工程机械的损伤形式与再制造技术分析[J]. 筑路机械与施工机械化,2007,24(10):62-64.

[4] 孙家枢. 金属的磨损[M]. 北京:冶金工业出版社,1992.

[5] 王曰义. 金属的典型腐蚀形貌[J]. 装备环境工程,2006,3(4):31-37.

[6] 刘正义. 机械装备失效分析图谱[M]. 广州:广东科技出版社,1990.

[7] 姚巨坤,时小军. 再制造工艺技术讲座(一)废旧产品再制造工艺与技术综述[J]. 新技术新工艺,2009,(01):4-6.

[8] 姚巨坤,崔培枝. 再制造工艺技术讲座(四)再制造检测工艺与技术[J]. 新技术新工艺,2009,(4):1-3.

[9] 姚巨坤,朱胜,时小军. 再制造毛坯质量检测方法与技术[J]. 新技术新工艺,2007,(7):72-74.

[10] YANG P, XU B S, WU L. Measurement and reconstruction for remanufacturing workpieces based on structured light stereovision[J]. Transactions of the China Welding Institution,2005,26(8):12-15.

[11] 赵江涛,范松峰. 面向再制造零件表面形貌的计算机辅助检测系统[J]. 火力与指挥控制,2008,33(s1):84-85.

[12] 周国丽. 机器人柔性再制造中缺损件的三维检测与建模[D]. 哈尔滨:哈尔滨工业大学,2009.

[13] 王一波,胡仲翔,姚耀. 再制造零件的便携式三维检测研究[C]. 桂林:测控、计量、仪器仪表学术年会,2009.

[14] 王文标. 基于视觉测量的快速再制造成形系统关键技术研究[D]. 大连:大连海事大学,2010.

[15] AIGUO L I , WANG W , DEFENG W U . Modeling of a robot-based measuring system for remanufacturing workpieces[J]. Journal of Dalian Maritime University,2010:5643-5646.

[16] 吴翔. 面向再制造的机器人三维视觉检测系统研究[D]. 大连:大连海事大学,2011.

[17] GAO G, YANG X, ZHANG H. Measurement of Laser Remanufacturing Workpieces on Structured Light Stereo Vision [J]. Acta Scientiarum Naturalium Universitatis Nankaiensis,2011,44(1):36-42.

[18] 董玲,杨洗陈,雷剑波. 基于机器视觉的激光再制造机器人离线自动编程研究[J]. 中国激光,2013,40(10):109-116.

[19] LI H X, ZHANG J J. 3-D Measurement and Reconstruction of Workpieces in Robotic Stereovision System[J]. Applied Mechanics & Materials,2015,743:783-786.

[20] 涂志强. 激光熔覆与再制造过程中的三维模型重构[D]. 上海:上海交通大学,2013.

[21] ZHANG Y, YANG Z, HE G, et al. Remanufacturing-Oriented Geometric Modelling for the Damaged Region of Components[J]. Procedia Cirp,2015,29:798-803.

[22] 范海波. 损伤零件再制造造型方法研究[D]. 西安:西安工业大学,2016.

［23］王浩,王立文,王涛,等. 航空发动机损伤叶片再制造修复方法与实现［J］. 航空学报,2016,37(3):1036-1048.

［24］黄勇,孙文磊,周超军,等. 基于激光熔覆的再制造零件可视化损伤修复区域规划［J］. 焊接学报,2017,38(11):51-56.

［25］AU K C,TAI C L,CHU H K,et al. Skeleton extraction by mesh contraction ［J］. Acm Transactions on Graphics,2008,27(3):1-10.

［26］CAO J,TAGLIASACCHI A,OLSON M,et al. Point Cloud Skeletons via Laplacian Based Contraction［C］. Aix en Provence:Shape Modeling International Conference. IEEE,2010.

［27］李海生. Delaunay 三角剖分理论及可视化应用研究［M］. 哈尔滨:哈尔滨工业大学出版社,2010.

［28］陈鑫. 基于骨架分割算法的增减材复合制造方法研究［D］. 徐州:中国矿业大学,2017.

［29］蒋荣华. 地面三维激光扫描点云配准研究综述［J］. 科技创新与生产力,2016 (12):80-83.

［30］官云兰,程效军,张明,等. 三维激光扫描数据配准方法［J］. 工程勘察,2008 (1):53-57.

［31］BESL P J,MCKAY N D. A method for registration of 3-D shapes［J］. IEEE Transactions on Pattern Analysis & Machine Intelligence,1992,14(2):239-256.

［32］罗中明. 3D 打印算法研究及应用［D］. 北京:北京印刷学院,2015.

［33］陈杰,高诚辉,何炳蔚. 非封闭三角网格模型边界特征的自动识别［J］. 机械设计与制造,2011(11):147-149.

［34］段黎明,邵辉,李中明,等. 高效率的三角网格模型保特征简化方法［J］. 光学精密工程,2017,25(2):460-468.

第9章
增材制造过程的视觉检测技术

9.1 机器视觉检测技术概述

近年来，人工智能渐渐成为一个热点话题。作为人工智能领域的一个分支，图像处理技术也随之发展到了一个新的高度，各种新的软件工具、算法库、开源资料不断涌现，各行各业也渐渐开始进行技术变革。一些传统的需要人工检测的行业，开始逐步采用自动化的智能检测方式。比如：使用相机代替人眼去观察检测的对象；采用软件算法代替人的主观判断，针对图像信息进行分析推理，得到客观的结果。机器视觉（machine vision）已经在增材制造过程的多个环节中得到了应用，本章将介绍基于机器视觉的零件损伤域定位和激光熔覆质量检测。

9.1.1 机器视觉简述

机器视觉是人类发展史上又一新兴起的产业，通俗来讲就是通过机器的运行测量来取代常规的人眼运作，其目的是解决在现实生活中产生的一系列问题。在人工视觉判断测量案例中，明显存在的情况有判断失误及工作运行效率低下，而机器视觉的产生则大大解放人类眼部的测量判断工作。由古到今，人类获取信息的绝大途径来自于人眼观察判断，在如今高速发展的社会时代，机器视觉产业的崛起则意味着光靠人眼测量判断的时代终结了。不光在如今工业产业化升级上，机器视觉在电子装配线及 IC 卡的自动识别中具有深远的意义，在当今差异化较大的各行业里，机器视觉也与图像处理及模式识别等前端技术有所联系。在专用处理模板中，从数字图像分析出需要的像素及色度，并利用图像的预处理和特征来锁定目标的形体，根据物体的面积、宽度与圆弧度等特征来获取目标的纹路及尺度，最终实现分类识别。机器视觉系统也利用工业摄像机来捕捉需要的图片，利用机器识别等手段运用于图片分析。另外值得一提的是，机器视觉系统中还存在着非接触测量的优势，这意味着在提高测量系统可信度的同时，也能避免在测量目标时对运行部件产生一系列不可预测的不利影响及伤害。机器视觉系统如图9-1所示。

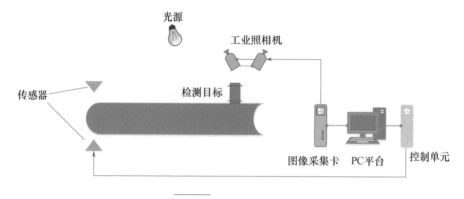

图9-1　机器视觉系统

从上述可以看出，它是一种使用照相机来模拟人类眼睛，并使用软件算法对相机采集到的图像进行分析和理解，以进行自动识别和判断的过程。从而进行自动识别和判断，更具体的解释需要从"机器"和"视觉"两方面来谈。

1. 机器

与"机器"相反的一个词是"人工"。人工固然有灵活、智能等优点，但是也存在着一个无法忽视的缺点——不稳定。依赖人工检查的任务，无论如何加强质量监管，都难免出现失误和遗漏。人会疲劳和疏忽，并且某些工作场景并不适合人工作业。这时机器的优点就体现出来了。机器视觉依靠工业相机和光学设备采集真实物体的图像，使用软件分析和测量各种特性以获得所需信息或帮助制定决策。使用机器代替人工，不仅能在危险场景中作业，排除人力的不稳定因素，还能提高检测的速度和准确率。概括来说，就是作业过程能够"受控"了。

在应用方面，机器视觉也与"机器"联系紧密。当视觉软件完成图像检测后，紧接着就要和外部单元进行通信，以完成对机器设备的运动控制。在实际项目中，机器视觉在许多工业和非工业领域都有应用，许多传统的用人眼进行判断的工作都有被机器视觉代替的可能。

例如，在零件缺陷检测中，利用人眼来判断，显然是效率低下的。人工完成这些任务，可能会由于个体差异和疲劳等因素产生判断误差和遗漏，而且相当耗费体力。但是使用机器视觉进行检测则可以大大提高效率，机器会连续无休止地、持续稳定地运行下去。只要算法、光照、硬件等条件配置得当，机器检测的准确率甚至可以超过人眼。

2. 视觉

机器视觉是机器的"眼睛"。通俗地说，机器视觉就是用机器模拟人类视觉，但其功能又不仅仅局限于模拟视觉对图像信息的接收，还包括模拟大脑对图像信息的处理与判断。机器视觉也可以是人工智能的"眼睛"，无人机、自动驾驶、智能机器人等的发展也都是以机器视觉为第一步的。因此，未来的机器视觉发展一定有非常广阔的前景。

9.1.2 机器视觉与计算机视觉的区别

说起机器视觉，很容易想到与它类似的一个名称——计算机视觉。二者本质上是相似的，但是又各有不同。从名称上来看，"计算机视觉"翻译成英文"computer vision"，关键词是 computer，"机器视觉"翻译成英文是"machine vision"，关键词是 machine，而这间接地表达了二者的侧重领域不同。通俗地说，计算机视觉比较侧重于对图像的分析，回答"是什么"的问题；而机器视觉则更关注图像的处理结果，目的是控制接下来的行为，回答"怎么样"的问题。

计算机视觉一般使用相机设备，这里的设备可以是工业照相机、高速摄像机，也可以是简易摄像头等，主要是对人眼的生物视觉进行模拟。如同把人眼所看到的图像转化为脑海中的画面一样，计算机视觉的任务就是把数字图像转化成生动、有意义、有语境的场景，输出的内容是计算机模拟人类对图像的观察和理解，如图9-2所示。

$$\otimes G(\mu,\sigma)$$

$I(x)$ $\qquad$ $F(x)$

图 9-2 计算机视觉中人群密度处理

　　计算机视觉中的图像处理相机拍摄所得的画面存储在计算机中只是一个数字的集合。计算机视觉所做的就是从这个数字的集合中提取出需要的信息,如图中有什么物体、分别在什么位置、处于何种状态等,目的是实现对客观世界中场景的感知、识别和理解。简言之,计算机视觉主要强调给计算机"赋能",使其能看到并理解这个世界中的各个物体。而机器视觉更像是一套包括硬件和软件的设备。它由照明系统、相机、采集卡和图像处理系统等模块组成,涉及光学成像、传感器、视频传输、机械控制、相机控制、图像处理等多种技术。

　　从功能上看,机器视觉可能并不像计算机视觉那样关注对象"是什么",而是重点观测目标的特征、尺寸、形态等信息,目的在于根据判断的结果来控制现场的设备动作。举个例子,同样检测一个包装贴纸画面,计算机视觉可能更关注包装上的文字内容、识别目标、解释图像含义等;而机器视觉可能更关注画面形状是否与标准参考图像完全匹配,是否有缺损或错字等异常,然后将关于异常的判断结果传送给硬件设备,以便做出下一步机械操作。

　　图9-3所示为机器视觉应用于表面检测的实现方案,通过使用图像处理算法,如傅里叶变换、纹理滤技器以及阈值处理等,分析局部灰度的差异,以此判断是否存在印染缺陷,并提取出发生缺陷的图像区域。

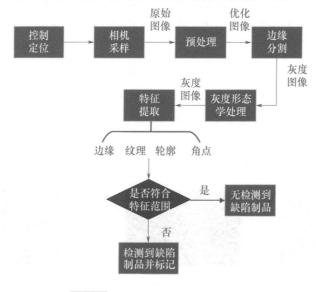

图9-3　基于机器视觉的缺陷检测

从本质上说，二者都属于视觉技术，共用同一套理论系统。但计算机视觉更侧重于对理论算法的研究，如深度学习在计算机视觉领域已经有了许多前沿的算法，但是这些算法在实际应用中仍有各种局限，离在实际工程中应用还有很长的路要走。因此计算机视觉的理论研究虽然超前，但暂时没有完全用于实际工程中。而机器视觉是落地的技术，它更侧重于实际应用，强调算法的实时性、高效率和高精度。

机器视觉的优势还在于，在一些不方便使用人工或人工无法满足要求的场合，机器视觉可以很好地代替人眼，在各种恶劣环境下进行高速实时检测，同时还能够在长时间内不间断地进行工作。此外，机器视觉还广泛应用于机器人研究，是机器人的"眼睛"，能指引机器人的移动和操作行为。因此，机器视觉和计算机视觉的发展方向和应用领域是各不相同的。

9.1.3 机器视觉的工作原理

如上面所述，机器视觉的工作原理就是使用光学系统和图像处理设备来模拟人类视觉功能，从采集到的目标图像中提取信息并进行处理，获得所需的检测对象信息，并加以分析和判断，将最终结果传输给硬件设备，指引设备的下一步动作。一个完整的机器视觉系统由多个模块组成，一般包括光学系统（光源、镜头、相机）、图像采集模块、图像处理系统、交互界面等，如图 9-4 所示。

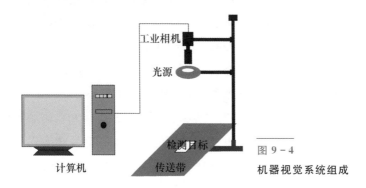

图 9-4
机器视觉系统组成

（1）光学系统。在目前的机器视觉应用系统中，好的光源与照明方案往往是整个系统成败的关键。光源与照明方案的配合应尽可能地突出物体特征量，在物体需要检测的部分与那些不重要部分之间应尽可能地产生明显的区别，增加对比度。同时还应保证足够的整体亮度，物体位置的变化不应该影响成像的质量。在机器视觉应用系统中一般使用透射光和反射光。对于反射光情况应充分考虑光源和光学镜头的相对位置、物体表面的纹理、物体的几何形状等要素。光源设备的选择必须符合所需的几何形状、照明亮度、均匀度、发光的光谱特性也必须符合实际的要求，同时还要考虑光源的发光效率和使用寿命。表 9-1 列出了几种主要光源的相关特性。

表 9-1　各种光源对比

光源	颜色	寿命/h	发光亮度	特点
卤素灯	白色，偏黄	5000～7000	很亮	发热多，价格便宜
荧光灯	白色，偏绿	5000～7000	亮	价格便宜
LED 灯	红，黄，绿，白，蓝	60000～100000	较亮	发热少，固体，形状可塑
氙灯	白色，偏蓝	3000～7000	亮	发热多，持续光
电极发光管	由发光频率决定	5000～7000	较亮	发热少，价格便宜

其中，LED 光源凭借其诸多的优点在现代机器视觉系统中得到越来越多的应用。

光学镜头相当于人眼的晶状体，在机器视觉系统中非常重要。镜头的种类按焦距可分为广角镜头、标准镜头、长焦距镜头；按动作方式可分为手动镜头、电动镜头；按安装方式可分为普通安装镜头、隐蔽安装镜头；按光圈可分为手动光圈、自动光圈；按聚焦方式可分为手动聚焦、电动聚焦、自动聚焦；按变焦倍数可分为 2 倍变焦、6 倍变焦、10 倍变焦、20 倍变焦等。镜头的主要性能指标有焦距、光阑系数、倍率、接口等。

(2)图像采集模块。通常是用图像采集卡的形式，将相机采集到的图像传输给图像处理单元。它将来自相机的模拟信号或数字信号转换成所需的图像数据流，同时也可以控制相机的一些参数，如分辨率、曝光时间等。在基于计算机的机器视觉系统中，图像采集卡是控制摄像机拍照，完成图像采集与数字化，协调整个系统的重要设备。它一般具有以下功能模块。

①图像信号的接收与 A/D 转换模块，负责图像信号的放大与数字化。有用于彩色或黑白图像的采集卡，彩色输入信号可分为复合信号或 RGB 分量信

号。同时，不同的采集卡有不同的采集精度，一般有 8bit 和 16bit 两种。

②摄像机控制输入输出接口，主要负责协调摄像机进行同步或实现异步重置拍照、定时拍照等。

③总线接口，负责通过 PC 内部总线高速输出数字数据。一般是 PCI 接口，传输速率可高达 130Mbit/s，完全能胜任高精度图像的实时传输，且占用较少的 CPU 时间。有的图像采集卡同时还包括显示模块，负责高质量的图像实时显示，通信接口负责通信。一些高档图像采集卡还带有 DSP 数字处理模块，能进行高速图像预处理，适用于高档高速应用。

（3）图像处理系统。主要通过计算机主机及视觉处理软件对图像进行多种运算，并对得到的特征进行检测、定位及测量等。

（4）交互界面。将最终的处理结果显示出来，进而根据结果信息控制现场的设备动作。

从实际工作角度来说，机器视觉系统的工作流程如图 9-5 所示。

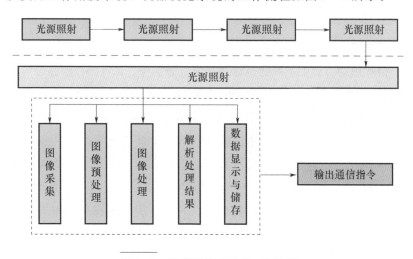

图 9-5　机器视觉系统的工作流程

当检测对象进入照相机或摄像机拍摄区域后，图像采集卡开始工作。此时准备好光照环境，照相机或摄像机开始扫描并输出。然后图像采集卡将图像模拟信号或数字信号转化成数据流并传输到图像处理单元，视觉软件中的图像采集部分将图像存储到计算机内存中，并对图像进行分析、识别、处理，以完成检测、定位、测量等任务。最后将处理结果进行显示，并将结果或控制信号发送给外部单元，以完成对机器设备的运动控制。

9.1.4　机器视觉的应用领域

机器视觉赋予了机器一双"眼睛"，使其拥有了类似人一样的视觉功能。各行各业都逐渐开始应用机器视觉进行大量信息的自动处理。在国外，"工业4.0"战略提出以后，传统制造业纷纷开始采用自动化设备代替人工，推崇以"智能制造"为主题的新式工业生产方式，而智能制造的第一个环节正是机器视觉。再看国内，目前机器视觉产品仍处于起步阶段，但发展迅速，传统制造业依赖人工进行产品质量检测的方式已不再适用。随着人工智能和制造业的快速发展，对于检测需求的精确度和准确率的要求也不断提升，各行各业对机器视觉技术的需求将越来越大。机器视觉在未来将会有非常广阔的应用领域，特别是在工业领域，机器视觉能更好地发挥优势，实现各种检测、测量、识别和判断功能。

(1)缺陷检测。产品表面信息的正确性，有无破损划痕等检测。

(2)工业测量。主要检测产品的外观尺寸，实现非接触性测量。

(3)视觉定位。判断检测对象的位置坐标，引导与控制机器的抓取等动作。

(4)模式识别。识别不同的目标和对象，如字符、二维码、颜色、形状等。

机器视觉的应用正逐渐扩展到各个领域，机器代替部分人力已成为一种趋势。在其他非工业行业，机器视觉也逐渐被广泛应用，如航天、农产品、医疗、科教、汽车、包装、食品饮料等行业。总而言之，机器视觉能提高生产自动化程度，使人工操作变成机器的智能操作。未来机器视觉将为人工智能在各个行业的普及提供一双智能的"眼睛"。

此外，机器视觉不会有人眼的疲劳，有着比人眼更高的精度和速度，借助红外线、紫外线、X射线、超声波等高新探测技术，机器视觉在探测不可视物体和高危险场景时，更具有突出的优势。

9.2　图像分析与处理技术

9.2.1　图像处理分析简述

一幅图像可定义为一个二维函数 $f(x, y)$，其中 x 和 y 是空间(平面)坐标，而在任何对空间坐标$(x，y)$处的幅值 f 称为图像在该点处的强度或灰度。当 x、y 和灰度值 f 为有限的离散数值时，我们称该图像为数字图像。数字图像处理是指借助于数字计算机来处理数字图像。需要注意的是，数字图像是由有限数量的元素组成的，每个元素都有一个特定的位置和幅值。这些元素称为图画元素、图像元素或像素。像素是广泛用于表示数字图像元素的术语。

视觉是人类最高级别的感知，图像在人类感知中扮演着最重要的角色。人类的感知仅限于电磁波谱的可见光波段；与人类不同，成像机器几乎可以覆盖从伽马射线到无线电波的整个电磁波谱范围。它们可以对人类不习惯的那些图像源进行加工，包括超声波、电子显微镜和计算机产生的图像。因此，数字图像处理涉及很宽泛的各种应用领域。

图像分析(也称为图像理解)领域则处在图像处理和计算机视觉之间。从图像处理到计算机视觉的这个连续统一体内并没有明确的界限。然而，一种有用的范例是在这个连续的统一体中考虑 3 种典型的计算处理，即低级、中级和高级处理。低级处理涉及初级操作，如降低噪声的图像预处理、对比度增强和图像锐化。低级处理以输入、输出都是图像为特征。中级处理涉及诸多任务，譬如分割(把一幅图像分为不同区域或目标的)，减少这些目标物的描述，以使其更适合计算机处理及对不同目标的分类(识别)。中级图像处理以输入为图像但输出是从这些图像中提取的特征(如边缘、轮廓及各物体的标识等)为特征。高级处理涉及"理解"已识别目标的总体，就像在图像分析中那样，以及在连续统一体的远端执行与视觉相关的认知功能。

9.2.2　图像采集装置

对于激光熔覆增材制造来说，捕获熔池的高质量图像且可以从周围区域清楚地识别熔池是一项艰巨的任务。捕获高质量图片可能会提供有关激光熔覆过程许多有价值的信息，比如熔池几何形状(熔池高度、宽度，熔池轮廓和润湿角)、熔池温度和熔池温度分布等信息。图片的质量越高，提取的信息则越多。然而捕获高质量图片的过程也面临很多障碍。

(1)加工区中存在由不同的来源引起的刺眼且强烈的光，如高功率激光照射、黑体辐射、平面反射和其他种类的反射。

(2)存在各种噪声源，如耀斑和灯光反射。

(3)工作区域周围的不利环境阻碍将成像设备放置在熔池附近。

（4）用多轴 CNC 机器移动零件会限制摄像机的位置。

系统中的成像设备选择为电荷耦合器件（CCD）摄像机，CCD 是行业中最常见的摄像机。此选择基于 CCD 摄像机的可用性、价格和良好的分辨率。CCD 摄像机传感器是一种光敏半导体芯片，它由成千上万个微型光电探测器（像素）组成。CCD 摄像机具有一些优点和缺点：CCD 摄像机价格便宜，可以降低激光熔覆中闭环控制系统的集成成本；它收集数据时不会与过程区域接触或对过程造成任何干扰。此外，它还具有高分辨率（约百万像素）的优点，可以产生清晰的图像。

CCD 摄像机有两个主要缺点：低帧率和摄像机过度曝光或饱和，两者都源于 CCD 摄像机的工作方式。当光线通过镜头照射到 CCD 摄像机时，每个像素会收集光子电流并将其转换为电荷，累积的电荷称为像素的累积电荷。实际上，每个像素都充当电容器，产生的电荷与像素接收的光强度成正比。累积的电荷在指定的时间后测量，随后应释放电荷，以使像素准备好进行下一次读出，时间取决于光强度。CCD 摄像机的帧率较低（约 60Hz），扫描速度以 mm/s 为单位，但是 60Hz 的帧率是可以接受的，在激光熔覆过程中第一个缺点不是问题。第二个问题是摄像机过饱和。像素可以容纳的最大电荷是有限的，称为"饱和水平"。超过此饱和水平会导致信号降级，并且由于相邻像素而产生的电荷被称为 blooming 效应。相机的线性响应会产生偏差，从而使相机的响应变得不可靠。CCD 摄像机传感器的结构通常会使水平像素的电荷减少，而使垂直像素的电荷增多。因此，由于 blooming 效应，所以在垂直方向上能观察到更多的曝光。饱和持续相当长的时间会导致 CCD 摄像机传感器永久损坏。

当图像具有高动态范围时，饱和度会增强，意味着当图像同时包含低光信号和高光信号时，激光熔覆过程就会出现这种情况。在实验过程中，经常在激光熔覆中观察到过饱和问题。如图 9-6 所示为熔池的图像和饱和图像。在饱和图像中，闪光遮盖了整个处理区域。饱和图像没有任何有用的信息。应当注意的是，当发生饱和时，它不仅会出现在一张图像中，它还可能会定期在几个连续的图像中发生。实际上，当饱和时，与该实验相关的整个图像集就没有用了，并且传感器无法提供任何有用的信息。通过选择合适的 CCD 摄像机可以解决部分问题。然而，问题的主要部分应该通过适当选择滤波器来解决。

如上一节所述，将 CCD 摄像机传感器直接暴露在激光加工区域发出的刺眼而强烈的光线下会导致出现整个白图像或 CCD 摄像机传感器损坏。在此过程中，光有多种来源，包括激光辐射、黑体辐射、环境光和反射光。这些光在不同的波长范围内，若选定了激光器则来自激光源的辐射光的波长为固定值，而黑体辐射源发出的光的波长并不确定，应该仔细检查以计算波长范围，另外一个重要方面是摄像机的光谱响应。

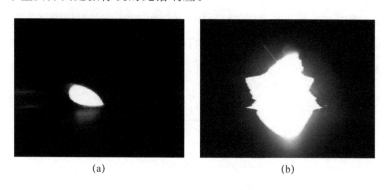

(a)　　　　　　　　　　　　　(b)

图 9-6　不同状态下熔池的图像

(a)熔池的图像；(b)CCD 传感器饱和时熔池的图像。

1. 光谱响应

光子在 CCD 传感器中转换为电荷，光子在检测器的耗尽区中被吸收的能力取决于光的波长。光子仅在耗尽区被转换为电荷，随后可被电场保存，然后耗尽区中保持的电荷被转移且被测量。撞击在 CCD 上的光子必须首先通过由栅电极控制的区域，所施加的时钟电压通过该区域形成耗尽区边界的电场，并通过 CCD 传输电荷。栅极结构可以根据光的波长吸收或反射光子，所以每一个光子都不会有一个电子电荷。较短的波长（蓝光）尤其具有吸收性，在约 350nm 以下，它们可以吸收所有光子，然后才能在耗尽区检测到它们。具有较长波长的光子(红色光)被硅吸收的可能性低，并且可以通过耗尽区而不被检测到，这就导致降低了 CCD 的红光灵敏度。波长大于 1100nm 的光子没有足够的能量产生自由电子电荷，无法被 CCD 检测到。以上这些因素决定了 CCD 的光谱响应。光谱响应以量子效率表示，该量子效率表示检测到特定波长的光子的概率。例如，当概率为 0.1 时，表示检测到 1/10 的光子。因此在选择相机的时候需要考虑到光谱响应的影响。

2. 黑体辐射

黑体辐射的普朗克定律定义了不同波长下黑体的温度与电磁辐射的光谱

强度之间的关系:

$$E(\lambda, T) = (2\pi hc^2)/[\lambda^5(e^{(hc/\lambda kT)} - 1)] \qquad (9-1)$$

式中: λ 为波长; T 为温度(K); h 为普朗克常数 $h = 6.62607015 \times 10^{-34}$ (J·s); c 为光速, $c = 3 \times 10^8$ m/s; $k = 1.381 \times 10^{-23}$ J/K。

图 9-7 所示为激光熔覆过程中可能出现的温度范围内的普朗克定律的图形。根据普朗克定律和照相机的光谱响应,添加一个 700nm 的带通滤光片以克服强光的存在,则可以仅仅捕获来自熔池黑体辐射的光。

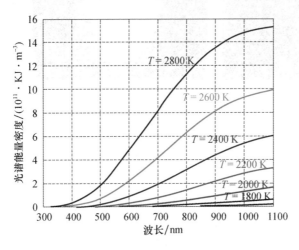

图 9-7
普朗克定律:黑体辐射

9.2.3 图像处理与分析

1. 预处理

在激光熔覆图像的获取、传输、转换的过程中,由于多方面的原因会导致熔池图像受到干扰;比如熔覆过程粉末飞溅产生的干扰;在光电转换过程中,感光元件灵敏度不均匀等因素。这就需要利用图像增强技术降低图像的干扰信号。

在图像处理前,为减少图像的干扰因素,便于原始图像更易进行读取,需要进行降噪。目前较为广泛接受的方法是利用空间滤波。空间滤波是由一个邻域(通常为一个较小的矩形),对该区域所包含的图像像素执行的预定义操作组成。滤波产生的新像素,新像素的坐标等邻域中心的坐标,像素的值是滤波操作的结果。滤波器的中心访问输入图像中的每个像素后,就生成了处理后的图像。如果在图像像素上执行的是线性操作，则该滤波器为线性空间滤波器；否则为非线性空间滤波器。

在进行滤波后，为进一步得到理想的熔池图像，需要将熔池图像进行分割。在此过程中一般的做法是阈值分割。阈值分割的基本思想是使用某种算法确定一个阈值，将图像上的任一像素点与阈值进行比较，根据比较的结果将图像分为前景与背景。阈值分割主要有实验法、直方图谷底法、迭代选择阈值法、最小均方误差法。

2. 熔池图像的投影变换

多自由度激光熔覆设备的优势在于能够为复杂零件提供多角度熔覆。在此基础上的视觉监测系统采集到的图像将会存在图像失真。摄像机和熔覆层轨迹之间存在相对运动，对两个摄像机获得的两个图像的任何分析都受摄像机相对于水平面角度的影响，如图 9 - 8 所示。

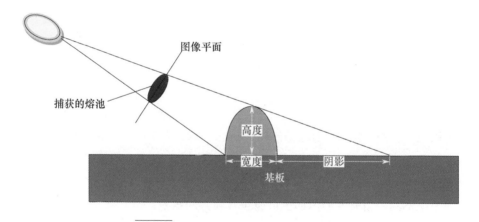

图 9 - 8　熔池在参考平面上的投影示意图

其中，阴影长度是熔覆层高度和熔覆层横截面轮廓的函数。熔覆层的横截面轮廓的形状是未知的并且在整个过程中会发生变化，因此为处理程序带来困扰，需要通过适当的几何变换在一定程度上减小拍摄角度造成的图像几何失真而产生的负面影响。为了消除由于拍摄角度带来的问题，需要使用摄像机标定与图像的投影变换来矫正。

3. 边缘检测

图像的边缘提取也就是颜色的边缘提取。传统的颜色边缘检测方法通过使用边缘滤波实现。这些滤波器是通过寻找像素较亮与较暗区域边缘像素点，即使用这些滤波器寻找图像中梯度变化明显的部分。这些梯度一般描述边缘的振幅和方向，将振幅较高的像素点集合就得到了区域轮廓的边缘，如图9-9所示。

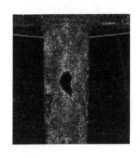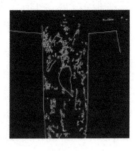

图9-9　熔池边缘检测后图像

4. 特征提取

在基于机器视觉的增材制造检测过程中，处理系统通常会通过图像增强和阈值化，先将其转化为二值图像，从中分割或提取出要检测的目标。在这种情况下，可以将被提取的目标当作一个个颗粒来研究。

颗粒是指图像中相互连通的一组非零或灰度值较高的像素所构成的区域。图9-10所示为图像处理过程中常见的几种颗粒结构。颗粒既可以是实心的，也可以包含空洞。空洞是指被灰度值较高的像素所包围的一组相互连通的低灰度值像素区域。在二值图像中，开孔是指被灰度值为1的像素所包围的一组灰度为零且相互连通的像素区域。空洞常出现在颗粒内部，颗粒内部可能包含多个空洞，当然空洞内部也可能包含独立的颗粒。

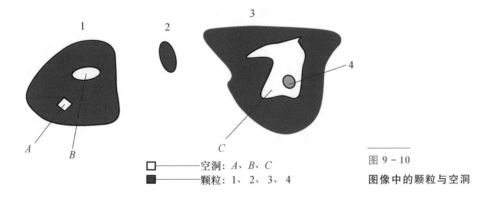

空洞：A、B、C
颗粒：1、2、3、4

图9-10

图像中的颗粒与空洞

确定各种颗粒的属性参数有助于快速、准确地针对机器视觉任务进行特征提取。常见的与颗粒相关的属性可分为以下几大类：

(1)点与线。包括颗粒的质心首像素坐标、颗粒中的水平线段和垂直线段、液压半径和最大费雷特直径等。

(2)边界与面积。包括颗粒与空洞的周长和面积，边界矩形和凸壳的周长和面积，图像面积及紧致因子，颗粒等效矩形或等效椭圆的周长和面积等。

(3)角度和矩。包括颗粒的方位角、最大费雷特直径的方位角、惯性矩以及类型因子。

确定这些参数对于构建基于颗粒的特征识别系统极为有用。

9.3 基于机器视觉的损伤区域定位

9.3.1 用于损伤检测的立体匹配方法

1. 检测零件分析

本书选择的检测零件为空压机用曲轴、矿用轴流通风机叶片和矿用破碎机环式破碎机齿，零件经过长时间的服役，均已报废，如图 9-11 所示。这些零件均具有较为适合扫描的尺寸和较为明确的拓扑结构。本章将基于前面的扫描检测方法，对下面的零件进行损伤检测。检测前需要对零件进行清洗。

叶片常见的损伤形式有叶片边缘的裂口和凹痕，叶片中部的脆裂和局部扭曲变形。此外，矿用轴流通风机叶片常期处于潮湿无光环境下，也会遭受腐蚀损伤；叶片在工作中受到小石子和矿产粉末的冲击，会产生磨损与划痕。

曲轴的常见损伤形式有曲轴轴颈的磨损、曲轴轴颈的划伤、曲轴整体的变形和断裂等。产生这些损伤的原因主要是曲轴的承载能力有限，曲轴的表面出现裂纹或者铸造曲轴的内部有过大的气孔等。

矿用破碎机环式破碎齿的主要损伤形式为齿尖与齿环体由于碰撞产生的断裂和磨损等。矿用破碎机的工况与矿用叶片的工况类似，在工作中也会有腐蚀和冲击等损伤发生，由于通常情况下发生损伤的区域为齿尖，在设备服役时，齿尖上会安装配套的齿帽，齿帽具有良好的硬度和可拆卸替换的特点。

齿环体的损伤一般不在考虑范围之内。

图 9 - 11

零件损伤图片

(a)叶片和曲轴；

(b)环式破碎齿。

(a)　　　　　　　(b)

2. 机械零件的损伤检测方法概述

基于双目视觉的机械零件损伤检测，关键是处理采集到的图像，依据上文中采集方法，获得零件损伤部分的左、右视图。根据两视图的"视差"，对其进行立体匹配，求解损伤部位的空间三维坐标；然后对损伤部分进行轮廓提取，提取的轮廓作为损伤形状和位置信息进行存储。本节主要讨论采用机器视觉技术对损伤区域的定损过程，其计算流程如图 9 - 12 所示。

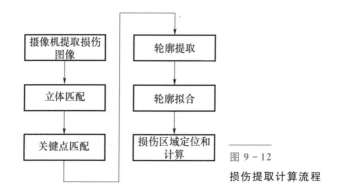

图 9 - 12

损伤提取计算流程

3. 立体匹配类型

在损伤检测中，立体匹配是对损伤分析的一个重要步骤，目的是从立体相机中找到图像对之间的相对位移。通过分析两个场景中物体的相对位置，使用位于不同视点的两个摄像机提取三维信息。立体匹配的基元有区域和特

征两种，基于不同的基元进行匹配，存在不同的效果。图 9 - 13 所示为双目
摄像机采集到的零件损伤部位的图片。

图 9 - 13　零件损伤部位的图片

1)基于区域的匹配

基于区域匹配的基本算法，最常用的为 SGBM(semi - global block
matching)算法。该算法是一种以计算视差为主要检测基元的半全局匹配方
法。该算法的核心是以计算左、右摄像机拍摄的图像每个像素点的视差，组
成视差图。设置全局能量函数，计算与每一个视差图的视差值，目的是使这
个函数最小，求解出最优全局分割图像。其能量函数可表示为

$$E(D) = \sum_{P} \left\{ C(p, D_p) + \sum_{qN_p} P_1 I[\mid D_p - D_q \mid = 1] + \sum_{qN_p} P_2 I[\mid D_p - D_q \mid > 1] \right\}$$

$$(9 - 2)$$

式中：$E(D)$ 为能量函数；p、q 为某一个像素点；P_1、P_2 为惩罚系数；N_p
为与像素点 p 相邻的像素点。

由式(9 - 2)可知，在计算 SGBM 立体匹配时，需要计算每一个像素点的
视差值，相较而言比较费时。使用该方法所计算的视差场景立体匹配结果的
示意图如图 9 - 14 所示。图 9 - 14(a)所示为叶片扫描粗扫描，可见扫描结果
比较理想，可以很好地将叶片轮廓形状与背景和其他干扰纹理进行区分，图 9
- 14(b)所示为零件叶片部分的损伤区域匹配图像，由于损伤区域较小，且摄
像头与零件距离较近，损伤区域和非损伤区域背景无明显的视差，该匹配效
果不佳。在各种匹配场景中，如果纹理信息丰富，则区域分割效果明显。经
分析，损伤提取的图片为图像背景较为简单，纹理特征不大需要被详细区分
的图像，因此，从实用性的角度分析，此匹配方法不适用于损伤区域的提取。

2)基于特征的匹配。基于特征的匹配是以基于图像中的图形特征为基元，
对左、右图像进行匹配。主要的检测基元有特征点、特征轮廓线、特征平面

等。基于特征的匹配相对而言，由于特征点或特征轮廓的数量较少，所以计算方法较为简单，计算时间短，且特征基元通常在图像中具有明显的特征，可以被很好地区分甄别，具备比较好的提取精度。

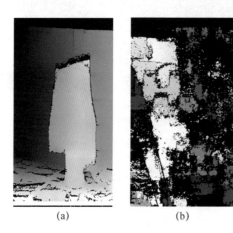

(a)   (b)

图 9 - 14

基于 SGBM 的匹配结果

    其中，特征点和边缘点是最常被用来作为立体匹配的基元。下面通过上文中使用的典型损伤图片，对这两种匹配方法进行对比。

    (1)特征点匹配。常用特征的匹配方法有 SIFT(scale - invariant feature transform)、SURF(speeded up robust features)等。以这些特征的匹配方法为参考方法，对左、右摄像机拍摄的图片进行立体匹配的效果如图 9 - 15 所示。

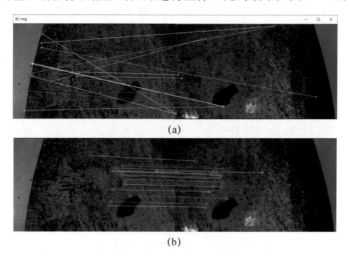

(a)

(b)

图 9 - 15   基于特征点的匹配结果

(a)SIFT; (b)SURF。

图 9 - 15 中基于 SIFT 的损伤检测共检测出关键点 16 个，正确匹配的共有 6 个，匹配准确度比较低，基于 SURF 的检测共检测出关键点 28 个，正确匹配的共有 26 个，在较多的匹配数下获得了比较高的匹配率。但这两种方法局限性较大，所提取的关键点并非损伤区域的关键点，且无法描述出零件损伤的形状和尺寸等。针对零件损伤检测的特征提取，需要对零件的尺寸、形状等做一些描述，这恰恰是特征点匹配无法做到的。因此，在这种工作环境下，基于特征点的匹配并不适用于零件损伤检测。

（2）边缘点匹配。边缘匹配（edge matching）是以图像两个区域灰度的突变，将其分割成不同的区域，同时将区域边界提取获得边缘数据。在损伤检测中，边缘检测的优点是可以提取出零件的损伤轮廓，直接计算零件损伤的表面积，后续要依靠双目视觉测距技术计算出损伤的深度。

常用的边缘检测算子有 Sobel 算子、Roberts 算子、Canny 算子等。基于边缘点的轮廓匹配效果如图 9 - 16 所示。

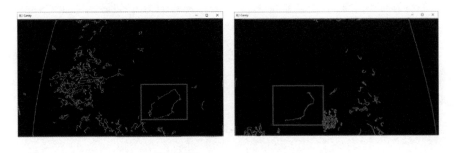

图 9 - 16　边缘检测的效果图

从图 9 - 16 可以看出，边缘匹配可以很好地提取轮廓的大、小形状等。图中红色线框标注的区域为损伤区域。损伤区域具有明显的边界特征，两幅图像的损伤也可以做到对应。故在本实例中，采用边缘匹配对零件损伤做检测。

9.3.2　用于损伤提取的图像匹配方法

1. 边缘检测方法

边缘检测是图像处理中的重要步骤，也是一项基础工程。图像在物体边缘及损伤表面边缘，由于与相邻的像素点会发生灰度的突变，所以梯度幅值较大。可根据调整幅值的区间，选取合适的幅值，过滤掉不需要的边缘，对零件的损伤区域进行提取。

现在最为常用的边缘检测算法为以 John Canny 名字命名的 Canny 边缘检测算法。该算法是一种最直观、最准确的图像信息提取算法。该算法符合"以较高的准确率提取边缘，图像噪声不影响边缘提取"的标准，是很多边缘检测算法的基础。

该算法是一个多级的检测算法，其每一级概述如下：

步骤 1：图像降噪。边缘检测的第一步是对图像的预处理，而预处理中最重要步骤就是图像降噪。图像降噪有多种滤波方法，采用最常用的高斯平滑滤波算法，将图像与滤波器卷积处理，得到平滑而且模糊的图像。大小为$(2k+1)\times(2k+1)$的高斯滤波器核的生成方程为

$$H_{ij} = \frac{1}{2\pi\sigma^2}\exp\left\{-\frac{[i-(k+1)]^2-[j-(k+1)]^2}{2\sigma^2}\right\} \tag{9-3}$$

步骤 2：求解梯度强度和方向。图像是离散数据，导数可以用差分值来表示，差分在实际工程中就是灰度差。一个像素点有 8 个邻域，因此 Canny 算法使用 4 个算子来检测图像中的水平、垂直和对角边缘。

图像为基于像素的离散数据，因此可以用差分值表示其导数。差分值在图像中的表示就是图像灰度差。

$$S_x = \begin{bmatrix} -1 & 0 & 1 \\ -2 & 0 & 2 \\ -1 & 0 & 1 \end{bmatrix}, S_y = \begin{bmatrix} -1 & 0 & 1 \\ -2 & 0 & 2 \\ -1 & 0 & 1 \end{bmatrix}$$

$$G = \sqrt{G_x^2 + G_y^2} \tag{9-4}$$

$$\theta = \arctan\left(\frac{G_y}{G_x}\right)$$

步骤 3：非极大抑制。非极大抑制的作用是对已提取的边缘"瘦身"，将梯度差分值不足够大的像素点剔除，保留最大梯度。此步骤可以使原本模糊的图像变得清晰。

步骤 4：双阈值算法计算和优化边缘。双阈值算法是设定阈值的上、下极值，像素点阈值大于极大值，确定为边界；小于极小值，确定不是边界；在两极值中间，认为是弱边界，对其进一步筛选。

根据 Canny 算法提取的边界，在双目视觉成像中，由于拍摄的是同一物体，左、右摄像机拍摄的图像只存在较小的角度差和位置差，区别并不是特

别明显。所以提取的边缘特征存在着极大的相似度，可以根据 Canny 算法提取的边缘特征，进行进一步的损伤信息整合。

2. 边缘特征立体匹配代价

在边缘特征立体匹配代价计算中，先将左、右两幅图像转换为灰度图，选取以目标点和相邻匹配点若干为中心，建立大小为 $(2m+1) \times (2n+1)$ 的矩形区域，计算匹配代价，选取匹配代价值最小的匹配点为最终结果。

常用的计算匹配代价的算法有绝对误差和 SAD、误差平方和 SSC 等。这两种算法都具有计算过程简单、计算速度快的优点，可以应用于立体匹配图像的初步匹配。各算法的计算公式如下：

绝对误差和：

$$\text{SAD}(x,y.d) = \sum_{im}^{m} \sum_{jm}^{n} \mid I_{L}(x+i,y+j) - I_{R}(x+i+d,y+j) \mid \quad (9-5)$$

式中：I_{L} 和 I_{R} 分别为左、右摄像头拍摄图像的灰度值；d 为视差值。

误差平方和：

$$\text{SSD}(x,y,d) = \sum_{i=-mj=-m}^{m} \sum^{n} [I_{L}(x+i,y+j) - I_{R}(x+i+d,y+j)]^{2} \quad (9-6)$$

式中：I_{L} 和 I_{R} 分别为左、右摄像头拍摄图像的灰度值；d 为视差值。

以上两种算法所求得的值越小，则匹配代价越低，左、右图像的相似度则越高。以上匹配代价函数计算后，需要对立体匹配用图像的左、右一致性检测。

左、右一致性检查旨在消除最终视差图中的异常像素。这是通过在一个图像中获取计算的视差值，在另一幅图像中重新投影它来计算的。如果值的差异大于给定阈值，则将像素视为离群值。对于离群值像素，通过向左移动进行插值，直到找到不离群的像素，然后使用其值。

3. 边缘特征立体匹配优化

1）积分成像

在传统的基于灰度值的边缘检测、深度提取中，容易受到错误数据的影响。采用积分成像的方法，一个对象生成多个图像，将这些图像以视差集合的方式记录，并进行下一步的计算。该方法可以视为一种立体匹配方法的优化，提高准确性和鲁棒性。

　　积分成像的方法分为以下步骤：首先，将一系列图像"窗口"设置为计算范围，并通过这些窗口的灰度级相关性来表示不同窗口的中心像素的匹配标准。其次，最大匹配标准将显示同一对象生成的图像点的"最合理"位置，这些位置可用于计算视差和深度。

　　一般情况下，"窗口"为正方形，可以根据扩大计算范围的理念，对"窗口"进行重塑，以获得最大的图像匹配区域。图9-17所示为典型窗口优化模型，黄色框架区域是传统的匹配区域，绿色框架区域是优化的匹配区域。在同一时间可匹配更多的区域，则可以提高匹配效率。

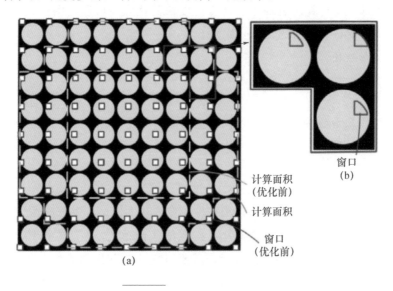

图 9 - 17　典型窗口优化模型

　　2）分级匹配

　　分级匹配可提高遍历搜索的效率，比较常用的是类金字塔模型的分级匹配方法，其模型如图9-18所示。

　　图9-18中，第0层为采集到的原始图像，第1层为图像长度和宽度均被压缩为第0层的一半的图像，第2层为图像长度和宽度均被压缩为第1层的一半的图像。每次压缩图像后分辨率都变为原来的1/4。

　　在进行图像匹配前，将采集到的左、右图像进行金字塔压缩处理，得到分辨率较低的图像序列。压缩多次后，在最低的分辨率下，对图像进行立体匹配，得到初始视差 d_0，以此为界，逐一完成对上一层级的视差求取，获得各级视差 d_0、d_1…d_n，直到对原始图像的视差求解完成。

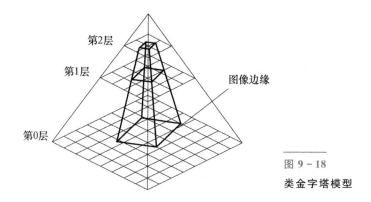

图 9－18

类金字塔模型

4. 边缘特征立体匹配分类方法

依据边缘特征匹配进行边缘提取的过程中，所提取的边界像素分布分为两种情况，如图 9－19 所示。对于不同的像素分布方法，最终的边界提取效果也不一样。案例 1 为径向点，匹配点之间形态类似且等距，该状况下匹配误差较大；案例 2 为斜向点，该情况下的匹配点距离较大且有大小区别，可能会出现无法匹配的情况。

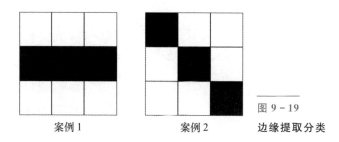

案例 1　　　　案例 2

图 9－19

边缘提取分类

将匹配点分为径向点和斜向点两类进行分别匹配，是一种对立体匹配的优化思路。传统的匹配方法往往会受到"窗口"选择所限，或匹配精度不高、匹配速度过慢。对提取的边缘分类后，可根据不同的边缘情况，采用不同的"窗口"选择方法。积分成像中的窗口选择也是一种优化方式，可在同一幅图像中扩大搜索范围。

对于径向点，基于 SAD 和 SSD 的代价计算方法，分两次讨论代价值，进行匹配。由于其边缘相近点的相似度高，可在计算时适当扩大"窗口"，采用积分成像中的窗口扩增方法，扩大（5×5）的搜索范围，将 25 像素点的搜索范围扩大至 39 像素点的搜索范围，最后根据左、右一致性消除误差。

对于斜向点，计算代价的比较方法与径向点一致，分两次讨论其代价值，并分别比较。由于斜向点的边缘相似度低、距离远，选择不经过扩增的(5×5)窗口进行 SAD 和 SSD 函数的计算即可。同时也需要进行左、右一致性的计算消除或减小匹配误差。

5. 视差细化

边缘点检测的结果是将提取的边缘换算成为整数的像素值，这样会导致整数位后的像素值缺失，降低匹配精度，因此需要进一步处理。视差细化是根据曲线拟合成类似二次函数的方式，对匹配后像素级视差的数值，精确到亚像素级，提高匹配精度。

图 9－20 所示为视差细化示意图。视差细化函数可被视为二次函数，可写作 $f(x) = Ax^2 + Bx + C$。d 为计算得到的视差值，$d-1$、$d+1$ 是与其相邻的视差值，各个视差值均为整数，竖轴对应的匹配代价分别为 C_{d-1}、C_d、C_{d+1}。

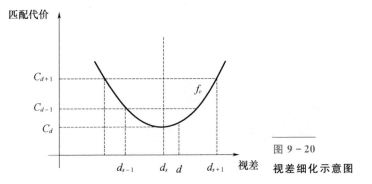

图 9－20 视差细化示意图

根据二次方程的求解方法，可求得待定系数 A、B、C 分别为

$$A = \frac{C_{d+1} + G_{d-1} - 2C_d}{2}$$

$$B = \frac{(1-2d)C_{d+1} - (1+2d)C_{d-1} + 4dC_d}{2} \tag{9-7}$$

$$C = \frac{(d^2-d)C_{d+1} + (d^2+d)C_{d-1} - (2-2d^2)C_d}{2}$$

确定待定系数后便可代入方程计算亚像素视差值：

$$d_s = \frac{C_{d-1} - C_{d+1}}{2(2C_d - C_{d-1} - C_{d+1})} + d \tag{9-8}$$

一方面，双目摄像机所采集的图片，通过左右一致性准则，可检测出遮挡区域和视差不连续区域的点，从而得到精度更高的边缘图像；另一方面获得了亚像素级的视差值，也提高了边缘的精度。

细化后通过设置上、下阈值，调整阈值的范围，可获得更为清晰的边界。

以上为边缘提取的优化方法，用于损伤边界提取的基于边缘分类匹配方法计算流程如图 9 - 21 所示。

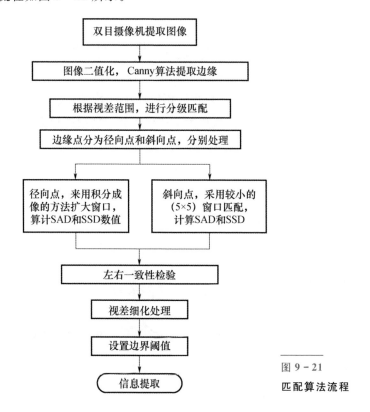

图 9 - 21
匹配算法流程

9.3.3　骨架驱动的损伤区域定位

1. ICP 配准

ICP 算法是由 Besl 和 McKay 提出的，用于解决刚性配准问题的一种无尺度匹配方法。其主要思想为待匹配模型所有的点搜索数据点集中最接近的点，经过多次迭代，得到最后的转换数据点集。定义两个在空间 $\mathbb{R}^n$ 数据点集为 $D \triangleq \{d_i\}$，$(i = 1, 2, \cdots, N_D)$ 和 $M \triangleq \{m_j\}$ $(j = 1, 2, \cdots, M_D)$，ICP 算法的主要目的是计算两点集的最佳匹配。为实现配准，引入一个旋转矢量 $\boldsymbol{R}_0$ 和一个平移矢量t_0，计算过程如下所示：

步骤 1：对每个R_k和t_k，在点集 D 中找到最佳对应的在点集 M 中的点。

$$c_{k+1}(i) = \underset{a(i)\{1,2,\cdots,N_D\}}{arg\ min} \|(R_k m_i + t_k) - d_{c(i)}\| \qquad (9-9)$$

步骤 2：根据对应关系，重新计算下一个点$\{i,\ c_{k+1}(i)\}$旋转矢量R_0和平移矢量t_0。

$$(R_{k+1} + t_{k+1}) = \underset{R\in\mathbb{R}^{N\times N}, t\,\mathbb{R}^{N\times N}}{arg\ min} \sum_{i=1}^{N_M} \|(R m_i + t) - d_{c_{k+1}(i)}\|^2 \qquad (9-10)$$

ICP 算法迭代计算新的对应关系和新的变换，直到对应点之间的距离不再减小或迭代达到最大迭代次数为止。ICP 算法可快速、准确地进行配准，但它很大程度上取决于初始转换值和每个迭代步骤中转换的种类。

ICP 算法的配准示意图如图 9-22 所示。由于该配准方法是针对每个数据集中的一个点进行匹配，如果点集的数据量过大，会存在计算量过大的情况。

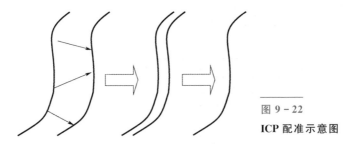

图 9-22
ICP 配准示意图

2. 骨架配准

针对损伤区域较小，损伤前后的模型差别不大的特征，可以将模型点云的配准近似为模型骨架的配准，再将点云扩充到骨架上。基于零件库中所建立的模型库作为源骨架，与扫描点云构成的实体作为对比骨架，各自建立骨架树。采用从源形状到目标的曲线骨架转移的方法对曲线骨架树进行优化。该方法可消除小部分的点云缺失或增加对骨架的形状产生的变化。优化方法如下：

步骤 1：采用拉普拉斯算子提取点云骨架作为源骨架，建立源网格和源骨架之间的对应关系，以便可以使用此对应关系将源骨架传递到输入网格。

步骤 2：在将源骨架与之对应地转移到目标时，其顶点数量和顶点连通性得以保留，以便为目标网格逐个顶点对应到目标网格获取骨架。建立连接线连接源骨架中的缺损部分。

步骤3：将骨架分为骨架段，对骨架段进行平滑处理。基于拉普拉斯算子对骨架段平滑处理，一般情况下需要多次迭代。

如图9-23所示，为扫描模型配准前的状态。以零件库中完好的叶片为检测模型（test model）。导入损伤的叶片模型作为对比模型（reference model）。由于两者的骨架拓扑形态极其相似，将两模型基于骨架匹配拟合。

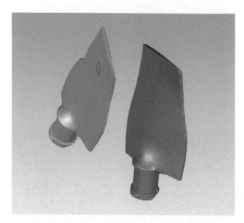

图 9 - 23

配准前的模型

图9-24所示为提取叶片零件模型骨架与叶片损伤模型的骨架，较小的损伤区域并未对骨架的形状造成较大的影响。经观察可知，骨架的形态基本相似，配准后的拟合度很高。

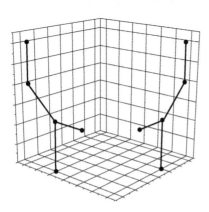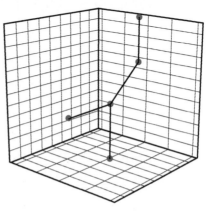

图 9 - 24　**叶片骨架提取和配准**

图 9-25 所示为其模型的配准后扩增模型，图中绿色区域为配准后模型与损伤实体相对差距较小的区域，红色与蓝色区域代表尺寸差较大区域，灰色区域代表损伤表面点云区域。可见图中的蓝色区域为损伤区域，下一步进行损伤区域定位。

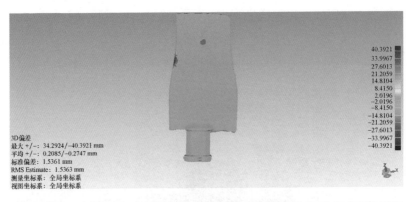

图 9-25　模型配准结果

3. 模型损伤区域定位

求出损伤区域的位置后，建立以零件几何中心为原点的坐标系，求得损伤区域的具体搜索空间为一个空间的包围盒，将其拟合成一个 AABB（矩形）包围盒，对损伤区域的位置进行界定，为下一步的损伤区域形状提取做准备。

由上述方法可获得零件损伤的大致方位，结合上一章所提取的损伤区域外轮廓，可进行下一步的损伤区域扫描计算。

损伤区域轮廓由上文提取出的损伤边界，映射在损伤区域上，视觉提取的损伤轮廓是不规则曲线包围的图形,在进行轮廓线构建之前,需要对曲线进行近似拟合,将一个曲线包围的区域转换为多边形区域。由于是用于激光熔覆修复的损伤提取,损伤边界若是曲线,则对应的熔覆修复轨迹为曲线,熔覆效果不佳,不利于损伤的修复,因此对其优化是很必要的。

9.4　基于机器视觉的激光熔覆质量检测

在本节中分析了熔池图像的特征,对熔池图像主要做了预处理、投影变换、边缘检测和特征提取 4 部分算法研究和实现,预处理减小图像中的噪声干扰,投影变换解决由于熔覆角度问题带来的图像变形问题,边缘检测提取出熔池图像的具体轮廓,特征提取得到熔池图像的像素个数。

9.4.1　熔池图像的预处理

在激光熔覆图像的获取、传输、转换的过程中,由于多方面的原因会导致熔池图像受到干扰(图 9 - 26)。比如熔覆过程中粉末飞溅产生的干扰,在光电转换过程中,感光元件灵敏度不均匀等因素,这就需要利用图像增强技术降低图像的干扰信号。图像增强技术分为两类:一是空间域增强;二是频率域增强。空间域增强技术主要包括直方图修正、灰度变换增强、图像平滑以及图像锐化等。频率域增强主要包括傅里叶变换、离散余弦变换、沃尔什变换和小波变换等。在很多情况下,频率域滤波与空间域滤波可以视为对同一图像问题的殊途同归的两种解决方法。

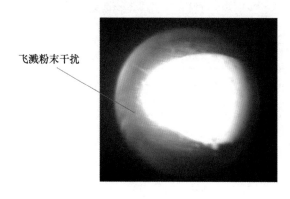

飞溅粉末干扰

图 9 - 26
熔池原始图像

1. 熔池图像的空间滤波

空间滤波是由一个邻域（通常为一个较小的矩形），对该区域所包含的图像像素执行的预定义操作组成。滤波产生的新像素，新像素的坐标等邻域中心的坐标，像素的值是滤波操作的结果。滤波器的中心访问输入图像中的每个像素后，就生成了处理后的图像。如果在图像像素上执行的是线性操作，则该滤波器为线性空间滤波器，否则为非线性空间滤波器。

1) 线性滤波

图 9-27 所示为使用 3×3 邻域的线性空间滤波的机理。在图像上的任意一点 (x, y)，滤波器的响应 $g(x, y)$ 是滤波器系数与该滤波器包含所有像素的乘积之和。显而易见，滤波器的中心系数为 $w(0, 0)$，对准某一像素 (x, y)。对于模板的大小为 $m \times n$，假设 $m = 2a + 1$，且 $n = 2b + 1$，其中 a、b 均为正整数。一般而言，$m \times n$ 大小的滤波器对于大小为 $M \times N$ 的图像进行线性空间滤波的计算式可表示为

$$g(x,y) = \sum_{s=-a}^{a}\sum_{t=-b}^{b} w(s,t) f(x+s, y+t) \tag{9-11}$$

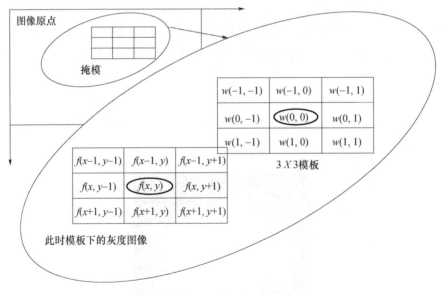

图 9-27　线性空间滤波的机理

2) 非线性滤波

非线性滤波是在线性滤波的基础上演化而来，如果像素灰度值的运算比

较复杂，不是最后求和的简单运算，则是非线性滤波。如求一个像素周围 $3\times$ 3 范围内最大值、最小值、中值、均值等操作都不是简单的加权，都属于非线性滤波。常见的非线性滤波有均值滤波、高斯滤波、中值滤波等，通常线性滤波器之间只是模板系数不同。

（1）均值滤波：一般使用下面的系数与图像做卷积运算，计算式为

$$g(x,y) = \frac{1}{n}\sum_{I\in \text{Neighbour}} I(x,y) \tag{9-12}$$

N 与系数模板大小有关，一般为 3×3 的模板。从待处理图像首元素开始用模板对原始图像进行卷积，均值滤波直观地理解就是用相邻元素灰度值的平均值代替该元素的灰度值。

（2）高斯滤波：高斯滤波一般针对的是高斯噪声，能够很好地抑制图像输入时随机引入的噪声，将像素点与邻域像素看作是一种高斯分布的关系，它的操作是将图像和一个高斯内核进行卷积操作，高斯内核函数如下：

$$G(x,\ y) = Ae^{\frac{-(x-\mu_x)}{2\sigma_x^2} + \frac{-(y-\mu_y)}{2\sigma_y^2}} \tag{9-13}$$

（3）中值滤波：同样是空间域的滤波，主题思想是取相邻像素的点，对相邻像素的点进行排序，取中点的灰度值作为该像素点的灰度值。中值滤波将窗口函数里面的所有像素进行排序，取得中位数来代表该窗口中心的像素值，对椒盐噪声和脉冲噪声的抑制效果特别好，同时又能保留边缘细节。计算式为

$$g(x,\ y) = \text{median}(I(x,\ y))x,\ y\in \text{Neighbour} \tag{9-14}$$

在激光熔覆熔池监测过程中，图 9-28 所示为熔池图像的 3 种滤波效果。

熔池原始图像

中值滤波

高斯滤波

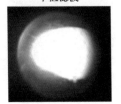

均值滤波

图 9-28
熔池图像的 3 种滤波效果

从图像滤波效果不难看出，中值滤波对熔池图像的噪声消除的效果最佳。所以一致采用中值滤波来对熔池图像进行降噪。

2. 熔池图像的阈值处理

对熔池图像进行中值滤波后，为了获得理想的熔池区域需要将熔池图像的前景与背景进行分割。在此过程中比较成熟的方法是灰度图像的阈值分割，阈值分割的基本思想是使用某种算法确定一个阈值，然后将图像上的任一像素点与阈值进行比较，根据比较的结果将图像分为前景与背景。

阈值分割主要有以下几种方法：

(1)实验法。实验法是通过人眼的观察，经过多次选择不同的阈值对图像进行处理，观察处理后的结果是否满足自身的需要。这种方法解决问题的实用性较小、误差较大，而且受主观影响较大，所以不宜使用。

(2)直方图谷底法。如果图像的前景物体内部与背景灰度值的分布比较均匀，那么这个直方图将有明显的双峰，此时可以选择两峰之间的谷底作为阈值，算法表达式为

$$g(x) = \begin{cases} 255, & f(x, y) \geqslant T \\ 0, & f(x, y) < T \end{cases} \tag{9-15}$$

式中：$g(x)$为阈值运算后的二值图像。

这种阈值处理方法比较简单，但是当两个峰值相差很大时不宜使用。图9-29所示为使用直方图谷底法得到的二值图像。

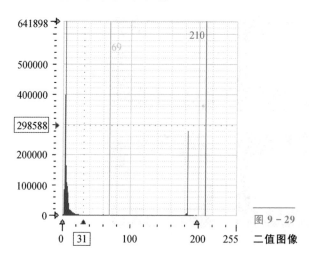

图 9 - 29
二值图像

（3）迭代选择阈值法。迭代选择阈值法的基本思想是先选择一个阈值作为初始估计阈值，然后按照某种方法不停地更新这个阈值，直到满足我们给定的条件为止。在这个算法中最关键的地方是如何选择迭代方法使之能够快速地收敛，并且在迭代过程中每一次迭代都将出现更优的结果。下面介绍一种常用的迭代方法：

①选择一个初始的阈值 T。

②利用此阈值将图像分割成两个区域 R_1 和 R_2。

③对区域 R_1 和 R_2 中的所有像素作平均灰度值计算，并得 μ_1 和 μ_2。

④计算新的阈值：$T = \dfrac{1}{2}(\mu_1 + \mu_2)$。

⑤重复②～④，直到逐次迭代所得的 T 小于预先设定的 T。

（4）最小均方误差法。最小均方误差法也是最常用的一种阈值分割方法。这种方法是以图像中灰度值作为模式特征来假设灰度分布的随机变量。然后假设将要被分割的图像满足一定的概率分布。最常用的是高斯分布。

首先假设一张图像有两个主要区域——前景与背景。设 z 为灰度值，$p(z)$ 表示灰度值概率密度函数的估计值，则描述整体图像混合密度的函数为

$$p(z) = p_1 p_1(z) + p_2 p_2(z) \tag{9-16}$$

式中：p_1 为前景中具有 z 值像素出现的概率；p_2 为背景中具有 z 值像素出现的概率。两者的关系为 $p_1 + p_2 = 1$，也就是图像中的像素只能属于前景或者背景。根据这个理论，选择一个阈值 T，将图像上的像素进行归类。使用最小均方误差法的目的是选择合适的 T，使之能对给定的像素在分类时出错的概率最小。则其分类前景时出错的概率为

$$E_1(T) = \int_{\infty}^{T} P_2(z)\mathrm{d}z \tag{9-17}$$

分类背景时出错的概率为

$$E_2(T) = \int_{\infty}^{T} P_1(z)\mathrm{d}z \tag{9-18}$$

其总出错概率为

$$E(T) = P_2 E_1(T) + P_1 E_2(T) \tag{9-19}$$

最终将通过微分求得使出错概率最小的阈值 T：

$$E(T_{\min}) = \min E(T) \tag{9-20}$$

使用 3 种阈值处理方法，分别对熔池图像进行区域分割，处理结果如图 9-30 所示。

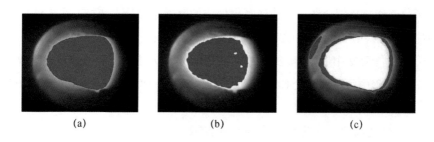

$$(a) \qquad\qquad\qquad (b) \qquad\qquad\qquad (c)$$

图 9 - 30 采用 3 种阈值处理方法所得处理结果

(a)迭代阈值法；(b)直方图谷底法；(c)最小均方误差法。

9.4.2 熔池图像的投影变换

1. 相机的标定

在图像透视变换中需要使用照相机和摄像机的内外参数，简单地说，照相机和摄像机的标定就是将世界坐标系转换为它的坐标系，再将这个坐标系转换为图像坐标系的过程，也就是求最终投影矩阵 H 的过程。通过标定可以求得照相机和摄像机的内、外参数，以及畸变参数。无论是在图像测量或者机器视觉应用中，照相机和摄像机参数的标定都是非常关键的环节，标定结果的精度及算法的稳定性直接影响照相机和摄像机工作产生结果的准确性。因此，做好照相机和摄像机标定是做好后续工作的前提，提高标定精度是科研工作的重点所在。

根据张氏标定法对固定位置的照相机和摄像机进行标定，并获得相应的照相机和摄像机内外参数。标定过程使用标定板进行，在 Halcon 软件中使用 7×7 大小的标定板，采集 15 个不同角度和不同光照强度下的标定板图片(图 9 - 31)，并计算相机的内部参数矩阵 M_1，以及外部参数矩阵 M_2 中的旋转矩阵 R 和平移向量 T。

$$M_1 = \begin{bmatrix} 2923.23 & 0 & 454.23 & 0 \\ 0 & 3021.12 & 355.34 & 0 \\ 0 & 0 & 1 & 0 \end{bmatrix} \tag{9-21}$$

$$R = \begin{bmatrix} 1.00 & 0.23 & 0.04 \\ -0.01 & 0.44 & 0.38 \\ -0.12 & 0.45 & 0.44 \end{bmatrix}, \quad T = \begin{bmatrix} -0.11 \\ -4.33 \\ 34.33 \end{bmatrix} \tag{9-22}$$

图 9 – 31

不同角度与不同光照强
度下的标定板图片

2. 图像投影变换原理

在照相机和摄像机成像原理中，照相机和摄像机通过透镜将三维图像投影到二维传感器靶面上，照相机和摄像机的投影模型包含 4 个坐标系，分别是世界坐标系 $Q_w - X_w Y_w Z_w$，以照相机和摄像机光心为原心、主光轴为 Z 轴的照相机和摄像机坐标系为 $Q_c - X_c Y_c Z_c$，为了描述成像过程中物体从相机坐标系到图像坐标系的投影透射关系而引入，方便进一步得到像素，定义了像素坐标系 $Q_{uv} - uv$，以及以照相机和摄像机主光轴与图像平面交点为原心的图像坐标系 $Q_{xy} - xy$。各个坐标系坐标之间的转换如图 9 – 37～图 9 – 32 所示。

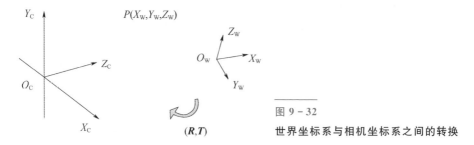

图 9 – 32

世界坐标系与相机坐标系之间的转换

由图 9 – 33 可知，世界坐标系与相机坐标系之间的转换属于刚性转换，可以采用旋转矩阵 $\boldsymbol{R}$ 与平移向量 $\boldsymbol{T}$ 来将坐标转换。其公式如下：

$$\begin{bmatrix} X_C \\ Y_C \\ Z_C \\ 1 \end{bmatrix} = \begin{bmatrix} \boldsymbol{R} & \boldsymbol{T} \\ 0 & 1 \end{bmatrix} \begin{bmatrix} X_W \\ Y_W \\ Z_W \\ 1 \end{bmatrix} \tag{9 – 23}$$

式中：旋转矩阵 $\boldsymbol{R}$ 为 3×3 的正交单位矩阵；$\boldsymbol{T}$ 为三维平移向量。

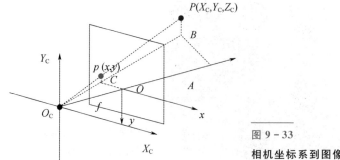

图 9 - 33

相机坐标系到图像坐标系的转换

根据图 9 - 34 知，相机坐标系与图像坐标系之间的转换属于投影变换，将世界坐标系中的点 P 投影到二维图像上，由比例关系可推导出

$$Z_C \begin{bmatrix} x \\ y \\ 1 \end{bmatrix} = \begin{bmatrix} f & 0 & 0 & 0 \\ 0 & f & 0 & 0 \\ 0 & 0 & 1 & 0 \end{bmatrix} \begin{bmatrix} X_C \\ Y_C \\ Z_C \\ 1 \end{bmatrix} \tag{9-24}$$

式中：f 为相机的焦距；x、y 分别为坐标点 P 投影到图像坐标系中的横坐标与纵坐标；Z_C 为比例因子。

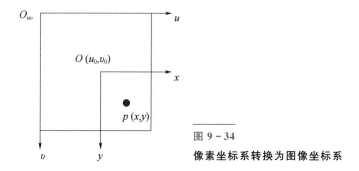

图 9 - 34

像素坐标系转换为图像坐标系

根据图 9 - 34 知，像素坐标系与图像坐标系均在成像平面上，但其原点与度量单位不同，因此坐标点的转换为

$$\begin{bmatrix} u \\ v \\ 1 \end{bmatrix} = \begin{bmatrix} \dfrac{1}{dx} & 0 & u_0 \\ 0 & \dfrac{1}{dy} & v_0 \\ 0 & 0 & 1 \end{bmatrix} \begin{bmatrix} x \\ y \\ 1 \end{bmatrix} \tag{9-25}$$

式中：u、v 分别为像素坐标的横坐标与纵坐标，单位为 px；d_x、d_y 为每个像素的物理尺寸，单位为 mm/px；u_0、v_0 为原点位置，单位为 px。

由式（9-23）～式（9-25）可以推导出世界坐标系与像素坐标系的转换关系模型：

$$Z_C\begin{bmatrix}u\\v\\1\end{bmatrix}=\begin{bmatrix}f_x&0&u_0&0\\0&f_y&v_0&0\\0&0&1&0\end{bmatrix}\begin{bmatrix}\boldsymbol{R}&\boldsymbol{T}\\0&1\end{bmatrix}\begin{bmatrix}X_W\\Y_W\\Z_W\\1\end{bmatrix}\tag{9-26}$$

式中：f_x、f_y 分别为 u、v 轴上的尺寸因子，f_x-f/d_x，$f_y=f/d_y$；u_0、v_0 为相机内部参数；$\boldsymbol{R}$、$\boldsymbol{T}$ 为相机内部参数矩阵。

为了方便后期计算，令

$$\boldsymbol{M}_1=\begin{bmatrix}f_x&0&u_0&0\\0&f_y&v_0&0\\0&0&1&0\end{bmatrix}\tag{9-27}$$

$$\boldsymbol{M}_2=\begin{bmatrix}\boldsymbol{R}&\boldsymbol{T}\\0&1\end{bmatrix}$$

式中：$\boldsymbol{M}_1$ 为相机内部参数；$\boldsymbol{M}_2$ 为相机外部参数。

3. 投影变换逆运算

通过照相机和摄像机标定，可以测量出它的内部与外部参数矩阵，将各个坐标系联系在一起。根据式（9-26）可以得到世界坐标系中的某个点在像素坐标系上的对应像素点。视觉测量是一个投影变换逆运算的过程，需要将得到的像素坐标转换为被测物体的实际尺寸。因为式（9-27）中的 $\boldsymbol{M}_1$ 是不可逆矩阵，在已知相机内外参数矩阵的情况下也无法计算出物体的实际尺寸。为了求得式（9-26）中 X_W、Y_W、Z_W 三个未知量的两个线性方程的唯一解，还需要增加一个约束。

在激光熔覆加工工艺中，为了保证熔池的稳定性需要保证离焦量，由于采用了同轴 CCD 摄像机采集图像，摄像机与光斑之间的位置不会随着喷头的横向移动而发生位置的变化。在摄像机的标定过程中，标定板放置在基板表面，世界坐标系与激光光斑所在平面重合，即 $Z_W=0$，因此通过这个固定约束条件可以将式（9-26）改写为

$$Z_C \begin{bmatrix} u \\ v \\ 1 \end{bmatrix} = \begin{bmatrix} f_x & 0 & u_0 \\ 0 & f_y & v_0 \\ 0 & 0 & 1 \end{bmatrix} \begin{bmatrix} \boldsymbol{R} & \boldsymbol{T} \\ 0 & 1 \end{bmatrix} \begin{bmatrix} X_W \\ Y_W \\ 1 \end{bmatrix} \tag{9-28}$$

令式(9-28)中的旋转矩阵 $\boldsymbol{R}$ 和平移矩阵 $\boldsymbol{T}$ 为

$$\boldsymbol{R} = \begin{bmatrix} a_{11} & a_{12} & a_{13} \\ a_{21} & a_{22} & a_{23} \\ a_{31} & a_{32} & a_{33} \end{bmatrix}, \quad \boldsymbol{T} = \begin{bmatrix} b_1 \\ b_2 \\ b_3 \end{bmatrix} \tag{9-29}$$

联合式(9-28)与式(9-29)可得

$$Z_C \begin{bmatrix} u \\ v \\ 1 \end{bmatrix} = \begin{bmatrix} f_x & 0 & u_0 \\ 0 & f_y & v_0 \\ 0 & 0 & 1 \end{bmatrix} \begin{bmatrix} a_{11} & a_{12} & b_1 \\ a_{21} & a_{22} & b_2 \\ a_{31} & a_{32} & b_3 \end{bmatrix} \begin{bmatrix} X_W \\ Y_W \\ 1 \end{bmatrix} \tag{9-30}$$

整理可得

$$Z_C \begin{bmatrix} u \\ v \\ 1 \end{bmatrix} = \begin{bmatrix} f_x a_{11} + u_0 a_{31} & f_x a_{12} + u_0 a_{32} & f_x b_1 + u_0 b_3 \\ f_y a_{21} + v_0 a_{31} & f_y a_{22} + v_0 a_{32} & f_y b_2 + v_0 b_3 \\ a_{31} & a_{32} & b_3 \end{bmatrix} \begin{bmatrix} X_W \\ Y_W \\ 1 \end{bmatrix} \tag{9-31}$$

令

$$\boldsymbol{H} = \begin{bmatrix} f_x a_{11} + u_0 a_{31} & f_x a_{12} + u_0 a_{32} & f_x b_1 + u_0 b_3 \\ f_y a_{21} + v_0 a_{31} & f_y a_{22} + v_0 a_{32} & f_y b_2 + v_0 b_3 \\ a_{31} & a_{32} & b_3 \end{bmatrix} \tag{9-32}$$

整理上述公式得到投影变换逆运算公式为

$$\begin{bmatrix} X_W \\ Y_W \\ 1 \end{bmatrix} = Z_C \boldsymbol{H}^{-1} \begin{bmatrix} u \\ v \\ 1 \end{bmatrix} \tag{9-33}$$

相机的内外参数矩阵可以计算出转换矩阵 $\boldsymbol{H}$，并通过式(9-33)求得图像中的像素数对应的世界坐标系中的熔池实际尺寸。

9.4.3 熔池图像的边缘检测

在经过熔池图像的阈值处理后，我们得到了熔池区域的大致区域。由于在激光熔覆过程中熔池的底部受到弧光的影响会产生一圈灰度值高亮部分，在阈值处理时的，会将弧光影响产生的阈值部分作为熔池边缘，这很大程度上增大了实际熔池的面积，在熔覆的过程中，热影响区也会对熔池图像产生一定的影响，所以在此节中要通过边缘检测算法提取出真正的熔池边缘，并通过边缘轮廓拟合出真正的熔池轮廓。

1. 熔池边缘检测算法

图像的边缘提取也就是颜色的边缘提取。传统的颜色边缘检测方法是使用边缘滤波实现的，这些滤波器寻找像素较亮与较暗区域边缘像素点，也就是使用这些滤波器寻找图像中梯度变化明显的部分。梯度一般描述边缘的振幅和方向，将振幅较高的像素点集合就得到了区域轮廓的边缘。

在边缘检测滤波器中有许多经典的算子，以下列出 3 种：

(1) 索贝尔算子。索贝尔算子结合了高斯平滑和微分求导。它是采用一阶导数求取边缘的算子，使用卷积核对图像中的像素点做卷积运算，再选用合适的阈值提取边缘。索贝尔算子在进行边缘检测过程中减少了噪声的影响，而且其算法比较简单容易实现。它对像素位置的影响进行了加权运算，所以效果比较好。在本节中选用索贝尔算子实现边缘检测。

(2) 拉普拉斯算子。拉普拉斯算子是一种二阶导数算子。在图像区域的边缘，像素值往往会发生很大的变化，对这些像素值求导会得到相应的极值。在这些极值点处函数的二阶导数值为零，所以也可以用二阶导数来监测边缘。拉普拉斯算子是一种各项同向算子，在边缘检测中如果不考虑周边像素灰度差的情况下比较实用。拉普拉斯算子对孤立像素的响应要敏感于线像素。因此只适用于无噪声干扰的图像，在激光熔覆熔池检测中不适用。

(3) Canny 算子。Canny 算子的基本思想是寻找梯度的局部最大值。Canny 算子首先使用高斯滤波进行卷积运算实现降噪，其次用合适的卷积阵列计算边缘的梯度和方向，再次使用非极大值抑制移除非边缘线条，最后使用滞后阈值检测并连接边缘。

2. 索贝尔算子的熔池边缘提取

索贝尔算子是利用一阶微分来监测图像灰度值的梯度，通过判断梯度值的大小来确定边缘的算法。在通常情况下，使用 ∇f 来表示一幅图像在 x 与 y 方向的边缘强度和方向，其梯度的计算公式如下：

$$\nabla f \equiv \mathrm{grad}(f) \equiv \begin{bmatrix} g_x \\ g_y \end{bmatrix} = \begin{bmatrix} \dfrac{\partial f}{\partial x} \\ \dfrac{\partial f}{\partial y} \end{bmatrix} \tag{9-34}$$

梯度的幅值与方向计算式如下：

$$g(x,y) = \sqrt{g_x^2 + g_y^2} \approx |g_x| + |g_y| \tag{9-35}$$

$$\alpha(x,y) = \arctan\begin{bmatrix} g_x \\ g_y \end{bmatrix} \tag{9-36}$$

式中：$g(x,y)$为图像在点(x,y)处的边缘强度；$\alpha(x,y)$为图像在点(x,y)处边缘强度跳变的方向。

索贝尔算子使用两个方向的卷积模板与图像进行卷积运算。运算形式如图 9-35 所示。

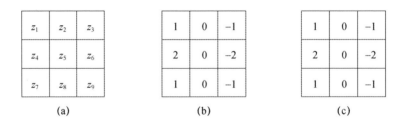

图 9-35　图像 3×3 区域和索贝尔算子模板

图 9-35(a)所示为图像某个 3×3 区域的值，图 9-35(b)、(c)所示为索贝尔算子在水平方向和竖直方向上的卷积核。将图像区域与两个卷积核中的对应权值相乘，并将最终得到的乘积相加，得到 3×3 模板在两个方向上的近似偏导。其公式为

$$g_x = \frac{\partial f}{\partial x} = (z_1 + 2z_4 + z_7) - (z_3 + 2z_6 + z_9) \tag{9-37}$$

$$g_y = \frac{\partial f}{\partial y} = (z_1 + 2z_2 + z_3) - (z_7 + 2z_8 + z_9) \tag{9-38}$$

使用式(9-37)、式(9-38)能够得到图像的梯度值，为了得到清晰的图像边缘，还需要使用二值化处理边缘图像，这个过程可以去除掉伪边缘。但在此过程中需要根据工作环境选择合适的阈值。边缘检测结果如图 9-36 所示。

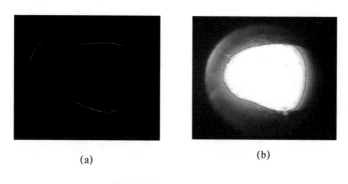

(a)　　　　　　　　　　　　(b)

图 9 - 36　边缘检测结果

(a)熔池伪边缘；(b)熔池真实边缘。

9.4.4　熔池图像的特征提取

在激光喷头上安装同轴 CCD 相机实时捕捉熔池，再开发图像处理算法来获取能够反映成形状态的熔池特征。在不同的激光功率、熔覆速度、熔覆倾角、送粉量等参数下，熔池的面积是不同的。在熔覆过程中保证熔池的面积稳定是保证熔覆质量至关重要的因素，所以检测并计算熔池的面积是有必要的。

1. 熔池图像分割

图像分割是指根据灰度、色彩、空间、几何形状等特征将图像划分为若干互不相交的区域，使这些特征在同一区域内表现出一致性或相似性，而在不同区域间表现出明显的不同。简单地说就是在一幅图像中，把目标从背景中分离出来。对于灰度图像来说，区域内部的像素一般具有灰度相似性，而在区域的边界上一般具有灰度不连续性。

熔池图像阈值处理后，因为图像局部像素亮度较高，常被误认为是熔池部分。这时就需要使用区域的连通性与邻接性将区域分割开来。令 V 表示邻接性的灰度值集合。在二值图像中，如果把具有 1 值的像素归之于邻接像素，则 $V = \{1\}$。在灰度图像中，概念是一样的，但是集合中包含了更多灰度元素的值。例如，灰度范围为 $0\sim255$ 的邻接像素中，集合 V 可能是这 256 个像素值的任何一个子集。考虑 3 种类型的邻接：

(1)4 邻接。如果 q 在集合 $N_4(p)$ 中，则具有 V 中数值的两个像素 p 和 q

是 4 邻接的。

(2)8 邻接。如果 q 在集合 $N_8(p)$ 中，则具有 V 中数值的两个像素 p 和 q 是 8 邻接的。

(3)m 邻接(混合邻接)。如果(i)q 在 $N_4(p)$ 中，或者(ii)q 在 $N_4(q)$ 中且 $N_4(p) \bigcap N_4(q)$ 中没有来自 V 中数值的像素，则具有 V 中数值的两个像素 p 和 q 是 m 邻接的。

从具有坐标$(x，y)$的像素 p 到具有坐标$(s，t)$的像素 q 的通路是特定像素序列，其坐标为

$$(x_0，y_0)，(x_1，y_1)，\cdots，(x_n，y_n)$$

其中，$(x_0，y_0) = (x_1，y_1)$，$(x_n，y_n) = (s，t)$，且像素$(x_i，y_i)$和$(x_{i-1}，y_{i-1})$对于 $1 \leqslant i \leqslant n$ 是邻接的。在这种情况下，n 是通路的长度。如果$(x_0，y_0) = (x_n，y_n)$，则通路是闭合通路。

令 S 表示图像中的一个像素子集，如果 S 的全部像素之间存在一条通路，则可以说两个像素 p 和 q 之间是连通的。对于 S 中的任何像素 p，S 中连通到该像素的像素集合称为 S 的连通分量。如果 S 仅有一个连通分量，则集合 S 称为连通集。令 R 是图像中的一个像素子集，如果 R 是连通集，则称 R 为一个区域。两个区域 R_i 和 R_j，如果它们联合成一个连通集，则称 R_i 和 R_j 是邻接区域。不邻接的称为不连接区域。图 9 - 37 所示为熔池通过不连通属性分割出熔池主体部分。

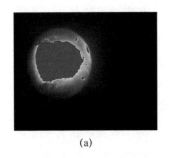 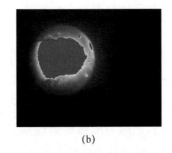

(a)　　　　　　　　　　　(b)

图 9 - 37

熔池主体

(a)分割前；(b)分割后。

在图 9 - 37(a)中，通过阈值提取出与熔池像素有关的大部分区域，但其中有一些与熔池主体部分不连通的区域，这些区域不能算作是熔池，所以可以通过不连通区域计算方法将其去除，如图 9 - 37(b)中非红色主体部分区域。

2. 熔池面积提取

熔池区域在图像上的表示是其在图像上所占像素点的个数。熔池边缘检

测后，可提取熔池的区域，通过计算区域所占像素个数可以得到图像的像素尺寸。在像素尺寸与实际尺寸之间有一个转换关系，根据所选相机内部参数、像素个数以及靶面尺寸大小，可以知道一个像素代表的实际尺寸，计算熔池的实际尺寸大小：

$$S = \text{Num} \times \left(\frac{s_x}{p_x} \times \frac{s_y}{p_y} \right) \tag{9-39}$$

式中：Num 为熔池区域所占像素个数；s_x、s_y为靶面尺寸(mm)；p_x、p_y分别为相机的横向分辨率与纵向分辨率(pix)。

9.4.5 熔覆过程的质量检测

在激光熔覆过程中，稳定的熔池几何形态不仅能够保证熔覆表面满足熔覆预定形貌要求，而且能使熔覆层具有优良的冶金性能。在熔覆过程中，熔池面积的大小受多种因素复合影响，如激光功率、喷头倾角、熔覆速度等。因此，通过分析实时采集的熔池图像，可以发现熔池缺陷，以及激光功率、喷头倾角、熔覆速度等工艺参数的波动，从而对激光熔覆过程的质量进行实时检测。

1. 熔池图像的缺陷分析

激光熔覆过程中，熔池图像几何参数可以在数据上直观的反应出熔覆的质量，在加工过程中，熔覆成形会出现不可预期的缺陷，这些缺陷的形成往往是由于熔池不稳定，所以分析熔池的缺陷与熔覆形貌之间的关系对改善熔覆质量有很大的帮助。熔覆质量的好坏可以从三个方面来评价：①熔覆道宽度稳定，保持在预定宽度可接受范围内；②熔覆道表面光滑，避免过多未完全熔覆的粉末黏附；③熔覆道高度稳定，不宜出现过高的高度波动。

激光熔覆通常采用的是圆形光斑的连续激光，熔池的中心区域受到圆形光斑的直接辐射，粉末熔化成圆形区域，熔池尾部区域由于激光的远离且粉末熔化后向四周塌陷形成一片比熔池中心区域更大的近似锥形区域，尾部区域随着时间而冷却成最终的熔覆道。如图9-38是稳定状态下熔池形状即熔覆道形成示意图：

在熔覆过程中，稳定的熔池图像如图9-38(b)所示，视野为一个圆形区域，熔池为前端小后端大的类锥形形状，在稳定熔覆状态下的熔覆道如图9-38(a)所示。在熔覆的过程中，由于环境与工艺参数的波动等多方面的原因，

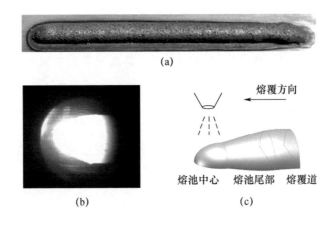

图 9 - 38　稳定状态下熔池形状即熔覆道形成示意图

(a)熔池稳定状态下熔覆道；(b)稳定熔池图像；(c)熔池形成过程示意图。

在熔覆道上会出现凸起、结巴、粘粉、表面不平整等不同类型的缺陷，这些缺陷往往会导致熔覆质量达不到预定要求，也会同时影响熔覆成形后的化学性能。因为人眼无法直接观察激光熔覆过程中熔池的形貌，而熔池的形貌往往跟成形质量有密切的关系，所以采用 CCD 摄像机实时采集熔池形貌并分析出熔池形貌的变化与熔覆道缺陷之间的关系。大量实验数据表明，熔覆的缺陷主要有三种：熔覆道凸起、熔覆道凹陷和熔覆道结渣。

(1)熔覆道凸起缺陷的熔池形状特点

熔覆道的凸起是在稳定的熔覆过程中出现形状大小不定，在熔覆道宽度方向上的凸出部分(如图 9 - 39 所示)，其一般是由于送粉不稳定导致在切向方向上的过度出粉，或者由于机体表面不清洁导致局部黏粉过多导致。在实际的熔覆过程中熔池图像会出现相应的变化，如图 9 - 39(a)和(b)所示为熔覆道上产生缺陷时的熔池图像，图 9 - 39(c)为稳定熔池的图像。

这种缺陷会使熔池的中心区域形状发生较大的变化，比较图 9 - 40(a)与(c)图可以明显发现熔池的中心区域有较大的扩张，这种缺陷在测量熔池面积时会出现面积的较大误差，如图 9 - 39(d)熔池面积折线图所示，在监测面积过程中当凸起缺陷产生时其对应的熔池面积会出现突变，而稳定状态下的熔池面积在波动范围内保持稳定。

(2)熔覆道熔渣缺陷的熔池形状特点

熔覆过程中熔覆道上或者边缘会出现颗粒状的熔渣，如图 9 - 40 所示。

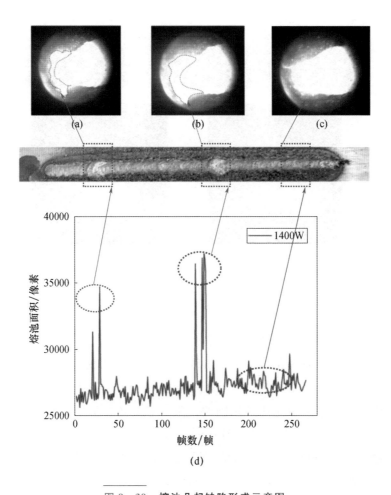

图 9 - 39　熔池凸起缺陷形成示意图

(a)凸起缺陷 1 熔池图；(b)凸起缺陷 2 熔池图；(c)稳定熔池图；
(d)凸起缺陷熔池面积折线图。

这种熔覆缺陷在熔覆过程中会因为多种因素而产生，经过分析熔渣缺陷的产生往往是由于粉末受潮、颗粒大小不均匀、功率不稳定等多种因素产生，所以为了避免熔渣的产生，在熔覆之前要将粉末进行干燥，并且基板要清理干净不可留有污染物，最好可以将粉末进行筛选过滤。

这种缺陷的产生在熔池图像上的体现如图 9 - 40(a)和(b)所示，其在熔池图像的边缘出现不规则的凸起区域。当熔覆过程中出现较多熔渣缺陷时，熔池的边缘会出现不规则的凸起区域，严重影响熔覆道的形貌和质量，同时会对熔池的面积产生较大误差影响。

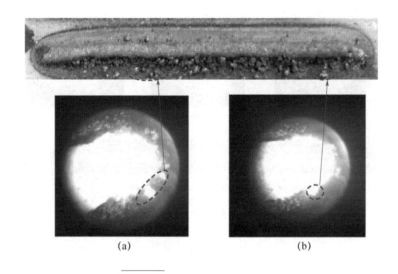

图 9 - 40   熔池熔渣缺陷示意图

(a)熔渣缺陷 1 形成图；(b)熔渣缺陷 2 形成图。

(3)熔覆道凹陷缺陷的熔池形状特点

熔覆道凹陷缺陷是在熔覆道上出现明显的凹陷区域，如图 9 - 40 所示。经过大量的实验发现，熔覆道凹陷缺陷是由于送粉不稳定，送粉量达不到预定要求而导致。为了避免这种缺陷的产生，需要送粉器能够实现伺服控制，送粉量能够稳定在预定要求的范围内。

经过大量实验分析发现，熔覆道凹陷缺陷的产生在熔池图像上的表现为熔池中心区域瞬间变小，或熔池中心区域与熔池尾部区域有部分缺失，如图 9 - 41 (a)和(b)所示。因而会对熔池面积的产生缩小的影响，在熔池面积折线图上会出现面积锐减的区域(如图 9 - 41(c)所示)。

2. 熔覆工艺参数对熔池面积的影响

激光熔覆的工艺参数(如激光功率、激光入射角度、熔覆速度等)与熔覆过程质量有着紧密的联系，并通过图像算法计算出不同工艺参数时的熔池面积，以熔池面积作为中间变量来评价工艺参数对熔覆质量的影响。

(1)激光功率对熔池面积的影响。

选取熔覆速度为 270mm/min，送粉量为 4.5g/min，激光功率分别根据实验要求设定在 1400W、1600W、1800W、2000W，作为实验的变量，这些功率参数也是在具体应用中最常用到的。

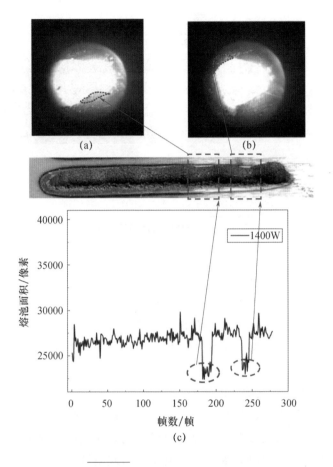

图 9 - 41　熔池凹陷缺陷示意图

(a)凹陷缺陷 1 熔池图；(b)凹陷缺陷 2 熔池图；(c)凹陷缺陷熔池面积折线图。

　　激光功率在激光熔覆过程中是最重要的实验参数之一，直接影响基体和粉末熔化后成型为熔覆道的质量。激光的功率控制着激光的能量密度，功率越高能量密度越大，同时能够熔化的粉末就越多，粉末的利用率也越好，导致熔覆道的高度和宽度的增加。在实际的工程运用中往往会需要预定宽度的熔覆道，这就需要与之相符的功率大小。

　　为了探究功率大小与熔池面积的关系，设计了 4 组实验，并在熔覆的过程中实时采集 300 张熔池图像并计算出熔池的面积，由于在图像采集的开始与结束端会出现误采或图像不完整等原因，特此去除前后各 10 张图像，经过处理后的实验数据如图 9 - 42 所示。

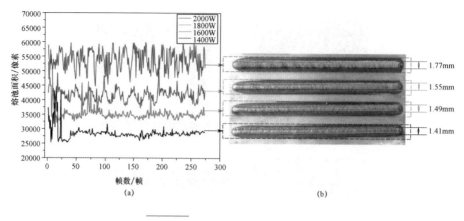

图 9 - 42　变功率熔池面积折线图

(a)变功率熔池面积折线图；(b)变功率熔覆道实物图。

经过实验数据整理和分析，不难从图 9 - 42(a)中发现，当功率较低时，熔池的面积比较稳定，但随着功率的增加熔池的面积也随之增加，与此同时熔池的面积波动也随之变大，在熔覆道上体现为凹凸不平的缺陷。通过测量熔覆道的平均宽度并与变功率熔池面积折线图相对应不难发现，功率的增大熔覆道的宽度与随之增大。

(2)喷头倾角对熔池面积的影响。

在实际应用过程中，激光熔覆大多需要在曲面零件上进行，与此同时熔覆时经常会遇到喷头无法垂直基面的干涉情况，在这种情况下就需要将喷头倾斜一定的角度进行熔覆如图 9 - 43 所示。当倾斜熔覆时熔池的形状会发生相应的变化，这种变化会很大程度上会影响熔覆层的形貌。

图 9 - 43

倾斜熔覆过程展示图

测试实验是将熔覆倾角分为两个方向，一是沿着熔覆方向倾斜，另一个是垂直于熔覆方向倾斜，倾斜熔覆示意图如图 9-44 所示。图 9-44(a)为垂直熔覆方向倾斜，倾斜角为 30°，但在此过程中需要保持离焦量不变。图 9-44(b)为沿着运动方向倾斜，在沿运动方向倾斜又分为沿运动方向倾斜 +30°与 -30°。

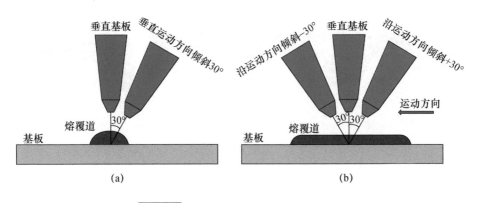

图 9-44　激光熔覆喷头倾斜方向示意图

(a)垂直运动方向倾斜；(b)沿运动方向倾斜。

在探究倾斜角度对熔池的影响实验中，需要稳定的功率，通过之前的实验发现激光器在 1400W 的时候熔池面积最稳定，所以在本节中选择熔覆功率为 1400W，送粉量为 4g/min，熔覆速度为 270mm/min。在此实验工艺参数下，通过熔池实时采集软件分别采集了四种不同角度熔覆过程的熔池图像如图 9-45 所示。

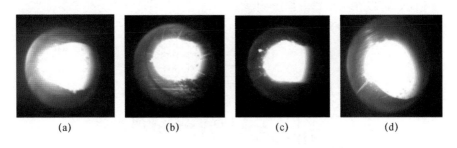

图 9-45　倾斜条件下的熔池图像

(a)垂直基板；(b)沿溶覆方向倾斜 30°；(c)沿熔覆方向倾斜 -30°；
(d)垂直熔覆方向倾斜 30°。

图 9-45 中，图 9-45(a)是垂直基板的熔覆熔池图，形状为近似圆锥形；图 9-45(b)是沿着熔覆方向倾斜 +30°的熔池图，与图 9-45(a)相比，很明显

其形状发生了很大的变化，熔池中心区域变大，熔池尾部变小；图 9-45(c) 是沿着熔覆方向倾斜-30°的熔池图像，与图 9-45(a)相比，其形状也发生较大的变化，与图 9-45(b)熔池图像类似；图 9-45(d)为垂直熔覆方向倾斜30°的熔池图像，很明显熔池形状发生了很大的变化，其尾部区域明显向下偏移。如图 9-46 所示，是与图 9-45 相对应的熔覆道横截面图像。

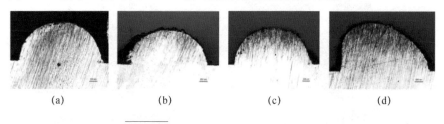

(a)   (b)   (c)   (d)

图 9-46　倾斜条件下的熔覆道横截面

(a)垂直基板；(b)沿溶覆方向倾斜30°；(c)沿熔覆方向倾斜-30°；

(d)垂直熔覆方向倾斜30°。

为了探究其面积的变化，同样设计 4 组实验，每组实验采集 300 帧熔池图像，并计算出熔池的面积，实验结果对比图 9-47 所示。通过分析可以发现：沿着熔覆方向的熔池图像虽然在形状上发生了较大的变化，但熔池面积与垂直熔覆时并未发生较大变化；而在垂直于熔覆方向倾斜时，不仅熔池的形貌发生了变化，并且在其他工艺参数不变的条件下熔池面积也发生了很大的变化。因此在激光熔覆路径规划时，如果因为熔覆干涉问题而需要倾斜一定角度时，可以在沿熔覆方向上倾斜。

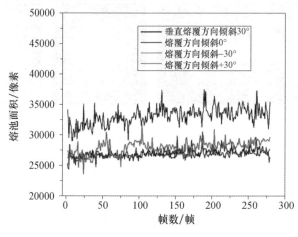

图 9-47　倾斜条件下的熔池面积折线图

(3)熔覆速度对熔池面积的影响。

激光熔覆喷头的移动速度对熔池面积的影响也是至关重要的，为了探究扫描速度对于激光熔覆形貌与质量的影响，设计了以下实验：激光功率 1400W，送粉量为 4g/min，熔覆速度分别选择 210mm/min、240mm/min、270mm/min、300mm/min，以探究其对于熔池面积的影响。同样，每组实时采集 300 帧熔池图像并计算出熔池面积，实验结果对比如图 9-48 所示。

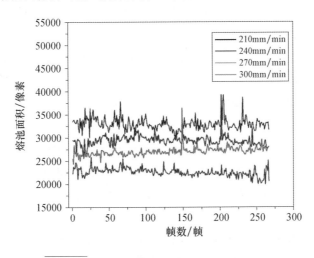

图 9-48　不同熔覆速度下的熔池面积折线图

通过分析可以发现：随着扫描速度的增大，其熔池面积也随之减小。这是由于速度增加，单位时间沉积在熔池内的金属粉末相对减少，而导致了熔池面积的减小。同时也可以发现随着扫描速度的增大，熔池缺陷出现的次数也随之减小。

参考文献

[1] 陈虹吉. 基于图像处理的机械零件尺寸检测软件设计[D]. 桂林：桂林电子科技大学,2013.

[2] 岳文辉,肖兴明,唐果宁. 图像识别技术及其在机械零件无损检测中的应用[J]. 中国安全科学学报,2007,(03):156-161.

[3] 孙晓峰,史佩京,邱骥,等. 再制造技术体系及典型技术[J]. 中国表面工程,2013,26(5):117-124.

[4] 隋靖,金伟其. 双目立体视觉技术的实现及其进展[J]. 电子技术应用,2004,30

(10):4-6.

[5] 赵新明,董玉清,刘森. 无损检测技术在再制造工程中的应用及发展[J]. 科技风,2009,(11):128-130.

[6] 朱胜. 柔性增材再制造技术[J]. 机械工程学报,2013,49(23):1-5.

[7] 田浩. 机械加工零件表面纹理缺陷检测方法研究[J]. 山东工业技术,2016, (11):11.

[8] 杨淑莹,董洁,曹作良. 基于视觉导航系统的标识识别方法[J]. 天津理工学院学报,2002,18(3):31-33.

[9] LOWE D G. Distinctive image features from scale - invariant keypoints[J]. International journal of computer vision,2004,60(2):91-110.

[10] KE Y,SUKTHANKAR R. PCA - SIFT:a more distinctive representation for local image descriptors[C]. IEEE Society Conference on Computer Vision & Pattern Recognition. IEEE Computer Society,2004,14(01):506-513.

[11] BAY H,TUYTELAARS T,GOOL L . SURF:speeded up robust features[J]. European Conference on Computer Vision. Springer - Verlag,2006,20(22): 404-417.

[12] VERMA M,RAMAN B. Local tri - directional patterns:A new texture feature descriptor for image retrieval[J]. Signal Processing,2016,51(01):62-72.

[13] KRIZHEVSKY A,SUTSKEVER I,HINTON G E. ImageNet classification with deep convolutional networks [J]. Advances in neural information processing systems,2012,25(2):1097-1105.

[14] BAHADORI S,IOCCHI L,LEONE G R,et al. Real - time people localization and tracking through fixed stereo vision[J]. Applied Intelligence,2007,26 (2):83-97.

[15] 吴若鸿. 基于特征匹配的双目立体视觉技术研究[D]. 武汉:武汉科技大学, 2010.

[16] 雷凯云. 宽束激光熔覆熔池几何形态检测与控制研究[D]. 武汉:武汉理工大学,2019.

[17] Yumer M E,Kara L B. Surface creation on unstructured point sets using neural networks[J]. Computer - Aided Design,2012,44(7):644-656.

[18] 邹哲学. 面向激光熔覆工艺的熔池视觉检测与识别方法研究[D]. 南京:南京师范大学,2018

[19] 刘旭阳,刘伟嵬,唐梓珏,王振秋 . 基于 LabView 的激光熔覆熔池特征的在线监测及分析[J]. 应用激光,2019,39(04):535 - 543.

[20] 赵琛,江卫华 . 基于双目立体视觉的小型工件测量系统[J]. 自动化与仪表,2019,34(11):73 - 76.

[21] 时洪光,张凤生,郑春兰 . 双目视觉中摄像机标定技术的研究[J]. 青岛大学学报,2012,24(6):43 - 46.

[22] 黄锦洲 . 基于双目视觉的工业机器人作业环境三维信息检测方法研究[D]. 广州:华南理工大学,2017.

第 10 章
增减材制造的工艺规划

工艺规划是零件加工过程中的必要环节，是保证零件成功加工的前提，也是零件加工过程中高效利用材料、能量的保障。本章针对实现废弃零件再制造的目的，提出基于骨架树匹配的增减材复合制造工艺规划算法，详细介绍了加工工序的生成过程，并通过实验案例研究验证了算法的可行性。

10.1 面向废弃零件再生的复合制造系统

废弃资源的再利用一直是绿色制造重点关注的方向，本章提出一个面向废弃零件再生的增减材复合制造（additive and subtractive manufacturing，ASM）系统。该系统融合了快速成形技术和去除材料成形技术，其中，增材制造能够生成任意复杂结构的形状，从而实现特征创建；减材制造可去除多余材料，确保表面质量和尺寸精度。提出的 ASM 系统吸收了两者各自的技术优势，降低了劣势，可以节省材料、降低成本、缩短制造周期等。ASM 系统框架如图 10-1 所示。系统的主要输入是磨损或损坏的已废弃零件（初始模型），主要输出是可以被机器重新可靠使用的新零件（最终模型）。本章将以图 10-1 中所示 4 个模型为基础进行展开，为方便后文提及，用 MA1、MB1、MA2 和 MB2 标记 4 个模型（MA1：具有坏齿的齿轮，MB1：修复齿轮，MA2：废弃十字形零件，MB2：新十字形零件）。另外，ASM 系统中使用检测技术来测量零件尺寸精度，但在本章中，其没有过多详细描述。

ASM 系统主要具备两个功能：

（1）磨损修复：在已损坏的齿轮上，添加材料到磨损区域，修复断齿，使之重新工作。

（2）特征新建：在已废弃的十字形零件上，先移除部分原有特征，后添加材料创建新特征。

ASM 系统的目的是实现从初始模型向最终模型的转化。为此，本章提出基于骨架树匹配的复合工艺规划算法。复合工艺规划算法的流程如图 10 - 2 所示，图中矩形框代表操作的输入，圆角框代表操作的输出。提出的算法主要由骨架提取、骨架树建立、特征匹配和复合工艺规划 4 个步骤组成。最终将会生成一个合理的用于 ASM 系统的复合制造工艺。

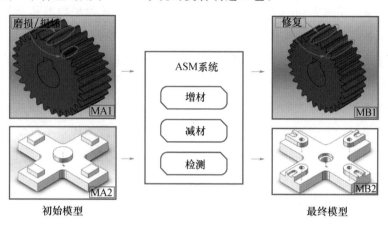

图 10 - 1　ASM 系统框架

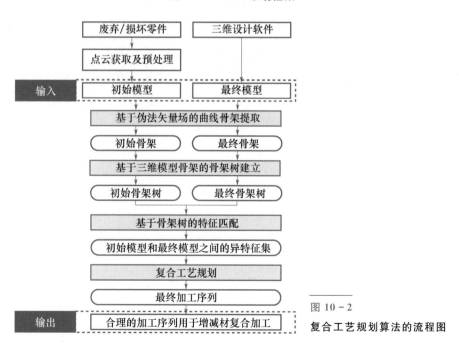

图 10 - 2
复合工艺规划算法的流程图

10.2 骨架树的相关定义和描述

为利于二维或三维模型在计算机中的计算和处理，通常提取它们的中轴——骨架作为它们的描述符号。骨架能够较好地保留模型的拓扑特征，反映模型各部分之间的连接关系，所以它常被转化为图的结构以用于模型识别。因为基于骨架的构图算法一般较为复杂，且图的匹配和操作具有高的复杂度和时间消耗，所以将骨架转化为一个二维的树结构，称为"骨架树"。基于骨架树的模型处理可大大降低操作复杂度和时间消耗。基于这个特点，本章采用相对简单的生成规则构建了一个开放的、线性的骨架树，不仅能够完整地保留模型原有的拓扑特征，而且携带形状、子特征等模型信息。

10.2.1 三维模型准备及骨架提取

ASM 系统主要关注初始模型和最终模型。初始模型是指那些已存在的废弃零件，由于磨损或疲劳损坏了部分承担确切功能的特征，已无法再在机器中使用。由于无规则的形状和不确切的尺寸，很难获得初始模型完整的三维数据。在数据获取中，一个好的方法就是使用逆向工程技术获取这类无规则模型的点云数据。最终模型是指新的零件，它们具有与原先零件相同或相异的新特征，它们的形状和尺寸是确定的，因此可直接使用三维建模软件(Pro/E、SolidWorks、CATIA 等)来创建它们。

1. 基于伪法向矢量场的曲线骨架提取算法

曲线骨架是三维模型的一维表达形式，能够有效保留模型的拓扑信息，大大减少数据量，有利于计算机进行模型的读取与处理，已被广泛应用于CAD 建模、蒙皮动画、特征匹配等不同领域。采用基于伪法向矢量场的曲线骨架提取算法精确捕捉三维模型的骨架。算法的主要思想及流程如下：

步骤 1：创建三维体素模型内部的伪法向矢量场。

步骤 2：在已创建的伪法向矢量场中，计算 3 类生长点(关键点、低散度控制点和高曲率边界点)。

步骤 3：基于以上 3 类生长点，使用骨架生长算法提取曲线骨架。

步骤 3.1：以高曲率边界点开始跟踪伪法向矢量场，直到到达低散度控制点或先前访问的位置，跟踪停止，所产生的跟踪路径捕获模型显著突出部分的骨架分支。

步骤 3.2：以低散度控制点开始跟踪伪法向矢量场，直到到达关键点或先前访问的位置，跟踪停止，所产生的跟踪路径捕获体素模型的次中心部分的骨架分支。

步骤 3.3：以关键点开始跟踪伪法向矢量场，直到到达另一关键点，跟踪停止，所产生的跟踪路径捕获三维体素模型的中心部分的骨架分支。

整个步骤 3 过程最终会产生一个正确的、完整的曲线骨架。其中，步骤 3.3 生成的骨架分支为三维体素模型的核心骨架，该骨架可看作由所有关键点构成，可以认为它是曲线骨架的第 1 层；步骤 3.3 和步骤 3.2 共同生成的骨架分支与第 1 层骨架相比，是具有较高复杂度的骨架，该骨架可看作由所有关键点和低散度控制点构成，也就是曲线骨架的第 2 层；步骤 3.1、步骤 3.2 和步骤 3.3 共同生成的骨架分支与第 2 层骨架相比，是具有更高复杂度的骨架，该骨架可看作由所有关键点、低散度控制点和高曲率边界点构成，也就是曲线骨架的第 3 层。

在整个算法中，步骤 1 是创建三维模型内部的伪法向矢量场，设 $O \subset E^3$ 是一个三维体素网格模型，$v: E^3 \to R^3$ 是一个矢量函数，用于计算每一个网格体素的矢量 $v = v(p)$，三维模型的伪法向矢量场由体素模型体素（或其子集）处的伪法向矢量构成。步骤 2 是确定影响骨架复杂度的 3 类生长点（关键点、低散度点和高曲率边界点）。步骤 3 分别基于以上 3 类生长点，依据骨架生长算法，依次捕获三维体素模型的第 3、第 2 和第 1 层的骨架分支，其复杂度逐渐递增。

伪法向矢量场（斥力场）是由边界指向模型中心的矢量集合，斥力场源是在所有表面边界点处放置相同点电荷所生成的。①关键点是矢量大小消失的地方，(x, y, z) 是整个体素空间中某网格点的空间坐标，给定矢量场 $v: E^3 \to R^3$，每一个网格点 (x, y, z) 的矢量为 $[u(x, y, z), v(x, y, z), w(x, y, z)]$，这里 u、v 和 w 分别为 x、y 和 z 三个坐标轴的矢量分量。关键点发生在矢量的三个坐标分量（u、v 和 w）都消失的地方，即矢量大小为零的位置。②散度已经被使用在一些骨架化算法中，矢量场的散度是一个标量，它刻画了离开指定区域的流的比率，正散度表示矢量主要远离给定点，负散度表示矢量

主要收敛于给定点。给定一个三维矢量场，任意一点 p 处的散度定义为 $\nabla v(p) = \partial u/\partial x + \partial v/\partial y + \partial w/\partial z$。低散度值描述了一个点的"凹度"，如果从边界跟踪伪法向矢量场，散度值应该连续减小，在低散度处达到最小值，称该最小值点为低散度点。定义低散度点和沿它稳态变化方向上的最近关键点的中间点为低散度控制点。③曲率值可以通过边界体素的偏导数来计算，每一边界体素的表面法向矢量可以被定义为 $n = g/|g|$（g 是这一点的梯度）。曲率信息被包含于 3×3 的矩阵 ∇n^T 中，其定义为 $\nabla n^T = -1/|g|(I - nn^T)H$（$I$ 为单位矩阵；H 为 Hessian 矩阵；n 为每一边界体素的表面法向矢量）。从 ∇n^T 的特征值可以得到主曲率，这里存在两个非零特征值 k_1 和 k_2（$k_1 > k_2$），分别对应该点的最大和最小曲率值。主曲率组合导致其他两种常见的表面曲率定义：第一个是高斯曲率，其定义为 $k_1 k_2$；第二个是平均曲率，其定义为 $(k_1 + k_2)/2$。以平均曲率值中的最大值和最小值的平均值作为阈值，来确定高曲率区域。

2. 骨架生长

先以伪法向矢量场中的高曲率边界点为生长点，可获得三维体素模型显著突出部分的骨架分支；再以低散度控制点为生长点，可获得三维体素模型下一层的骨架分支；最后以关键点为生长点，可获得三维体素模型中心部分的骨架分支。

1）提取基于高曲率边界点和低散度控制点的曲线骨架段

如图 10-3 所示，高曲率边界体素可以确定三维模型的突起部分，从所有这些检测到的高曲率边界点开始，通过跟踪伪法向矢量场，直到到达低散度控制点停止，跟踪过程所产生的路径被确定为候选骨架分支。在跟踪过程中，使用体素尺寸的 20% 作为跟踪步长。由于检测到的高曲率边界体素并不都分布于模型的主要突起部分，所以产生的跟踪路径不都是有用的。但曲率越高的边界体素越靠近突起部分。因此，给予较高曲率的体素更高的优先级。使用函数 determinDivergence 计算跟踪经过点的散度值，如果在生成的跟踪路径上，各经过点的散度值稳态变化，则将该跟踪路径用函数 saveSkeleton 存储为一个骨架分支。

基于高曲率边界点的曲线骨架生长基本过程如下：

（1）首先使用排序函数 sort 以平均曲率对所有高曲率体素进行降序排列。

(2)其次，按照排序列表，使用跟踪函数 traceVectorField 在每个体素的矢量方向上跟踪伪法向矢量场，直到到达低散度控制点或先前访问位置。在对每个高曲率边界体素完成跟踪过程之后，会产生多条跟踪路径，以散度值和跟踪路径长度来评估跟踪路径的有效性。

散度值和跟踪路径长度的说明如下：

(1)散度值：如果从边界开始跟踪伪法向矢量场，散度值应该连续减小，在低散度点达到最小值。如果继续从低散度点处开始跟踪伪法向矢量场，跟踪路径将随着稳态散度值移动，这是因为伪法向矢量场的特性在每步之间的变化非常小。

(2)跟踪路径长度：如果生成的跟踪路径满足散度特性，就使用路径长度计算函数 determin Length 计算该路径的长度。如果它的长度短，路径作为骨架分支的潜力非常小，应该被忽略；如果它的长度长，路径就有很大的潜力作为骨架分支。

图 10-3 所示为使用高曲率边界点提取的骨架分支(蓝线)，图中蓝点代表已检测到的低散度控制点。

图 10-3

使用高曲率边界点提取的骨架分支(蓝线)

2)提取基于低散度控制点和关键点的曲线骨架段

如图 10-3 所示，从所有已检测到的低散度控制点(蓝色)开始，通过跟踪伪法向矢量场，直到到达关键点停止。在跟踪过程中，同样使用体素尺寸的 20% 作为跟踪步长。跟踪方法同上一节相同。使用低散度控制点提取的骨架分支(黄线)如图 10-4 所示。

3)提取基于关键点的核心骨架

基于关键点的曲线骨架生长基本过程如下：

（1）使用 traceVectorField 从该点跟踪伪法向矢量场，直到到达另一关键点或先前访问的位置或边界体素。

图 10 - 4
使用低散度控制点提取的骨架分支（黄线）

（2）如果跟踪路径到达边界，则忽略此跟踪路径；否则，路径被确定为骨架分支并由骨架存储函数 saveSkeleton 存储。

（3）如果跟踪过程中发现新的关键点，则用生长点存储函数 updateSeed 将该点存储为生长点，以用于生长曲线骨架。

（4）在跟踪过程的每个步骤中，都检查关键点，以确保没有错过任何关键点。跟踪的方向为通过特征向量方向计算函数 calculateDirection 从矢量场的雅可比矩阵计算的特征向量的方向。

注意，在鞍点和引力点处，从所有特征矢量的方向上以及相反方向上跟踪伪法向矢量场。对每个步骤中检测到的关键点迭代执行该生长算法，直到再也找不到新的关键点，算法结束。使用关键点提取的骨架分支（绿线）如图 10 - 5 所示。

图 10 - 5
使用关键点提取的骨架分支（绿线）

3. MA1、MB1、MA2 和 MB2 的骨架提取

使用基于伪法向矢量场的曲线骨架提取算法获取 MA1、MB1、MA2 和 MB2 的骨架，如图 10-6 所示。从骨架提取的结果可以看出 MA1 和 MB1、MA2 和 MB2 之间的骨架存在一些差异。例如，与 MA1 的骨架相比，MB2 的骨架在两个地方存在多余的骨架分支；MA2 和 MB2 的骨架整体呈现十字形，但局部骨架分支存在差异。实际上，这些差异性的骨架分支正是 ASM 系统中需要重点关注的地方。借助骨架，识别初始骨架和最终骨架之间存在差异性的骨架分支，而骨架分支和模型局部特征又是一一对应的，因此就可确定初始模型和最终模型之间具备的不相同特征。重点关注这些特征并进行工艺安排，即可实现初始模型至最终模型转化的目的。

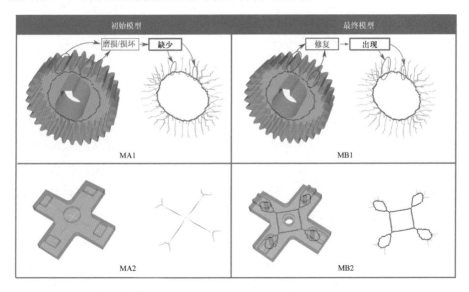

图 10-6 基于伪法向矢量场的模型曲线骨架提取结果

10.2.2 骨架树建立的基本方法

定义 1：如果一个骨架点只存在一个与它邻接的骨架点，则称该骨架点为端点（endpoint，EP）；如果一个骨架点存在两个或多个相邻的骨架点，则这个骨架点被称为接合点（junction point，JP）。

定义 2：连接任意两个连通的骨架点所形成的序列，称为骨架分支。一个简单且容易操作的骨架树建立方法如下：

　　将端点和接合点选为骨架树的节点，将两骨架点所连接的骨架分支选为骨架树的边。由于中心位置往往包含模型关键的位置信息，所以将最靠近于模型中心的骨架点选为位于骨架树最顶部的节点。二维线性骨架及骨架树如图 10-7 所示。根据定义 1，图中骨架点 JP_1、JP_2 是接合点；骨架点 EP_{11}、EP_{12}、EP_{21} 和 EP_{22} 是端点；选 JP_1 作为最顶部节点。根据骨架的拓扑结构，可建立相应的骨架树。

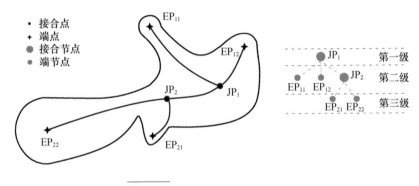

图 10-7　二维线性骨架及骨架树

　　在建立骨架树之前，用符号和数字标记端点和接合点。首先用实心圆圈和 JP_i（$i=1, 2, \cdots, n$，n 是接合点总个数）标记接合点，其次用星形和 EP_{ij}（$i=1, 2, \cdots, n$；$j=1, 2, \cdots, k$，k 是与第 i 个接合点相连接的端点的总个数）标记端点。在骨架树中，节点的数量以及数字与骨架中的相同，接合节点被用较大的实心圆圈表示，端节点被用较小的实心圆圈表示。

　　定义 3：在骨架树中，端点被称为端节点，接合点被称为接合节点。

　　定义 4：在骨架树中，接合节点被看作根节点，端节点被看作叶子节点。节点的级：从最顶部节点开始，该层节点为第一级，下一层为第二级，以此类推。位于同一层的节点属于同一级。上层节点被看作是下层节点的根节点。在图 10-7 中，JP_1 是第一级根节点，JP_2 是第二级根节点，EP_{11} 和 EP_{12} 是第二级叶子节点，EP_{21} 和 EP_{22} 是第三级叶子节点。

10.2.3　环状骨架的处理

　　根据定义 2 描述的方法，骨架树有可能是封闭的。在环形骨架树中，至少有一个节点存在两个及以上的根节点。类似这样的节点需要被处理：假设节点 P 存在 n（$n>1$）个根节点，复制节点 P 为 n 个副本（P_1，P_2，$\cdots$，P_n），

然后将 P_i 与 P 的第 i 个根节点相连接。P_1 继承 P 的所有叶子节点，其他的 P_i 则都被设为叶子节点。图 10 - 8 所示为环状骨架处理和对应的骨架树，图 10 - 8(a) 所示为一个环状骨架，图 10 - 8(b) 所示为其对应的骨架树。节点（JP_2 和 JP_3）与根节点 JP_1 一起形成一个环状。假设节点 JP_3 有两个根节点（JP_1 和 JP_2），复制 JP_3 为两个副本（JP_{31} 和 JP_{32}），其中 JP_{31} 继承 JP_3 的叶子节点 EP_{31}，JP_{32} 被设为 JP_2 的叶子节点。最终，一个线性和开放的骨架树能够被获得，如图 10 - 8(d) 所示。

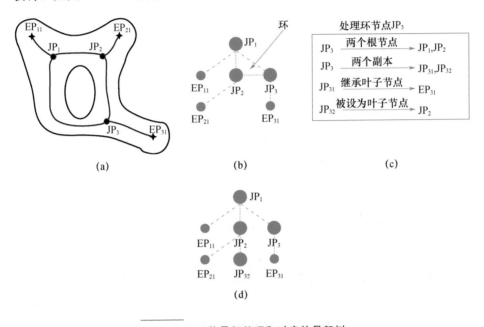

图 10 - 8　环状骨架处理和对应的骨架树

(a)环状骨架；(b)骨架树；(c)处理过程；(d)线性骨架树。

10.2.4　多尺度骨架树的建立

对于结构较为复杂的物体，不应只建立单一的骨架树，可以建立多尺度骨架树进行特征比较。多尺度骨架树从整体到局部、从粗到精地表现了物体的形态特征，下一层骨架是在上一层骨架的基础上生成的，即上一层骨架是下一层的真子集。多尺度骨架树的建立由两步组成：①滤除大部分细节，只保留最重要的拓扑信息，可获得第一级骨架树；②在下一层上，添加叶子节点，可获得骨架树的下一级。图 10 - 9 所示为雪花模型的多尺度骨架和多尺度骨架树。对于结构过于复杂的模型，建立第二级；对于普通模型，建立第三级。

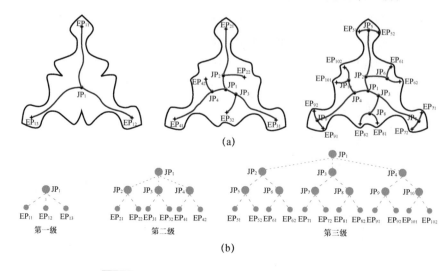

图 10-9　雪花模型的多尺度骨架和多尺度骨架树

（a）多尺度骨架；（b）多尺度骨架树。

10.3　基于模型骨架的骨架树建立

根据 10.2 节的描述，可以建立骨架树，但是当前的骨架树仅仅包含了模型的拓扑信息。作者希望这个骨架树能够携带更多的信息，比如形状、特征信息等。在这一节，通过骨架多边形、模型分割等操作将这些信息融合进骨架树中。

10.3.1　骨架多边形

为了通过 ASM 系统成功实现初始模型向最终模型转化的目的，两个模型之间的形状差异需要被考虑在内。通常来讲，两者之间的形状差异越大，转化的困难越大。因此提出骨架多边形轮廓来近似描绘模型的全局形状。

1. 骨架特征平面

骨架多边形轮廓可以通过依次连接所有的端点而被建立。对于三维骨架，这个方法难以直接获得规则的轮廓。有一个好的方法：投影三维骨架至二维平面，称该平面为骨架特征平面。实际上，当所有端点到某一平面的平方偏差和最小时，该平面就是骨架特征平面，最小二乘法适用于解决这类问题。骨架的拟合特征平面如图 10 - 10 所示。

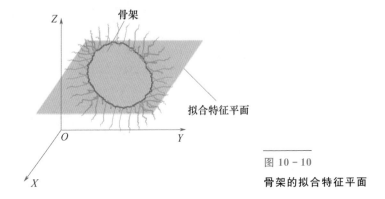

图 10 - 10

骨架的拟合特征平面

假设某骨架存在 m 个端点（$EP_i = x_i，y_i，z_i \quad i = 0，1，\cdots，m - 1$）。空间平面方程是 $z = a_0 x + a_1 y + a_2$，根据最小二乘法，可以获得

$$\phi(X) = \sum_{i=0}^{m-1} (a_0 x + a_1 y + a_2 - z)^2 \tag{10 - 1}$$

式中：$\phi(X)$ 应该为最小值。为了最小化 $\phi(X)$，式（10 - 1）应该满足 $\partial \phi(X) / \partial a_k = 0$（$k = 0，1，2$）。计算 a_0、a_1、a_2 的值之后，就可确定骨架特征平面 $a_0 x + a_1 y + a_2 - z = 0$。

MA1、MB1、MA2 和 MB2 的骨架多边形轮廓如图 10 - 11 所示。

2. 骨架多边形修剪

将三维骨架的所有端点都投影至骨架特征平面，从某一端点开始，依次连接（顺时针或逆时针）各端点形成首尾封闭的骨架多边形轮廓。但是当前的骨架多边形有可能是不规则的，如图 10 - 11(a)、(b) 所示，无法很好地表现模型的全局形状。因此，这类骨架多边形需要被修剪。修剪骨架多边形轮廓如图 10 - 12 所示，共享同一端点 v 的两条线段 s_1、s_2 被用一条线段 $s(s = s_1 \bigcup s_2)$ 代替，线段 s 是连接线段 s_1、s_2 的另一端点所形成的。实际上，这个方法是从骨架多边形轮廓中移除一个端点 v 的操作。端点 v 的形状贡献可以由下式计算：

$$RR(s_1，s_2) = \frac{\theta(s_1，s_2) l(s_1) l(s_2)}{l(s_1) + l(s_2)} \tag{10 - 2}$$

式中：$\theta(s_1，s_2)$ 为线段 s_1、s_2 在端点 v 处形成的夹角；$l(s_1)$ 和 $l(s_2)$ 分别是线段 s_1、s_2 相对于骨架多边形轮廓周长的归一化长度。

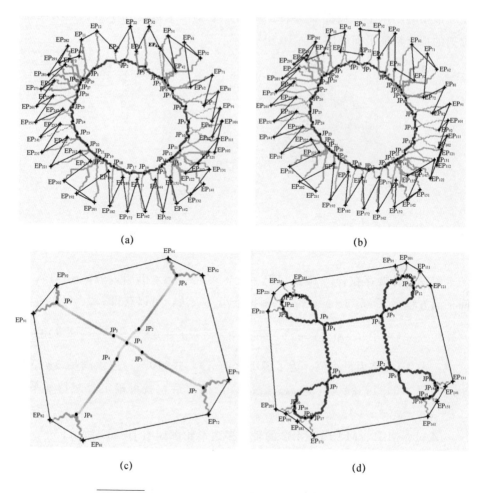

(a)   (b)

(c)   (d)

图 10 - 11   **MA1、MB1、MA2 和 MB2 的骨架多边形轮廓**

（a）MA1；（b）MB1；（c）MA2；（d）MB2。

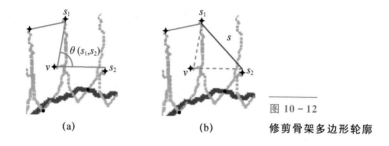

(a)   (b)   图 10 - 12

修剪骨架多边形轮廓

如果 RR 值越大，端点 v 对形状的贡献越大。在每一次迭代计算中，选择具有最小 RR 值的端点 v 和共享这个端点 v 的两条线段 s_1、s_2，然后用一条线段 $s(s = s_1 \bigcup s_2)$ 代替这两条线段 s_1、s_2，并同时从原骨架多边形轮廓中移除这个端点 v。图 10 - 13 所示为 MA$_1$ 和 MB$_1$ 的骨架多边形轮廓的修剪结果。

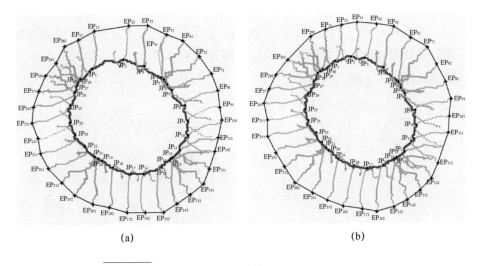

(a)　　　　　　　　　　　　(b)

图 10 - 13　MA1 和 MB1 的骨架多边形轮廓的修剪结果

(a)MA1；(b)MB1。

3. 骨架多边形相似性

为了描绘两个模型在形状上的差异，采用重叠面积法计算两者骨架多边形轮廓之间的相似性。重叠面积法使用面积特征，具有平移和旋转不变性。定义相似性测量公式如下：

$$\text{sim}(C_1, C_2) = \left(\frac{\text{Area}(C_1 \bigcap C_2)}{\text{Area}(C_1)} + \frac{\text{Area}(C_1 \bigcap C_2)}{\text{Area}(C_2)} \right) - 1 \qquad (10 - 3)$$

式中：Area(C_1) 为骨架多边形轮廓 C_1 的面积；Area(C_2) 为骨架多边形轮廓 C_2 的面积；Area($C_1 \bigcap C_2$) 为骨架多边形轮廓 C_1 和 C_2 的重叠面积。

在计算 sim(C_1, C_2) 之前，需要做两项工作：①将骨架特征平面对齐至 XOY 面；②对齐两个骨架多边形轮廓的重心，通过平移和旋转就可很容易地实现这两项工作。骨架多边形轮廓的面积以及重叠面积都可通过下式近似计算：

$$\text{Area} = 1/2 \sum_{i=0}^{n} x_i y_{i+1} - x_{i+1} y_i ; i = 0,1,\cdots,n-1 \qquad (10-4)$$

式中：Area 为骨架多边形轮廓面积；$(x，y)$为骨架多边形轮廓上端点坐标；n 为端点的总个数。

图 10-14 所示为两骨架多边形轮廓之间的重叠图，sim（MA1，MB1）和 sim（MA2，MB2）的值分别为 0.934 和 0.945。设置相似性阈值为 ε（ε = 0.5）。如果 sim（C_1，C_2）大于 ε，继续执行接下来的工作；否则，中断当前工作。在骨架树中，将骨架多边形轮廓设置为第 0 级节点，并携带骨架多边形轮廓相似性值 sim（C_1，C_2）。

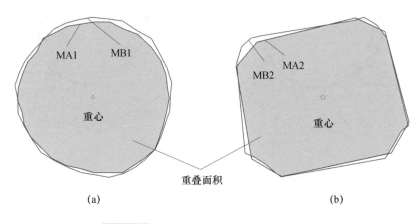

图 10-14　两骨架多边形轮廓之间的重叠图

(a)MA1 和 MB1；(b)MA2 和 MB2。

10.3.2　三维模型的子特征

对于结构复杂的模型，一般很难全面了解它的结构和局部细节特征。解决这个问题的方法是将模型分割为一系列相互独立的子部分，称为子特征。子特征包括实子特征和空子特征。前者指模型的实体部分，后者指模型的挖空部分，如孔洞、凹槽等。如何有效获取这些实子和空子特征将是本节所要讨论的部分。

1. 基于骨架驱动的三维模型分割

大部分实体模型分割通过基于骨架驱动的三维模型分割算法来实现，因为该算法可以有效分割出无孔洞或凹槽的子特征，面对如图 10-1 所示的含有孔洞或凹槽特征的机械零件，不能很好地将这些特征分割出来。采用基于边曲率的特征边界提取算法作为辅助，获取模型的特征边界，再结合凹分割边界，可将孔洞、凹槽以及其他子特征进行很好地分割。基于边曲率的特征边界提取算法的基本步骤如下：

（1）通过二面角、周长比和凹凸性估计每条边的曲率，并提取大于阈值 δ（由遗传算法确定）的特征边。

（2）根据特征边之间的相邻关系和曲率相似性生成特征边集（连接具有相似曲率的相邻特征边，使之成为封闭的或未封闭的特征边链）。

（3）将未封闭的特征边链合并到由特征边 e_i 和相邻特征边 e_j 确定的特征平面 $p_{i,j}$ 上，采用最短距离算法连接它们，使之成为封闭的特征边链。

（4）分级分割模型，在子模型的劈裂面上建立相似性连接点。

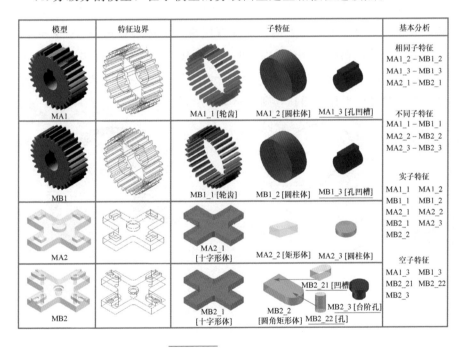

图 10 - 15　模型分割结果

模型分割结果如图 10 - 15 所示。图中具有相同形状的子特征被认为是一个子特征，比如轮齿。在特征边界一列中，绿色的线段表示采用最短路径算法新添加的边界，用来修复未封闭的特征边界；在子特征一列中，每一子特征被用"模型名 _ X [名称]（$X = 1，2，\cdots$）"标记，带有下划线的标记意味着是空子特征，这些空子特征需要被从模型中识别，如何识别将在下一子节进行讨论；在基本分析一列中，从相同子特征、不同子特征、实子特征和空子特征4个方面，对分割出的子模型进行了基本的分析。

2. 空子特征识别

类似孔、凹槽等部分属于模型的空子特征，它们与实子特征具有同等重要性。空子特征如 MA1_3、MB1_3、MB2_3、MB2_21 和 MB2_22 可以通过下面两个特点从模型中被识别出。图5-16所示为空子特征识别。

（1）包含关系。如果一个特征边界包含另一个特征边界，则被包含的特征边界有可能为空子特征。如图10-16（a）所示，是一个具有通孔的圆柱，特征边界Ⅰ包含特征边界Ⅱ，特征边界Ⅱ代表圆柱内部的孔。

（2）方向不一致性。从特征边界Ⅰ的一边出发，引出数条扫描线，然后标记被扫描线击中的三角面片方向。面片方向指向外部的标记为"＋"，指向内部的标记为"－"，观察击中三角面片的方向变化。如图10-16（b）所示，击中三角面片的方向变化呈现"＋""－""－""＋"，处于"－""－"之间的部分为空部分。如果圆柱中不存在通孔，则方向变化呈现"＋""＋"。

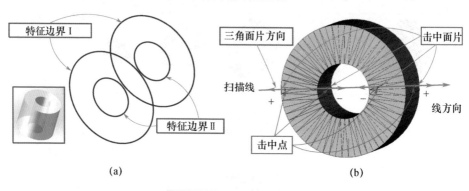

图 10-16 空子特征识别

（a）包含关系；（b）方向不一致性。

3. 骨架合并

准确地说，先前构建的骨架树只携带模型的实子特征信息。为了在骨架树中完整地表达特征信息，空子特征信息也应被加到骨架树中。由于骨架树的构建是以骨架为基础，所以空子特征的骨架应该被合并至原先的骨架中，称合并后的骨架为新骨架。

直接认为空子特征为实体，采用基于向量场的骨架提取算法提取它的骨架。通过在具有最短距离的两个骨架点之间添加无拓扑意义的虚拟骨架分支，将空骨架与原先骨架进行合并，图 10 - 17 所示为合并空骨架和原先骨架。其中一个骨架点位于空骨架中，另一个骨架点是原先骨架中的主要接合点。主要接合点是指主干分支的交叉点。注意如果空骨架或原先骨架中不存在接合点，使用端点代替；如果空骨架中的骨架点位于模型的中心，应该添加两条或多条虚拟骨架分支将该骨架点与原先骨架中的邻接骨架点进行连接，如图 10 - 17(b)所示。

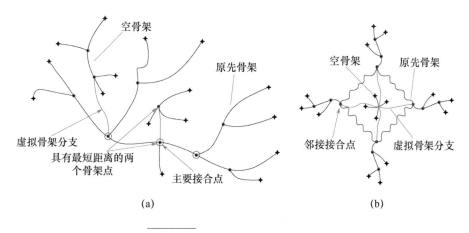

(a)　　　　　　　　　　　　　　　(b)

图 10 - 17　合并空骨架和原先骨架

（a）具有最短距离的两个骨架点之间添加虚拟骨架分支；（b）添加两条或多条骨架分支。

10.3.3　骨架树建立算法

基于上面的分析和描述，提出骨架树建立算法，基本策略是：首先搜寻所有接合点和与这些接合点连接的端点，然后根据访问顺序通过添加树分支依次连接所有接合点，并通过添加树分支连接每一接合点和其端点。骨架树建立算法的伪代码如表 10 - 1 所示。

表 10 - 1　骨架树建立算法的伪代码

Algorithm10－1：Skeleton tree construction
Description：'//' is used to denote the beginning of a comment. 　'A←B' indicates that B is set to A or that the value of B is assigned to A in the for loop. 　'A→B' indicates that A is put into B.

Definition：① A skeleton tree S（V；E），Vincludes all EP and JP and E includes all tree branches. //骨架树 S(V；E)，V 包含所有的接合点(JP)和端点(EP)，E 包含所有的树分支

② An empty node mark set F. //空节点标记集合 F

Input：A skeleton/Nskeleton with a certain level SK//具有确定级的原先骨架/新骨架 SK

Output：S（V；E)

1. Calculate all EPs and JPs according to **Definition 1** //根据定义 1 计算所有 EPs 和接合点 JPs

2. 0 level RN← PCS node // RN is root node //RN 代表根节点

3. 1st level RN ← one JP (Nearing the center of model)

    Then JP→V，JP→F

4. Search for next level of JPs connected with previous JP **Until** EP //搜寻与前一 JP 连接的下一级 JPs，直到 EP 结束

    Then These JPs→V，these JPs→F

5. **For**(JP$_i$←0；JP$_i$ + +；JP$_i$< JP$_n$)// JP$_n$ is total number of JP searched in step 4 // JP$_n$ 是第四步中搜寻的 JPs 的总个数

    {

        Mark the level of RN corresponding to JP$_i$ according to the search order of JP$_i$

        //根据 JP$_i$ 搜寻顺序，标记对应于 JP$_i$ 的 RN 的级数

        Connect JP$_i$ with JP$_{i+1}$ by adding a new tree branch between JP$_i$ and JP$_{i+1}$

        // JP$_i$ is the upper level of JP$_{i+1}$ and this new branch is indexed by JP$_i$JP$_{i+1}$

        Then JP$_i$→V，JP$_i$→F，branch→E

        Search for EP$_j$ connected with JP$_i$

        For (EP$_j$←0；EP$_j$ + +；EP$_i$< EP$_m$)// EP$_m$ is total number of the EP connected

            with JP$_i${

            Connect EP$_j$ with JP$_i$ by the branch by adding a new tree branch between EP$_j$ and JP$_i$

            // this new branch is indexed by JP$_i$EP$_j$

            Then EP$_j$→V，EP$_j$→F，branch→E}

    }

6. **If**(F includes all EPs and JPs){

    If(Rings in constructed tree)//判断构建的树中存在环

    Carry out the treatment of ring skeleton tree according to Consideration 1

    Else ReturnS（V；E)

    }

    Else Go to step 4

7. **Return** S（V；E)

在骨架树中，分别用实心圆圈和空心圆圈区分实子特征和空子特征，用虚线表示虚拟骨架分支。至此，当前骨架树已携带模型的形状和特征信息，这将作为下一节的重要基础。

10.3.4　基于骨架树的特征匹配

初始模型至最终模型转化的过程实际上是保留两模型之间相同的子特征，处理不同的子特征。由于初始模型的骨架树(IST)和最终模型的骨架树(FST)都已分别携带它们的特征信息，所以基于骨架树进行特征匹配可识别两模型之间不同的子特征。

1. 子特征与骨架树节点的对应

建立的骨架树已携带模型的特征信息，但是并没有详细指明节点与子特征之间的对应关系。事实上，模型与骨架之间是互逆的(图 10-18 中的双向箭头 I)，而骨架与骨架树又是等同的(图 10-18 中双向箭头 II)。因此，骨架树与模型之间的对应关系是可以被建立的(图 10-18 中双向箭头 III)。建立过程包括以下两步：

(1)根据骨架点从模型中提取的位置，将该位置上的子特征标号添加至该骨架点上，通过该步可建立子特征和骨架点之间的对应关系。

(2)根据骨架点和骨架树节点之间的关系，将骨架点上所携带的子特征标号添加至骨架树节点，通过该步可建立子特征和骨架树节点之间的关系。

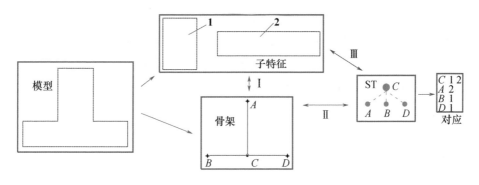

图 10-18　骨架树的节点与子特征之间的对应

注意类似 C 的节点有两个对应的子特征，因为它位于两个子特征的交叉位置。另外，对应相同子特征名称的几个节点可共同确定一个子特征。图 10-19

所示为 MA2 的骨架树节点与子特征之间的对应结果。

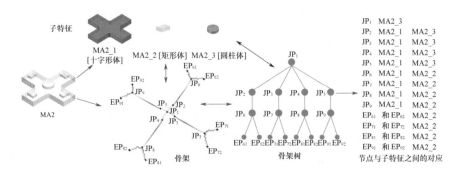

图 10 - 19　MA2 的骨架树节点与子特征之间的对应结果

2. 特征匹配

在这一节中，特征匹配算法被提出以用于识别两模型之间的不同子特征。

定义：一个骨架树是由 n（$n > 0$）个节点组成的有限集合 T，除最顶部节点外，其他节点可以被划分为 m（$m > 0$）个相互独立的有限集合 T_1，T_2，$\cdots$，T_m，每一个集合本身也是一个树，称之为子树。如果一个子树能被进一步划分，原先子树被称为父子树，划分的子树称为孩子子树。在 IST 中，父子树和孩子子树被分别用 IST_i 和 IST_{ij}（$i = 1$，2，$\cdots$，m；$j = 1$，2，$\cdots$，k，m 和 k 分别是 IST 中父节点和孩子节点的总个数）标记；在 FST 中，父子树和孩子子树被分别用 FST_r 和 FST_{rt}（$r = 1$，2，$\cdots$，n；$t = 1$，2，$\cdots$，l，n 和 l 分别是 FST 中父节点和孩子节点的总个数）标记。

1）概念相似但精确不相似匹配

可视化搜寻概念相似但精确不相似节点如图 10 - 20 所示，图中类似 JP_1（MA2）和 JP_0（MB2）、JP_2（MA2）和 JP_1（MB2）、JP_5（MA2）和 JP_4（MB2）节点，是属于概念上相似但精确不相似的节点（conceptually similar but precisely dissimilar，CSPD），称这些节点为 CSPD 节点及包含 CSPD 节点的子树为 CSPD 子树。如果节点不是概念上相似，称为 NCSPD 节点，包含 NCSPD 节点的子树称为 NCSPD 子树。CSPD 节点能够帮助识别两模型中拓扑方向一致的部分。

2）先根遍历

当访问一个树时，首先访问它的根节点，其次按照从左至右优先访问根节点的原则来访问每一个子树。按照先根遍历生成的线性表被称之为先根序列。先根遍历如图 10-21 所示，先根序列为$(A{\rightarrow}B{\rightarrow}E{\rightarrow}F{\rightarrow}C{\rightarrow}G{\rightarrow}D{\rightarrow}H$ ${\rightarrow}J{\rightarrow}K{\rightarrow}I)$。先根遍历能够确保每一节点被至少访问一次。

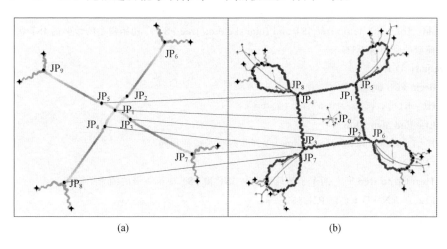

(a)　　　　　　　　　　　(b)

图 10-20　可视化搜寻概念相似但精确不相似节点

(a)MA2 的骨架；(b)MB2 的新骨架。

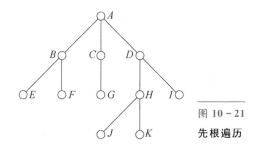

图 10-21　先根遍历

3）特征匹配算法

特征匹配基本包括两步：①将骨架树进行父树或子树划分；②寻找拓扑方向一致子树对或节点对。特征匹配算法的伪代码如表 10-2 所示。

表 10-2　特征匹配算法的伪代码

Algorithm10－2：Feature matching //特征匹配
Description：'//' is used to denote the beginning of a comment. 　'A← B' indicates that B is set to A or that the value of B is assigned to A in the for loop. 　'A→ B' indicates that A is put into B.

续表

Definition：① An empty different feature set D F. //空异特征集合 D F

② An empty node mark set M. //空节点标记集合 M

Input：Initial skeleton tree IST and final skeleton tree FST //初始模型的骨架树 IST 和最终模型的骨架树 FST

Output：D F

1. **Begin** PCS node

   If$(sim(c_1, c_2) > = 0.5)\{$Go to step 2$\}$

   Else End algorithm

2. **If** (Two sub-features are same)//判断两个子特征相同

   $\{1^{st}$ RN→M

   Then Go to step 3$\}$//两个子特征分别是 IST 和 FST 中第一级的两个子特征

   Else 1st RN→D F，1st RN→M

3. Forming the parent subtrees (ISTi and FSTr)excluding the 1st root node

   //除第一级根节点外，形成父子树(ISTi and FSTr)

   Then 1st level RN→M

4. **If** (Two RNs are CSPD nodes)$\{$

   Go to step 5$\}$//两个根节点 RNs 分别是 ISTi 和 FSTr 中的两个 RNs.

   Else $\{$

   NCSPD parent subtrees→D F，CSPD RN→M，all nodes in NCSPD parent subtrees→M $\}$

5. Marking the parent subtree pairs of topological direction consistency //标记拓扑方向一致的父子树对

6. **For** Each pair of parent subtree $\{$

   Generating the first root sequence according to preorder traverse //根据先根遍历原则生成先根序列

   Finding RNs in sequence that can meet the CSPD node **Then**

   //在先根序列中寻找满足 CSPD 节点的 RNs

   $\{$ CSPD RNs→M$\}$

   Dividing the parent subtree into several child subtrees (ISTij and FSTrt)

   //划分父子树为孩子子树(ISTij and FSTrt)

   $\{$Child subtrees→D F，all nodes in child subtrees→M$\}$//根据节点中所携带子特征信息$\}$

7. **Return** D F

3. MA2 和 MB2 的特征匹配

为了清晰地说明特征匹配算法中的一些步骤，对 MA2 和 MB2 之间的不同特征进行识别。基于骨架树的 MA2 和 MB2 之间的特征匹配如图 10-22 所示，相关的细节如下：

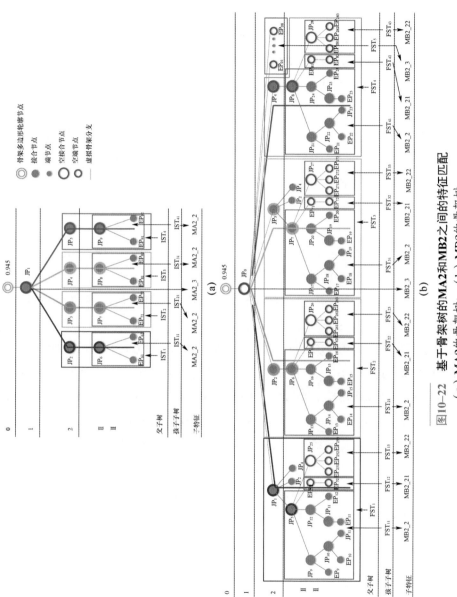

图10-22　基于骨架树的MA2和MB2之间的特征匹配

（a）MA2的骨架树；（b）MB2的骨架树。

(1)相似性数值 sim（MA2，MB2）为 0.945，大于 0.5。

(2)JP_1（MA2）和 JP_0（MB2）分别携带的子特征 MA2_3 和 MB2_3 不相同，将 JP_1（MA2）和 JP_0（MB2）放入 DF。

(3)除 JP_1（MA2）和 JP_0（MB2）之外，形成父子树（IST_1、IST_2、IST_3、IST_4、FST_1、FST_2、FST_3、FST_4、FST_5）。

(4)JP_2（IST_1）和 JP_1（FST_1），JP_3（IST_2）和 JP_2（FST_2），JP_4（IST_3）和 JP_3（FST_3），JP_5（IST_4）和 JP_4（FST_4）都是 CSPD 节点，这意味着 IST_1 和 FST_1，IST_2 和 FST_2，IST_3 和 FST_3，IST_4 和 FST_4 是拓扑方向一致的父子树对，它们分别被用相同的颜色标记。在父子树 FST_5 中无 CSPD 节点，将 FST_5 放入 DF。

(5)从左至右，依次访问每一对父子树。以 IST_1 和 FST_1 为例执行下面的步骤：

根据先根遍历原则，IST_1 的先根序列为 $JP_2 \rightarrow JP_6 \rightarrow EP_{61} \rightarrow EP_{62}$，$FST_1$ 的先根序列为 $JP_1 \rightarrow JP_5 \rightarrow JP_9 \rightarrow EP_9 \rightarrow JP_{10} \rightarrow EP_{10} \rightarrow JP_{11} \rightarrow JP_{12} \rightarrow JP_{11} \rightarrow EP_{11} \rightarrow EP_{12} \rightarrow EP_{51} \rightarrow EP_{52} \rightarrow JP_{25} \rightarrow EP_{251} \rightarrow EP_{252} \rightarrow EP_{253} \rightarrow JP_2 \rightarrow JP_4$。

在两先根序列中搜寻 CSPD 根节点，满足的是 JP_2（IST_1）和 JP_1（FST_1），JP_6（IST_1）和 JP_5（FST_1）。

对于先根序列中的 NCSPD 节点，除环节点如 JP_2 和 JP_4 外，将具有相同子特征名称的节点进行合并，这其实是将父子树划分为几个孩子子树[IST_{11}，（FST_{11}，FST_{12}，FST_{13}）]，[IST_{21}，（FST_{21}，FST_{22}，FST_{23}）]，[IST_{31}，（FST_{31}，FST_{32}，FST_{33}）]，[IST_{41}，（FST_{41}，FST_{42}，FST_{43}）]。将这些孩子子树放入 DF。

(6)将拓扑方向一致的子树放在一起，输出 DF。如果在 IST 和 FST 中不存在这样的子树，用$\varnothing$表示它。当前的 DF 包括：[JP_1（IST），JP_0（FST）]，[$\varnothing$，FST_5]，[IST_{11}，（FST_{11}，FST_{12}，FST_{13}）]，[IST_{21}，（FST_{21}，FST_{22}，FST_{23}）]，[IST_{31}，（FST_{31}，FST_{32}，FST_{33}）]和[IST_{41}，（FST_{41}，FST_{42}，FST_{43}）]。

10.4 增减材制造工艺规划

在前一节，两模型之间不同的子特征可以通过特征匹配算法被识别出。在这一节，重点讨论如何生成一个合理的加工工艺，以适用于 ASM 系统。加工工艺通常必须考虑加工方法和加工顺序，从这两个方面出发，完成这项工作。

10. 4. 1 加工方法和加工顺序

1. 加工方法

加工方法是指加工某特征时采用何种加工方式。在这里，只考虑了增材和减材两种加工方式。对于两模型之间相同的子特征，它们应该被保留，不必再执行其他操作。对于采用特征匹配算法输出的异特征，位于初始模型中的特征应该通过减材被去除，而位于最终模型中的特征应该通过增材被创建，然后再通过减材移除多余材料来保证尺寸精度和表面质量。图 10 - 23(a)所示为加工方法，总结了两个不同节点或两个不同子特征之间加工方法的确定，"+"表示增材，"-"表示减材，"null"表示空操作。

2. 加工顺序

根据在执行特征匹配算法期间，节点或子特征存放到 DF 中的顺序，使用一系列数字如 1、2、3…来标记这些节点或子特征的加工顺序。加工顺序如图 10 - 23(b)所示，假设用红色标记的节点和子特征是将要被存放到异特征集 DF 中的，根据存放顺序，加工顺序为 C→J→K→M，图中黑色箭头是访问顺序。在实际加工中，为了减少刀具换刀时间、零件装夹时间等，采用相同加工方法的子工序将会被尽可能地安排在一起。

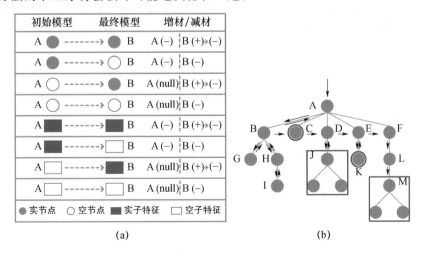

(a)   (b)

图 10 - 23 确定加工方法和标记加工顺序

(a)加工方法；(b)加工顺序。

10.4.2 复合制造工艺规划算法

基本的算法是策略的直观反映，主要包括两步：①对异特征集 DF 中的每一元素确定加工方法和加工顺序；②将具有相同加工方法的元素安排到一起。复合制造工艺规划算法的伪代码如表 10-3 所示。

表 10-3 复合制造工艺规划算法的伪代码

Algorithm10-3：Hybrid process planning //复合制造工艺规划

Description：'//' is used to denote the beginning of a comment.
 　　'A← B' indicates that B is set to A or that the value of B is assigned to A in the for loop.
 　　'A→ B' indicates that A is put into B.
 Definition：① An empty machining sequence MS //一个空的加工序列 MS
 Input：The different feature set DF //异特征集 DF
 Output：MS
 1. **For** (Element$_i$←0；Element$_i$ + + ；Element$_i$< Element$_n$)
 　// Element$_i$ 是 DF 中第 i 个元素；Element$_n$ 是 DF 中元素的总个数
 　{
 　　Determine the machining method（the additive ' + ' or the subtractive ' - '）of Element$_i$ according to Figure 5-21(a)//根据图 5-21(a)，确定 Element$_i$ 的加工方法（增材'+'或减材'-'）
 　　Determine the machining number of Element$_i$ using 1，2，… according to the order of Element$_i$ stored in DF //根据 Element$_i$ 储存到 DF 中的顺序，使用 1，2，…确定 Element$_i$ 的加工数字
 　}
 2. Generate initial machining sequence by ascending all Elements according to their machining numbers
 //根据上一步确定的 Elements 加工数字，升序所有 Elements，生成初始加工序列
 3. **For** (Element$_i$←0；Element$_i$ + + ；Element$_i$< Element$_i$){
 　① **If** (Element$_i$ is in initial model && Element$_i$ is marked by ' - ')
 　// Element$_i$ 在初始模型中且 Element$_i$ 被'-'标记
 　　{j+ + //j 初始值为 0
 　　Mark the access number of Element$_i$ by j //用 j 标记 Element$_i$ 的访问数字
 　　}
 　② **If** (Element$_i$ is in final model && Element$_i$ is marked by ' + ')
 　// Element$_i$ 在最终模型中且 Element$_i$ 被'+'标记
 　　{m+ + //m 初始值为 0
 　　Mark the access order of Element$_i$ by m //用 m 标记 Element$_i$ 的访问数字

续表

```
        }
③ If（Element_i is in final model && Element_i is marked by '－'）
// Element_i 在最终模型中且 Element_i 被'－'标记
    {n＋＋ // The initial value of n is 0
     Mark the access order of Element_i by n //用 n 标记 Element_i 的访问数字
    }
}
4. Put the Elements in① in front of MS in turn according to their access numbers
   //根据元素的访问数字，顺次将①中的元素放入 MS 的前端
5. Put the Elements in② in the back of the last Element in step 4 in turn according to their
access numbers
   //根据元素的访问数字，顺次将②中的元素放入步骤 4 中最后一个元素的后端
6. Put the Elements in③ in the back of the last Element in step 5 in turn according to their
access numbers
   //根据元素的访问数字，顺次将③中的元素放入步骤 5 中最后一个元素的后端
7. If（All Elements are processed）//判断所有元素被处理
   {
        Return MS}
   Else Go to step 4
8. Return MS
```

10.4.3　MB2 的复合制造工艺规划

在前面的章节中，有关于 MA2 和 MB2 更多的描述，因此为它们生成一个合理的用于 ASM 系统的复合制造工艺。首先，为存放在 DF 中的每一部分确定加工方法；其次，根据存放顺序，生成初始加工顺序；最后，将具有相同加工方法的子工序安排在一起，生成最终加工顺序。确定在 DF 中每一部分的加工方法如图 10-24 所示。

初始加工顺序确定后，根据初始加工顺序所提供的对应子特征的加工路线如图 10-25 所示。在考虑将相同加工方法的子工序合并后，生成最终加工顺序，图 10-26 所示为从 MA2 向 MB2 转化的详细加工路线。

初始加工顺序：$JP_1（MA2）（-）\rightarrow JP_0（MB2）（-）\rightarrow FST_5（-）\rightarrow IST_{11}$ $(-)\rightarrow FST_{11}（+）\rightarrow FST_{12}（-）\rightarrow FST_{13}（-）\rightarrow IST_{21}（-）\rightarrow FST_{21}（+）\rightarrow$ $FST_{22}（-）\rightarrow FST_{23}（-）\rightarrow IST_{31}（-）\rightarrow FST_{31}（+）\rightarrow FST_{32}（-）\rightarrow FST_{33}（-）$

$\rightarrow \mathrm{IST}_{41}(-) \rightarrow \mathrm{FST}_{41}(+) \rightarrow \mathrm{FST}_{42}(-) \rightarrow \mathrm{FST}_{43}(-)$。

存放顺序	MA2	MB2	增材/减材
1	JP_1 MA2_3	JP_0 MB2_3	$JP_1 (-)$ $\vdots$ $JP_0 (-)$
2	$\varnothing$	FST_5 MB2_3	$\varnothing$(null) $\vdots$ $FST_5 (-)$
3	IST_{11} MA2_2	FST_{11} FST_{12} FST_{13} MB2_2 MB2_21 MB2_22	$IST_{11} (-)$ $\vdots$ $FST_{11} (+)$ $\rightarrow FST_{12}(-)$ $\rightarrow FST_{13}(-)$
4	IST_{21} MA2_2	FST_{21} FST_{22} FST_{23} MB2_2 MB2_21 MB2_22	$IST_{21} (-)$ $\vdots$ $FST_{21} (+)$ $\rightarrow FST_{22}(-)$ $\rightarrow FST_{23}(-)$
5	IST_{31} MA2_2	FST_{31} FST_{32} FST_{33} MB2_2 MB2_21 MB2_22	$IST_{31} (-)$ $\vdots$ $FST_{31} (+)$ $\rightarrow FST_{32}(-)$ $\rightarrow FST_{33}(-)$
6	IST_{41} MA2_2	FST_{41} FST_{42} FST_{43} MB2_2 MB2_21 MB2_22	$IST_{41} (-)$ $\vdots$ $FST_{41} (+)$ $\rightarrow FST_{42}(-)$ $\rightarrow FST_{43}(-)$

图 10-24 确定在 DF 中每一部分的加工方法

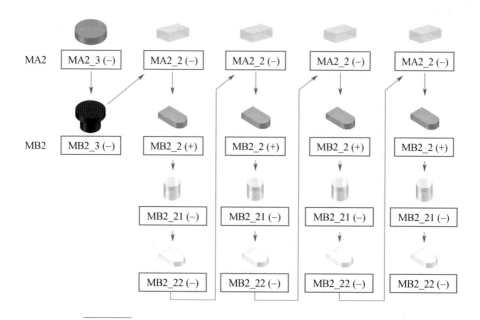

图 10-25 根据初始加工顺序所提供的对应子特征的加工路线

最终加工顺序：$JP_1(MA2)(-) \rightarrow JP_0(MB2)(-) \rightarrow FST_5(-) \rightarrow IST_{11}$
$(-) \rightarrow IST_{21}(-) \rightarrow IST_{31}(-) \rightarrow IST_{41}(-) \rightarrow FST_{11}(+) \rightarrow FST_{21}(+) \rightarrow$
$FST_{31}(+) \rightarrow FST_{41}(+) \rightarrow FST_{12}(-) \rightarrow FST_{13}(-) \rightarrow FST_{22}(-) \rightarrow FST_{23}(-)$
$\rightarrow FST_{32}(-) \rightarrow FST_{33}(-) \rightarrow FST_{42}(-) \rightarrow FST_{43}(-)$。

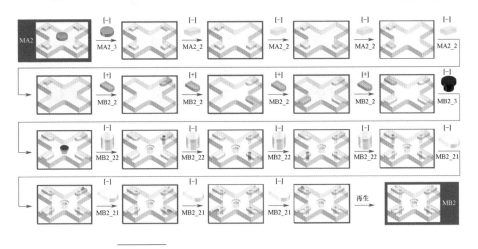

图 10 - 26　从 MA2 向 MB2 转化的详细加工路线

10.4.4　复合工艺规划算法实验案例

6 个采用 PLA 材物制造的测试零件被用来说明复合制造工艺规划算法的可行性，根据各自的复合制造工艺，它们被再利用和再制造为新的零件。6 个不同的测试零件如图 10 - 27 所示，白色 PLA 材料表示给定测试零件，绿色 PLA 的材料表示新添加到给定测试零件上的材料，即创建的新特征。

（1）Part Ⅰ(A)被再制造为 Part Ⅰ(B)。位于 Part Ⅰ(A)上的两个子特征（总个数为 5）被通过减材去除，在对应的位置上，通过增材和减材创建了与原先子特征不同的两个子特征，这属于特征新建。

（2）Part Ⅱ(A)被再制造为 Part Ⅱ(B)，一个损坏的齿轮被修复。Part Ⅱ(A)中存在两处损坏区域，通过增材添加新的材料到这些区域来修复损坏的轮齿，这属于磨损修复。

（3）Part Ⅲ(A)被再制造为 Part Ⅲ(B)，一个损坏的轴被修复。Part Ⅲ(A)中存在两处损坏区域，通过增材添加新的材料到这些区域来进行修复，这属于磨损修复。

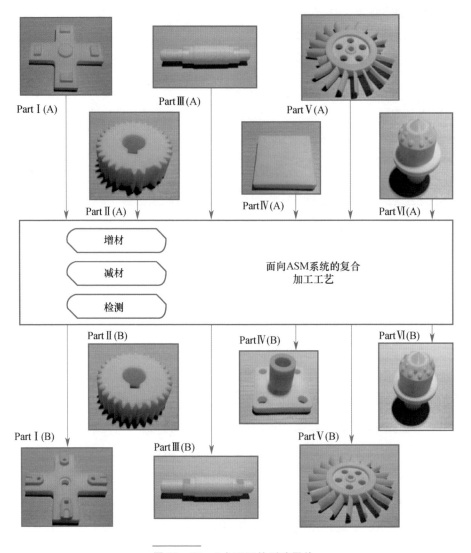

图 10 - 27　6 个不同的测试零件

（4）Part Ⅳ（A）被再制造为 Part Ⅳ（B），一个废弃的板形零件被转化为一个连接座。通过增材和减材分别在 Part Ⅳ（A）上创建 1 个圆柱体和 5 个通孔，这属于特征新建。

（5）Part Ⅴ（A）被再制造为 Part Ⅴ（B），一个损坏的涡轮被修复。通过增材添加新的材料到损坏区域来修复损坏的叶片，这属于磨损修复。

（6）Part Ⅵ（A）被再制造为 Part Ⅵ（B），一个磨损的钻头被修复。由于钻头在工作过程中与岩石存在摩擦现象，部分截齿被磨损，通过增材添加新的材料到磨损区域来创建与原先相同的截齿，这属于磨损修复。

需要注意的是，磨损区域应该首先通过减材平整以有利于材料堆积，额外堆积的材料应该通过减材从创建的子特征上移除来保证尺寸精度和表面质量。为了说明 ASM 系统的综合优势，Part B 被分别采用 ASM 系统、增材和减材制造，对三者材料消耗（表 10 - 4）和材料使用率（表 10 - 5）进行对比，并用柱状图直观比较表中的数据。增材制造、减材制造和 ASM 分别所要求材料使用情况的柱状图如图 10 - 28 所示。在生成柱状图之前，表 10 - 4 中的数据首先采用最大 - 最小方法进行了归一化处理。从图 10 - 28 可以看出，ASM 系统在材料使用的两方面具有综合优势，这归功于两方面：①本章所提出的 ASM 系统优先关注模型的局部子特征而不是模型整体；②ASM 系统本身就融合了增材和减材两者的优势，同时最小化了其劣势。通过 ASM 系统，交互地在初始模型上添加和移除一些子特征，可成功创建最终模型，这实现了废弃零件再生为新零件的目的。

表 10 - 4　材料消耗

最终模型	Part Ⅰ(B)	Part Ⅱ(B)	Part Ⅲ(B)	Part Ⅳ(B)	Part Ⅴ(B)	Part Ⅵ(B)
AM/mm³	50865.892	7251.751	52289.531	41338.163	78527.599	498481.214
SM/mm³	150000.000	9650.973	71569.408	144000.000	322741.400	1367535.282
ASM/mm³	4398.896	69.680	389.424	8694.358	896.355	349.829

表 10 - 5　材料使用率

最终模型	Part Ⅰ(B)	Part Ⅱ(B)	Part Ⅲ(B)	Part Ⅳ(B)	Part Ⅴ(B)	Part Ⅵ(B)
AM/%	100.00	100.00	100.00	100.00	100.00	100.00
SM/%	34.00	75.14	73.06	28.71	24.33	36.45
ASM/%	79.55	100.00	100.00	59.04	100.00	100.00

材料使用率 κ 可以通过下式被计算：

$$\kappa = \frac{a}{z} \times 100\% \tag{10-5}$$

式中：z 为初始材料总量，如同仅适用 SM 中的毛坯；a 为最终材料量，如同图 10 - 27 中的 Part B。

实际上，材料消耗等同于零件体积。对仅使用增材制造来说，因为在堆积零件过程中完整利用了线材，所以它的使用率总为100%。对仅使用减材制造而言，z 可用零件的最小包围盒体积计算，a 是已被创建的零件体积。对使用 ASM 而言，如果待加工子特征无孔洞等特征，该过程类似增材制造，加工过程中完整使用线材，所以它的材料使用率为100%；如果待加工子特征中存在孔洞等这类特征，z 为子特征的最小包围盒体积，a 为已被创建的子特征体积。

最大-最小标准化可用下式计算：

$$x^* = \frac{x - \min}{\max - \min} \tag{10-6}$$

式中：max 为表 10-4 中一列数据中最大值；min 为表 10-4 中一列数据中最小值；x 为表 10-4 中任意数据。

因为在表 10-4 中，ASM 的数据总为一列数据中的最小值，所以 ASM 数据被标准化后，数值总为 0，在图 10-28 中代表该数据的柱状图没有显示，反映出使用 ASM 比仅使用增材制造或仅使用减材制造具有更低的材料消耗。

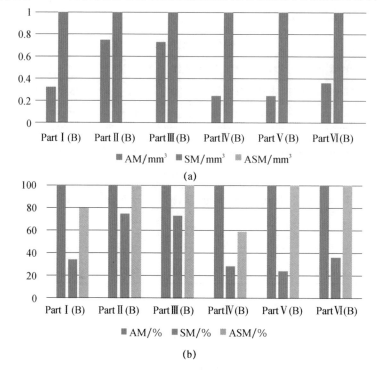

图 10-28　增材制造(AM)、减材制造(SM)和 ASM 分别所要求材料使用情况的柱状图
(a)材料消耗；(b)材料使用率。

10.5 面向复杂零件精确加工的复合制造系统

ASM 系统融合了增材、减材和检测方法，其中增材方法可创建任意复杂形状的零件；减材方法可精加工由增材方法创建的零件；检测方法可实时测量所加工的零件，确保尺寸在设计公差范围内。在 ASM 系统中只粗略提出一个工艺规划算法，还不具有很强的适用性。因此，针对实现复杂零件精确加工的目的，基于 ASM 系统，本节提出了一个合理的工艺规划算法，实验案例研究验证了提出算法的可行性。

10.5.1 工艺规划算法整体框架

传统工艺规划方法主要考虑加工时间和成本，没有考虑在加工复杂零件时，机加工刀具能否到达零件内部特征的问题，即刀具可接入性，忽略该因素，会直接决定零件(特别是内部特征)能否被成功制造以及精确制造。因此，为实现具有难加工几何结构零件的精确加工，本节提出一个合理的工艺规划算法(appropriate process planning algorithm，APPA)。APPA 主要包括以下4 个过程：

(1)零件分割，是将复杂零件分割为一系列相互独立且形状简单的子零件。

(2)建造方向确定，主要考虑采用 FDM 创建子零件过程中的沉积喷嘴碰撞问题和支撑问题。

(3)增减材操作序列建立，将 FDM 形式的增材操作、CNC 机加工形式的减材操作和检测操作合理安排。

(4)操作序列优化，建立加工时间估计模型，确定在时间方面最优的操作序列，并对该操作序列添加额外操作，以确保序列可行。

APPA 的输入是 CAD 模型，输出是一个在时间方面最优的操作序列。在最终操作序列中，交互式地使用增材、减材和检测操作，以在最短时间内完成具有复杂形状零件的加工。APPA 整体流程如图 10 - 29 所示，图中矩形框表示活动的输入，具有圆角的框表示活动的输出。

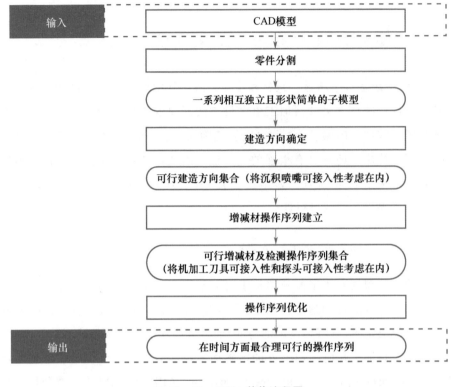

图 10 - 29　**APPA 整体流程图**

10.5.2　零件分割

零件分割的目的是将复杂零件分割为一系列相互独立且形状简单的子零件，零件分割必须满足以下要求：

(1)子零件的特征应当暴露，使得机加工刀具是可接入这些特征的。

(2)子零件可以在机床上被夹紧，其特征能够被精加工。

(3)采用增材操作在堆积一子零件至另一子零件上时，不会发生沉积喷嘴碰撞。

(4)采用增材操作在将一子零件堆积至另一子零件上时，后者表面必须平坦，因为 FDM 工艺仅能够在平坦表面上堆积材料。

图 10 - 30 所示为零件分割。注意如果按照上述要求分割的子零件，在加工过程中存在工具可接入性问题，可对子零件进行再次分割。

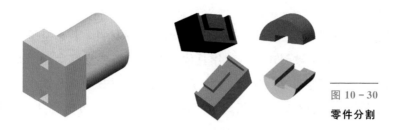

图 10 - 30

零件分割

10. 5. 3　建造方向确定

1. 基本考虑

本节主要为每一子零件确定其可行的堆积方向，生成可行的建造方向集合。在确定建造方向时，应该解决以下两个问题。

1) 沉积喷嘴碰撞问题

按照给定方向，FDM 工艺只能由零件底部至顶部逐层堆积材料而创建零件。FDM 机器的沉积喷嘴如图 10 - 31 所示。本章研究中，仅考虑 6 个建造方向，其为 $+x$、$-x$、$+y$、$-y$、$+z$ 和 $-z$。由于加热块和喷嘴的存在，有可能在创建某一子零件时，会与先前已创建的子零件发生碰撞。

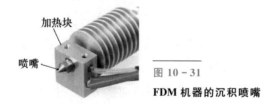

图 10 - 31

FDM 机器的沉积喷嘴

沉积喷嘴碰撞如图 10 - 32 所示，图中零件被分割为两个子零件。沉积喷嘴试图沿着由红色箭头指示的建造方向创建子零件②时，由于子零件①先前已被创建，因此，会与子零件①发生碰撞。碰撞出现会使子零件①和②之间的创建存在中断，会造成整体加工失败。

图 10 - 32

沉积喷嘴碰撞

2)支撑问题

FDM 工艺在创建悬空特征时，下方必须有支撑材料，若悬空子零件或特征没有支撑，是无法被创建的。使用具体建造方向需要支撑示意图如图 10 - 33 所示。有 3 个子零件 A、B 和 C，使用子零件 A 和 B 中红色箭头所指示的方向已实现它们的创建。若使用与子零件 B 相同的建造方向创建子零件 C，会使子零件 C 处于悬空状态，且下方缺少支撑，使其创建失败。因此创建子零件 C 的建造方向必须以子零件 B 作为参考，然后使用图 10 - 33 所示的建造方向可成功创建子零件 C。另外解决该问题的一个可行方法是使用可溶解性材料作为子零件 C 的支撑材料，加工完成后，溶解移除即可。

图 10 - 33
使用具体建造方向
需要支撑示意图

2. 建造方向的确定步骤

零件被分割为多个原始子零件之后，将确定这些子零件的增材建造方向，其主要步骤如下：

(1)从位于整个零件底部最左边的子零件开始确定建造方向(称该子零件为子零件 1 或第一个子零件)。

(2)选择相邻子零件，并确定其可行建造方向。若子零件 1 存在多个相邻子零件，则首先选择与子零件 1 共享相同基平面的子零件(称为子零件 2)。

(3)同理，确定其余子零件及其相邻子零件的建造方向。

(4)选择另一个子零件，并将其设置为要确定建造方向的第一个子零件，并执行上述步骤。相同地，直到每个子零件都被视作为第一个子零件一次。

(5)重新对整个零件进行定向，并执行上述步骤，直到所有可用的零件定向(总共 6 个定向)都被执行。

图 10 - 34 所示为给定零件的建造方向确定结果。每个分支代表一组建造方向，每个节点代表具有确切建造方向的单子零件，每个黑色箭头代表两个子零件之间的确定顺序。

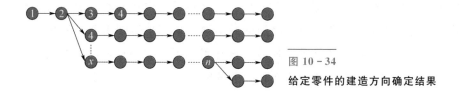

图 10 - 34

给定零件的建造方向确定结果

10.5.4　增减材操作序列建立

将给定零件分割为多个子零件，然后确定每个子零件的可行建造方向，生成增材操作序列。随后，将减材操作插入增材操作序列中，生成增减材操作序列，其中将刀具可接入性考虑在内。如果在获得子零件的一个可行操作序列后，发现其还存在其他可行的建造方向，则也将其确定为可行操作序列。同样将该过程应用于其他子零件，确定它们的其他可行操作序列。

1. 工具可接入性约束和操作序列考虑

1)工具可接入性约束

工具可接入性是 APPA 中需要考虑的最重要因素之一，因为它直接决定特征(特别是内部特征)是否可以被成功创建和加工。工具可接入性包括沉积喷嘴可接入性和机加工刀具可接入性。前者是指采用 FDM 创建某子零件时，沉积喷嘴有可能会与先前已创建的子零件发生碰撞现象。后者与机加工刀具进入方向(tool approach direction，TAD)有关。在 3 轴加工环境中，存在 6 个 TAD，即 + x、 - x、 + y、 - y、 + z 和 - z。本章研究仅关注机加工刀具或沉积喷嘴是否可进入特征，若可接入，则认为该特征是可被机加工和创建的。

2)操作序列考虑

(1)由于增材操作中不均匀的温度梯度，会导致零件底部发生翘曲变形，应加入减材操作以精加工零件或子零件或特征的底部表面。

(2)应避免多次和重复加工同一特征，某些特征被加工完成后，由于后续零件的加工，而导致该特征再次变得不能满足要求，需要被重新加工。

(3)如果要添加更多材料到某子零件上，则该子零件上的某些特征或表面需要被再次机加工。

关于(1)的说明如下：将新材料添加到已创建的子零件上时，不均匀的温度梯度会导致热应力积累，导致扭曲、尺寸偏差及内层开裂。随着新增材操作的执行，新沉积层和前一层之间的黏结通过局部再熔融先前已固化的材料和扩散实现，材料的加热和快速冷却循环引起不均匀的热梯度，导致连续的应力累积，造成现有零件和建造在其上的零件之间的进一步变形。因此，需要添加减材操作以去除变形尺寸。图 10-35 所示为变形去除示意图，将子零件 B 堆积在子零件 A 上，导致子零件 A 出现 2mm 的变形。因此，应对子零件 A 的底面进行精加工操作，以补偿由于局部几何变形而导致的公差损失。

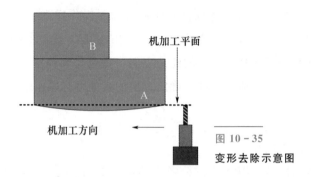

图 10-35
变形去除示意图

2. 增减材操作序列安排步骤

在确定每个子零件的建造方向并获得合并子零件之后，将对每个有效的建造方向安排增减材操作序列。对于具有给定 TAD 的零件，其可能具有多个建造方向和相邻子零件，可能存在多个可行操作序列。而且，对于其他 TAD，还可确定其他可能的可行操作序列。因此需要进行增减材操作序列安排，主要步骤如下：

(1)首先创建子零件①，然后添加更多子零件，直到子零件上的特征由于刀具不可接入而不能被加工。

(2)在对某一特征安排减材操作之后，一旦随后的子零件被添加到已加工子零件上时，必须确定该特征(或特征上的任何表面)是否会再次变得粗糙。如果是，则必须确定在添加后续子零件时，该特征是否仍然可被接入，若是，则后续子零件可以建立在已加工的子零件上。

(3)如果该特征不能被机加工刀具接入，则导致机加工刀具无法接入的子零件，将会被再次分割，直到可以获得至少一个 TAD。

（4）当对再次分割的子零件安排增材操作序列时，它们应满足沉积喷嘴可接入性要求。

（5）在操作序列的最后，安排用于机加工暴露特征的减材操作，因为这些特征总是可以被接入的。

（6）如果需要，还将安排减材操作以移除支撑材料，或用可溶解性溶液去除支撑材料。

（7）最后，为获得平坦表面以用于后续增材操作的建造平台或减材操作的基准，将安排减材操作以获得此表面。

3. 检测操作插入

将检测操作插入至增减材操作序列中，以生成可行的增材、减材和检测操作序列。在进行以下操作之前，应使用检测操作：

（1）机加工操作。在机加工操作开始之前，应进行检测操作，以确定沉积（采用 FDM）特征上应去除的材料量。如果使用检测操作发现沉积特征的尺寸小于其标准尺寸，则在执行机加工操作之前，增加沉积操作。

（2）用于下一子零件的增材操作。在将下一子零件沉积到未加工的前一子零件上之前进行检测操作，因为前一子零件的不同高度，可能导致沉积参数的改变。由于前一子零件是由沉积创建的，并还未被机加工，其实际高度未知。如果前一子零件实际高度为 10.2mm，则用于创建下一子零件的增材操作中使用 0.2mm 的层厚，从 10.4mm 处开始沉积下一子零件；如果前一子零件的实际高度为 10.25mm，则使用 0.25mm 的层厚，从 10.5mm 处开始沉积材料。

（3）导致机加工刀具不可接入的增材操作。当特征仍可接入时，进行检测操作，测量内部特征尺寸。在本章研究中，使用接触式测量方法，探头的可接入性与机加工刀具的可接入性相似。

（4）在操作序列最后，安排最终检测操作，以确保零件尺寸在公差范围内。

10.5.5　操作序列优化

1. 加工时间估计

在获得所有可行的操作序列之后，计算每个独立操作序列的加工时间，以便确定在时间方面最优的操作序列。加工时间被定义为在增材、减材和检测操作中所使用的时间以及在三者之间的切换时间的总和。

$$T = T_a + T_s + T_c + T_m \qquad (10-7)$$

式中：T 为总加工时间；T_a 为增材操作的时间，即创建时间；T_s 为减材操作的时间；T_c 为增材和减材操作之间的切换时间，其中包括机器设置时间；T_m 为检测操作的时间。

由于零件被分割为具有较少特征的多个小子零件，所以在该阶段将检测时间视为恒定。相比之下，增材操作比其他操作所消耗的时间更长。用于增材操作的时间估计模型如下：

$$T_a = 168.33 + 23.56V + 9.44H + 160.19V\rho + 78.17H\eta + \tau \qquad (10-8)$$

式中：V 为零件体积；H 为零件高度；ρ 为孔隙率；η 为间歇因子，其被定义为沉积喷嘴距离和重新定位距离的比值；τ 为常数。

计算所有可行操作序列的总加工时间，将总加工时间最少的序列作为最终操作序列。

2. 额外操作添加

如果按照最终操作序列加工零件，发现某步操作后，子零件尺寸超出公差，则认为该步操作为失败操作，称失败操作加工的子零件为不合格子零件。在最终操作序列中添加额外操作，以确保子零件尺寸在下一个操作之前处于容许范围内，其可通过从子零件中添加或去除材料来实现。具体添加方法如下：

图 10-36 所示为额外操作添加，其中每个块代表一个单独的操作，符号"+"代表增材操作，符号"-"代表减材操作，"I"代表检测操作。蓝色块代表最终操作序列中的操作，绿色块代表添加的新操作，箭头代表操作顺序，"×"代表被取消的操作。如果检测操作发现所加工的子零件在尺寸和公差方面没有达到设计要求，则检测操作将被在失败操作之后添加。

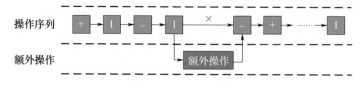

图 10-36　额外操作添加

10.5.6 实验案例研究

案例测试零件如图 10-37 所示，其具有 3 个连通凹槽。将零件分割为 4 个子零件，再进行建造方向确定、增减材操作序列建立和操作序列优化，最终生成一个在时间方面最优的可行操作序列，如表 10-6 所示。对于所加工的子零件，它们被表示为"子零件 x 和 $(x+1)$"。符号"W"代表已由增材操作创建但还未被精加工的子零件。例如，将子零件 2W 添加到子零件 1 上，所获得的子零件被称为子零件 $1\cup2$W，如果子零件 $1\cup2$W 已经被完成精加工，则将其称为 $1\cup2$。

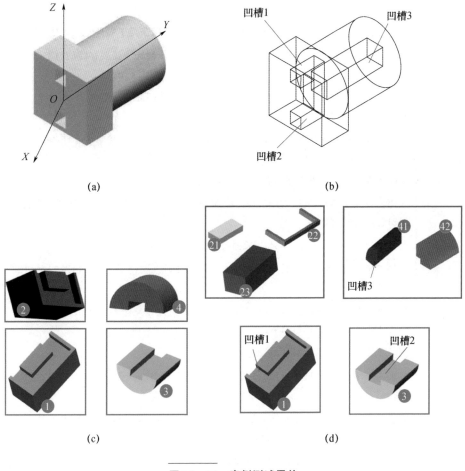

图 10-37 案例测试零件

(a)测试零件；(b)内部视图；(c)零件分割；(d)子零件再分割。

按照上述操作序列对测试零件进行加工，图 10-38 所示为加工的测试零件样品，其中图 10-38(a)为所示加工的子零件，图 10-38(b)所示为加工的整体零件，图 10-38(c)所示为零件剖面图，显示了测试零件的内部特征。此案例研究证明了 APPA 的可行性。

表 10-6 时间方面最优的可行操作序列

序号	具体操作
1	增材建立子零件 1W；
2	测量子零件 1W 尺寸；
3	机加工子零件 1W 中的凹槽 1，以获得子零件 1；
4	采用增材在子零件 1 的 Z 轴上方建立子零件 21，以获得子零件 1∪21W；
5	采用增材在子零件 1 的 Z 轴上方建立子零件 22，以获得子零件 1∪21W∪22W；
6	测量子零件 1∪21W∪22W 的尺寸，确定在下一步操作中需要移除的材料量(面磨削)；
7	面磨削子零件 1∪21W∪22W(子零件 21 的 3 个外侧面和子零件 22 的 3 个内侧面)，以获得子零件 1∪21∪22；
8	添加支撑材料，采用增材在子零件 1∪21∪22 的 Z 轴上方建立子零件 23，以获得子零件 1∪21∪22∪23W；
9	移除支撑材料，以获得子零件 1∪21∪22∪23；
10	采用增材在子零件 1∪21∪22∪23 的 Y 轴上方建立子零件 3，以获得子零件 1∪21∪22∪23∪3W；
11	测量子零件 1∪21∪22∪23∪3W 的尺寸；
12	机加工子零件 1∪21∪22∪23∪3W 中的凹槽 2，以获得子零件 1∪21∪22∪23∪3；
13	采用增材在子零件 1∪21∪22∪23∪3 的 Z 轴上方建立子零件 41，以获得子零件 1∪21∪22∪23∪3∪41W；
14	测量子零件 1∪21∪22∪23∪3∪41W 的尺寸；
15	机加工子零件 1∪21∪22∪23∪3∪41W 中的凹槽 3，以获得子零件 1∪21∪22∪23∪3∪41；
16	添加支撑材料，采用增材在子零件 1∪21∪22∪23∪3∪41 的 Z 轴上方建立子零件 42，以获得子零件 1∪21∪22∪23∪3∪41∪42W；
17	移除支撑材料，以获得子零件 1∪21∪22∪23∪3∪41∪42(此为测试零件)；
18	测量最终零件尺寸

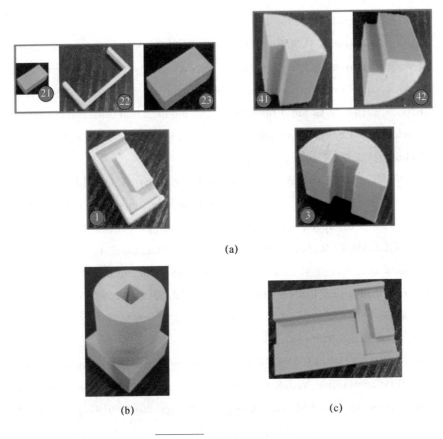

图 10 - 38 加工的测试零件

(a)加工的子零件; (b)加工的整体零件; (c)零件剖视图。

参考文献

[1] 马立杰,樊红丽,卢继平,等. 基于增减材制造的复合加工技术研究[J]. 装备制
    造技术,2014(7):57 - 62.

[2] 董一巍,赵奇,李晓琳. 增减材复合加工的关键技术与发展[J]. 金属加工冷加
    工,2016(13):7 - 12.

[3] LUO, L. , BARAN, I. , RUSINKIEWICZ, S. , et al. Chopper:Partitioning Models
    into 3D - Printable Parts[J]. ACM Transactions on Graphics,2012,31(6):1 - 9.

[4] 许丽敏,薛安. 基于 Delanuay 三角网与 Voronoi 图联合提取等高线骨架的地
    形重建算法研究[J]. 北京大学学报,2009,45(4):647 - 652.

［5］ 陈国栋,李建微,潘林,等.基于人体特征三维人体模型的骨架提取算法［J］.计算机科学,2009,36(7):295-297.

［6］ KARUNAKARAN K P,SURYAKUMAR S,PUSHPA V,et al. Low cost integration of additive and subtractive processes for hybrid layered manufacturing［J］. Robotics and Computer-Integrated Manufacturing,2010,26(5):490-499.

［7］ JENG J Y,LIN M C. Mold fabrication and modification using hybrid processes of selective laser cladding and milling［J］.Journal of Materials Processing Technology,2001,110(1):98-103.

［8］ XIONG X,ZHANG H,WANG G,et al. Hybrid plasma deposition and milling for an aeroengine double helix integral impeller made of superalloy［J］. Robotics and Computer-Integrated Manufacturing,2010,26(4):291-295.

［9］ DANDEKAR C R,SHIN Y C,BARNES J. Machinability improvement of titanium alloy (Ti-6Al-4V) via lam and hybrid machining［J］. International Journal of Machine Tools & Manufacture,2010,50(2):174-182.

［10］ 王雷,钦兰云,佟明,等.快速成形制造台阶效应及误差评价方法［J］.沈阳工业大学学报,2008,30(3):318-321.

［11］ LUO X ,LI Y ,FRANK M C. A finishing cutter selection algorithm for additive/subtractive rapid pattern manufacturing［J］. The International Journal of Advanced Manufacturing Technology,2013,69(9):2041-2053.

［12］ 徐滨士.中国再制造工程及其进展［J］.中国表面工程,2010,23(2):1-6.

［13］ AYLWARD S R,JOMIER J ,WEEKS S,et al. Registration and Analysis of Vascular Images［J］. International Journal of Computer Vision,2003,55(2):123-138.

［14］ SEBASTIAN T B ,KLEIN P N ,KIMIA B B. Shock-Based Indexing into Large Shape Databases［J］. Lecture Notes in Computer Science,2002,2352:83-98.

［15］ HE K. Rapid 3D Human Body Modeling and Skinning Animation Based on Single Kinect［J］.Journal of fiber bioengineering and informatics,2015,8(3):413-421.

［16］ 马锐,伍铁如.基于广义势场的三维形体多层次线骨架构建［J］.计算机应用,2011,31(1):16-19.

［17］ GLOBUS A,LEVIT C,LASINSKI T. A tool for visualizing the topology of three-dimensional vector fields［C］. San Diego:IEEE Conference on

Visualization,1991.

[18] CORNEA N D ,SILVER D ,YUAN X,et al. Computing hierarchical curve - skeletons of 3D objects[J]. The Visual Computer,2005,21(11):945 - 955.

[19] BOUIX S, SIDDIQI K. Divergence - Based Medial Surfaces[C]. Berlin: European Conference on Computer Vision,2000.

[20] LI X, WOON T W , TAN T S, et al. Decomposing polygon meshes for interactive applications[J]. Symposium on Interactive 3d Graphics, 2001, 6 (4):35 - 42.

[21] HOFFMAN D D , RICHARDS W A. Parts of recognition[J]. Cognition, 1984,18:65 - 96.

[22] BENHABILES H, LAVOUÉ G, VANDEBORRE J P, et al. Learning Boundary Edges for 3D - Mesh Segmentation[J]. Computer Graphics Forum,2011,30(8): 2170 - 2182.

[23] ZHANG,Y,CHOU K. A parametric study of part distortions in fused deposition modelling using three - dimensional finite element analysis[J]. Proceedings of the Institution of Mechanical Engineers Part B Journal of Engineering Manufacture,2008,222(8):959 - 968.

[24] SUN Q,RIZVI G M,GIULIANI V,et al. Experimental study and modeling of bond formation between ABS filaments in the FDM process[J]. Organization Studies,2004,23(4):571 - 597.